當代公共衛生學叢書

總策劃－財團法人陳拱北預防醫學基金會

生物統計學

| 總編輯 | 陳為堅 Wei J. Chen
李玉春 Yue-Chune Lee
陳保中 Pau-Chung Chen

| 編　輯 | 蕭朱杏 Chuhsing Kate Hsiao
梁文敏 Wen-Miin Liang

財團法人陳拱北預防醫學基金會

國家圖書館出版品預行編目（CIP）資料

生物統計學 / 王世亨，王彥雯，李中一，李文宗，林逸芬，梁
　文敏，梁富文，陳錦華，楊奕馨，溫淑惠，蕭朱杏作；陳爲
　堅，李玉春，陳保中總編輯. -- 初版 . -- 臺北市：財團法人
　陳拱北預防醫學基金會, 2024.01

　　面；　公分 . --（當代公共衛生學叢書）

　　ISBN 978-626-97834-3-4（平裝）

　　1.CST: 生物統計學

360.13　　　　　　　　　　　　　　　112022755

當代公共衛生學叢書
生物統計學

總　策　畫　財團法人陳拱北預防醫學基金會
總　編　輯　陳爲堅、李玉春、陳保中
編　　　輯　蕭朱杏、梁文敏
作　　　者　王世亨、王彥雯、李中一、李文宗、林逸芬、梁文敏
　　　　　　梁富文、陳錦華、楊奕馨、溫淑惠、蕭朱杏
內 文 排 版　弘道實業有限公司
封 面 設 計　余旻禎
承　　　印　巨流圖書股份有限公司

出　版　者　財團法人陳拱北預防醫學基金會
地　　　址　10055 臺北市中正區徐州路 17 號
出 版 年 月　2024 年 1 月初版一刷

總　經　銷　巨流圖書股份有限公司
　　　　　　地址：80252 高雄市苓雅區五福一路 57 號 2 樓之 2
　　　　　　電話：07-2265267
　　　　　　傳眞：07-2233073
　　　　　　購書專線：07-2265267 轉 236
　　　　　　E-mail ：order@liwen.com.tw
　　　　　　LINE ID ：@sxs1780d
　　　　　　線上購書：https://www.chuliu.com.tw/
　　　　　　郵撥帳號：01002323 巨流圖書股份有限公司
法 律 顧 問　林廷隆律師
　　　　　　電話：02-29658212
出版登記證　局版台業字第 1045 號

ISBN ：978-626-97834-3-4（平裝）
定價：500 元

總 編 輯

陳爲堅
- 最高學歷：哈佛大學公共衛生學院流行病學系理學博士
- 現職：國立臺灣大學流行病學與預防醫學研究所特聘教授、國家衛生研究院副院長
- 研究專長：精神醫學、流行病學、遺傳學、臨床醫學

李玉春
- 最高學歷：美國德州大學休士頓健康科學中心公共衛生學院公共衛生學博士
- 現職：國立陽明交通大學衛生福利研究所／跨專業長期照顧與管理碩士學位學程兼任教授
- 研究專長：健康服務研究、健康照護制度、健保支付制度、長照制度、菸害防治政策、健康政策與計畫評估

陳保中
- 最高學歷：倫敦大學公共衛生及熱帶醫學學院流行病學博士
- 現職：國家衛生研究院國家環境醫學研究所特聘研究員兼所長、國立臺灣大學環境與職業健康科學研究所特聘教授
- 研究專長：環境職業醫學、預防醫學、流行病學、生殖危害、兒童環境醫學

編　輯

蕭朱杏
- 最高學歷：美國卡內基馬隆大學統計博士
- 現職：國立臺灣大學健康數據拓析統計研究所教授
- 研究專長：貝氏統計、生物統計、生物資訊、遺傳統計

梁文敏
- 最高學歷：美國密西根大學生物統計博士
- 現職：中國醫藥大學醫務管理學系教授
- 研究專長：醫學統計、健保資料庫分析、資料處理

作者簡介 （11人，依筆畫排序）

王世亨　國家衛生研究院高齡醫學暨健康福祉研究中心副研究員

王彥雯　國立臺灣大學健康數據拓析統計研究所助理教授

李中一　國立成功大學公共衛生學科暨研究所教授

李文宗　國立臺灣大學健康數據拓析統計研究所教授

林逸芬　國立陽明交通大學公共衛生研究所教授

梁文敏　中國醫藥大學醫務管理學系教授

梁富文　高雄醫學大學公共衛生學系副教授

陳錦華　臺北醫學大學大數據科技及管理研究所教授

楊奕馨　國家衛生研究院癌症研究所研究員

温淑惠　慈濟大學公共衛生學系教授

蕭朱杏　國立臺灣大學健康數據拓析統計研究所教授

審查人簡介 (7人，依筆畫排序)

李中一
現職：國立成功大學公共衛生學科暨研究所教授
審查：第 5 章、第 6 章、第 7 章、第 8 章

李文宗
現職：國立臺灣大學健康數據拓析統計研究所教授
審查：第 14 章、第 15 章

杜裕康
現職：國立臺灣大學健康數據拓析統計研究所教授
審查：第 1 章、第 2 章、第 3 章、第 4 章

梁文敏
現職：中國醫藥大學醫務管理學系教授
審查：第 9 章、第 10 章、第 11 章、第 12 章、第 13 章

溫淑惠
現職：慈濟大學公共衛生學系教授
審查：第 9 章、第 10 章、第 11 章、第 12 章、第 13 章

廖勇柏
現職：中山醫學大學公共衛生學系教授
審查：第 16 章、第 17 章

蕭朱杏

現職：國立臺灣大學健康數據拓析統計研究所教授

審查：第 1 章、第 2 章、第 3 章、第 4 章、第 5 章、第 6 章、第 7 章、第 8 章、第 9 章、第 10 章、第 11 章、第 12 章、第 13 章、第 14 章、第 15 章、第 16 章、第 17 章

「當代公共衛生學叢書」總序言

總編輯　陳為堅、李玉春、陳保中

　　這一套「當代公共衛生學叢書」的誕生，是過去 20 年來臺灣公共衛生學界推動公共衛生師法的一個產物。

　　由陳拱北預防醫學基金會總策劃並出版的《公共衛生學》，一向是國內公共衛生教學上最常使用的教科書。從 1988 年 10 月的初版，到 2015 年 6 月的修訂五版，已經從單冊成長到 3 大冊，成為國內各種公職考試中有關公共衛生相關學科的出題參考資料，並於 2018 年榮獲臺灣大學選入「創校 90 週年選輯」紀念專書（獲選的 10 輯中，8 輯為單冊，經濟學為兩冊，而公共衛生學為三冊，是最龐大的一輯）。2018 年時，基金會原指派陳為堅董事規劃《公共衛生學》的改版。但是這個改版計畫到了 2020 年初，由於「公共衛生師法」（簡稱公衛師）的通過，而有了不一樣的思考。

　　當年適逢新冠肺炎全球大流行（COVID-19 Pandemic）的爆發，由於整個公共衛生體系及公共衛生專業人員的全力投入，協助政府控制好疫情，因而讓全國民眾更加肯定公共衛生專業人員的重要。於是原本在行政院待審的《公共衛生師法》，在臺灣公共衛生學會（簡稱公衛學會）陳保中理事長的帶領下，積極地與各方溝通，促成行政院院會的通過，並隨即獲得立法院跨黨派立法委員的支持，於 2020 年 5 月 15 日經立法院三讀通過，6 月 3 日由總統公布。

　　由於公共衛生師法第 4 條明定公衛師應考資格，除了公共衛生系、所畢業生，「醫事或與公共衛生相關學系、所、組、學位學程畢業，領有畢業證書，並曾修習公共衛生十八學分以上，有證明文件」者，也能應考。上述修習公共衛生十八學分係指曾修習六大領域，包括生物統計學、流行病學、衛生政策與管理學、環境與職業衛生學、社會行為科學及公共衛生綜論六大領域，每領域至少一學科，合計至少十八學分以上，有修畢證明文件者。衛生福利部隨即委託公衛學會協助規劃公衛師

的相關應考資格。學會於是動員全國公共衛生學界師長，組成「公共衛生師應考資格審查專業小組」，由李玉春教授擔任總召集人，陳保中教授擔任共同總召集人，進行研議；並依上述六大領域分成六個小組：各小組由相關專家任小組召集人、共同召集人、以及專家，經密集會議以及對外與各學協會等之溝通，終於完成公共衛生師應考資格之相關規劃，由醫事司公告。

其後考試院亦委託公衛學會進行六大考科命題大綱之規劃。考選部為避免公共衛生綜論與其他科目重疊，故改考衛生法規與倫理，另亦參考衛生行政高考科目，將衛生政策與管理改為衛生行政與管理。上述公衛師應考資格小組重整後，很快組成六大科（衛生法規及倫理、生物統計學、流行病學、衛生行政與管理、環境與職業衛生；與健康社會行為學）命題大綱小組，在公衛學會之前為推動公衛師之立法，從 2009 年起至 2020 年，連續舉辦 12 年的「公共衛生核心課程基本能力測驗」的基礎下，也快速完成各科命題大綱之規劃，並由考試院於 2021 年 4 月 16 日公告，使首屆公共衛生師國家考試得以在 2021 年 11 月順利舉辦。

有了第一屆公共衛生師專技考試的完整經驗，董事會因此調整了新版教科書的改版方向，改用「當代公共衛生學叢書」的方式，以涵蓋專技考試六個科目之命題範圍的教科書為初期出版目標。之後，可再針對特定主題出版進階專書。於是董事會重新聘了三位總主編，分別是陳為堅、李玉春、與陳保中。針對每一科，則由命題大綱小組召集人與共同召集人擔任各書的編輯，會同各科專家學者，再去邀請撰稿者。

在 2021 年 10 月 26 日的第一次編輯會議，我們確立幾項編輯策略。第一，採取每科一本的方式，而各科的章節要涵蓋公共衛生師考試命題大綱內容。第二，每章使用相同的格式：（1）條列式學習目標；（2）本文：開頭前言，引起學習動機；主文則利用大標題、小標題，區分小節、段落；文末則有該章總結、關鍵名詞、與複習題目。第三，為提高閱讀效率，採用套色印刷。第四，各章得聘請學者初審，再由各書編輯審查，最後由總編輯複審，才送排版。各書進度略有不同，從 2022 年 8 月第一本書排版，到 2023 年 4 月第六本書排版。預計不久會陸續印行出版。

本書能順利付梓，要感謝陳拱北預防醫學基金會提供充裕的經費，贊助本書的撰稿、審稿與聘請編輯助理，才能完成這一項歷史性的任務。希望這套書的出版，可以讓公共衛生的教育，進入一個教、考、用更加緊密結合的新階段，期有助於強化臺灣公共衛生體系，提升民眾健康。

序　言

蕭朱杏、梁文敏

　　本書最主要的目的是希望能呈現公共衛生與生物醫學領域中必須具備的生物統計學知識。內容包含了生物統計學的基礎與應用，基礎的部分在多數同類型的教科書中都找得到，但本書敘述的方式不以數學推導為主，較偏重利用例子的方式來說明與論述，尤其著重在公共衛生與生物醫學領域中的應用，好讓讀者理解這些知識在實務上與現代人的關係。舉例來說，有些作者可能偏好將條件機率表達成數學式子，本書則強調在日常生活或相關研究中，哪些情境使用了條件機率。又例如羅吉斯迴歸模式可以表示變數之間的關係，本書則增加章節來說明羅吉斯迴歸模式在現代統計學習、機器學習中的應用。

　　本書不同於其他書籍的第二個特點是，在介紹資料收集時，本書介紹了全國性調查資料、臨床試驗資料、全民健康保險資料庫及人體生物資料庫等，希望能引導讀者進入數據的寶庫中思考問題，進而引發統計運用的需求。本書還有一個特點是增加了程式語言的編碼說明，在不同的章節中，加入 EXCEL 或是 R 程式語言的編碼來說明如何進行分析。

　　本書還有一個特別的地方是納入了抽樣方法與存活分析，這兩類統計方法經常使用於公共衛生調查研究或是生物醫學相關研究當中，也是現今相關研究者必須具備的知識。所以本書的第五部分包含了一章抽樣設計與分析以及一章存活資料分析，希望能讓讀者具備這兩類方法的基本知識，未來有能力研讀更進階的相關統計書籍。

　　本書的編寫是以教科書的方式著手，內容分為五篇，分別是第一篇的描述性統計及基礎機率概念、第二篇的估計與檢定的統計推論、第三篇的常用的統計檢定方法之原理、假設、使用時機、計算及應用、第四篇的相關指標與迴歸分析、第五篇的抽樣與存活資料分析。全部內容不易在一個學期內教完，兩個學期可能是比較理想的狀況。每一章前面的學習目標，讓讀者容易掌握重點與脈絡，建議讀者讀完每一章後，可以逐一檢視是否達標，並嘗試自己表達學習到的成果，讓統計不再只是

一堆的數學符號，而是有故事性的學科。此外，每一章後面均附有練習題目，讓讀者可以藉此機會評估自己對該章內容的理解程度。本書的內容也參考了考選部制定的公共衛生師考試中「生物統計學」這個科目的命題大綱，有興趣的考生也可以使用本書作為參考書籍。

這本書是受到陳拱北基金會的邀請，在當代公共衛生學叢書的總主編陳為堅老師、李玉春老師、陳保中老師的帶領下才有機會完成。參與本書撰寫及審查的老師來自臺灣不同學校與單位，還有編輯助理楊文愷、賴柏融兩位同學的協助，在大家同心協力之下，才可能完成，感謝每一位參與及支持的人。

主編：蕭朱杏、梁文敏謹誌

目　錄

第二篇　估計與檢定的統計推論

第四篇　相關指標與迴歸分析

第五篇　抽樣與存活資料分析

第一篇

描述性統計與
基礎機率概念

第1章
資料的收集與呈現

陳錦華　撰

學習目標

一、瞭解資料收集的目的及重要性

二、瞭解資料的類型、資料如何收集、資料使用之限制

三、瞭解次數分配表的製作及解讀

四、能以資料視覺化方式呈現資料

五、針對量性資料，能以散佈圖、直方圖、盒形圖來呈現，並瞭解各圖形使用時機及進行解讀

六、針對質性資料，能正確使用長條圖來呈現，進行解讀，並瞭解長條圖使用時需注意的事項

前　言

　　身處大數據洪流中，如何利用資料進行分析，進而得到有用的訊息以進行決策或供研究使用，是當今不可或缺的技能。從資料結構來區分，可分為結構化及非結構化資料，本章主要探討結構化資料，應用的資料量可以很小或很大。資料並非隨手可得，最常見的資料來源為自行收集、或使用現有資料庫；然而，使用時必須注意資料使用規範及倫理的議題，在合法的規範下進行資料使用，這是基本研究倫理的概念。此外，資料分析者應本著誠實面對資料的態度，進行資料分析、結果呈現、及解讀，不能因為特定目的而竄改資料或數據分析的結果。本章除了討論這些議題，也將介紹資料的來源、資料的類型、如何利用數值及圖表進行資料的呈現等，有助於初學者在未來接觸資料時，進行適當的分析。

第一節　資料的重要性與收集

　　生活在大數據時代的人們，是否知道這些數據從哪裡來的？是否知道如何分析及正確解讀這些數據？生活中處處是數據，無論是大數據或小數據、結構性數據或非結構性數據，皆有其重要性及代表性，缺一不可。例如：選戰中候選人的得票率分析、肺癌發生率（或盛行率、標準化發生率）的公布、每天吃幾顆蘋果才能預防癌症發生等。這些例子在日常生活中時常聽到，但這些結果，也許隱含著解釋的陷阱、或因資料收集方式而產生偏誤；所以，需要建立正確的統計觀念，加上獨立思考能力，才能正確解釋及判斷，而不至於讓數據牽著鼻子走。本章將著重於介紹結構性數據的統計方法，由淺至深引導讀者進入生物統計學的領域，讓讀者對數據具有充分之解讀及分析能力。

　　本章節由資料數據介紹開始，從資料的類型、資料如何收集、資料應用之倫理議題，讓讀者可以從資料面開始認識，從視覺化瞭解資料的特性，從中認識圖形呈現出之集中趨勢及分散程度。本章將利用 Coronavirus disease 2019（Covid-19）資料為例，以資料視覺化方式呈現，適當解讀數據。

一、資料收集與資料類型

在大數據的時代，很多人認爲數據如石油般的珍貴及重要，是發展人工智慧（AI）的基礎；這裡所說的數據，亦稱之爲資料。除了人工智慧的應用，花費這麼多成本收集資料、發展分析工具及方法，目的是在實際應用時，能利用分析的結果，將其轉換爲決策的參考，並應用於政策或研究上。而這過程需經由資訊人員或統計分析師、資料科學家進行資料清理、資料分析，再將結果交給瞭解資料知識領域（domain know how）的人進行解讀，經過討論後，再判定這些分析結果怎麼轉譯成決策及研究應用。這過程需經多人的共同努力及共識，才能讓數據產生應有的價值。這樣的資料收集及應用過程，其實和吳建福教授在 1977 年，發表「統計 = 資料科學？」（Statistics＝Data Science?）的演講內容是相符的，吳教授說明了統計工作包含資料收集、資料建模及分析、決策制定三部曲，並開創了「資料科學」術語，資料科學家的頭銜也是在這個演講中首次被提及。資料科學家（數據科學家）的工作，首要就是團隊合作，團隊中需要納入各方面背景的人才，包含：資訊與電腦科學家、資料庫管理、軟體工程師、程式設計師、統計分析師、跨學科專家、資料知識領域專家們 [1]。因此無論是在數據分析領域或是資料科學領域，包含資料收集、分析及應用、加上團隊合作，互相彌補彼此的不足，才能讓「資料」發揮最大的效益。

（一）資料類型

在數據科學發達的世代，「數據、資料」是研究必備的根基，利用資料分析以解決實際的問題，如利用統計模型、機器學習或深度學習，進行相關性分析或預測；這些內容，皆基於統計學理論基礎，再加以擴大及延伸應用，得以解決實際上的問題。資料、數據的類型可分爲結構化（structured）及非結構化（unstructured）資料，本書介紹的內容著重於結構化資料分析，也是一般統計學書本描述的資料類型。透過常見資料型態，可以更瞭解各種統計方法的應用，以下分別介紹兩大類資料型態 [2]。

第一種是**質性資料**（**qualitative data**），包含**類別資料**（**categorical data**）及**序位資料**（**ordinal data**）。類別資料呈現的是資料的類別型態，資料本身無大小順序之分，例如性別（男生或女生）；血型（四種型態 O、A、B、AB）；種族（歐裔、非裔、亞裔）。若爲資料分析目的及操作方便，有時會將類別資料重新定義，

以數值表示，方便記錄（或稱譯碼 coding）；以性別爲例，男生記錄爲 1、女生記錄爲 0；即便如此，這裡的 1 或 0 仍無大小順序之分，依舊爲類別資料。

另一種質性資料是序位資料，它具有類別資料特性，但差別是，序位資料有大小順序之分。例如癌症期別，其期別大小代表癌症的嚴重程度，癌症期別雖然爲 I、II、III、IV 期，但期別之間距與實際嚴重度不是等比例，如第三期的嚴重程度不等於第一期嚴重度的三倍。

第二種資料型態是**量性資料**（**quantitative data**），包含**間斷型**或稱**離散型資料**（**discrete data**），及**連續型資料**（**continuous data**）。間斷型資料屬於數值資料，有大小順序之分，整數值才有意義，又稱**計數資料**（**count data**），例如：生統課程出席學生人數、懷孕胎次、去年得到流感之次數、每年地震發生次數等。以上例子皆顯示，間斷資料惟有整數值才有實際代表意義，小數值無意義，像課堂上之出席人數不可能是 60.5 人；懷孕胎次也是整數值才有實際上之意義。

另一種量性資料是連續型資料，有大小順序之分，整數值間之小數值皆有意義，例如：體重、血壓值、身高。以體重爲例，只要測量設備夠精準，可以量測到的小數位數皆有意義，像有些體重機量測爲 55 公斤，有些更精密的設備量測到 55.35 公斤，若能測量出小數位數的部分皆有其意義。

結構化資料型態多以上述四類爲主，當然還有其他分類資料的方式，以上資料類型是最容易讓人瞭解及應用最多之分類。

二、資料哪裡來？

資料有許多的來源，例如研究者或是企業爲了回答某些特定問題進行抽樣、收集問卷以進行分析，或是各國政府爲了特定目的定期收集人口普查資料等，以下介紹幾種常見的方式。

（一）調查資料

第一種調查資料爲**人口普查**（**census**），例如行政院主計處每隔 10 年會辦理一次大規模之人口普查，每次調查可能是全面普查或是抽樣調查方式，以瞭解人口分布、家庭結構、就學及就業、使用語言、健康照護和人口遷徙等，以瞭解臺灣近期區域發展狀況，以做爲政府在各項福利措施、資源分配及重要政策制定之施政參考。以 109 年之人口及住宅普查爲例 [3]，爲公務登記輔以抽樣調查，約

針對 7,446 千戶（約 23,124 千人）進行普查訪問，作為政策擬定及施行之評估基礎。

　　第二種調查資料為**抽樣調查**（**sample survey**），這和普查不同，是利用適合的抽樣調查方法，抽取「具代表性」之樣本，以達到瞭解母體之目的。和普查相比，抽樣調查可減少成本支出，無論是時間、金錢、人力，也可以加速完成資料收集的時效，但在抽樣方法上需要加以規劃，讓樣本具有母體之代表性（本書後續章節將會談及抽樣方法及樣本數大小之重要性）。抽樣理論是一門學問，不能忽視抽樣方法的重要性，例如：由衛福部辦理之 106 年老人狀況抽樣調查 [4]，抽樣的母體以臺灣地區及金門縣、連江縣之 55 歲以上本國籍人口為調查對象，並利用二階段的抽樣方式找出適合的代表性樣本。主要瞭解國內 55 歲以上人口居住、健康、就業、日常生活與自我照顧能力等之各項現狀、照護者需求及相關福利措施需求情形。本國邁入少子化及高齡化社會，為了能規劃更符合需求之社會政策，應對高齡化社會之需求有所重視及瞭解，這是辦理老人狀況抽樣調查之目的。以上利用抽樣方法找出具代表性樣本，以針對母體進行推論程序，若此樣本因抽樣方法不對或不懂抽樣方法，而找到不具代表性的樣本，便無法讓樣本資料產生對應的應用及價值。可見抽樣方法十分重要，是影響此調查是否成功的重要因素之一。

　　進行抽樣時必須分清楚**母體**（**population**）及**樣本**（**sample**），母體指該研究有興趣之所有研究對象，樣本則是由母體中抽出具有代表性之資料所組成。根據不同的抽樣方法、研究設計方法，分析資料時必須確認樣本之代表性及可比較性，這樣的概念在分析資料時是不可或缺的。

　　在大數據的時代，有人可能會疑惑「數據量都這麼大了，抽樣還是重要嗎？」其實，數據量大不代表這些數據來源皆為研究者感興趣的研究對象，例如上述之老人狀況調查，若數據來自於網路資料或爬蟲資料，不一定能得知資料之基本背景，或是若有基本資料，但年紀大者對於網路使用較不熱衷，此時網路的數據資料不一定能涵蓋研究者的目標群體。另外，本書內容偏向假說趨動（hypothesis driven）之科學推論，因此重視資料應具有母體之代表性；在適當的研究設計下，注意資料間之可比較性，才能得到合理的推論結果，並以此基礎再進行相關之論證，特別是醫學上之研究議題，例如臨床試驗。

（二）臨床試驗 [5-7]

在新藥上市的過程中，共有四期的臨床試驗，先經前三期的臨床試驗後才能上市，第四期的臨床試驗即為上市後對藥物使用的大模規安全性監測，由於使用的人數更多，能讓發生比例很少的副作用得以在第四期有機會被觀察到，以維護消費者的用藥安全性。在臨床試驗過程中，第一及第二期臨床試驗的目標是尋找藥物之最大安全劑量及最小的有效劑量，在藥物使用達到有效性及安全性的目的，接著進行第三期臨床試驗，其目的是確認治療之療效，前三期通過食品藥物管理署（Taiwan Food and Drug Administration, TFDA）核准後才能上市，進入第四期試驗。

執行臨床試驗之前，需先將試驗的計畫書送至 TFDA 進行審查，計畫書內容需包含臨床試驗的執行過程及程序，計畫書也須先經過**人體試驗倫理委員會（The Institutional Review Board, IRB）**的審查，通過 IRB 之後送 TFDA；計畫書內容包含計畫動機及目的、研究設計、樣本數計算、統計分析方法、對受試者安全性保護、受試者進入及退出研究的機制、資料的保密等。TFDA 審查通過後，才能開始執行臨床試驗計畫，進入收案程序。一開始受試者需簽署受試者同意書（Informed Consent Form），研究護士會協助受試者瞭解計畫內容、自身權益、退出計畫機制等，才算正式參與試驗。研究者需依照計畫書之內容執行計畫收案，包含回診時需進行之問卷或檢體之資料收集。

接著進行資料分析階段，不同的試驗目的及研究設計有不同的作法，有些可能在臨床試驗執行到一半時即進行資料分析並公告分析結果，這樣的作法稱為期中分析（通常在第三期臨床試驗），公開分析結果稱為解盲（unblind），是為了在試驗中程時確認療效，增加繼續試驗的信心或是提早結束試驗以節省成本，因臨床試驗成本高昂，可透過期中分析幫助藥廠提早進行決策。這樣的作法在 Covid-19 疫苗研發時，於第三期臨床試驗中程即進行期中分析，有了這些數據以確認疫苗效用，將更有信心繼續進行試驗，同時以此數據申請疫苗緊急使用授權（Emergency Use Authorization, EUA）。無論是 AZ（AstraZeneca）或是莫德納（Moderna）之 Covid-19 疫苗都有相同的作法。回到一般的臨床試驗，在樣本收集時，通常將新藥（或舊藥新用）和目前市面常用藥物或安慰劑比較，也會評估兩組在年齡、性別之分布是否相當，避免受干擾因子的影響；故研究設計上，會考量兩組之可比較性，以減少後續分析及推論的偏誤（bias）。值得一提的是，**「避免偏誤」**的思

考，在數據驅動（data driven）的研究中是較少被提到之議題。

　　由於新藥開發十分昂貴，有些橋接第二及第三期的加速試驗方法，可在減少成本也顧及病人安全性下，予以核准執行。當然也有很特殊的案例，比方說傳統疫苗研發過程約需 10 年才能完成，但病患不一定能長時間等待，像 Covid-19 的疫苗，在開發時會有特別審查及法規之機制，加速使其完成臨床試驗，讓疫苗快速上市以控制疫情，Covid-19 疫苗的開發大概一年左右就完成，在臨床試驗上是過去沒有的案例，是各國政府、藥廠、民眾，共同協力配合才得以達成的成果。

（三）全民健康保險資料庫

　　另一種資料來源是資料庫，如**全民健康保險資料庫**（**National Health Insurance Research Database, NHIRD**）。全民健康保險從民國 84 年開辦至今已超過 25 年，全國投保率達 99% 以上，是政府的一項福利政策，以減輕民眾就醫負擔、提供民眾就醫可近性及落實全民之就醫平等性為目標 [8]。全民健康保險資料庫收集的是醫療機構向衛福部申報醫療費用明細時的相關資料，包含民眾就醫紀錄、藥品資料、醫療影像、檢驗數據及其他跨機關資料等，目前已成為國際知名的研究資料庫之一，是十分珍貴的數據資產。目前在政府單位、學術單位，皆可利用這些資料進行關於疾病研究、公共衛生政策、大數據分析及人工智慧發展之研究。在開放申請使用前，研究者需撰寫計畫書並通過 IRB 的審核通過，以確保研究主題不涉及或不會侵犯少數族群之權益，再將計畫書送至衛福部統計處的審查小組，通過後才能付費使用此資料庫。另外，為了確保資料安全性，每筆資料皆以去識別化方式呈現，而數據分析工作只能在統計處或其他分中心所提供之電腦設備上進行。

　　資料雖然從 84 年就開始收集，但為求資料品質更完善，許多研究及資料運用，多從民國 89 年（西元 2000 年）開始，以確保資料之正確性及提高資料品質。至於醫療影像及檢驗數據，大約從 108 年才納入健保資料庫中，這也是為因應 AI 之發展及資料庫品質之提升（由於健保資料在疾病紀錄以 ICD-9 及 ICD-10 [9] 為主，是為了申報費用而產生，若有一些檢驗數據，可以再次驗證疾病之有無或是嚴重程度，以完善健保資料庫），這部分的資料並非全面提供，從 108 年 6 月起，健保署收載且已完成去識別化的 CT、MRI 等醫療影像資料（先納入有取得「醫療影像之巨量資料建立與應用研究專案計畫」之八個團隊資料），輔以健保醫療服務就醫明細、檢驗及檢查報告等申報資料，提供公務機構、學術單位（含產

業），開發 AI 在醫療上的應用為主，以提供特定器官或疾病進行病灶偵測與疾病預測模式，並建立人工智慧模型之穩定性與準確性 [8]。

在健保資料庫提供分析上，有個小插曲，在開放使用初期是由國家衛生研究院（國衛院）提供此項服務，申請流程和現階段並無差異，唯一不同的是，國衛院的「全民健保研究資料庫」是提供去識別化之百萬人檔的光碟片給申請者使用；而衛福部也於民國 100 年成立的「健康資料加值應用中心」，以兩套健保資料庫提供申請使用。人權團體 [10] 認為，沒有通過明確的立法授權，也沒有法令規範此資料庫個資之使用，也未有告知當事人或取得當事人「同意」程序，認為將健保資料庫提供申請使用，將侵犯人們的隱私權，於是在民國 102 年提起行政訴訟，最後衛福部贏得這場官司。然而，為了更周全考量，並在隱私權及公共利益取得平衡下，國衛院暫緩釋出並停止計畫案之申請（民國 105 年），目前由衛福部統計處「資料科學中心」（前身為「健康資料加值應用中心」）接受相關計畫之申請，並以資料去識別化、在分中心之獨立作業區使用資料的方式來管理資料，以確保資料不釋出，保障資料安全、資訊安全、制度化管理的作法 [8]。

這個資料庫長期收集全國人民幾乎 99% 以上之就醫資訊，無論在醫療相關的公共政策的制定、加快臨床試驗的速度、疾病的診斷、AI 之優化、保險費率之概算等，皆有很大的助益。當然這資料庫仍有缺點，最常被挑戰的就是疾病分類碼是否能正確代表疾病的發生，若能逐一改善缺點及強化優勢，加上使用者能適當使用，而不過分解釋這些結果，這將是一個珍貴的資料庫，也是臺灣的一個特色數據庫。

（四）人體生物資料庫

為了迎接精準醫療時代的來臨，利用基因資訊提供個人關於遺傳疾病、疾病治療、疾病預防之最佳選擇，**臺灣人體生物資料庫**（**Taiwan BioBank**）大量收集漢人基因資料（SNP array），並配合問卷資料，建立疾病相關之風險模組。並發現臺灣民眾基因資料變異的位點及比例，相較於國際上之基因體資料庫是有差異的。此基因資料庫可作為臺灣人基因資料之代表，也稱為生物資訊（bioinformatics）資料庫 [11]。

此資料庫於民國 101 年 10 月底開始建置，初期是因應各種慢性疾病的預防，以促進國民健康為目標，先邀請 20 萬一般健康民眾參加，至 105 年計劃邀請 10 萬常見疾病（十至十五種，包含常見十大死因之疾病）的民眾加入，收集參

與者的健康情形、醫藥史、生活環境及生物檢體，並長期追蹤健康者、疾病患者之健康變化與醫療狀況。此資料庫的用途很廣，例如：可瞭解藥物透過基因機轉在治療疾病上之療效，像在歐美國家使用藥物的劑量，在臺灣民眾是否適合，會不會因爲帶有某基因位點上的變異，而影響藥物在人體療效之差異，這屬於**精準醫療（precision medicine）**之範疇，可以識別在不同基因變異狀況下，對於藥物之使用療效或安全性之影響。這個資料庫除了可以對臺灣族群之基因位點進行通盤的瞭解及認識，也可以協助精準醫療的發展。

全球也有其他類似的 BioBank 資料庫之收集，例如美國於 2018 年 5 月啓動之「All of Us」，也是一個精準醫療計畫，由美國國家衛生研究院（NIH）啓動，計畫收集 100 萬人之電子健康紀錄／電子病歷、健康問卷、身體生理檢測資料、血液及尿液檢體等，並至少追蹤十年。這項計畫的成功主要歸功於美國田納西州范德堡大學之醫學中心（Vanderbilt University Medical Center, VUMC）所建構之 BioVU 資料庫，VUMC 於 2004 年中，開始籌劃 BioVU [12]，算是院內精準醫療的資料收集、資料串連及使用流程之設計及運作的開端，BioVU 爲「All of Us」奠定良好的基礎。2016 年 NIH 選定范德堡醫學中心作爲生物資料庫及研究支援中心，協助美國「All of Us」之計畫執行，是個很好的典範。各國也紛紛開始長期追蹤其國人之基因資料，如英國、日本、瑞典、芬蘭等，並與其他數據庫進行串連，爲精準醫療及提升國民健康準備及努力。

臺灣除了 Taiwan BioBank 外，還有另外一個由中央研究院攜手數個醫療體系發起的「臺灣精準醫療計畫」（Taiwan Precision Medicine Initiative, TPMI），聚焦於華人常見疾病風險評估，運用藥物基因體學提升用藥安全，以期達到全齡精準健康的目標。此計畫從民國 107 年開始第一階段前驅計畫，以癌症爲收集之標的，也納入健康者之基因資料、臨床數據、生活環境相關資料，以個人精準化醫療爲目的，這也是臺灣以精準醫療發展爲目標的第二個重要的基因資料庫 [13]。

第二節　研究倫理議題──資料可以任意使用嗎？

資料可以任意收集或使用嗎？在醫學研究中，資料收集及使用規範，會受到人體試驗倫理委員會（IRB）所管制及約束，以確保受試者權益。通常在 IRB 申請案中，可分爲一般案件、簡易審查及免除審查三種類型。

一般案件計畫通常涉及新藥品、新醫療器材或施行新醫療技術之人體試驗計畫〔含上市後監測調查（PMS）及不符合簡易審查資格計畫〕，若需要受試者進行抽血（檢體收集）或填寫問卷資料填寫、特殊族群受試者（未成年、原住民、懷孕婦女、受刑人等之相關研究），通常不會列在簡審或免審中，需要簽署受試者同意書，並在受試者同意書中載明研究目的、樣本數、執行之程序（若是臨床試驗需說明治療程序及是否有侵入性）、受試者的責任、預期之利益、可能之風險、若有損害時之補償、可獲得之補助、隨時退出試驗之機制、資料的保密等，讓受試者知道此研究執行之過程及相關權益。IRB 對受試者之保護是嚴格且看重的，無論是受試者填寫之資料、辨別受試者之紀錄、或發表研究，這些資訊皆應保密，若涉及特殊族群，則 IRB 的委員，將審視計畫書內容是否有侵犯到此族群之權利，因此，一般案件審查對研究計畫中之研究倫理、研究參與者保護，考慮得更為周全 [14]。

大致上人體研究案在非以特殊族群為目標下，且研究滿足所規範之免審條件之一，即可**免除審查**，例如：在公開場合進行無記名及非互動且非介入之研究，無法辨別出個人資訊、研究計畫屬於最低風險者（受試者所受風險不高於未受試者），其他條件請見相關規範 [14]。目前簡審或免審案件，以資料庫研究為大宗，例如：健保資料庫研究、Taiwan BioBank 資料庫，以上資料在使用上皆以去識別化（de-identification）機制，無法識別出個人資訊，滿足免審之條件，而簡易審查則適用於研究計畫僅涉及微小風險的計畫案。

資料是可以任意使用嗎？當然不行，在人體試驗（醫療法所規範）、人體研究（人體研究法所規範）、人類研究（國科會研究倫理審查試辦方案所規範）的範圍下，皆受 IRB 之約束，以保護受試者之安全。未來使用資料時，應檢視研究屬於哪一類型，是否要先送 IRB 審核，審核通過後，再執行計畫，進行資料收集及分析。

第三節　資料說明與量性資料的呈現方式

本節與下一節將利用實際數據來介紹資料的呈現。在 2019 年底時，全球開始了一場重大且嚴重的流行疾病，各國籠罩在嚴重特殊傳染性肺炎（Covid-19）的風險下，截至 2021 年 2 月底為止，全球約有 260 萬多人因此疾病死亡，1.17 億

人感染此疾病，全球致死率約 2.23% [15]。臺灣因防疫提前部署，以及擁有高度的公共衛生教育素養，並遵守防疫規範：勤洗手、戴口罩、保持社交距離、出入實名制等，讓疫情得以控制，使得臺灣宛如第三世界般可以正常進行日常活動，但在 2021 年的 5 月份臺北市及新北市陸續爆發了疫情，從 5 月 20 日進行三級警戒，疫苗不足而無法廣泛性的施打，在疫苗的覆蓋率不足的情形下，疫情還是隨時有失控的可能性。疫苗的研究，是需歷經臨床試驗等過程，在 2020 年底各國開始施打疫苗，可望控制感染數，截至 2021 年 7 月部分國家第一劑的疫苗覆蓋率已達到 50% 以上，例如：美國施打一劑占人口比例約 55%，施打兩劑占人口比例約 47%，這對於群體的保護力才會逐漸發揮效用，在管制上才會慢慢解封，不過面對變種病毒，疫苗的保護力是如何還需要有更多證據予以證實。在 2021 年底全球受到變種病毒 omicron 影響，看似趨緩的疫情開始升溫，各國開始進行第三劑疫苗施打，不過感染此病毒的確診者多數是輕症，有流感化的趨勢，除了持續監測病毒之發展及動態外，自我保護機制仍不可忽視。

透過公開平台資料：Covid-19 全球疫情地圖，可以查詢臺灣每地區之確診數，以下的數據以臺北市為主要討論的區域，主要是因為這波疫情（2021/5）確診數最多的地區為臺北市及新北市，新北市的行政區域面積過大且過多，而部分的行政區域確診數皆仍很少，有時甚至為零確診，例如：金山區、石門區、石碇區……等等，因此，為了數據上容易表達，以臺北市的資料進行下列的數據應用，藉此瞭解各種常見統計圖之使用概況，也能瞭解這段時間臺北市市民 Covid-19 發生概況 [15,16]。這筆資料是在 Covid-19 全球疫情地圖中 ➜ 臺北市頁面 ➜「臺灣 Covid-19 縣市鄉鎮疫情表單（臺北市）」所下載資料，資料年度為 2021/3/20-2021/7/20，資料包含以下欄位，「個案研判日、縣市、鄉鎮、性別、是否為境外、年齡層」。這些資料已去連結，無法判定確診者為哪個特定者。另外，年齡以類別化表示，也是一種去連結的作法。資料安全及資料使用的權衡需要予以取捨，在前面的章節也提過資料安全的重要性，應要保護資料當事者之隱私。

一般而言，這些欄位稱為變數或變項（variables），每個欄位中有不同的資料類型，有量性或質性資料。上述變項皆為質性資料；原本年齡為量性資料，為了隱私考量或方便討論，已轉換為類別化之分組資料，更精確來說，年齡在此資料中為序位資料。將此變項切分為質性的序位型資料，這樣的作法在醫學資料分析上十分常見；因為不同年齡層者對於疾病發生的風險可能會有差異，所以在不同年

齡的組別下進行探討。由於此資料中，確診年齡未滿 5 歲者，皆記錄實際年齡，為了繪圖方便，在未滿 5 歲之族群也將其歸類至「0-4 歲」年齡層，以進行後續之分析。部分欄位含有空值或格式不吻合，在繪圖前已進行資料清理，並將年齡欄位資料重新整理，這樣的資料已很接近原始資料（raw data）。將以此資料做為本章之「範例資料」（圖 1.1），來瞭解臺北市的確診人數的變化。這筆資料請見本章附錄。

id		個案研判日	縣市	鄉鎮	性別	是否為境外移入	年齡層
1	id	個案研判日	縣市	鄉鎮	性別	是否為境外移入	年齡層
2	1	2021/7/20	台北市	北投區	男	否	20-39
3	2	2021/7/20	台北市	北投區	男	否	40-59
4	3	2021/7/20	台北市	北投區	男	否	40-59
5	4	2021/7/20	台北市	士林區	男	否	20-39
6	5	2021/7/20	台北市	大安區	女	否	60+
7	6	2021/7/20	台北市	萬華區	女	否	60+
8	7	2021/7/20	台北市	萬華區	男	否	20-39
9	25	2021/7/19	台北市	中正區	男	否	40-59
10	46	2021/7/18	台北市	信義區	男	否	40-59
11	47	2021/7/18	台北市	內湖區	女	否	60+
12	48	2021/7/18	台北市	內湖區	男	否	20-39
13	49	2021/7/18	台北市	士林區	男	否	40-59
14	50	2021/7/18	台北市	松山區	女	否	40-59
15	65	2021/7/17	台北市	中正區	男	否	40-59

圖 1.1：Covid-19 資料之示意圖

一、直方圖

直方圖（histogram）適合使用在量性資料，橫軸為量性資料，縱軸為個數或百分比。在此畫了兩個直方圖，分別以男性、女性為分層，呈現 Covid-19 確診者年齡之個數及百分比分布。由於本資料中，為保護個資，實際看到的變數為「年齡層」，為了能繪製此圖，故採用模擬方式，產生每個人之「偽年齡」，此「偽年齡」為量性資料。

拿到連續性的「偽年齡」資料後，在繪製直方圖時，需要針對數據先進行分組，一開始先決定每組之組距及組數，繪製次數分配表後，再根據表格內容進行直方圖的繪圖。現在電腦軟體發達，軟體繪圖時，會有預設的繪圖參數設定機制，這些參數即為組距及組數，然後將直方圖繪製出來。以下透過模擬後的「偽年齡」資料，以 5 歲為一組進行直方圖繪製，但這圖形應和「年齡層」變項所畫

出的圖形相仿。需要注意的是，直方圖的柱狀是相連接，在「質性資料」的長條圖中，每條柱狀是非相連接，以橫軸變項為量性或質性區分。

　　臺北市男性及女性確診人數之分布，可看出分布樣貌有些差異，女性中，以45-49 歲為確診人數最多，男性中，以 55-59 歲為最多人確診的組別。

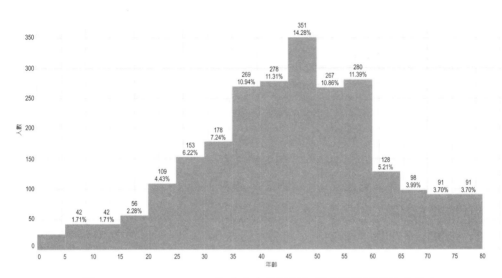

圖 1.2：2021/5~2021/7 臺北市女性確診年齡人數及百分比之分布

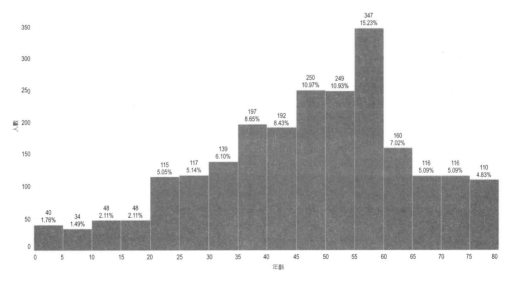

圖 1.3：2021/5~2021/7 臺北市男性確診年齡人數及百分比之分布

二、次數分配表

針對單一個量性變項，可以利用**次數分配表**（**frequency distribution table**）來呈現，步驟如下：

步驟 1：根據量性變項資料的分布，決定需要的「組別數」，稱之為 K。

步驟 2：根據全距（最大值－最小值，以 R 表示）及步驟 1 的組別數，決定每組的「組距（L）」，若實際收集資料為整數值，以 L=⌊R/K⌋ 為組距，（⌊2.3⌋=3，為無條件進入，在 R 函數以 ceiling(2.3) 計算，L 是否要取到小數位，仍需視實際資料是否有小數位而定）。這裡要注意第一組及最後一組，可能會發生資料太少的狀況，此時可考慮和鄰近組別合併；也可以視情形設定常用的組距，例如：成績用 10 分為組距、年齡常用 10 歲或 20 歲為組距。

步驟 3：依前兩步驟之組數及組距來定義組界為何，第一組之下組界、上組界為 [min, min+L]，第二組之下組界、上組界為（min+L, min+2L]（（x1，x2）：不包含 x1、包含 x2），以此類推定出每組之上組界及下組界，每組之組界皆需互斥，區間不能重疊，且最大值及最小值需皆包含在組別中。在醫學相關的研究中，在分組時為了好解釋，通常會以整數值或常用黃金標準做為組界而不一定會利用步驟 2 及 3 來決定。

步驟 4：再次確認每筆數據都需有歸屬的組別，每筆數據只能落到其中一組。

以上四個步驟為當資料是量性時，次數分配表製作的程序。直方圖是依賴次數分配表來繪製，很多軟體已有預設參數來幫忙資料分組，並畫出直方圖。

圖 1.2 及圖 1.3，橫軸為年齡，每組組距為 5 歲之直方圖，在年輕族群確診者的分布較少，柱子高度較低，在年長者，確診者數目較多；整體分布在左邊資料較少，大多數資料集中在右邊，這樣的分布就是典型的**左偏**（**skewed to the left, left skewed**）**分布**。此外，如果有兩個變項的量性資料，就難以利用次數分布表方式呈現，或需要使用複雜的展現方式，就不在本章討論的範圍了。

大數據的時代中，資料可能是高維度、非結構性資料，這樣的資料型態，可以利用視覺化或動態圖形的方式，才容易對資料內涵有所瞭解。如果讀者對數據的型態及圖表基本呈現已經有了基本概念，那麼當面對唾手可得的數據及大數據、處理及分析多樣化的資料時，就會更有信心了。

三、次數分配表範例練習

雖然科技發達，很多軟體都可以協助進行次數分配表製作、繪製直方圖，但為了讓讀者可以確實瞭解次數分配表之製作，以下利用例子練習及說明。若將 Covid-19 部分 50 人的資料進行年齡別之分析，資料如下，在 R 中命名為 covid1，以下為呈現此資料之指令，其他則可參考本章附錄的程式檔：

```
> covid1
 [1] 36 40 40 26 64 82 36 41 54 68 37 44 40 43 33 54 21 42 69 53 50 66
[23] 58  1 61 35  5  5 29 28 22 20 41 29 33 61 72 42 62 90 11 35 47 46
[45] 67 18 22 66 46 67
```

以下是 R 所陳述的五個敘述統計量（summary statistics）：最小值（min）、第一四分位數（Q1）、**中位數**（**median**）、第三四分位數（Q3）、最大值（max），加上平均數（mean），這些數值的適用性，將於本書第 2 章說明。

```
> summary(covid1)
Min.    1st Qu.  Median   Mean    3rd Qu.  Max.
1.00    30.00    41.50    43.16   60.25    90.00
```

在醫學統計分析中，年齡很少以量性資料的型式出現，多以質性資料出現（將量性資料類別化），且在組界劃分上，常使用以十位數數值劃分，或使用某些特定疾病常用之切點。例如，在失智症研究時，65 歲為常用之切點，小於 65 歲為早發型失智。在 covid1 資料年齡分布較廣，若以 20 歲為組距，組別數為 5 組，組界分別為 1-20、21-40、41-60、61-80、81 歲以上，製作次數分配表，由於此組數據皆到整數為止，故在定義組界時，只需取到整數點即可。

步驟 1：組別數＝ 5

步驟 2：每組組距＝ 20

步驟 3：組界分別為：1-20、21-40、41-60、61-80、81 歲以上，每組組界為互斥

步驟 4：每筆數據都需有歸屬的組別，每筆數據只能落到其中一組

表 1.1 為次數分配表，而圖 1.4 則為依照次數分配表所繪製之直方圖的結果。現代軟體皆可協助製作次數分配表及繪製，此例介紹實際繪製直方圖的過程，其橫軸為「年齡」，縱軸為「個數」，亦是呈現確診者年齡分布的做法之一。可參考本章附錄之 R 軟體之操作。

表 1.1：臺北市 50 位確診者年齡之次數分配表

年齡組別（歲）	次數	百分比	累積百分比
1-20	6	12%	12%
21-40	17	34%	46%
41-60	14	28%	74%
61-80	11	22%	96%
81 以上	2	4%	100%
合計	50	100%	

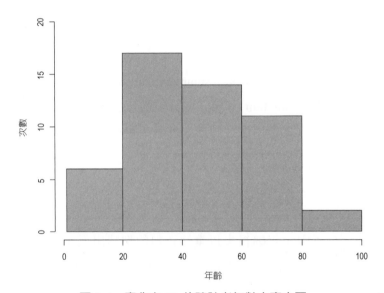

圖 1.4：臺北市 50 位確診者年齡之直方圖

四、盒形圖

　　盒形圖（**boxplot**）適合使用在量性資料，好處是可以看出資料的分布狀態，包含了第一四分位數（Q1）、中位數（Q2）及第三四分位數（Q3），這三個四分位數，顧名思義即將資料分成四等分，故最小值到 Q1 的資料占全資料量的 1/4，Q1 到 Q2 的資料也是占全資料量的 1/4，以此類推。

　　在圖 1.5 中，橫軸以每週爲單位，縱軸爲各行政區域之確診個數，臺北市共有 12 個行政區，此圖形呈現不同時間變化下之各區域確診數之分布，利用盒形圖呈述當週各行政區之分布情形，可以進行不同時間點確診數之比較。可看出從 2021/5 開始，臺北市疫情升溫，至 2021/5/31 當週，各行政區之確診人數達到高

峰，然後確診數漸漸往下降溫。圖上也顯示，在所有行政區內萬華地區確診數為最高，只有在 2021/6/21 當週例外，當週士林地區為最多人數確診，因發生某機構院內感染，不過馬上得到控制。

　　以 2021/7/5 為例，各行政區之確診人數之分布，由「最小值至 Q1」之距離很長，明顯大於「Q3 至最大值」的距離，這樣的分布稱為左偏分配，2021/6/21 也有相同的趨勢；若是像圖 1.6 之盒形圖的說明中，「最小值和 Q1」、「最大值和 Q3」，兩區間距離相近，且「Q1 和 Q2」、「Q3 和 Q2」，兩區間距離相近，則構成對稱分配（symmetric distribution）。整體而言，臺北市疫情於 7 月底得到控制，顯示臺灣地區在公衛政策決策及人民公衛素養都有高水準的表現。

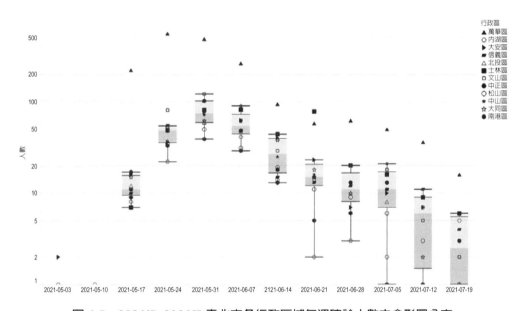

圖 1.5：2021/5~2021/7 臺北市各行政區域每週確診人數之盒形圖分布

　　盒形圖還有一種作用，可發現離群值（outlier），這樣的準則是在常態分配為假設下，小於 Q1−1.5×IQR（**最小內圍值，lower inner fence**），或大於 Q3+1.5×IQR（**最大內圍值，upper inner fence**）的值，定義為離群值。如圖 1.5 所示，在盒形圖之最大值及最小值外，仍有點註記，即為離群值，如萬華區常出現於離群值之標記中，其中 IQR 的定義為 Q3-Q1。

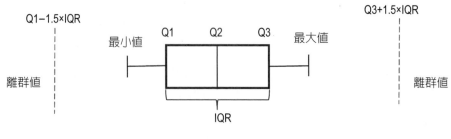

圖 1.6：盒形圖說明

五、散佈圖

　　散佈圖（scatter plot）適合用於量性資料，若是使用在質性資料，由於多樣性不足，無法提供足夠的訊息。一個變項的散佈圖，稱為一維散佈圖（one-dimension scatter plot）。除了一維散佈圖，也有二維散佈圖、三維散佈圖，其維度取決有多少變項要同時呈現在圖形中，三維以上之散佈圖比較複雜也更難看出變項間的相關性，若想一併呈現在同一圖形上，則需要用顏色或形狀代表第三維變項，或是利用**散佈圖矩陣**（scatter plot matrix），或用立體圖形予以呈現。二維散佈圖較常被使用，會用來瞭解兩變項間的相關性，兩者是呈現正向變化、負向、直線或曲線變化等，皆可以從二維散佈圖觀察出來。

　　因 Covid-19 範例檔資料多為質性資料，無法顯示二維散佈圖的好處，下面以收縮壓（SBP）及舒張壓（DBP）資料為例（圖 1.7），命名為 press，收集一般人之血壓數據（利用實際資料分布參數，以模擬方式生成資料），繪製二維散佈圖，以說明兩變項間之相關性。下圖是兩個變項（SBP 及 DBP）之分布，這個圖其實包含了三個變項，第三個變項是性別，由於性別是類別變項，可以用不同顏色或形狀標記，呈現於散佈圖中。從此圖中，可以觀察到收縮壓及舒張壓是呈現正相關，收縮壓較大，其舒張壓值較大，兩者呈相同方向的變化。如何利用統計方法，描述這兩者之關係呢？本書第 14 章，將介紹兩個量性資料之分析方法（此圖形之 R 的軟體請參考本章附錄）。

　　散佈圖的好處是可以將所有資料的位置都看清楚，是否有異常值？兩變項的分布為何？在下圖中之男性、女性分布是否有差異？皆可透過散佈圖看清楚，以瞭解資料的全貌。但若都是質性資料，則不適合以散佈圖呈現，例如：性別（男性、女性）、血型（O 型、A 型、B 型、AB 型），在畫出散佈圖時，只會有 8 個

點在圖上，則失去散佈圖呈現的優點及意義。

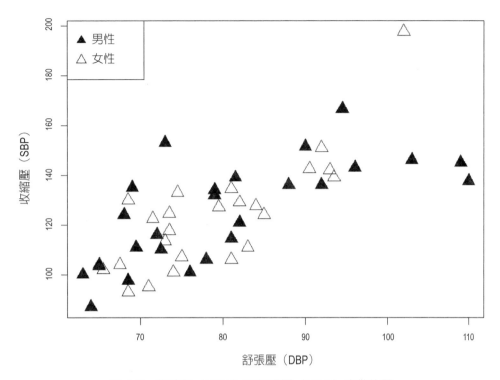

圖 1.7：收縮壓（SBP）及舒張壓（DBP）之散佈圖

第四節　質性資料——圖形及表格

一、長條圖

　　長條圖（bar chart）適合使用在質性資料，橫軸為質性變項，縱軸為個數或百分比。下圖是利用「範例資料」進行不同年齡人數及百分比統計之長條圖，原始資料之年齡轉變成「年齡層」變項，為序位資料。在圖 1.8 中，橫軸為年齡層，縱軸為人數及百分比。從確診個數而言，以 70 歲以上的比例最高，臺北市確診者的整體趨勢，各年齡層的確診數會隨著年齡層的上升而增加。

　　再利用「範例資料」分析各區域確診數之年齡層分布之比較（圖 1.9），將年齡合併為四個族群，橫軸為臺北市之各行政區域別，這樣的作法，無法比較哪個行政區的居民比較容易確診，在此是以台北市總確診人數為分母，而非以特定行

政區之總人數為分母。而討論各年齡層之確診占比大小，可比較各行政區下之確診年齡層的分布；以萬華區為例，此區診確者之年齡層在 20-39 歲者占本區總確診數的 14%。在中山區及南港區中，40-59 歲年齡層之確診比例（分別為 28% 與 27%），單單就數字上之大小，比全市其他區的比例都來得低，或許跟所在區域之年齡人口分布數有關，無法直接解釋因果相關性。

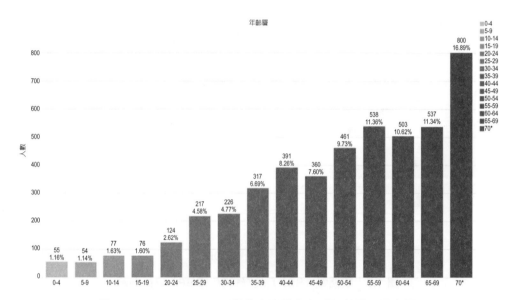

圖 1.8：2021/5~2021/7 臺北市確診者之「年齡層」長條圖

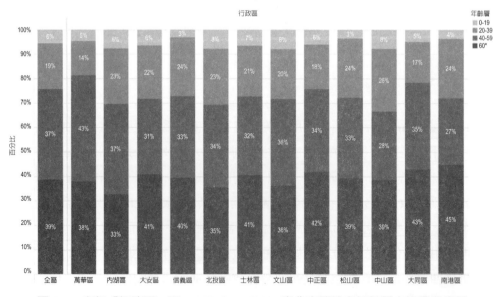

圖 1.9：在每「行政區」下，2021/5~2021/7 臺北市確診者年齡層之堆疊長條圖

二、次數分配表

資料呈現的另一種方式是利用表格,「範例資料」之「年齡層」已是將原始資料整理成次級資料,也是從網站下載的資料。

(一) 一個質性變項

質性資料的次數分配表,又稱為**列聯表**(**contingency table**)。在前述的圖 1.8 長條圖中畫出各年齡層的確診人數及比例,在繪圖的過程中,應先整理出次數分配表形式,進行**年齡層人數的統計後,再計算百分比**,才能將圖 1.8 正確畫出來。當質性資料整理成表格形式,通常會以**個數及百分比**在表格中呈現。在此百分比(percentages)也稱為比例(proportions)。如表 1.2 所示:

表 1.2:2021/5~2021/7 臺北市確診者年齡層之次數分配表

年齡層	人數 (%)	年齡層	人數 (%)
0-4	55 (1.16%)	40-44	391 (8.26%)
5-9	54 (1.14%)	45-49	360 (7.60%)
10-14	77 (1.63%)	50-54	461 (9.73%)
15-19	76 (1.60%)	55-59	538 (11.36%)
20-24	124 (2.62%)	60-64	503 (10.62%)
25-29	217 (4.58%)	65-69	537 (11.34%)
30-34	226 (4.77%)	70+	800 (16.89%)
35-39	317 (6.69%)		

表中可看出各年齡層之人數及百分比的分布,其中感染 Covid-19 的年齡層,以 70 歲以上者為最多,占所有確診者的 16.89%;所有類別的百分比相加總為 100%,這樣的表格有利後續的畫圖(圖 1.8)。質性資料皆以此原則進行次數分配表及圖形繪製,例如:性別,分為男性、女性,可計算確診者性別分布,如表 1.3 所示:

表 1.3:2021/5~2021/7 臺北市確診者性別之次數分配表

	男性	女性
人數	2,278	2,458
百分比 (%)	48.10%	51.90%

以性別變項而言，女性確診者比男性來得多，男性確診的百分比和女性確診的百分比相加總應為 100%，縱軸（Y 軸）也可以用人數或百分比，來呈現資料的分布狀況。軟體使用很方便，使得在統計數值時，很少會需要親自統計數值及百分比，軟體都可以幫忙計算出結果。

（二）兩個質性變項

若要呈現兩個質性資料時，也可以利用次數分配表來描述資料分布的概況。圖 1.9 為兩個質性資料呈現的形式（行政區及年齡層）。在製圖的前一步驟，需要整理次數分配表，才能順利繪圖，在各行政區下，確診者年齡層之分布（將年齡層簡化為四個分組：少於 20 歲、20-39、40-59、60 歲以上），如表 1.4 所述，每行政區之加總為 100%，也是在進行不同行政區比較時的一種標準化過程。

表 1.4：2021/5~2021/7 臺北市各行政區，確診者年齡層之次數分配表

行政區	少於 20 歲		20-39		40-59		60 歲以上		總和
	人數	%	人數	%	人數	%	人數	%	
士林區	26	6.62%	81	20.61%	126	32.06%	160	40.71%	393(100%)
大同區	15	5.00%	50	16.67%	106	35.33%	129	43.00%	300(100%)
大安區	18	6.36%	62	21.91%	87	30.74%	116	40.99%	283(100%)
中山區	22	7.77%	73	25.80%	79	27.92%	109	38.52%	283(100%)
中正區	17	6.14%	50	18.05%	94	33.94%	116	41.88%	277(100%)
內湖區	13	7.74%	38	22.62%	62	36.90%	55	32.74%	168(100%)
文山區	29	7.95%	74	20.27%	130	35.62%	132	36.16%	365(100%)
北投區	18	7.79%	53	22.94%	78	33.77%	82	35.50%	231(100%)
松山區	6	3.41%	43	24.43%	58	32.95%	69	39.20%	176(100%)
信義區	9	3.20%	67	23.84%	94	33.45%	111	39.50%	281(100%)
南港區	5	3.68%	33	24.26%	37	27.21%	61	44.85%	136(100%)
萬華區	84	4.56%	260	14.11%	799	43.35%	700	37.98%	1,843(100%)

表中可以看出士林區之確診者年齡層的分布，例如小於 20 歲者，大約 6.62%，計算方式為 26/393=0.0662，表示此年齡層占士林區總確診數的 6.62%；而士林區確診者之年齡層分布最多者為 60 歲以上，約占士林區總確診數的 40.71%。這樣的百分比，稱為條件百分比（conditional percentages）或條件比例（conditional proportions），給定在不同行政區下，各年齡層所占的百分比。若要比較不同行政區，疫情之嚴重度時，若直接比較各行政區確診者的個數，這樣的作法有失公

允，也容易被數據誤導，因不同行政區之人口數分布不同，若用百分比予以比較，較爲合適。雖然這是個簡單的概念，但在數據解讀中，常被誤用，學習統計學之後，可以讓大家正確解讀數據、且具獨立思考能力。

　　另一個例子，是在性別中呈現確診者年齡層分布的概況，可見表 1.5 所示。男性中，確診者最多的年齡層爲 60 歲以上，而女性中，爲 40-59 歲，這也是條件百分比呈現方式。不同性別中，其年齡分布是否相同可透過檢定的方式來瞭解。（於本書之第 11 章介紹）

表 1.5：2021/5~2021/7 臺北市確診者，不同性別下年齡層之次數分配表

人數（%）	男性	女性
少於 20 歲	138 (6.06%)	124 (5.04%)
20-39	403 (17.69%)	481 (19.57%)
40-59	726 (31.87%)	1,024 (41.66%)
60 歲以上	1,011 (44.38%)	829 (33.73%)
總和（%）	2,278 (100%)	2,458 (100%)

總　結

　　本章陳述的重點爲以下四點：

1. 要了解關於數據的重要性，以及在資料科學上所扮演的角色。資料可分爲結構化及非結構化資料：在結構化資料部分，可分爲量性資料及質性資料，爲本書介紹的統計方法所運用的資料。

2. 數據的來源有很多面向，包含政府普查資料、臨床數據、健保資料庫、生物資訊資料庫。這些都是具特色、代表性或政府所提供的資料，但別忘了，當讀者要進行相關研究時，也需要依據不同的目的來進行資料的收集。

3. 資料可以任意被使用嗎？當然不行，若是去連結（de-linked）資料，在使用上問題比較小，未來的研究中，若有需要自己進行資料收集，是關於人體試驗、人體研究或人類研究，皆要經過 IRB 通過才可執行。

4. 當收集完資料時，第一步驟是如何瞭解資料，讀者可以利用圖形的方式來進行資料的瞭解，不同的資料類型使用的圖形也有所不同，這些圖形可以瞭解資料的分布狀況，是否有極端值或異常值出現在資料中；此外，也可以配合表格數據的整理來瞭解更精細的資訊。

關鍵名詞

質性資料（qualitative data）

類別資料（categorical data）

序位資料（ordinal data）

量性資料（quantitative data）

間斷型資料（discrete data）

離散型資料（discrete data）

連續型資料（continuous data）

計數資料（count data）

人口普查（census）

抽樣調查（sample survey）

母體（population）

樣本（sample）

人體試驗倫理委員會（The Institutional Review Board, IRB）

全民健康保險資料庫（National Health Insurance Research Database, NHIRD）

臺灣人體生物資料庫（Taiwan BioBank）

精準醫療（precision medicine）

直方圖（histogram）

次數分配表（frequency distribution table）

左偏分布（skewed to the left, left skewed）

中位數（median）

盒形圖（box plot）

最小內圍值（lower inner fence）

最大內圍值（upper inner fence）

四分位距（IQR）

散佈圖（scatter plot）

散佈圖矩陣（scatter plot matrix）

長條圖（bar chart）

列聯表（contingency table）

複習問題

1. 健保資料庫和生物資料庫有何不同，請就收集對象、資料內容，予以討論。

2. 請舉一例子，說明母體及樣本之差異。

3. 請針對普查及抽樣調查，說明兩種調查之優缺點、使用時機。

4. 在進行資料收集前，需要經過研究計畫書撰寫，並經過人體試驗倫理委員會（IRB）之審核，請說明此委員會之功能。

5. 在資料庫串接過程，常聽到去識別化（de-identified）及去連結（de-linked）之詞，請以例子說明此兩種方式資料保護之差異。

6. 在大數據時代中，常見的資料型態為結構（structured）及非結構化（unstructured）資料，請以例子說明兩種資料的差異。

7. 請從 Kaggle 資料庫中抓出一個資料集，須包含量性資料及質性資料。
   (1) 說明這組資料的欄位變數及收集的目的為何？
   (2) 使用量性資料畫出盒形圖，並說明此變項之分布樣態。
   (3) 使用質性資料畫出長條圖，並說明此變項之分布樣態。

8. 說明質性資料有哪些？類別資料及序位資料之差異？並舉幾個例子說明之。

9. 說明量性資料有哪些？間斷資料及連續資料之差異？並舉幾個例子說明之。

10. 利用散佈圖章節 press 資料檔，利用熟悉的軟體，畫出下列圖形：
    (1) 分別畫出 SBP、DBP 之盒形圖。
    (2) 比較 (1) 之兩盒形圖之差異。
    (3) 在 (1) 之圖中，是否有離群值發生？

11. 以下為調查公衛系學生之統計學成績如下（可使用熟悉軟體、或手寫計算）：
    89, 71, 63, 77, 80, 91, 69, 73, 79, 95, 88, 92, 81, 52, 83, 66, 86, 78, 70
    (1) 請製作次數分配表，決定組數、組距、組界，並進行分組及次數、百分比之計算。
    (2) 使用常用的組距（以 10 分為組距）決定組數及組界（例如：50-59，60-70……）。
    (3) 若此資料要進行圖形繪製，以瞭解資料分配概況，請說明會使用什麼圖

形，並進行圖形繪製。

12. 利用「範例資料」計算各行政區確診人數及比例，並繪製長條圖。

13. 利用 covid1 資料（50 位確診者），進行盒形圖繪製，並列出：第一四分位數、中位數、第三四分位數、最小內圍值、最大內圍值，並說明是否有離群值。

14. 以下是失智症年齡分配之概況，已將年齡變項類別化為質性資料（1：大於等於 65 歲，0：小於 65 歲），小於 65 歲者為早發型失智症。

id	1	2	3	4	5	6	7	8	9	10	11	12	13	14
年齡	1	1	0	1	0	1	1	1	1	0	0	1	1	1
性別	M	F	F	F	M	M	F	M	M	M	F	F	F	M

(1) 想瞭解男生、女生在失智症之分配是否有差異，應如何比較？要怎麼設計次數分配表？

(2) 想瞭解男生、女生在失智症之分配是否有差異，應如何比較？要繪製何種圖形？

(3) 綜合以上之結果，請說明結論為何。

15. 利用 press 資料檔，回答下列問題：

(1) 分別以性別，畫出 SBP 之盒形圖。

(2) 比較男、女之兩盒形圖差異。

(3) 分別計算不同性別下，SBP 之中位數及 IQR 之值。

引用文獻

1. 維基百科：資料科學。

2. Hastie T, et al. The elements of statistical learning, Section 2.2. Springer, 2008.

3. 109 年人口及住宅普查。https://www.stat.gov.tw/np.asp?ctNode=546。

4. 106 年老人狀況調查。https://dep.mohw.gov.tw/dos/cp-1767-38429-113.html。

5. 行政院衛生署：藥品優良臨床試驗準則。

6. 行政院衛生署：醫療機構人體試驗委員會組織及作業基準。

7. 衛生署藥政處：藥品優良臨床試驗規範（Guidance for Industry: Good Clinical Practice）。

8. 行政院網頁，首頁 → 政策與計畫 → 重要政策 → 多元應用全民健保資料庫，108-10-01。https://www.ey.gov.tw/Page/5A8A0CB5B41DA11E/87d0d0cd-ecb8-4035-b6e0-976eaad449b8。

9. ICD-10. https://zh.wikipedia.org/wiki/ICD-10.

10. 人權團體。https://www.tahr.org.tw/cases/NHID。

11. Taiwan BioBank. https://www.twbiobank.org.tw/

12. BioVU. https://www.vumc.org/dbmi/biovu.

13. TPMI. https://tpmi.ibms.sinica.edu.tw/www/.

14. 行政院衛生署公告「得免倫理審查委員會審查之人體研究案件範圍」。

15. 政府公開平台。https://data.gov.tw/about。

16. COVID-19 全球疫情地圖：各縣市區域每日新增確診圖表。https://covid-19.nchc.org.tw/city_confirmed.php?mycity=%E5%8F%B0%E5%8C%97%E5%B8%82。

附錄一：圖 1.1 的資料

資料下載連結：

https://coph.ntu.edu.tw/uploads/root/kpchen/KPC_BS2023_EX.zip

附錄二：R 軟體

次數分配表及直方圖繪製

> covid1　# 資料名稱為 covid1

> summary(covid1) # 最小值、第一四分位數、中位數、平均數、第三四分位數、最大值

> head(covid1) # 看前 6 筆資料

分組及計算次數

> age_group=(covid1<=20)+2*(covid1>20 & covid1<=40)+3*(covid1>40 &

```
        covid1<=60)+4*(covid1>60 & covid1<=80)+5*(covid1>80)
```

計算百分比

```
> contengency=table(age_group)
```

```
> prop.table(contengency)
```

直方圖一次數

```
> hist(covid1,freq = T, breaks=c(1,20,40,60,80,100), ylim=c(0,20), ylab=" 次
    數 ",xlab="Covid-19 年齡分布 ")
```

折線圖

```
百分比 =c(0.12, 0.34, 0.28, 0.22, 0.04)
```

```
年齡 =c("1-20","21-40","41-60","61-80","81 以上 ")
```

```
Y=data.frame( 年齡 , 百分比 )
```

```
ggplot(Y, aes(x = 年齡 , y = 百分比 , group = 1)) + geom_line() +
  geom_point(size = 4, shape = 22, colour = "darkred", fill = "pink")
```

SBP 資料

```
> press$SBP
```

```
[1] 116.0 137.5 122.5 139.0 113.5 124.0 143.0 110.0 136.0 87.0 101.0
```

```
[12] 127.5 93.0 130.0 124.5 134.5 197.5 133.0 117.5 136.0 142.5 166.5
```

```
[23] 111.0 124.0 151.0 129.0 153.0 127.0 106.0 100.0 134.0 114.5 102.0
```

```
[34] 121.0 151.5 95.0 104.0 101.0 103.5 104.0 145.0 106.0 142.0 97.5
```

```
[45] 146.0 132.0 111.0 135.0 107.0 139.0
```

DBP 資料

```
> press$DBP
```

```
[1] 72.0 110.0 71.5 93.5 73.0 68.0 96.0 72.5 92.0 64.0 76.0
```

```
[12] 84.0 68.5 68.5 73.5 81.0 102.0 74.5 73.5 88.0 90.5 94.5
```

```
[23] 69.5 85.0 92.0 82.0 73.0 79.5 78.0 63.0 79.0 81.0 65.5
```

```
[34] 82.0 90.0 71.0 67.5 74.0 65.0 65.0 109.0 81.0 93.0 68.5
```

```
[45] 103.0 79.0 83.0 69.0 75.0 81.5
```

```
> press$gender
```

```
[1] 1 1 0 0 0 1 1 1 1 1 1 0 0 0 0 0 0 0 0 1 0 1 1 0 0 0 1 0 1 1 1 1 0 1
```

```
[35] 1 0 0 0 1 1 1 0 0 1 1 1 0 1 0 1
```

二維散佈圖 (SBP and DBP)

```
> plot(x=press$DBP,
```

```
     y=press$SBP,
     xlab=" 舒張壓 (DBP)",
     ylab=" 收縮壓 (SBP)",
     pch=2,        # 點的圖形
     cex=2)
> male_cvd1 <- press[press$gender==1, ]   # 找出男性的資料
# 標上藍色的三角實心點
> points(x=male_cvd1$DBP,
     y=male_cvd1$SBP,
     pch=17,        # 點的圖形
     col="black",  # 顏色
     cex=2)        # 標記大小
> legend("topleft",  # 圖示表示在右上角
     pch =c(17, 2),     # pch 代表點的圖案
     legend = c(" 男性 ", " 女性 "),
     col=c("black", "black"),  # 顏色
     cex=1.5   # 大小 )
```

第 2 章
瞭解與表達資料的特性

梁富文　撰

學習目標

一、認識參數與統計值

二、瞭解何謂變數，認識變項尺度以及變項在不同尺度的轉換

三、能夠表達數值資料的特性

四、認識且能描述資料中心位置與離散程度的測量數值

五、能夠表達質性資料的特性，能瞭解標準化的目的與應用情境

前　言

在第 1 章裡提到使用視覺化圖形可以概略地掌握資料的樣貌，像是資料的分布情形（distribution）或範圍。但為了更具體地瞭解資料，可以使用一些統計測定數（或稱**統計量 statistic**），例如平均數、標準差、死亡率、勝算比和相對風險等，來描述資料型態、探討變數間相關性或是量化風險。例如以下時常看到的描述：「主計總處公布 2019 年我國家庭所得分配情形，每戶可支配所得中位數為新臺幣 90.5 萬元，平均數是 106.0 萬元。」，「國小一年級男童的身高平均值為119.0 公分，標準差 6.5 公分」，這些數值都是從收集到的資料整理而得，用以描述家庭所得分配情形，或是國小男童身高的分布概況。

本章首先將介紹母體與樣本，說明資料的類型以及測量尺度，進一步介紹如何描述各類型資料的特性。例如，為了評估與比較族群的健康狀態，死亡率是常用的國際衛生指標，用以描述族群的死亡情形，也是人口學家、流行病學家以及精算學家常用的分析工具。本章最後利用人口統計資料說明**率**（**rate**）的計算，進一步介紹標準化的概念，以及**直接標準化**、**間接標準化**的應用情境。

第一節　母群體參數與樣本統計量

統計是將大量的數據或資料經過整理與分析，轉化為資訊的過程。**母群體**（又稱**母體**，**population**）是人們想要研究的對象全體，可以是一群人、物體、事件或是機構等。用來描述母群體特徵的數值稱之為**參數**（**parameter**）。例如某研究想瞭解臺灣 19 歲以上成年人的空腹血糖值，此研究的母體即為「臺灣 19 歲以上成年人」，該母群體的平均空腹血糖值會是這個母群體的參數；又例如某研究想瞭解高雄市 65 歲以上老人的身高，則「高雄市 65 歲以上老人」為此研究的母體，而該母體的平均身高即為參數。然而，母體有時是難以界定或無限大的，以致母體無法完整被觀察，母體參數亦無法直接求得。例如某研究欲瞭解臺灣糖尿病患者的血糖值，但卻無法確切掌握臺灣的糖尿病患者究竟有多少人，又例如欲研究某公司生產的疫苗是否符合標準，但該公司已生產與將生產的疫苗是一個數量持續增加的母群體。由於母群體難以直接觀察，便可以從欲研究的母體中抽取一部分的個體作為**樣本**（**sample**）進行實際觀察或測量，再利用樣本提供的資訊推

論母體特徵。如何適當選取具有母群體代表性樣本的方法將在後面章節做介紹。
統計量（**statistic**）是描述樣本資料特徵的數值，例如民國 102-105 年國民營養
健康狀況變遷調查報告中提及 19 歲以上成年人的空腹血糖平均值 101.4（mg/dL）
即為統計量 [1]。為瞭解高雄市 65 歲以上老人的平均身高，高雄市政府社會局委
託研究於民國 102 年選取 2,035 位 65 歲以上市民，測得其平均身高為 159.84 公
分。前述 2,035 位 65 歲以上老人即為樣本，159.84 公分即為統計量 [2]。

第二節　變數尺度與各尺度間的轉換

　　資料是從觀察或測量社會或自然現象收集而來，如第 1 章所述，依其型
態可分為質性與量性資料。**質性資料**（**qualitative data**）又稱類別資料，是依
類別加以分類，例如膚色、血型等；以數值表示或計量的資料則屬於**量性資料**
（**quantitative data**），例如年齡、身高等。資料中表達一個現象或特徵的屬性稱
為一個**變數**（**variable**），又稱變項，而變數的數值稱為**觀察值**（**observation**）。
變數相對於常數（定值），每次觀察或測量所得的結果可能不同。例如針對 65 歲
以上老人收集了身高、體重、性別、婚姻狀況等，這些都可作為研究的變數。
每位老人的體重不盡相同，同一位老人每隔半年或一年測得的體重值也可能有變
動。變數依其被觀察或測量尺度的特性可分為**等比變數**（**ratio variable**）、**等距變**
數（**interval variable**）、**名目變數**（**nominal variable**），以及**序位變數**（**ordinal**
variable），各尺度變數適用的統計分析方法不同。一般而言，名目及序位變數屬
於質性資料，等距及等比變數屬於量性（計量）資料。

1. 名目變數：使用分門別類的方式來記錄所觀察或測量到的資料性質，例如存活狀
   態、性別、種族、顏色種類等。在資料處理上可以直接給予名稱，例如死亡 /
   存活、男性 / 女性，阿美族 / 卑南族 / 魯凱族 / 排灣族等，也可以將各分類加
   以編號，例如阿美族為 1，卑南族為 2，魯凱族為 3，排灣族為 4，但數值只是
   代號，不代表排灣族大於阿美族的大小關係。針對名目變數，常使用次數、百
   分比、眾數、圓餅圖等呈現其資料分布情形。

2. 序位變數：使用等級或順序的方式記錄研究個體的特徵或態度，例如教育程
   度、名次、滿意度等。在問卷調查中常看到詢問顧客對於餐廳服務的滿意程
   度，例如非常不滿意為 1，不滿意為 2，還可以為 3，滿意為 4，非常滿意為

5。序位變數可以表達強度或程度的不同，例如滿意程度非常滿意比滿意更高，但並不知道滿意度高多少。此時，常使用中位數、範圍、四分位距等呈現序位變數的資料。

3. 等距變數：使用可以相互比較差度的方法來觀察或測量資料性質的變數，數值不只有大小之分，還可以做加減運算計算相差多少，但不可以計算倍數。等距變數的每個單位大小均相同，且具有任意 0 點的特性，例如攝氏溫度，攝氏 35°C 比 15°C 高 20°C，攝氏 40°C 與 20°C 同樣相差 20°C，攝氏 0°C 並非代表沒有溫度。爲了瞭解等距變數資料的分布情形，可以計算平均數及標準差，或是偏斜的資料則常以中位數及四分位距表示。

4. 等比變數：使用可以相互比較倍數的方法來記錄資料的變數，例如身高、體重、速度、絕對溫度、時間間隔等。在資料中除了表達「=、≠、>、<」的訊息，可以透過加減運算瞭解差距之外，亦可進行乘、除運算計算倍數差異，例如將體重以公斤表示，甲的體重爲 90 公斤，乙的體重爲 45 公斤，則甲比乙重，甲和乙的體重相差 45 公斤，且甲的重量是乙的兩倍；用此方法所傳達的訊息最豐富。等比變數具有絕對的 0 點，也就是「沒有」是眞實存在的，例如重量 0 克。

四種尺度變數之間可以由訊息較多的等比變數轉換爲訊息較少的等距、序位，以及名目變數，但無法由名目變數轉換爲其他較多訊息的變數。例如表 2.1，氣溫的量測以絕對溫度（°K）表示，屬於等比變數。將絕對溫度改以「攝氏溫度」表示，則變爲等距變數；依溫度高低給予序號等級，最低溫爲 1，其次爲 2，以此類推，則變爲序位變數；將溫度以任一基準（例如絕對溫度 250°K）分爲冷、熱兩類，則變爲名目變數。

表 2.1：不同尺度變數間的轉換範例

等比變數	173°K	223°K	273°K	323°K	373°K
等距變數	−100°C	−50°C	0°C	50°C	100°C
序位變數	1	2	3	4	5
名目變數	冷	冷	熱	熱	熱

許多時候在擬定研究需要收集哪些資料時，就確定了變數的測量尺度，例如，性別、婚姻狀態屬於名目變數。但有些時候會視情況決定測量尺度，例如收入，研究者可以詢問受訪者的實際薪資，以中位數呈現研究個案的收入分布

情形，也可以將薪資切分級距，例如 10,000 元以下、10,001 元至 30,000 元、30,001 元至 50,000 元、50,001 元以上，以眾數或次數分布呈現。在資料收集階段盡可能收集訊息較豐富的資料，有利於資料分析的多樣性。

第三節　描述數值資料的特性

一、資料的集中趨勢

由於資料具有集中分布的特性，研究者可以採用一個測定數來測量它，並以之作為數據群體的代表值。集中趨勢測量數雖然有很多種，但各種表示法之間並無絕對的優劣，實際的應用應依據應用的場合和統計資料的特性來取捨。以下將介紹三種用來代表數據集中趨勢的測定數：平均數、中位數和眾數。

（一）平均數

平均數（mean）是用以描述資料集中趨勢最常見的測量，又細分為算術平均數、幾何平均數、調和平均數、加權平均數。**算術平均數**（arithmetic mean）是指資料中各觀測數值的總和除以觀測個數所得的商。假若從 N 個個體的母群體中觀測到 n 個數值，將其標示為 $x_1, x_2, ..., x_n$，其中 x_1 表示第一個觀測的數值，x_2 是第二個觀測值，依此類推至 x_n，n 為樣本個數，則該組資料的平均數以 $\bar{x}$ 表示，稱為**樣本平均值**（sample mean），

$$\bar{x} = \frac{x_1 + x_2 + \cdots + x_n}{n} = \frac{1}{n}\sum_{i=1}^{n} x_i$$

而母群體的平均數以 μ 表示，也稱為**母體平均值**（population mean），

$$\mu = \frac{x_1 + x_2 + \cdots + x_N}{N} = \frac{1}{N}\sum_{i=1}^{N} x_i$$

範例一：某病患過去七天的血糖值分別為 8.2 mmol/L, 9.5 mmol/L, 9.5 mmol/L, 6.3 mmol/L, 4.6 mmol/L, 5.8 mmol/L, 7.3 mmol/L，則該病患過去七天的血糖平均值為 7.3 mmol/L。

$$\frac{8.2 + 9.5 + 9.5 + 6.3 + 4.6 + 5.8 + 7.3}{7} = \frac{51.2}{7} \approx 7.3$$

如果使用程式軟體 R 計算，可以先建立 x 向量再取得平均值，即

```
x <- c(8.2,9.5,9.5,6.3,4.6,5.8,7.3)
result.mean <- mean(x)
print(result.mean)
```

加權平均數（**weighted mean**）是將每個觀察值乘以所屬權重後加總，再除以權重總和所得之商。假設 n 個觀察值（$x_1, x_2, ..., x_n$），各觀察值相對應的權重為（$w_1, w_2, ..., w_n$），則該組資料的加權平均數為

$$(x_1 w_1 + x_2 w_2 + \cdots + x_n w_n)/(w_1 + w_2 + \cdots + w_n) = \sum_{i=1}^{n} x_i w_i \bigg/ \sum_{i=1}^{n} w_i$$

加權平均數考量了各觀察值對整體平均數的貢獻不同，若各觀察值的權重相等，則加權平均數等於算術平均數。加權平均數常用於成績計算、抽樣調查研究或統合分析上。

範例二：某課程的學期成績評分方式如下：

評分項目	上課出席	期中考	期末考	平時小考	平時作業
占總成績之比例	10%	30%	30%	15%	15%

一位學生於該課程的得分情形為：每堂課皆出席，上課出席 100 分，期中考 60 分，期末考 85 分，平時小考 88 分，平時作業每次皆準時繳交得 100 分。依各評分項目之權重計算該位學生的學期成績，最終該生的學期成績為 81.7 分。

$$\frac{100 \times 10 + 60 \times 30 + 85 \times 30 + 88 \times 15 + 100 \times 15}{10 + 30 + 30 + 15 + 15} = 81.7$$

如果使用 R 計算，分別建立觀察值與權重向量，再取得加權平均值，即

```
a<- c(100,60,85,88,100)
wt<- c(10,30,30,15,15)
weighted.mean(a,wt)
```

大學申請入學甄選總成績的計算方式亦為加權平均數之應用，如範例三。

範例三：某學系的個人申請甄選總成績計算方式如下表：

科目	英文	數學 A	自然	審查資料	面試
學測成績採計方式	1.25	2	1	-	-
占甄選總成績比例		30%		40%	30%

甲生的學科能力測驗成績為：英文 13 級分，數學 A 為 11 級分、自然 12 級分。
審查資料成績為 85 分，面試成績為 88 分，則該生的甄選總成績為 84 分。

$$\frac{13 \times 1.25 + 11 \times 2 + 12 \times 1}{15 \times 1.25 + 15 \times 2 + 15 \times 1} \times 30 + \frac{85}{100} \times 40 + \frac{88}{100} \times 30 \approx 84.0$$

幾何平均數（**geometric mean**）是指 n 個正數乘積的 n 次方根，常用於成長率或金融投資的利率上。假設有 n 個正數，$x_1, x_2, ..., x_n$，則該組數值的幾何平均數為 $\sqrt[n]{x_1 \times x_2 \times ... \times x_n}$。

範例四：某銀行的一年期定存利率在民國 97 年為 2.62%，民國 98 年為 1.39%，民國 99 年是 0.83%，民國 100 年則是 1.08%。該銀行民國 97 年至 98 年的幾何平均年利率為 1.91%，而民國 97 年至 100 年的幾何平均年利率為 1.34%。

$$97 \text{ 年至 98 年的幾何平均年利率} = \sqrt{0.0262 \times 0.0139} \approx 0.019084 \approx 1.91\%$$
$$97 \text{ 年至 100 年的幾何平均年利率} = \sqrt[4]{0.0262 \times 0.0139 \times 0.0083 \times 0.0108}$$
$$\approx 0.01344 \approx 1.34\%$$

調和平均數（**harmonic mean**）是指一組資料每個觀察值倒數的算術平均數之倒數，概念上調和平均數給予數值較大的觀察值較小權重，賦予數值較小的觀察值較大權重，此測量數常應用於平均速率的計算。假設有觀察值 $x_1, x_2, ..., x_n$，則該組數值的調和平均數為

$$\frac{n}{\frac{1}{x_1} + \frac{1}{x_2} + \cdots + \frac{1}{x_n}}$$

範例五：一輛公路客運由臺北轉運站往返臺中轉運站，去程的時速為 100 公里／小時，回程時速為 80 公里／小時，則該輛客運的平均時速為 88.9 公里／小時。

$$\frac{2}{\frac{1}{100} + \frac{1}{80}} \approx 88.89$$

（二）中位數

中位數（**median**）是將資料中每個觀測值由小到大加以排序，落在中央位置的數值就是中位數，中位數前面和後面的觀測值個數相同，此數值可以代表該群資料的集中情形。當觀測值的個數為奇數時，排在最中間的數值即為中位數；當觀測值的個數為偶數時，則位於中間的兩個觀測值的平均即為中位數。

範例六：以病患血糖值爲例，將其過去七天血糖值由小到大排序，4.6, 5.8, 6.3, 7.3, 8.2, 9.5, 9.5，血糖值測量次數爲奇數，最中間值落在序位爲 4 的數值，因此該病患過去七天血糖值的中位數爲 7.3 mmol/L。

如果使用 R 計算，可利用前例建立的 x 向量搭配中位數指令，即

```
result.median <- median(x)
print(result.median)
```

（三）衆數

衆數（**mode**）是指一組統計資料中次數出現最多的數值。一組資料可能出現多個衆數，造成多峰的資料分布型態；而當每個數值出現的次數一樣則衆數並不存在。

範例七：以上述血糖值資料爲例，因 9.5 mmol/L 出現 2 次，因此過去七天血糖值的衆數爲 9.5 mmol/L。

二、資料的離散情形

雖然集中測量數可以呈現資料的中心位置與集中情形，但要瞭解一組資料的完整樣貌，還需要知道資料的分散程度，避免被誤導。

（一）全距

將一組資料中的最大值減去最小值所得的數值即爲**全距**（**range**），可以用來檢視資料各觀測值間的最大差距，瞭解一組資料的離散或變異情形。

範例八：以前述血糖值資料爲例，該位病患過去七天的血糖值爲 [4.6, 5.8, 6.3, 7.3, 8.2, 9.5, 9.5]，則全距爲 9.5−4.6＝4.9。

由於全距是一組資料中最大值與最小值的差，所以很容易受到資料中極端值的影響。假如，病患第二天的血糖值誤植爲 90.5，則全距變爲 90.5−4.6＝85.9，接近原先全距的 18 倍。

（二）四分位距

四分位距（**interquartile range**）是利用一組資料的第 75 百分位觀測值減第 25 分位觀測值，較不容易受到極端值影響。

（三）平均差

平均差（**mean deviation, MD**）是一組資料中每一個觀測值與該組資料的平均數之間差距（即離均差）絕對值的平均數，也就是平均而言，每個觀測值與平均值差距多少。根據資料型態的不同，平均差的計算方式有兩種：

（1）資料未分組（即原始資料）

假設有 n 個觀察值（$x_1, x_2, ..., x_n$），其算術平均數爲 $\bar{x}$，則該組數值的平均差計算方式如下：

$$MD = \frac{|x_1 - \bar{x}| + |x_2 - \bar{x}| + \cdots + |x_n - \bar{x}|}{n} = \frac{1}{n}\sum_{i=1}^{n}|x_i - \bar{x}|$$

範例九：下列爲甲生與乙生的六次平時考成績，試分別求其平均值與平均差。

甲生：（$10, 15, 50, 50, 85, 90$）；乙生：（$40, 45, 50, 50, 55, 60$）

$$甲生的平均值 = \frac{10 + 15 + 50 + 50 + 85 + 90}{6} = 50$$

$$乙生的平均值 = \frac{40 + 45 + 50 + 50 + 55 + 60}{6} = 50$$

甲生的平均差
$$= \frac{|10 - 50| + |15 - 50| + |50 - 50| + |50 - 50| + |85 - 50| + |90 - 50|}{6} = 25$$

乙生的平均差
$$= \frac{|40 - 50| + |45 - 50| + |50 - 50| + |50 - 50| + |55 - 50| + |60 - 50|}{6} = 5$$

甲生和乙生平時考的集中趨勢相同，但離散趨勢並不相同。甲生的平均差爲25，乙生的平均差爲 5，甲生成績的變異程度大於乙生。

（2）資料已分組（即次數分配表資料）

假設資料已整理爲分組計次的次數分配表，表中共有 k 組，各組的觀察次爲 f_j，以各組的組中點 x_j 作爲該組的代表值，$\bar{x}$ 爲平均數，則平均差的計算方式如下：

$$\bar{x} = \sum_{j=1}^{k} f_j x_j \bigg/ \sum_{j=1}^{k} f_j$$

$$MD = (f_1|x_1 - \bar{x}| + f_2|x_2 - \bar{x}| + \cdots + f_k|x_k - \bar{x}|)/(f_1 + f_2 + \cdots + f_k)$$

$$= \sum_{j=1}^{k} f_j|x_j - \bar{x}| \bigg/ \sum_{j=1}^{k} f_j$$

平均差是根據所有觀測值與平均數間的絕對差距而計算出來的變異指標，用以反映資料的離散情形，在概念上容易理解，也較全距精確。但由於捨棄了正、負符號，在數理上不是最靈敏的，因此平均差無法被應用在統計推論上。在實務中，較常被應用的離中趨勢測定數是由平均差導出的變異數與標準差。

（四）變異數

變異數（variance）是每一個觀測值與該組資料平均數之間差距的平方和之平均值，即每個觀測值到平均數的平均距離，能表示資料中每一個觀測值與平均值之間的分散情形，在母群體的測定上以 σ^2 表示，在樣本的測定上以 s^2 表示。其計算公式如下：

$$\sigma^2 = \frac{(x_1 - \mu)^2 + (x_2 - \mu)^2 + \cdots + (x_n - \mu)^2}{n} = \frac{1}{n}\sum_{i=1}^{n}(x_i - \mu)^2$$

$$s^2 = \frac{(x_1 - \bar{x})^2 + (x_2 - \bar{x})^2 + \cdots + (x_n - \bar{x})^2}{n - 1} = \frac{1}{n-1}\sum_{i=1}^{n}(x_i - \bar{x})^2$$

同樣是計算變異數，為什麼計算樣本變異數時是將平方和除以 $(n-1)$，而不是 n 呢？這是因為在估計樣本平均數時會失去一個自由度。統計上，將資料個數減一稱為自由度，這在後面章節有更詳細說明。

（五）標準差

標準差（standard deviation）則為變異數的正平方根，由於標準差的單位與平均值相同，實務上常用平均值與標準差針對一組資料的集中與離散情形做完整描述，因此標準差被使用的機會較變異數多。在比較兩組資料的離散情形時，標準差較大的組別表示數值的分布較為離散，變異程度較大；反之，若標準差較小，則表示數值間差異較小，同質性較高。

範例十：試計算範例九中甲生成績的變異數與標準差。

甲生成績的變異數
$$= \frac{(10 - 50)^2 + (15 - 50)^2 + (50 - 50)^2 + (50 - 50)^2 + (85 - 50)^2 + (90 - 50)^2}{6}$$
$$= 1130$$
甲生成績的標準差 $= \sqrt{1130} = 33.6$

第四節　描述質性資料的特性

一、常見的測量

進行人口分析時會使用絕對數或相對數來呈現人口概況。絕對數是指呈現在某一特定時刻或某一特定期間，人口或生命事件數量多寡之原始數字，這類資料可以從戶口普查報告或戶籍登記人口統計表中取得。例如政府欲評估活化閒置校舍轉爲高齡長照據點，則收集的資訊中需包含該村 12 歲以下每歲人口數、近年出生數、65 歲以上老年人口等絕對數，以評估校舍使用情形與長照據點需求。相對數則用以描述兩種或多種資料間相互關係的數值，目的在簡化資料，用途極爲廣泛。

（一）分率與百分比

分率（**proportion**）爲某項局部數字與其總數大小相比之關係，分母一定包含分子，以 $a/(a+b)$ 表示，值介於 0 和 1 之間。若男性人口占男女總人口數之分率爲 0.51，則女性人口占總人口之分率爲 0.49。分率沒有測量的單位。將分率乘以 100 即是**百分比**（**percent**），以 $[a/(a+b)] \times 100$ 計算。總人口中有 51% 是男性，即每 100 個人中，有 51 位男性、49 位女性。

（二）比與率

比（**ratio**）是將兩個數值相除，用以呈現兩數量間相互關係的簡單計算。政府的官方統計常使用比來呈現人口概況，例如出生性別比是出生男嬰人口數對出生女嬰人口數之比。根據內政部統計查詢網 [3]，民國 110 年出生性別比爲 107.0，即每百位女嬰人口有 107.0 位男嬰。與人口成長有關的人口老化指數也是比的運用，即老年（65 歲以上）人口數與幼年（0-14 歲）人口數之比。民國 110 年的老化指數爲 136.3，表示當年度每百位幼年人口有 136.3 位老年人，全國只有桃園市、新竹縣及新竹市的老化指數小於 100 [3]。

率（**rate**）是某一特定時間單位（通常指一年）內，全部或局部人口的某種特定事件之發生頻率或快慢。率以 $[a/(a+b)] \times k$ 計算，k 是常用倍數，粗出生率、粗死亡率都是每一千人，死因別死亡率常用每十萬人，而嬰兒死亡率則爲每千活產數。

二、生命統計常用的率

　　公共衛生研究者或政府機構常以人口學資料（demographic data）或生命統計（vital statistics）瞭解人口發展趨勢、群體健康狀況，據以擬定健康照護政策或評估公共設施與社會福利需求。人口學資料的收集通常來自個人或家戶，例如年齡、性別、種族、婚姻狀態，或教育程度等，生命統計則包括出生、死產、死亡、發病、遷移、結婚與離婚等人數。根據衛生福利部公告之民國 109 年縣市別死因統計發現，臺北市死亡人數共 17,196 人，宜蘭縣死亡人數為 3,876 人，但根據這些絕對數值是否就能判斷臺北市的健康狀況較差呢？臺北市的死亡人數較多可能是因為總人口數較多，也可能是因為當地出現某種致死性傳染病，導致死亡人數增加，因此在缺乏脈絡情境等資訊的情況下（例如人口數、涉及的時間區段），單單依據死亡數的多寡，無法推論兩地的健康狀況是否有差異。

　　率是比較不同地區、年代或特徵的人群間健康、發病與死亡情形的重要工具，定義為研究事件在某人群的發生數除以該人群的人數。由於死亡率的數值小，為了避免呈現多位小數不易解讀，死亡率的單位常以每千人口或每十萬人口有多少死亡數來表達，不同單位的選擇取決於小數點位數越少越好。在前一段提到欲比較臺北市與宜蘭縣的死亡情形時，不能單以死亡人數相比，必須考量當地所有可能死亡的總人口數，也就是計算死亡率以進行比較。民國 109 年臺北市年中人口數是 2,623,730 人，死亡數為 17,196 人，粗死亡率為每十萬人口 655.4 人，宜蘭縣年中人口數是 453,633 人，宜蘭縣死亡人數為 3,876 人，粗死亡率為每十萬人口 854.4 人。臺北市的死亡人數較多，但粗死亡率則較宜蘭縣低。

　　粗死亡率是一種總和性率，即未考慮年齡、性別等人口特性的組成，在探討死亡率時，通常會進一步計算**特定率**（**specific rate**），也就是針對某特性的子群體計算，表 2.2 為衛生福利部公告之民國 109 年國人性別、年齡別之死亡概況 [4]，表中呈現各年齡層男性與女性的死亡率皆為特定率。

三、標準化

　　在評估不同地區或不同年代的健康狀態時，常以死亡率或發病率進行比較。然而，由於人口結構的不同，例如年齡、性別、種族、職業等人口特性的組成不同，單純比較粗死亡率或粗發病率可能會得到錯誤的推論。舉例來說，臺灣的粗

表 2.2：民國 109 年國人死亡概況

年齡別	合計			男性			女性		
	死亡數 （人）	死亡率 （每十萬人）	死亡數占比 （%）	死亡數 （人）	死亡率 （每十萬人）	死亡數占比 （%）	死亡數 （人）	死亡率 （每十萬人）	死亡數占比 （%）
總計	173,067	733.9	100.0	101,385	867.3	100.0	71,682	602.7	100.0
0 歲	586	360.0	0.3	333	394.3	0.3	253	323.1	0.4
1-4 歲	133	16.9	0.1	73	17.9	0.1	60	15.8	0.1
5-9 歲	83	8.0	0.0	46	8.5	0.0	37	7.4	0.1
10-14 歲	111	11.2	0.1	67	12.9	0.1	44	9.3	0.1
15-19 歲	424	35.2	0.2	302	48.0	0.3	122	21.2	0.2
20-24 歲	697	46.3	0.4	479	61.3	0.5	218	30.2	0.3
25-29 歲	778	48.5	0.4	514	61.8	0.5	264	34.2	0.4
30-34 歲	1,001	63.0	0.6	646	79.5	0.6	355	45.7	0.5
35-39 歲	2,053	106.4	1.2	1,412	147.5	1.4	641	65.9	0.9
40-44 歲	3,551	178.0	2.1	2,527	257.2	2.5	1,024	101.1	1.4
45-49 歲	4,927	278.7	2.8	3,506	404.8	3.5	1,421	157.6	2.0
50-54 歲	7,728	426.9	4.5	5,529	620.4	5.5	2,199	239.2	3.1
55-59 歲	10,551	577.8	6.1	7,444	833.3	7.3	3,107	333.0	4.3
60-64 歲	13,563	813.5	7.8	9,334	1,159.1	9.2	4,229	490.6	5.9
65-69 歲	16,361	1,158.2	9.5	10,862	1,617.9	10.7	5,499	741.8	7.7
70-74 歲	15,153	1,780.1	8.8	9,408	2,373.2	9.3	5,745	1,263.1	8.0
75-79 歲	19,139	3,194.8	11.1	11,049	4,137.5	10.9	8,090	2,436.6	11.3
80-84 歲	24,219	5,554.6	14.0	12,556	6,915.3	12.4	11,663	4,583.6	16.3
85 歲以上	52,009	13,060.9	30.1	25,298	14,847.2	25.0	26,711	11,724.9	37.3

資料來源：衛生福利部統計處，表格重製

死亡率在 2008 年爲每十萬人口 618.7 人，2018 年爲每十萬人口 733.1 人。是否能就粗死亡率明顯上升評斷國人健康狀況變差？臺灣 65 歲以上人口占全國人口的比率逐年上升，2008 年是 10.4%，至 2018 年臺灣正式進入高齡社會，65 歲以上人口比率爲 14.6%。由於人口年齡組成的改變，必須將死亡率做年齡標準化，以 2000 年世界人口結構調整計算後，標準化死亡率在 2008 年爲每十萬人口 484.3 人，至 2018 年下降爲每十萬人口 415.0 人。在這個例子中，近十年來由於老年人口占比增加，粗死亡率上升，但經過年齡標準化後的死亡率則呈現下降趨勢。

因此，在比較不同地區或不同年代的健康狀態時，必須將欲比較的族群依特徵化爲同一個基礎，剔除其人口在組成上之差異，以進行純正且客觀的比較。標準化的方法有兩種，包含直接標準化與間接標準化，本文以死亡率爲例，針對年齡特徵說明兩種標準化之計算。

（一）直接標準化

又稱標準化死亡率，通常用在欲比較的族群其各年齡層死亡率已知的情況，選定一個標準族群（通常以世界標準人口數爲依據），利用年齡別死亡率計算出標準人口各年齡層的預期死亡數。將各年齡層預期死亡數加總作爲分子，標準人口總數爲分母，即可算出**年齡標準化死亡率**（**age-standardized mortality rate**）。假設將人群依年齡分爲 k 組，公式如下：

標準化死亡率

$$= \sum_{i=1}^{k}(第\,i\,子群之粗率 \times 第\,i\,子群的標準人口數) \Big/ \sum_{i=1}^{k}(第\,i\,子群的標準人口數)$$

利用臺北市與宜蘭縣爲例，計算 2020 年兩地區的年齡標準化死亡率。表 2.3 中，兩縣市各年齡層的粗死亡率爲（死亡數／人口數）×100,000，接著利用各年齡層的粗死亡率乘以各年齡層標準人口即可得到各年齡層標準人口下的死亡數，最後分別將兩縣市的標準人口下死亡總數除以標準人口總數，即可得兩縣市標準化死亡率。以 0-4 歲年齡層爲例，

$$臺北市\,0\text{-}4\,歲粗死亡率 = \frac{(b)}{(a)} = \frac{73}{119,503} \times 100,000 = 61.1（每十萬人）$$

$$宜蘭縣\,0\text{-}4\,歲粗死亡率 = \frac{(e)}{(d)} = \frac{14}{16,343} \times 100,000 = 85,7（每十萬人）$$

表 2.3：2020 年臺北市、宜蘭縣之年齡別死亡概況（直接標準化範例）

年齡別	臺北市			宜蘭縣			2000 年世界標準人口 (g)	標準人口下的死亡數	
	人口數 (a)	死亡數 (b)	粗死亡率 (c)	人口數 (d)	死亡數 (e)	粗死亡率 (f)		臺北市	宜蘭縣
0-4 歲	119,503	73	61.1	16,343	14	85.7	8,800	5.4	7.5
5-9 歲	121,715	6	4.9	18,334	0	0.0	8,700	0.4	0.0
10-14 歲	108,795	11	10.1	18,569	3	16.2	8,600	0.9	1.4
15-19 歲	113,228	17	15.0	23,568	12	50.9	8,500	1.3	4.3
20-24 歲	137,614	60	43.6	30,864	12	38.9	8,200	3.6	3.2
25-29 歲	149,861	53	35.4	33,044	15	45.4	7,900	2.8	3.6
30-34 歲	166,361	68	40.9	29,683	27	91.0	7,600	3.1	6.9
35-39 歲	218,128	147	67.4	33,408	51	152.7	7,200	4.9	11.0
40-44 歲	221,654	221	99.7	34,455	84	243.8	6,600	6.6	16.1
45-49 歲	193,557	363	187.5	33,274	114	342.6	6,000	11.3	20.6
50-54 歲	195,283	542	277.5	35,965	176	489.4	5,400	15.0	26.4
55-59 歲	197,221	795	403.1	36,640	236	644.1	4,600	18.5	29.6
60-64 歲	194,021	1,135	585.0	32,802	276	841.4	3,700	21.6	31.1
65-69 歲	178,597	1,435	803.5	26,420	301	1,139.3	3,000	24.1	34.2
70-74 歲	117,424	1,390	1,183.7	15,649	268	1,712.6	2,200	26.0	37.7
75-79 歲	77,510	1,848	2,384.2	13,921	430	3,088.9	1,500	35.8	46.3
80-84 歲	55,008	2,390	4,344.8	11,215	606	5,403.5	900	39.1	48.6
85 歲以上	58,253	6,617	11,359.1	9,483	1,257	13,255.3	600	68.2	79.5

2000 年該年齡層的標準人口是 8,800 人，則兩縣市在標準人口下的死亡數為：

臺北市 0-4 歲期望死亡數 $= \dfrac{(c) \times (g)}{100,000} = \dfrac{61 \times 8,800}{100,000} = 5.4$（人）

宜蘭縣 0-4 歲期望死亡數 $= \dfrac{(f) \times (g)}{100,000} = \dfrac{85.7 \times 8,800}{100,000} = 7.5$（人）

接續將各年齡層期望死亡數算出後加總（如表 2.3），再除以標準人口總數，即為標準化死亡率：

臺北市的標準化死亡率
$= \dfrac{5.4 + 0.4 + 0.9 + \cdots + 39.1 + 68.2}{100,000} \times 100,000 = \dfrac{288.5}{100,000} \times 100,000 = 288.5$（每十萬人）

宜蘭縣的標準化死亡率
$= \dfrac{7.5 + 0 + 1.4 + \cdots + 48.6 + 79.5}{100,000} \times 100,000 = \dfrac{408.1}{100,000} \times 100,000 = 408.1$（每十萬人）

　　直接標準化之概念是將欲比較的族群都換作標準族群，計算在相同的人口結構（即標準族群）下之事件發生比率，進而公平比較。在上述範例中，可以說在控制年齡結構後，臺北市的標準化死亡率低於宜蘭縣。然而，在某些情況下無法進行直接標準化，例如標準人口的年齡別人口數未知，或是無法得知比較族群的年齡別死亡率，這時無法估算標準人口下之死亡數，因此無法計算直接標準化死亡率。

（二）間接標準化

　　又稱**標準化死亡比**（**standardized mortality ratio, SMR**），是以標準族群的死亡率為基準，估算比較族群的預期死亡數，再計算比較族群觀察到的實際死亡數與預期死亡數之比值。標準化死亡比的公式如下：

$$\text{SMR} = \text{觀察到的死亡數} \Big/ \sum \text{各分層人口數} \times \text{標準人口該分層的死亡率}$$

　　假若在上述範例中，只知道臺北市 2020 年的死亡人數為 17,171 人，宜蘭縣 2020 年的死亡人數為 3,882 人，但無法得知臺北市與宜蘭縣的年齡別死亡數，則無法進行直接標準化計算。這時可以利用間接標準化方法（如表 2.4），以全國人口做為標準，利用全國的年齡別死亡率分別計算兩縣市的年齡別期望死亡數，再以觀察到的死亡總數除以期望死亡總數，即得標準化死亡比。

表 2.4：2020 年全國年齡別死亡率（間接標準化範例）

年齡別	全國 死亡率	人口數		期望死亡數	
		臺北市	宜蘭縣	臺北市	宜蘭縣
0-14 歲	31.0	350,013	53,246	108.5	16.5
15-64 歲	268.7	1,786,928	323,703	4,801.9	869.9
65 歲以上	3,430.3	486,792	76,688	16,698.6	2,630.7

$$臺北市標準化死亡比 = \frac{17,171}{108.5 + 4801.9 + 16,698.6} = 0.79 = 79\%$$

$$宜蘭縣標準化死亡比 = \frac{3,882}{16.5 + 869.9 + 2,630.7} = 1.10 = 110\%$$

若標準化死亡比大於 1，表示觀察到的死亡數高於預期死亡數，即該族群的死亡狀況高於預期（標準族群）；標準化死亡比若等於 1，則表示該族群與標準族群的死亡狀況沒有差異。上述結果顯示，臺北市的死亡風險較全國低 21%，而宜蘭縣的死亡風險則較全國高 10%。需要留意的是，使用標準化死亡比只能以觀察族群與標準族群進行比較，兩觀察族群間不能相比。臺北市的標準化死亡比不能與宜蘭縣標準化死亡比相互比較，因為在標準化死亡比的計算中並未調整兩縣市的年齡結構。間接標準化的適用時機包括：（1）年齡別死亡率無法計算，可能是無法得知年齡別死亡數或是人口數；（2）標準人口各分層的人口數未知；（3）兩地區各分層的人口數太少，以致估算的年齡別死亡率不穩定。在上述情況下，無法計算直接標準化死亡率作比較，以間接標準化死亡比與標準人口比較是較適切做法。

總　結

本章介紹了母體與樣本，說明資料依其屬性可以分為計量資料與質性資料，而資料中記錄的某一種特徵稱為變數。變數因測量尺度的不同可分為名目、序位、等距、等比等四種，實務上較少區別等距及等比變數，較常將這兩種視為連續變數，各類型變數適用的統計方法並不相同。在進行統計推論之前，必須先認識資料，瞭解資料的分布情形進而選擇適當的分析方法。本章也分別針對計量資料與質性資料介紹了幾種常用的敘述統計方法用來認識資料的模樣。最後介紹率的應用與標準化的概念，以縣市人口資料說明在可取得訊息有限的情形下，如何進行直接標準化與間接標準化。

關鍵名詞

統計量（statistic）

率（rate）

直接標準化（direct standardization）

間接標準化（indirect standardization）

母群體（population）

參數（parameter）

樣本（sample）

質性資料（qualitative data）

量性資料（quantitative data）

變數（variable）

觀察值（observation）

等比變數（ratio variable）

等距變數（interval variable）

名目變數（nominal variable）

序位變數（ordinal variable）

平均數（mean）

算術平均數（arithmetic mean）

樣本平均值（sample mean）

母體平均值（population mean）

加權平均數（weighted mean）

幾何平均數（geometric mean）

調和平均數（harmonic mean）

中位數（median）

眾數（mode）

全距（range）

四分位距（interquartile range）

平均差（mean deviation）

變異數（variance）

標準差（standard deviation）

分率（proportion）
百分比（percent）
比（ratio）
特定率（specific rate）
年齡標準化死亡率（age-standardized mortality rate）
標準化死亡比（standardized mortality ratio, SMR）

複習問題

1. 請舉例說明如何描述資料的集中趨勢，並說明適用時機與優缺點。

2. 請介紹三種描述資料離散趨勢的測量數（全距、四分位距、標準差），並比較其適用時機與優缺點。

3. 請說明下列名詞有何不同：

   (1) 母群體 vs. 樣本。

   (2) 參數 vs. 估計值。

4. 「某研究者從學生平均近視度數 250 度的 Z 國小中，隨機抽取 150 位學生，得到平均近視度數為 175 度。」請問此段敘述中的母群體、樣本、參數及估計值分別是什麼？

5. 請舉一個例子說明等距變數可以轉換為序位變數及名目變數。

6. 請列出母群體平均值 μ 與樣本平均值 $\bar{x}$ 的公式，並說明兩者有何不同。

7. 請針對下列資料計算出各描述性指標：

   $$16 \cdot 58 \cdot 92 \cdot 28 \cdot 7 \cdot 76 \cdot 37 \cdot 92 \cdot 16 \cdot 0.9$$

   (1) 平均值 (2) 中位數 (3) 眾數 (4) 全距 (5) 變異數 (6) 標準差。

8. 若某一個國家的家庭收入分布如圖，試問中位數、眾數、平均數之大小次序應為何？

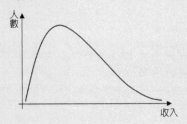

9. 將下列資料分類為名目、序位、等距或等比。

(1) 某球隊球員的編號。

(2) 某班同學的人數。

(3) 奧運舉重比賽的結果。

(4) 身高。

(5) 錢幣的正面及反面。

10. 從某公衛系中隨機選取 20 位學生進行膽固醇檢測，取得資料如下：

260, 210, 244, 233, 269, 158, 221, 198, 214, 246,

164, 225, 254, 184, 206, 209, 213, 179, 257, 221

(1) 請計算平均數、中位數和眾數。

(2) 計算樣本標準差和變異數。

(3) 請問上述資料是否偏斜？

(4) 請問哪一個是最恰當的集中趨勢測量？

11. 請問率（rate）和分率（proportion）有何不同？

12. 請利用下表回答（1）−（4）：

年齡層	未婚女性		已婚女性		女性
	人口數 $\times 10^3$	死亡數	人口數 $\times 10^3$	死亡數	總人口數 $\times 10^3$
15-24	6,129	226	2,627	141	8,847
25-44	2,244	863	11,533	5,965	7,725
45-64	865	2,709	5,997	16,049	5,189
>=65	232	2,047	982	6,859	825

(1) 請算出未婚女性的粗死亡率（不分年齡）。

(2) 請算出 65 歲以上已婚女性的死亡率。

(3) 請利用女性總人口數作為標準人口，計算已婚女性的年齡標準化死亡率。

(4) 請利用未婚女性作為基準，計算已婚女性的年齡標準化死亡比（SMR）。

引用文獻

1. 潘文涵：國民營養健康狀況變遷調查（102-105 年）。執行單位：中央研究院生物醫學科學研究所，委託單位：衛生福利部國民健康署。

2.　馬長齡：老人生活狀況與需求調查之研究。執行單位：屏東科技大學，委託單位：高雄市政府社會局，2013。

3.　內政部統計處：內政部統計查詢網，2022。取自 https://statis.moi.gov.tw/micst/stmain.jsp?sys=100。引用 2022/08/22。

4.　衛生福利部統計處：109 年國人死因統計結果。

第 3 章
生活中的機率與應用

温淑惠　撰

學習目標

一、瞭解機率的定義，認識加法定理、乘法定理及應用，並能判斷獨立事件

二、熟悉條件機率的應用，如疾病篩檢之敏感度、偽陽性，能計算及評估疾病之風險因子指標如相對風險或勝算比，並能解釋這些數值

三、瞭解貝氏定理的特性，能應用以推導逆機率，如篩檢之陽性預測值可藉由盛行率及敏感度與偽陽性推導，及推導病例對照設計之勝算比與前瞻性世代研究之勝算比

前　言

　　生活中機率的應用十分多元，尤其是針對不確定性的事件，比如今天會不會下雨、今天考試會不會及格，甚至今天對心儀對象告白會不會成功等。有些事件發生的機率會受到其他條件的影響，比如說看到滿天烏雲，那今天下雨的可能性應該很高；如果考試前努力抱佛腳，今天考試及格的機率可能會提高，這些都是條件機率（conditional probability）的例子，亦即，可以根據手中掌握的資訊（如滿天烏雲）以更新事件（如今天下雨）發生的機率。然而，事件發生機率該如何量化呢？一個事件的發生會不會與另一個事件發生有關係呢？本章的內容將介紹如何量化事件發生的可能性，也就是機率，另外也會提供常見的公衛或醫學的例子來說明機率概念，以及條件機率的應用。

第一節　事件發生之機率（probability of events）

一、事件發生機率之估算

　　平常口語說的「不可能」、「或許」、「大概」都是在描述某件事情發生的機率較低或高，可能性的定義常因人而異（主觀），因此統計就提供一個客觀的方法來定義某個事件（event）發生的機率（probability）；「某個狀況發生的可能性」，若以統計術語來說就是「某個事件發生之機率」，符號通常以 $P(A)$ 代表事件 A 的發生機率，機率值 $P(A)$ 介於 0 到 1 之間，$P(A)$ 越接近 1 表示事件 A 極可能發生，越接近 0 表示事件 A 極不可能發生。表 3.1 呈現前言提到的三個事件及機率的關係，以今天對心儀對象告白的例子來看，如果朋友說「很可能成功」，個性保守的人會認為「很可能」或許只有六成左右的成功率，而仍不敢告白；但如果朋友說「成功機率將近九成」，此時，因為具體的數字 0.9 很像是告白 100 次有 90 次是會成功，這樣可能就比較容易讓人鼓起勇氣、對心儀對象告白了。

　　那告白成功機率 0.9 這個數字又是如何計算出來的呢？首先，有一派是**古典機率**（**classical probability**），對事件 A 的機率的定義為「如果某一實驗可能出現的結果有 n 種，每種結果發生機率相同（equally likcly outcomes）皆為 $1/n$，若事件 A 占了其中 k 種，則定義事件 A 發生的機率為 $P(A) = k/n$。」

表 3.1：事件與事件發生機率的範例

範例	事件（以 *A* 表示）	口語化	發生機率 *P(A)*
今天不可能下雨？	下雨	不可能	0.01
今天上課考試可能會及格？	考試及格	可能	0.7
今天對心儀對象告白很可能會成功？	告白成功	很可能	0.9

在某些狀況下，每種結果發生機率相同之假設是合理的，比如丟擲公正銅板觀察正、反面、丟擲一公正骰子觀察其點數、樂透開獎 1~49 號出現的機率等，可以古典機率方式求出機率。比如丟擲一公正骰子觀察其點數 1, 2, 3, 4, 5 或 6，每一點數出現機率都是 1/6，丟出偶數點 {2, 4, 6} 的機率則為 3/6；回到告白成功的例子上，古典機率考慮的事件具有對稱性，所以每一個事件出現的機率相同。告白（亦即某一實驗）只有成功、失敗兩種可能出現的結果，因此告白成功機率就是 1/2，但是告白成功或失敗大概不是對稱的，所以古典機率定義不適合用在告白這件事情上，主要是因為此例並不符合「每種結果發生機率相同」的假設。

第二種計算機率的方法是以相對頻率（relative frequency）計算之，意思是當實驗無限多次後 k/n 的比值會趨於一個穩定的常數，此類方法又稱為**頻率學派機率**（**frequentist probability**）。頻率學派對機率的定義為「當重複進行某一實驗 n 次（理想狀態 n 是無限多次而且每次實驗的情境都相同），若觀察事件 A 出現的次數為 k，則 $\lim_{n\to\infty} k/n$。」

以丟擲公正銅板為例，想知道出現正面的機率，頻率學派方法為丟擲銅板 1,000 次後，計算正面出現總次數為 495 次，則正面機率即為 495/1,000 = 0.495。再回到告白成功的例子上，頻率學派機率算法可收集過去曾經告白的事件假設有 50 次，其中告白成功次數有 20 次，那告白成功機率就是 20/50 = 0.4，因是根據過去的經驗來預測未來的事件，也被稱為經驗機率（empirical probability）。

第三種計算機率的方法稱為**主觀機率**（**subjective probability**），也可稱為先驗機率（prior probability），主要根據個人信念（personal belief）判斷，可因人而異也無對錯可言。主觀機率的定義為，「單純反映出一個人對事件發生之信念程度，給予事件發生機率一個 0~1 的數值。」

比如你的好朋友可能會跟你說「你告白成功機率是 100%」，你的情敵則可能會調侃你「告白失敗機率是 200%」。值得注意的是，情敵雖可對你告白失敗事件定義出他（她）認為的主觀機率，但機率為 200% 卻不是正確的說法。任何事件發生之機率必須符合三個**機率公理**（**axioms of probability**）：（公理 1）任何事件發

生之機率值一定會介於 0 到 1 之間，也就是 $0 \leq P(A) \leq 1$，（公理 2）所有可能發生事件的機率總和為 1，假設所有可能發生事件為 $A_1, ..., A_k$ 個事件，以符號 ∪ 代表事件之聯集，則 $P(A_1 \cup A_2 \cup ... \cup A_k) = 1$；（公理 3）某事件和其互斥（disjoint）之事件聯集之發生機率會等於各互斥事件機率相加，互斥事件是指兩事件之交集為空集合，若事件 A 與 B 為互斥集合，$P(A \cup B) = P(A) + P(B)$。因此告白失敗機率是 200% 已違反公理一，不是正確的機率描述。讀到這裡，讀者或許會想到其他計算機率的方式，只要能符合上述三個機率公理，都是合適的機率計算方式。

二、加法定理及應用範例

前面是針對單一事件發生機率之算法，實務上，也常常對兩個不同事件發生機率感興趣，這時必須運用**加法定理**（**additive rule**）或**乘法定理**（**multiplicative rule**）才能計算出機率。比如在一間大學裡大一新鮮人或打工者的機率如何？大學生中既是大一新鮮人也有打工的機率如何？或是大一新生中，打工者的機率是多少？醫學上常見的例子如年紀大者罹患心血管疾病的機率為何？上述這些問題可分別用兩事件為聯集、交集或條件機率來處理。在介紹加法定理或乘法定理前，先談何謂聯集、交集，一般會以文氏圖（Venn diagram）來描述事件之關係，圖 3.1(a) 是單一事件 A 與其補集（以 A^c 表示）的文氏圖，斜線處是事件 A，比如事件 A 若為下雨，A^c 就是指不下雨的事件；事件 A 若是男生，A^c 就是指女生。事件 A 與 A^c 就形成所有可能發生事件之集合，根據（公理 2）則 $P(A) + P(A^c) = 1$。圖 3.1(b) 是事件 A 與事件 B 的文氏圖，斜線處就是 A 與 B 之交集，以符號 $A \cap B$ 表示，代表兩事件皆發生之情形；如果事件 A 與事件 B 為互斥集合，則為空集合，圖 3.1(b) 事件 A 與事件 B 就無重疊處；圖 3.1(c) 斜線處則是 A 與 B 之聯集，以 $A \cup B$ 符號表示，代表兩事件其中一個事件發生之情形。舉例來說，事件 A 若為男生、事件 B 為生統考試及格，交集 $A \cap B$ 表示生統考試及格的男生，聯集 $A \cup B$ 則為生統考試及格者或是男生。

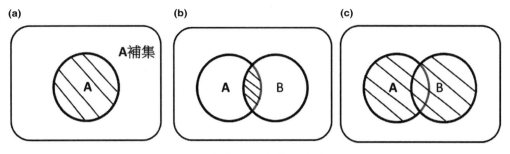

圖 3.1：事件 **A** 與事件 **B** 之文氏圖

加法定理可計算出兩個事件（事件 *A* 與事件 *B*）之聯集之機率（如圖 3.1(c)）：

$$P(A \cup B) = P(A) + P(B) - P(A \cap B)$$

以下舉例說明兩事件聯集之機率算法。

範例一：投擲兩顆公正骰子（一顆為黑色，一顆為白色），兩骰子點數和為偶數或是點數和 ≤7 的機率為何？

回答時先看投擲兩顆公正骰子（一顆為黑色，一顆為白色），所有可能出現之點數如表 3.2 所列，共計 36 種為 {(*i, j*) 其中 *i, j* = 1,..., 6}，每一種點數組合出現機率為 1/6×1/6 = 1/36（這就是古典機率的算法）。令事件 *A* 為兩骰子點數和為偶數，事件 *B* 則是兩骰子點數和 ≤7，聯集 *A*∪*B* 即為兩骰子點數和為偶數或是點數和 ≤7，利用加法定理可知 $P(A \cup B) = P(A) + P(B) - P(A \cap B)$。

事件 *A* 為表 3.2 列出之點數和 2、4、6、8、10 與 12，以點數和 4 為例共有 {(3, 1), (2, 2), (1, 3)} 三種點數組合，依此類推點數和 2、4、6、8、10 與 12 共計有 1＋3＋5＋5＋3＋1 = 18 種點數組合，故 $P(A)$ = 18/36。

事件 *B* 則為表 3.2 列出之點數和 2、3、4、5、6、7 共計 21 種點數組合，故 $P(B)$ = 21/36，而兩事件交集為表 3.2 列出之 2、4、6 共計 9 種點數組合，所以 $P(A \cap B)$ = 9/36。

代入加法定理：

$$P(A \cup B) = P(A) + P(B) - P(A \cap B) = 18/36 + 21/36 - 9/36 = 5/6 = 0.83$$

機率約為 0.83，表示投擲兩顆公正骰子時，觀察到兩骰子點數和為偶數或點數和 ≤7 的可能性蠻高的。

表 3.2：兩顆骰子的點數，以及點數的總和，介於 **2~12** 之間

黑骰子點數＼白骰子點數	1 點	2 點	3 點	4 點	5 點	6 點
1 點	2	3	4	5	6	7
2 點	3	4	5	6	7	8
3 點	4	5	6	7	8	9
4 點	5	6	7	8	9	10
5 點	6	7	8	9	10	11
6 點	7	8	9	10	11	12

範例二：假設收集 214 位大學生的資料，整理有無打工與是否為新生之人數如表 3.3，請問由這群樣本中來推測有打工或者是大一新生的機率是多少？

表 3.3：**214 位大學生打工與新生之人數分布**

	無打工	有打工	總和
新生	122	13	135
非新生	60	19	79
總和	182	32	214

這裡以加法定理結合頻率學派機率算法來回答範例二，令事件 A 為打工、事件 B 為大一新生，頻率學派機率算法為事件發生之相對頻率，

在 214 位大學生中，打工人數總計有 32 位，因此 $P(A)=32/214$，

而大一新生總計有 135 位，故 $P(B)=135/214$，

而既是大一又是打工者有 13 位，$P(A \cap B)=13/214$。

有打工或者是大一新生的機率利用加法定理

$$P(A \cup B) = P(A) + P(B) - P(A \cap B) = (32/214) + (135/214) - (13/214) = 154/214$$

約為 0.72。

看到這，也或許有人會好奇，如果是大一新鮮人，那打工機率又是多少？這就是下一節要談的**條件機率**（conditional probability）。不過從表 3.3 可以計算出 135 位新生中，有打工之機率為 $13/135 \approx 0.1$；而 79 位非新生者，有打工之機率為 $19/79 \approx 0.24$ 比新生多出兩倍以上，打工機率似乎會因為學生是否為新生而有所不同，如果想進一步驗證打工與大一新鮮人身分是否有關，就可以利用本書後面的卡方檢定方法進行推論。

三、條件機率（conditional probability）

如果關心的是兩個事件交集的 $A \cap B$ 機率（如圖 3.1(b)），可利用乘法定理進行計算：

$$P(A \cap B) = P(B) \times P(A|B)$$

符號 $P(A|B)$ 代表條件機率（conditional probability），$A|B$ 的意思是在已知（給定）事件 B 發生後，事件 A 發生的條件機率。上述式子可改寫變成

$$P(A|B) = P(A \cap B)/P(B)，其中 P(B) > 0$$

換言之，考慮了事件 B 發生後，事件 A 發生的條件機率可依 $P(A|B) = P(A \cap B)/P(B)$ 進行更新。回到表 3.2 的例子，丟擲兩顆骰子（一顆為黑色，一顆為白色），令事件 A 為骰子點數和為 3，事件 B 為黑骰子出現 1 點，根據古典機率定義 $P(A) = 2/36 = 1/18$、$P(B) = 6/36 = 1/6$、$P(A \cap B) = 1/36$，那給定黑骰子出現 1 點，點數和為 3 的條件機率 $P(A|B) = P(A \cap B)/P(B) = (1/36)/(6/36) = 1/6$。若與 $P(A) = 1/18$ 相比，$P(A|B)$ 提高到 1/6 大得多，這是因為結合有用之訊息（給定黑骰子出現 1 點），可有助於更新 $P(A)$。不過有時更多的訊息對於更新事件 A 的機率可能沒有幫助，若一事件的發生不會影響另一事件發生與否，則 $P(A|B) = P(A)$（事件 B 的發生不會影響事件 A 的機率），此時稱這兩事件為**獨立事件（independent event）**。由此可知，骰子點數和為 3 與黑骰子出現 1 點這兩個事件並不是獨立事件，因為點數和為 3 的機率 $P(A) = 1/18$ 與給定黑骰子出現 1 點下，點數和為 3 的條件機率 $P(A|B) = 1/6$ 兩個機率值並不相等。若是針對兩獨立事件 A、B，乘法定理可再簡化成 $P(A \cap B) = P(A) \times P(B)$，而加法定理則為 $P(A \cup B) = P(A) + P(B) - P(A) \times P(B)$。

範例三：如丟擲兩顆公正骰子（一顆為黑色，一顆為白色），事件 A 為黑骰子出現 1 點、事件 C 為白骰子出現 2 點，請問

（1）A 與 C 兩事件同時發生之機率為何？

（2）A 與 C 是否為獨立事件？

（3）A 與 C 事件至少一事件發生之機率為何？

以下利用幾個步驟來回答這個問題：

（1）A 與 C 兩事件同時發生爲交集，代表黑骰子出現 1 點、白骰子出現 2 點，即表 3.2 出現之點數組合 $(1, 2)$，故 $P(A \cap C)$ 機率爲 1/36

（2）$P(A) = 1/6$, $P(C) = 1/6$, $P(A \cap C) = 1/36$，
　　計算給定事件 C 發生下，事件 A 之條件機率
　　$P(A|C) = P(A \cap C)/P(C) = (1/36)(1/6) = 1/6$，由此發現 $P(A|C) = P(A)$，故事件 C 不影響事件 A 的機率，A 與 C 爲獨立事件，也就是說黑骰子出現點數不影響白骰子出現點數

（3）A 與 C 事件至少一事件發生爲兩事件之聯集 $A \cup C$，因 A 與 C 爲獨立事件，加法定理爲 $P(A \cup C) = P(A) + P(C) - P(A) \times P(C) = 1/6 + 1/6 - (1/6) \times (1/6) = 11/36$

　　範例三中事件 A 與 C 爲獨立事件的例子，說明即使知道黑骰子出現點數，對於預測白骰子出現點數一點幫助都沒有，因爲黑或白骰子出現點數不會互相影響。再舉個例子，如果一位媽媽生出的第一個小孩爲女孩，對於預測第二胎是男孩或女孩其實沒有什麼幫助，因爲孩子的性別不會因爲第幾胎而有所改變，生男或生女的機率都是 1/2，胎次與孩子的性別也是獨立事件的一個例子。

　　條件機率的應用無所不在，比如看到滿天烏雲，那今天下雨的可能性應該很高，也是一種條件機率，滿天烏雲的條件下，下雨機率很可能會提高。在古代有諸葛亮能觀天象而預測天氣，如有名的草船借箭，諸葛亮觀察到的天象在三天後會起大霧的可能性很高，才順利在濃霧中以草船跟曹軍借到 10 萬支箭；這也是在給定特定天象下（事件 B），更新起大霧（事件 A）的機率，亦即與 $P(A)$ 相比，$P(A|B)$ 機率變高了；如果能活用條件機率，在進行決策時會更有幫助，說不定讀者就是現代的諸葛亮喔。其實以統計推論（statistical inference）的角度來看，往往對兩個非獨立的事件較感興趣，因爲可藉由某事件的資訊來預測另一事件發生的情形；舉例來說，若知道病人的年齡，可以預測罹患心血管疾病的可能性；或知道學生的身高，可有助於預測其體重等等，在本書的其他章節也會再介紹如何利用假說檢定評估兩事件是否獨立或迴歸分析方法進行預測。

第二節　條件機率之應用：疾病篩檢之敏感度與偽陽率

在醫學領域中，常推動早期篩檢早期治療的政策，臺灣國民健康署於 2010 年起推動並補助四大癌症篩檢，如糞便潛血檢查大腸癌、口腔黏膜檢查口腔癌、子宮頸抹片檢查子宮頸癌、以及乳房 X 光攝影檢查乳癌（可參考官方網頁 https://www.hpa.gov.tw/Pages/List.aspx?nodeid=47）。當病人接受檢查時，若收到檢查結果為陽性，就代表一定有癌症嗎？這時候病人先不必急著擔心，而是應該要瞭解這項檢查的正確性有多高？有無可能誤判？如果關心檢查結果（陽性或陰性）與真實得病情形（有病或無病）的一致性（如表 3.4），針對篩檢方式的結果，表 3.4 的格子 a 為有病者且陽性，d 為無病者且陰性，表示檢查結果與真實情形一樣；而 b 為無病者且陽性，c 為有病者且陰性就表示檢查出錯了。任何的篩檢方式在臨床使用前，都會評估檢測方法的正確性，根據受測者的真實得病情形，來判斷檢查結果的正確性。

表 3.4：某一疾病篩檢檢查結果與真實得病情形之分布

疾病篩檢結果	真實得病情形	
	有病（以 D 表示）	無病（以 D^c 表示）
陽性（positive，以 T^+ 表示）	a	b
陰性（negative，以 T^- 表示）	c	d

第一種正確性為**敏感度**（sensitivity）或**真陽率**（true positive rate，簡稱 **TPR**），在受測者真實得病下，檢查陽性的機率，也就是條件機率 $P(T^+|D)$，是一個檢測能正確偵測出有病的人的機率；根據表 3.4 敏感度 $P(T^+|D) = a/(a+c)$。反之若檢測有病的人之結果為陰性則為犯**偽陰率**（false negative rate，簡稱 **FNR**）的錯誤，可寫成條件機率 $P(T^-|D) = c/(a+c)$，由此可知敏感度 =1− 偽陰性。第二種正確性為**特異度**（specificity）或**真陰率**（true negative rate，簡稱 **TNR**），在受測者真實無病下，檢查陰性的機率，也就是條件機率 $P(T^-|D^c)$，是一個檢測能正確偵測出無病的人的機率；根據表 3.4 特異度 $P(T^-|D^c) = d/(b+d)$。反之若無病的人之檢測結果為陽性則為犯錯，即為**偽陽率**（false positive rate，簡稱 **FPR**）可寫成 $P(T^+|D^c) = b/(b+d)$，同理可知特異度 =1− 偽陽性。

2019 年 12 月於中國開始傳出的新興傳染病 Coronavirus disease 2019（Covid-19）感染病例，截至 2022 年 6 月止 Covid-19 擴散至全球超過 5.51 億人感染，死亡

病例達 634 萬人以上。對於新興傳染病，如何準確篩檢出 Covid-19 感染病例對於守護全民健康至關重要。世界衛生組織（World Health Organization, WHO）訂定 Covid-19 感染確診標準以分子檢測方式 RT-PCR（Reverse Transcriptase PCR；反轉錄即時聚合酶連鎖反應）對病毒的核酸檢測為檢驗工具，然而實驗室的檢驗需要 4 到 6 小時等待，緩不濟急；因此有其他快篩方式如免疫檢測（抗體或抗原），透過檢測血中抗體可評估是否現在或曾經感染 Covid-19，因 Covid-19 病人感染新冠狀病毒後，免疫系統會產生一種蛋白質（抗體：IgA、IgG 和 IgM）來攻擊血液中的病毒，然而抗體檢測之效果隨著感染時間長短有不同的準確性。

根據一篇 2020 年刊登的系統性研究回顧（Deeks et al., 2020）[1] 彙整到 2020 年 4 月發表的 57 篇研究結果，以同時檢測 IgG 和 IgM 的快篩方式為例，在感染後第 8 到 14 天內檢測之敏感度約為 72.2%，第 15 到 21 天內檢測之敏感度約為 91.4%，特異度則約為 98.7%；至於偽陰率在感染後第 8 到 14 天、第 15 到 21 天內分別為 27.8% 與 8.6%，偽陽率則是 1.3%。看到這樣的數據，這個抗體快篩的方式在感染的第 15 到 21 天使用的篩檢結果不管是敏感度或特異度皆可達九成較令人滿意。若假設有 1,000 位 Covid-19 感染者與 1,000 位未感染者，綜合上述結果可整理如表 3.5，對於新興傳染病防疫如同作戰的時刻，偽陰性太高很可能會造成防疫破口，如感染後第 8 到 14 天有 278 位感染者無法被檢測出來，通常會對高風險的疑似病例隔一段時間再採檢，以免因偽陰性錯讓真實感染者回到社區造成 Covid-19 之擴散。

表 3.5：同時檢測 IgG 和 IgM 的抗體快篩方式篩檢 Covid-19 病例之結果

（假設有 1,000 位感染者與 1,000 位未感染者）

Covid-19	抗體快篩結果 第 8 到 14 天		抗體快篩結果 第 15 到 21 天	
	陽性	陰性	陽性	陰性
感染（n=1,000）	722	278	914	86
未感染（n=1,000）	13	987	13	987

抗體快篩的方式，是用來篩檢出真正感染者，而實務上對於接受檢測者或健康照護人員來說，更關心的會是快篩結果為陽性的病人實際上得病（感染）機率為何，也就是條件機率 $P(D|T^+)$，這時無法直接使用表 3.5 的數字進行計算（理由後述），就得利用下一節介紹的貝氏定理來處理。

第三節　貝氏定理

假設已知 $P(B)$ 與 $P(A|B)$ 值，則 $P(B|A)$ 可以**貝氏定理**（**Bayes' theorem**）求出：

$$P(B|A) = \frac{P(B \cap A)}{P(A)} = \frac{P(A|B)P(B)}{P(A|B)P(B) + P(A|B^c)P(B^c)}$$

這也是在講一種條件機率的計算，不過有趣的是在知道 $P(A|B)$ 時，可利用貝氏定理計算出 $P(B|A)$。可將 $P(B)$ 解讀爲先驗機率（prior probability），在收集了其他訊息（事件 A）或資料後，對先驗機率 $P(B)$ 進行修正或更新，亦即計算 $P(B|A)$ 也稱之爲事後機率（posterior probability）。回到上一節提到的例子：「陽性的病人實際上得病（感染）機率，也就是條件機率 $P(D|T^+)$ 爲何？」，依據貝氏定理，事件 B 就是眞實得病（以 D 表示），事件 A 則是表示篩檢結果爲陽性，將貝氏定理中符號 B、A 替換成 D、T^+，換句話說在已知疾病盛行率 $P(D)$ 與敏感度 $P(T^+|D)$ 下，則事後機率

$$P(D|T^+) = \frac{P(T^+|D)P(D)}{P(T^+|D)P(D) + P(T^+|D^c)P(D^c)}$$

$$= \frac{\text{敏感度×盛行率}}{\text{敏感度×盛行率+(僞陽率)×(1 − 盛行率)}}$$

$P(D|T^+)$ 又稱爲**陽性預測值**（**positive predictive value**，**簡稱 PPV**），代表在已知檢測結果爲「陽性」的人，其眞正罹病（感染）的機率。

範例四：見 Covid-19 例子，假設族群 Covid-19 感染率爲 1%，抗體快篩第 15 到 21 天內檢測之敏感度約爲 91.4%，特異度約 98.7%，則抗體快篩爲陽性者，其眞正被感染之機率爲何？

這裡提到快篩爲陽性者也的確被感染之機率，指的是陽性預測值 PPV。陽性預測值計算：

$$\text{PPV} = P(D|T^+) = \frac{\text{敏感度×盛行率}}{\text{敏感度×盛行率+(僞陽率)×(1 − 盛行率)}}$$

$$= \frac{0.914 \times 0.01}{0.914 \times 0.01 + (1 − 0.987) \times (1 − 0.01)} = 0.415$$

PPV 爲 0.415 的意思是每 1,000 位抗體快篩爲陽性者，眞正感染 Covid-19 有 415 位。原本沒有快篩結果資訊時，族群中 $P(D) = 0.01$ 表示每 1,000 位約有 10 位是

真正感染 Covid-19；但在提供快篩結果為陽性資訊後，每 1,000 位接受篩檢陽性者真正感染 Covid-19 機率就提高到 0.415，顯然快篩資訊對於感染者之判定有一些幫助。如果假設族群 Covid-19 感染率為 40%，重新計算 PPV 值為 0.979，在盛行率高的情形下檢測為陽性，真實感染 Covid-19 的機率就大幅提高了。

在此補充說明無法使用表 3.5 的數字計算 $P(D|T^+)$，主要是因為表 3.5 並無族群 Covid-19 感染率也就是 $P(D)$，表 3.5 的感染或未感染都是事先挑選的受測者藉之評估篩檢方法的正確性，並不是從族群中隨機抽取樣本以估計 Covid-19 感染機率 $P(D)$，因此無法用表 3.5 的數字來計算 $P(D|T^+)$。

另一個感興趣的機率則是**陰性預測值**（**negative predictive value，簡稱 NPV**），也就是已知檢測結果為「陰性」，受測者為沒病的機率為 $P(D^c|T^-)$。將貝氏定理符號 B、A 替換成 D^c、T^-，在已知族群未感染機率 $P(D^c)$ 與特異度 $P(T^-|D^c)$ 下，則以下式計算 NPV：

$$P(D^c|T^-) = \frac{P(T^-|D^c)P(D^c)}{P(T^-|D^c)P(D^c) + P(T^-|D)P(D)}$$
$$= \frac{特異度\times(1-盛行率)}{特異度\times(1-盛行率)+(偽陰性)\times(盛行率)}$$

回到 Covid-19 例子，假設族群感染率為 1%，抗體快篩第 15 到 21 天內檢測之敏感度約為 91.4%，特異度約 98.7%。

$$NPV = P(D^c|T^-) = \frac{0.987\times(1-0.01)}{0.987\times(1-0.01)+(1-0.914)\times(0.01)} \approx 0.999$$

原本沒有篩檢結果資訊時，族群中未感染 Covid-19 機率為 $1-P(D)=0.99$ 表示每 1,000 位約有 990 位未感染 Covid-19；在提供快篩結果為陰性資訊後 NPV=0.999，每 1,000 位接受篩檢陰性者未感染 Covid-19 機率僅稍微提高；若隨著盛行率增加到 0.4，則 NPV 會微幅下降到 0.842。2020 年 8 月臺灣中央流行疫情指揮中心，也曾利用檢測試劑的敏感度 90% 及特異度 95% 來評估對入境觀光客普篩的成效，若以當時假設盛行率 $P(D)=0.002$ 來看，陽性預測值 PPV=0.0348 而陰性預測值 NPV=0.9998，表示檢驗為陽性者真實有感染 Covid-19 機率僅為 0.0348，而檢驗陰性者真實未感染 Covid-19 機率將近 1。

以上的討論瞭解事後機率（如 PPV）會與先驗機率（如盛行率 $P(D)$）、收集資料後的訊息（如快篩結果）有關，進一步以 Covid-19 例子說明先驗機率與事後機率的關係。假設在不同盛行率（也就是先驗機率 $P(D)$）條件下，比如族群

Covid-19 感染率在 0.01 到 0.4 之間，將抗體快篩在感染的第 8 到 14 天、第 15 到 21 天檢測之 PPV 與 NPV（亦即事後機率）繪圖呈現如圖 3.2。圖 3.2(a) 為 PPV 曲線，隨著盛行率 $P(D)$ 增加到 0.4 時，不管是感染的第 8 到 14 天（w2 虛線）或是第 15 到 21 天（w3 實線）PPV 也逐漸增加，表示檢測若呈陽性而真實感染 Covid-19 機率大幅提升；換句話說，如果 Covid-19 的盛行率越高，則檢測若為陽性時，則真實感染 Covid-19 的機率也會增加。圖 3.2(b) 為 NPV 曲線，隨著 Covid-19 感染盛行率增加到 0.4 時 NPV 逐漸降低，然而感染的第 8 到 14 天（w2 虛線）會比第 15 到 21 天（w3 實線）的 NPV 更低，這顯然是感染的第 8 到 14 天偽陰性較高造成的現象；換句話說，如果 Covid-19 感染的盛行率越高，當檢測之偽陰性較高時，雖然檢測為陰性但真實未感染 Covid-19 的機率仍會較低。圖 3.2 為 Covid-19 快篩具備高特異度（0.987 很接近 1）的特殊例子，無法推廣到實務上其他疾病或診斷方式的篩檢結果；任何篩檢的 PPV 或 NPV 數值大小（亦即事後機率）與篩檢成效的敏感度、特異度（收集資料的資訊）及疾病盛行率（先驗機率）有關。

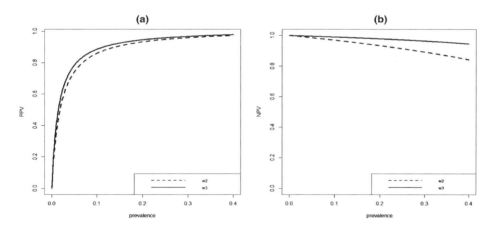

圖 3.2：**Covid-19 抗體快篩檢測結果之陽性預測值（PPV，圖 3.2(a)）與陰性預測值（NPV，圖 3.2(b)）曲線，虛線 w2 為感染的第 8 到 14 天，實線 w3 為感染的第 15 到 21 天**

第四節　疾病風險因子評估：勝算比

條件機率的概念除了用在疾病篩檢外，也可用來評估疾病的風險因子（risk factor），也就是在前面章節曾介紹過的指標如**相對風險**（**relative risk，簡稱 RR**）或是**勝算比**（**odds ratio，簡稱 OR**），RR 或 OR 通常是用於比較兩組人發生疾病之情形有無差異，可用來評估疾病的風險因子。比如要看肥胖（視為風險因子，區分為有、無兩組）會不會與心血管疾病有關，令符號 D 為罹患疾病、E 為暴露於風險因子，則條件機率 $P(D|E)$ 為暴露於風險因子者發生疾病的風險、$P(D|E^c)$ 為未暴露者發生疾病的風險為，相對風險 RR 可定義成

$$RR = P(D|E)/P(D|E^c)$$

RR 可被解釋成「暴露於風險因子者發生疾病的風險是未暴露者的 RR 倍」，當 RR 不是 1 時就表示風險因子與疾病可能有關。通常在追蹤世代研究（follow-up cohort study）或是**前瞻性世代研究**（**prospective cohort study**）才能計算 RR，因為這類型的研究是先找出具備風險因子但未患病的族群如肥胖者與非肥胖者做為世代（cohort）進行一段時間追蹤，在追蹤期間內觀察其心血管疾病發生情形，因此可計算給定風險因子狀態下，疾病發生的機率。

範例五：有一項前瞻性世代研究於 2010 年找了 40 歲以上民眾，分別為 1,000 位肥胖者與 2,000 位非肥胖者，這些民眾皆未罹患心血管疾病，持續追蹤 10 年後觀察兩組人心血管疾病發生情形如表 3.6。請計算肥胖者發生心血管疾病之 RR。

表 3.6：追蹤肥胖與心血管疾病之世代研究（假設有 1,000 位肥胖者與 2,000 位非肥胖者）

風險因子＼疾病	有心血管疾病	無心血管疾病
肥胖者（n=1,000）	140	860
非肥胖者（n=2,000）	150	1850

肥胖者發生心血管疾病之風險可以 RR 來評估，首先計算肥胖者發生疾病之風險為 $P(D|E) = 140/1000 = 0.14$，非肥胖者發生疾病之風險為 $P(D|E^c) = 150/2000 = 0.075$，則 $RR = P(D|E)/P(D|E^c) = 0.14/0.075 \approx 1.87$。

在這一項為期 10 年的研究，肥胖者發生心血管疾病的風險是非肥胖者的 1.87 倍，肥胖者得病風險多出 87%，這樣看來肥胖似乎是心血管疾病的風險因子。若

要推論肥胖與心血管疾病是否真的有顯著相關，讀者可參考本書第三部提及的方法進行推論。

　　另一個常用的評估指標是勝算比（odds ratio，簡稱 OR），勝算（odds）定義為 $p/(1-p)$，p 代表事件發生機率，比如明日下雨機率為 0.6，則明日下雨的勝算為 0.6/0.4＝1.5，表示相較於不下雨，明天下雨的可能性比較大。而勝算比 OR 顧名思義就是兩個勝算的比值，OR＝$\text{odds}_1/\text{odds}_2$，用在評估疾病之風險因子的話，$\text{odds}_1$ 就是暴露於風險因子者發生疾病的勝算 $P(D|E)/P(D^c|E)$，$P(D^c|E) = 1 - P(D|E)$，odds_2 就是未暴露者發生疾病的勝算 $P(D|E^c)/P(D^c|E^c)$，$P(D^c|E^c) = 1 - P(D|E^c)$，OR 公式可寫成

$$OR = \frac{P(D|E)/P(D^c|E)}{P(D|E^c)/P(D^c|E^c)}$$

OR 可反映出風險因子與疾病的關係，當發現 OR>1 表示風險因子與疾病是正相關；OR＝1 表示風險因子與疾病無相關，OR<1 表示風險因子與疾病是負相關。根據表 3.6 前瞻性世代研究的資料計算肥胖者發生心血管疾病之 OR，首先算出肥胖者發生疾病之勝算為 $P(D|E)/P(D^c|E) = 0.14/(1 - 0.14) \approx 0.163$，非肥胖者發生疾病之勝算為 $P(D|E^c)/P(D^c|E^c) = 0.075/(1 - 0.075) \approx 0.081$，則 OR＝$[P(D|E)/P(D^c|E)]/[P(D|E^c)/P(D^c|E^c)] = 0.163/0.081 \approx 2.01$。OR＝2.01 表示肥胖者發生心血管疾病之勝算是非肥胖者的 2.01 倍，也代表肥胖者較易罹患心血管疾病。

　　讀者可能會好奇表 3.6 的研究追蹤 10 年雖然可評估肥胖導致心血管疾病的可能性，但未免太耗時了，因此有另一種**病例對照設計（case-control study）**的方法，也可用來評估肥胖與心血管疾病之相關。通常是先找一群有心血管疾病的人稱之為病例組，另一群則是無心血管疾病的人做為其對照組，回溯兩群人的肥胖狀態，舉例來說某內科醫師利用醫院病歷資料收集了 200 位心血管疾病患者，其中有 70 位肥胖；另外找了 200 位無心血管疾病者當對照組，其中有 50 位肥胖（如表 3.7）。因為病例對照研究資料收集的特性為先確定疾病狀態下，回溯肥胖情形，因此無法計算前述給定肥胖下得病之條件機率進而獲得 RR 或 OR；不過病例對照研究可計算出，也就是給定得病條件下肥胖之條件機率，讀者可回想前一節的貝氏定理可用來計算逆機率，因此推導一下

$$P(D|E) = \frac{P(E|D)P(D)}{P(E|D)P(D) + P(E|D^c)P(D^c)}$$

$$P(D^c|E) = \frac{P(E|D^c)P(D^c)}{P(E|D)P(D) + P(E|D^c)P(D^c)}$$

$$P(D|E^c) = \frac{P(E^c|D)P(D)}{P(E^c|D)P(D) + P(E^c|D^c)P(D^c)}$$

$$P(D^c|E^c) = \frac{P(E^c|D^c)P(D^c)}{P(E^c|D)P(D) + P(E^c|D^c)P(D^c)}$$

帶入 OR 公式

$$OR = \frac{P(D|E)/P(D^c|E)}{P(D|E^c)/P(D^c|E^c)} = \frac{(P(E|D)P(D))/(P(E|D^c)P(D^c))}{(P(E^c|D)P(D))/(P(E^c|D^c)P(D^c))}$$

$$= \frac{P(E|D)/P(E|D^c)}{P(E^c|D)/P(E^c|D^c)} = \frac{P(E|D)/P(E^c|D)}{P(E|D^c)/P(E^c|D^c)}$$

上式可發現給定疾病狀態下肥胖之勝算比，會與給定肥胖狀態下疾病之勝算比是相同的；換句話說，病例對照研究也可以計算出 OR。

範例六：請利用表 3.7 為肥胖與心血管疾病之病例對照研究資料，計算肥胖者罹患心血管疾病之 OR。

表 3.7：肥胖與心血管病之病例對照研究（假設病例組與對照組各有 **200** 位）

風險因子 / 疾病	有心血管疾病（病例組）	無心血管疾病（對照組）
肥胖者	70	50
非肥胖者	130	150

在病例對照研究下的 $P(E|D) = 70/200 = 0.35$、$P(E|D^c) = 50/200 = 0.25$ 帶入 OR $= [P(E|D)/P(E^c|D)]/[P(E|D^c)/P(E^c|D^c)] = [0.35/(1 - 0.35)]/[0.25/(1 - 0.25)] \approx 1.62$。OR $= 1.62$ 可解釋成肥胖者得病之勝算是非肥胖者的 1.62 倍，顯示出肥胖者患心血管疾病的可能性比較高。讀者可參考本書後續章節提及的方法進行 OR 的推論，確認肥胖與心血管疾病是否有顯著相關。

　　僅利用表 3.6 或 3.7 的列聯交叉表計算出的 OR 也被稱為粗勝算比（crude OR），因為只採用一個風險因子的資訊。但實際上疾病的影響因素可能有很多，比如性別、年齡、飲食及運動習慣等，若想考慮其他干擾變數（confounder）影響，可採用後續章節**羅吉斯迴歸**（logistic regression）分析方法，這時計算出的

OR 稱爲校正勝算比（adjusted OR），也就是校正掉其他影響因素後，此風險因子
與疾病之相關。

第五節　資料科學分類預測之應用

在本章介紹的僞陽率或僞陰率的指標，也被廣泛應用在資料科學領域中進行
疾病預測的議題，比如發展一種預測方法，利用重症病人入住加護病房頭兩天
的檢測數據預測其在加護病房住院期間內死亡的可能性，如何評估此預測方法之
效果，就可以使用本章介紹過的指標如敏感度、僞陰率、特異度、僞陽率，甚
至是用到這些指標的函數如 F1-score 等。先介紹資料科學領域常用的**混淆矩陣**
（**confusion matrix**）來定義各指標的算法，而混淆矩陣其實就是表 3.4，以資料科
學領域常用的符號 TP（true positive）、FP（false positive）、TN（true negative）、
FN（false negative）來修改表 3.4 呈現如表 3.8，TP 指的是眞陽爲有病者且陽性
人數，而 FP 爲僞陽即無病者且陽性人數，FN 爲僞陰是有病者且陰性人數，TN
是眞陰爲無病者且陰性人數，敏感度、僞陰率、特異度、僞陽率的計算分別可寫
成：敏感度＝TP/(TP＋FN)、僞陰率＝FN/(TP＋FN)、特異度＝TN/(TN＋FP)、僞
陽率＝FP/(TN＋FP)，其中敏感度有另一稱呼爲召回率（recall）。

表 3.8：某一疾病預測預測結果與真實得病情形之分布

疾病預測結果	真實得病情形	
	有病	無病
陽性	TP	FP
陰性	FN	TN

爲了評估預測方法之效果，還有其他指標如**準確率**（**accuracy**）＝ (TP＋TN)/
(TP＋FP＋TN＋FN)，代表在總樣本中被正確預測正確的比例。**精確率**
（**precision**）＝TP/(TP＋FP)，爲被預測陽性者眞正有病之比例。F1-score＝2×精
確率×召回率 /（精確率＋召回率），爲精確率與召回率的調和平均數（harmonic
mean）。這些指標的數值都介於 0 到 1 之間，數值愈高代表預測效果愈好；然而
指標之抉擇應依據研究問題的特性而定，比如若僞陰性是比較嚴重的錯誤，那應
該追求眞陽性愈高愈好，以提升敏感度（或稱召回率）或 F1-score 爲目標。

以 van Doorn et al.（2021）文獻為例子 [2]，作者以 Covid-19 病人血液檢查之數據，挑出五個重要之預測變數：嗜中性白血球（neutrophils）、淋巴球（lymphocytes）、乳酸脫氫酶（Lactic dehydrogenase, LDH）、高敏感性 C- 反應蛋白（hs-CRP）與年齡，比較六種機器學習法預測病人死亡之結果。作者以準確率（accuracy）、F1-score 以及 AUC（area under the receiver operating characteristic curve, ROC）為指標，這裡提到的 AUC 指的是 ROC 曲線下的面積，ROC 曲線指的是 X 軸為偽陽率，Y 軸為敏感度的曲線圖，常用在評估一個預測方法在不同切點進行分類獲得之偽陽率與敏感度畫出之曲線圖，以偽陽率較低及敏感度較高之對應切點為最佳的分類規則，而對於比較多種預測方法之成效時，若其 ROC 曲線下面積愈大則顯示此分類預測的效果愈好。van Doorn et al.（2021）文獻的圖 3 呈現六種機器學習法的準確率、F1-score 及 AUC，結果顯示類神經網路（Neural Network）的準確率為 96.53%、F1-score 為 0.969 及 AUC 高達 0.989，是最佳的預測方法。準確率為 96.53%，代表的是在所有 Covid-19 病人，可被正確預測死亡或未死亡者的占比為 96.53%；F1-score 為 0.969 則表示類神經網路法的精確率與召回率之調和平均；AUC 則是整體預測效果的指標，顯示類神經網路整體的預測能力佳。讀者若對機器學習法的應用有興趣，可再查詢相關書籍瞭解更多細節。

總　結

本章介紹了三種計算機率的方式，分別有古典機率、頻率學派或主觀機率，雖各有不同定義但都必須符合機率公理。另外也介紹了加法定理與乘法定理，可用來計算兩個事件之聯集或交集發生之機率，同時介紹了條件機率的概念並以例子說明獨立事件之判斷方法，並加以延伸到貝氏定理得以推導事件之逆機率，書中也以 Covid-19 為例說明先驗機率與事後機率的關係，繪圖使用的 R 指令也在本章的附錄中，有興趣的讀者可以自行練習繪圖。本章另外也介紹了疾病篩檢常用到的敏感度或偽陽率等統計量，以及衡量疾病風險因子的常用指標如相對風險或是勝算比等，搭配書中的例子讓讀者易於瞭解這些指標的解釋及應用。最後則以資料科學中常用的機器學習法用於疾病預測的議題，介紹評估預測正確性的指標，有益於讀者在接觸相關議題的文獻時，易於理解這些機率概念的應用。

關鍵名詞

古典機率（classical probability）

頻率學派機率（frequentist probability）

主觀機率（subjective probability）

機率公理（axioms of probability）

加法定理（additive rule）

乘法定理（multiplicative rule）

條件機率（conditional probability）

獨立事件（independent event）

敏感度（sensitivity）或真陽率（true positive rate）

偽陰率（false negative rate）

特異度（specificity）或真陰率（true negative rate）

偽陽率（false positive rate）

貝氏定理（Bayes' theorem）

陽性預測值（positive predictive value，簡稱 PPV）

陰性預測值（negative predictive value，簡稱 NPV）

相對風險（relative risk，簡稱 RR）

勝算比（odds ratio，簡稱 OR）

前瞻性世代研究（prospective cohort study）

病例對照設計（case-control study）

混淆矩陣（confusion matrix）

準確率（accuracy）

精確率（precision）

複習問題

1. 請針對獨立事件、互斥事件各舉一例。

2. 請以抗體快篩 Covid-19 的例子，說明何謂敏感度、偽陰率、特異度、偽陽率。

3. 「一電腦在一天內會當機 0、1、2、3 或 4 次以上的機率分別是 0.09、0.25、0.33、0.29、0.1，機率分布圖大致算對稱分配。」此描述正確嗎？為什麼？

4. 假如 A 君說「王牌投手這一場主投會勝利的機率是百分之兩百」，這就是一種主觀機率的例子。此描述正確嗎？為什麼？

5. 如果 A 和 B 兩事件獨立，則 $P(A \cap B)$ 必為 0。此說法是否正確？為什麼？

6. 有關機率的敘述哪個錯誤？

    (1) 機率值永遠為正　　(2)A, B 兩事件若互斥則 $P(A \cap B) = P(A)P(B)$

    (3) 機率和永遠為 1　　(4)A, B 兩事件若互斥則 $P(A \cap B) = P(A) + P(B)$

7. 下列何者不是條件機率（conditional probability）？為什麼？

    (1) prevalence rate　(2) predictive value　(3) false positive rat　(4) specificity

8. 衛生署疾管局主動發布訊息指出，中部某家醫院結核菌檢驗實驗室，因檢驗試劑在 2 月底遭污染，導致共有 52 件民眾檢體遭檢驗錯誤，其中有八位未染病民眾一度因此被誤檢為感染結核病。這是統計學說的

    (1) prevalence rate　(2) false positive rate　(3) specificity　(4) false negative rate

9. 若 $P(A) = 0.2, P(B) = 0.3, P(A|B) = 0.6$，請計算下列機率分別為多少？

    (1) $P(A^c|B)$

    (2) $P(B|A)$

    (3) $P(B|A^c)$

10. 以表 3.5 的例子，如果針對 2020 年 1 到 8 月入境旅客 25 萬人實行抗體快篩，也就是入境普篩的話，偽陽性或偽陰性各自為何，你認為當時需要進行入境普篩嗎？

11. 1,820 位研究對象進行胸部 X 光檢驗結核病，其判斷結果如下表：

胸部 X 光檢驗結果	真實得病	
	有結核病	無結核病
陽性	22	51
陰性	8	1739

    (1) 請問此檢驗的敏感度、特異度、偽陽率、偽陰率各是多少？

    (2) 根據過去資料，每年每 1,000,000 人中有 93 位罹患結核病，請問如果某人檢驗為陽性，則某人真正有結核病的機率是多少？

(3) 題（2）你計算出的機率在統計上又稱為什麼？請比較並描述它與 prevalence rate 的關係。

12. 令事件 A = 不吸菸者，B = 吸菸者，C = 血壓值（BP）超過 140 mmHg。不吸菸者與吸菸者之血壓次數表如下，請計算下列機率：

BP（mmHg）	<140 mmHg	140~170 mmHg	≥170 mmHg
吸菸者（smoker）	75	75	50
不吸菸者（nonsmoker）	560	140	100

(1) $P(A)$ = ?

(2) $P(C)$ = ?

(3) $P(C|A)$ = ?

(4) $P(C|B)$ = ?

(5) 請問吸菸狀態與血壓是否為獨立事件？為什麼？

13. 根據媒體報導（https://gooddoctorweb.com/post/843，擷取日期 2022/07/06）：因國內 Covid-19 感染案例增多，雙北地區於各社區設置多處篩檢站快篩，諸多聲音提出需要普篩，但是中央流行疫情指揮中心認為「目前仍不需要於全部縣市都設快篩站，以快篩準確度（專一性）98% 為準，盛行率 10% 左右如萬華區，快篩偽陽性約為 2 成。若是盛行率 1% 區域，例如宜蘭，偽陽性可高達 7 成，表示 10 個快篩陽性中只有 3 位真確診。」

(1) 請你以快篩敏感度為 80%，幫**宜蘭**計算快篩陽性預測值。

(2) 「若是盛行率 1% 區域，例如宜蘭，偽陽性可高達 7 成，表示 10 個快篩陽性中只有 3 位真確診。」這句話有錯，請更正其說法。

(3) 請你以快篩敏感度為 80%，幫**萬華區**計算快篩陽性預測值。

(4) 「盛行率 10% 左右如萬華區，快篩偽陽性約為 2 成。」這句話有錯，請更正其說法。

14. 糖尿病（簡稱 DM）篩檢計畫以血糖值 ≥ 125 mg/100ml 為糖尿病陽性，此篩檢結果如下表：

血糖篩檢結果	真實得病	
	有 DM（以 D 表示）	無 DM（以 D^c 表示）
陽性（positive, 血糖 ≥125）	150	30
陰性（negative, 血糖 <125）	50	270

假設糖尿病之盛行率為 15 %，請問

以此題而言血糖值篩檢 DM 的偽陰率是多少？

以此題而言血糖值篩檢 DM 的特異度是多少？

請問此篩檢計畫的陽性預測值（PPV）為多少？

15. 一項有關兒童肥胖的研究，數據整理如下表，請問女童肥胖的勝算比是多少？
請解釋你的結果。

	正常體型	肥胖體型
男童	250	80
女童	400	72

引用文獻

1. Deeks JJ, Dinnes J, Takwoingi Y, Davenport C, Spijker R, Taylor-Phillips S, et al. Antibody tests for identification of current and past infection with SARS-CoV-2. Cochrane Database of Systematic Reviews 2020;**6**.

2. van Doorn WPTM, Stassen PM, Borggreve HF, Schalkwijk MJ, Stoffers J, Bekers O, et al. A comparison of machine learning models versus clinical evaluation for mortality prediction in patients with sepsis. PLoS ONE 2021;**16(1)**:e0245157. https://doi.org/10.1371/journal.pone.0245157.

附錄

圖 3.2　R 繪圖程式

```
pd<-seq(0,0.4,0.001)
spe<-0.987
sen<-0.722
ppv1<- (sen*pd)/(sen*pd+(1-spe)*(1-pd))
npv1<- (spe*(1-pd))/(spe*(1-pd)+(1-sen)*pd)
sen<-0.914
ppv2<- (sen*pd)/(sen*pd+(1-spe)*(1-pd))
npv2<- (spe*(1-pd))/(spe*(1-pd)+(1-sen)*pd)
```

```
par(mfrow=c(1,2))
plot(pd,ppv1,type="l", xlab="prevalence", ylab="PPV",lwd=3, lty=2)
lines(pd, ppv2, lty=1, lwd=3)
legend("bottomright",  c("w2 ","w3"), lty=c(2,1), lwd=2, cex = 0.75)
title(main="(A)")
plot(pd,npv1,type="l", ylim=c(0,1),xlab="prevalence", ylab="NPV",lwd=3, lty=2)
lines(pd, npv2, lty=1, lwd=3)
legend("bottomright",  c("w2 ","w3"), lty=c(2,1), lwd=2, cex = 0.75)
title(main="(B)")
```

第 4 章
母體的機率模式與特性

蕭朱杏　撰

學習目標

一、瞭解資料背後的母體機制，瞭解母體的分布可以由機率模式來表示

二、認識隨機變數，認識常見的機率模式（包含離散型與連續型）、應用範圍，以及模式中參數的意義

三、認識母體的期望值代表母體中心趨勢，而母體變異數代表母體分散的程度，也能認識及使用其他的數值如中位數、四分位等

四、瞭解隨機變數運算的特性

前　言

經過前幾章討論資料的形式、來源，及表達的方式之後，本章要描述的是產生資料背後的機制。一般來說，通常會假設這些健康調查或是研究所收集到的資料來自一個**母體**（又稱爲**母群體**，**population**），而這個母體內包含的所有可能的數值，則是由某個**機率模式**（**probability model**）所控制。所以，如果能瞭解這個機率模式，就可以瞭解這個母體內所有可能數值的分布狀況。這個機率模式，也稱爲**機率模型**，通常可以使用一個函數來表達，而這個表達母體分布的函數就稱爲**機率分布**（**probability distribution**）。

不同的機率模式使用不同的符號及分布函數，所以不同的母體使用不同的機率模式。本章要介紹的是一些常見的機率分布，可以用來描述離散型的母體，例如某種容易致病的基因型在臺灣族群的分布狀況，例如臺灣成年人是否罹患高血壓的分布情形等；以及用來描述連續型的母體，例如全臺灣年輕族群的血壓值分布情形，或是某個癌症的存活率等。

第一節　母體與機率分布

在日常生活、調查研究，或是臨床醫學研究中，所看到或收集到的資料，通常都是從一個更大的集合來的，這個集合就稱爲母體。例如，如果國健署想要瞭解全臺灣成年人的血壓分布狀況，那麼，全臺灣每個成年人的收縮壓（systolic blood pressure）數值就組成了母體這個大集合。這個大集合中的每個數值，例如 105 mmHg（毫米汞柱）、124 mmHg、113 mmHg 等連續數值，如果可以利用一個具隨機性的機制來描述，這個機制就稱爲這個母體的機率模式。表達這個機率模式的數學式，就是其機率分布；這個分布就可以描述母體內全體數據（如收縮壓數值）分配的狀況。

又，如果想要瞭解臺灣學童是否近視，那麼全臺灣每個學童是不是近視就組成了母體這個大集合，這個大集合中的數值，例如 0 代表沒有近視、1 代表近視。若可以利用一個具隨機性的機制來描述，這個機制就稱爲這個母體的機率模式。而且，因爲是不是近視的結果屬於二分類（binary）的**離散型**（**discrete**）數值，這個機率模式會是離散型的機率模式。跟上面的連續型收縮壓數值的連續型

機率模式（continuous probability model）不同。

　　但是，要收集這個母體中的全部數值並不容易，因爲收集到每一個人的收縮壓數值在實務執行上有困難，收集到每個學童是否近視的結果也同樣不容易進行，所以一般只能觀察到或收集到這個母體中的部分數值，所獲得的這一組資料數據就稱爲**樣本**（**sample**）。針對樣本進行的描述與表達，在前面幾章已經有初步的介紹，本章將討論這些樣本所來自的母體之機率模式的表示方法及特質。

一、利用機率函數描述母體

　　回到血壓的例子，全臺灣每個成年人的血壓數值屬於連續型的數值，如果母體內這些血壓數值的分布是一個像鐘形曲線的常態分布（如圖 4.1(a)），這個常態分布就稱爲這個血壓數值的機率模式，這個曲線就稱爲全臺灣成年人血壓分布的**機率密度函數**（**probability density function, PDF**）。又例如投擲一顆六面的公正骰子，因爲投出的結果只有六種可能，分別爲 {1, 2, 3, 4, 5, 6} 點，這就是母體；而且，因爲每一種可能的機率各是 1/6，所以這個母體的機率模式可以表示成 $P(X = x) = 1/6$，$x = 1, 2,..., 6$，稱爲**機率質量函數**（**probability mass function, PMF**）；其中，大寫的符號 X 是個變數（variable），用來代表投擲一次可能出現的結果；只是，這個變數的數值不是常數，是 {1, 2, 3, 4, 5, 6} 中的任一點，是一個會因爲投擲機率而變動的數，所以又稱爲**隨機變數**（**random variable**）；而 x 則代表 X 投擲出來的數值（如圖 4.1(b)）。

　　值得注意的是，這圖 4.1(b) 是一個離散型的機率模式。而且，因爲所有結果的機率都一樣，所以這個機率分布也稱爲**離散型的均一分布**（**discrete uniform distribution**）。這跟前述血壓數值的連續型的機率模式不同。其實，看兩者的機率分布函數曲線是不是連續函數，就可以判斷誰是離散型，誰是連續型。

　　除了機率密度函數或機率質量函數，另一種表示母體機率模式的方法是透過機率的累加，例如圖 4.1(c) 跟圖 4.1(d)，分別是圖 4.1(a) 跟圖 4.1(b) 兩個機率分布的累計。圖 4.1(c) 是原來圖 4.1(a) 函數的積分，圖 4.1(d) 是圖 4.1(b) 函數的累加，這種機率分布函數的累計積分或是累計相加稱爲**累積機率函數**（**cumulative distribution function, CDF**）。

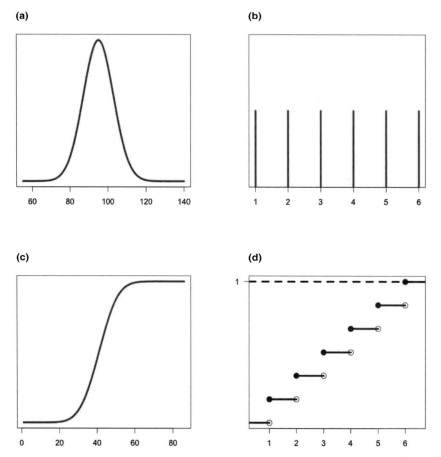

圖 4.1：(a) 為常態分布的圖；**(b)** 為離散型的均一分布；**(c)** 為圖 **(a)** 的累積機率函數；**(d)** 為圖 **(b)** 的累積機率函數

二、母體的特質：期望值與變異數

知道母體的機率模式或是機率分配函數又有什麼用處呢？一旦瞭解了這個母體的機率分配函數，就可以知道母體內哪些數值有比較高的機率被觀察到，例如，從圖 4.1(a) 中可以知道，有很高比例的臺灣成年人血壓值是介於 80 到 120 mmHg（mmHg）之間的，也可以計算出臺灣成年人血壓值在這個區間的機率是多少（只要計算這個函數在這個區間下的面積就可以了）；如果想知道有多少比例的臺灣成年人罹患高血壓，那麼只要計算函數下比 130 大的面積就是該機率了。同樣的，根據投擲骰子的機率函數，可以計算丟出比 4 點大的機率是 1/6 + 1/6 = 1/3。

這個機率函數可以更進一步說明母體的特性，第一個是母體的中心，即平均

值，稱為**母體期望值**（population expected value, population expectation），是一種代表母體**中心趨勢**（central location）的測度。一個隨機變數 X 的母體期望值表示為 $E(X)$，而一個離散型隨機變數 X 的母體期望值定義為

$$E(X) = \sum_x x \times P(X = x)$$

其中的加總，以希臘大寫字母 Σ（Sigma）表示，必須涵蓋母體內「所有可能數值 x」。由此可以看出，期望值不過就是母體內「所有可能數值」的加權平均，權重就是機率質量函數的數值；換句話說，期望值是以一個數值來表示全母體的中心。

其他能代表母體中心的還有中位數（median），眾數（mode）；只是，期望值在計算上比其他兩者更為容易，比較普遍。另外，如果 X 是連續型的隨機變數，那麼以上定義中的機率質量函數必須以機率密度函數取代，再把加總變成積分就可以了，如

$$E(X) = \int x \times f(x) dx$$

除了期望值，另一個描述母體特性的測度是其分散（或是變異、變化）的程度，例如母體內所有數值的範圍、多數數值如 95% 數值的範圍、第一與第三四分位（first and third quartile）的數值等，都可以表達母體變異的程度。其中，最常被用來描述母體分散程度的是母體的**變異數**（variance），測量的是相對於母體中心的分散程度，一個隨機變數的變異數表示為 $Var(X)$。以離散型隨機變數 X 為例，其變異數定義為

$$Var(X) = E[(X - \mu)^2] = \sum_x (x - \mu)^2 \times P(X = x)$$

這裡變異數定義中的 μ 表示的是母體期望值。換句話說，變異數描述的是「相對於母體中心期望值的分散程度」，也就是母體內「所有可能數值與其期望值之平方距離的加權平均」。把上述式子最右項的平方展開、再計算及加總，可以得到變異數的一個較簡單的表示法

$$Var(X) = E[(X - \mu)^2] = E[X^2] - (EX)^2$$

如果要表達分散程度，當然還可以使用（相對於母體中心）絕對值的距離、也可以使用最大值與最小值的差異來表示；只是，上述的變異數定義在後續統計推論上使用比較方便，所以較為常見。

此外，如果 X 是連續型的隨機變數，那麼以上定義中的機率質量函數必須以機率密度函數取代，再把加總變成積分就可以了，其變異數定義為

$$Var(X) = E[(X - \mu)^2] = \int (x - \mu)^2 \times f(X = x)dx$$

其中的 $f(X = x)$ 是這個連續型隨機變數 X 的機率密度函數。

範例一：回到投擲骰子的例子，這是一個離散型的均一分布，其母體期望值與變異數分別為

$$E(X) = \sum_{x=1}^{6} x \times P(X = x) = 1 \times \frac{1}{6} + 2 \times \frac{1}{6} + \cdots + 6 \times \frac{1}{6} = \frac{21}{6} = \frac{7}{2}$$

$$Var(X) = E[(X - \mu)^2] = \sum_{x=1}^{6} \left(x - \frac{7}{2}\right)^2 \times P(X = x) = \frac{35}{2} \times \frac{1}{6} = \frac{35}{12}$$

此時，將變異數開根號，又可以得到**標準差**（**standard deviation, sd**），在這個例子裡是 $\sqrt{35/12}$，約為 1.71。換句話說，母體內「所有可能數值與期望值的距離」大約是 1.71 左右。

三、樣本的特質：樣本期望值與樣本變異數

一旦有了母體對應的機率模式，就可以瞭解這個母體的特質，包含其中心以及其分散變異程度。例如，一旦公正骰子所擲出的點數分布會符合離散型的均一分布，根據這個機率模式，就可以知道擲出的數值平均而言是 3.5，加減 1.71 上下。又例如，如果知道全臺灣血壓分布的機率分布，就可以知道全體臺灣國民的血壓值平均而言會是多少 mmHg，以及在這個數值上下變化的程度。

然而，多數母體的機率模式是未知的，一般而言並不確定這個母體符合哪一種分布。在這種情況下，如果還是要瞭解這個母體的中心趨勢、以及變異範圍，就可以借助樣本觀察值了。利用 n 個觀察值所得到的一組樣本 $\{y_1, y_2, \ldots, y_n\}$ 所得到的平均值 $\bar{y} = (y_1 + y_2 + \cdots + y_n)/n$，又稱**樣本平均值**（**sample mean**），就可以用來估計母體的期望值。同樣道理，利用這同一組樣本所得到的變異數 $s^2 = [(y_1 - \bar{y})^2 + (y_2 - \bar{y})^2 + \cdots + (y_n - \bar{y})^2]/(n - 1)$，又稱**樣本變異數**（**sample variance**），就可以用來估計母體的變異數。

　　上述兩個數值，樣本平均值及樣本變異數，因爲都是利用觀察的資料計算而得，所以都是**統計量**（**statistic**）。樣本平均值其實跟母體期望值很像，都是加權平均，這裡很自然地將每一個觀察值都視爲同樣重要，都指定一樣的權重，也就是 $1/n$。後續在統計推論中，將有多一些篇幅說明這個樣本平均值的更多用處。

　　至於樣本變異數，可以視爲是這組樣本中，相較於樣本的中心趨勢（也就是樣本平均值）的一種距離的表示。其定義中分母爲 $n-1$，而不是 n，這是因爲在計算這個數值時，雖然有 n 個觀察值，但是爲了猜測母體的中心趨勢，已經先計算了樣本平均值 $\bar{y}$，所以能自由被運用的觀察值個數已經不像原本 n 個那麼多了。還有一個重要原因是，如果使用 $n-1$ 做爲分母，那麼樣本變異數就會是母體變異數的一個不偏估計，這個不偏性在本書第二部會有更多的說明。

範例二：按照 1985 年林月美等人發表的研究論文顯示 [1]，調查抽樣的五百多位 15 歲的男童平均身高爲 163.3 公分，五百多位 15 歲的女童平均身高爲 155.4 公分；這兩個數值都是樣本平均值。所以可以據此合理推測，當時臺灣地區相同年齡男女童的平均身高應該接近這個數值。

第二節　伯努利分配（Bernoulli distribution）

　　伯努利分配（或稱伯努利分布）是用來描述只有兩種可能結果的母體，例如一個人得病與否、一個人帶有缺陷基因或是不帶有缺陷基因、投擲一次硬幣的結果是正面還是反面等。其對應的隨機變數通常會以 0 或 1 表示兩種結果，例如以下三種例子：

$$\begin{cases} X=1\text{ 表示得病} \\ X=0\text{ 表示沒有得病} \end{cases} ; \quad \begin{cases} X=1\text{ 表示帶有缺陷基因} \\ X=0\text{ 表示不帶有缺陷基因} \end{cases} ; \quad \begin{cases} X=1\text{ 表示正面} \\ X=0\text{ 表示反面} \end{cases}$$

這個 X 又稱爲**二元**（**binary**）隨機變數，對應的機率分布函數十分直覺，可以表示爲

$$P(X=1)=p$$
$$P(X=0)=1-p=q$$

所以，按照前述定義，可以計算出其母體期望值與母體變異數分別爲 p 以及 pq，

這裡的 p 又稱爲這個伯努利分布的參數（parameter），其中 $1-p$ 也可以利用 q 來表示。

範例三：根據國健署國民營養健康狀況變遷調查結果 [2]，公布之「國民營養健康狀況變遷調查 102-105 年成果報告」，19 歲以上國人男性高血壓的比例爲 28%，所以一位 22 歲的男性罹患高血壓的機率若視爲 0.28，沒有高血壓的機率則爲 0.72，這是伯努利分配，參數數值爲 0.28。如果有兩位 19 歲以上男性，這兩位罹患高血壓的機率分別都是 0.28，這是兩個伯努利分布。

範例三（延續）：國健署同一個調查提出 19 歲以上國人女性高血壓的比例爲 21% [2]，所以一位 21 歲的女性罹患高血壓的機率若視爲 0.21，沒有高血壓的機率則爲 0.79，這也是伯努利分布，只是參數數值爲 0.21，所以是不同的伯努利分布。

第三節　二項式分配（Binomial distribution）

二項式分配也是生活中很常見的機率分布，它是伯努利分布的一個延伸。伯努利分布適用的對象是單一個人、單一次投擲硬幣的結果，二項式分配適用的對象則是一群人、數次投擲的結果。舉例來說，如果 X 代表投擲同一枚硬幣 50 次當中出現正面的次數，那麼 X 可能的數值會是 $\{0, 1, 2, ..., 50\}$ 中任一個數字。每次投擲出現正面的機率都相等，都是 p。那麼，X 是一個二項式分配，記爲 $X \sim \text{Binomial}(n, p)$。這裡的 n 是 50，p 是每一次投擲出現正面的機率。

範例四：根據國健署的調查 [3]，19 歲以上國人男性高血壓的機率可視爲 28%；所以大學部某系二年級 31 位男同學當中，罹患高血壓的人數 X 可能是 0、可能是 1 位、或 2 位、…或是最多 31 位，這個 X 服從二項式分配，記爲 $X \sim \text{Binomial}(n, p)$。這裡的 n 是 31，p 是每個人罹患高血壓的機率 0.28，所以 $X \sim \text{Binomial}(31, 0.28)$。

對於上述這種二項式分配，其機率質量函數可以寫成

$$P(X = k) = C_k^n p^k (1-p)^{n-k}, \quad k = 0, 1, ..., n$$

其中 k 表示 n 個人罹患高血壓的人數，或是表示 n 次投擲中發生正面的次數和。因爲有 k 次正面、每次機率都是 p，連乘之後就是 p^k；而反面一共 $n-k$ 次、機率

都是 $1 - p = q$，連乘之後就是 q^{n-k}。至於前面的 C_k^n，表示 n 次投擲中發生 k 次正面的組合次數。另外，若針對所有的 k，把全部的 $P(X = k)$ 加總，就會得到機率總和為 1。

範例四（延續）：回到上述例子，可以計算出 31 位男同學當中有 10 人罹患高血壓的機率是

$$P(X = 10) = C_{10}^{31} 0.28^{10} 0.72^{21} \approx 0.13$$

這個機率大約是 0.13。如果使用 R ，可以鍵入「dbinom(10, 31, 0.28)」指令而得。

　　有了二項式分配的機率質量函數，其實就可以畫出每個數值出現的機率圖，下圖 4.2 是四種不同的二項式分配的機率函數圖，X 軸是隨機變數的數值 k，也就是 n 次中看到的 k 次正面，而 Y 軸則是對應的機率質量函數的數值。

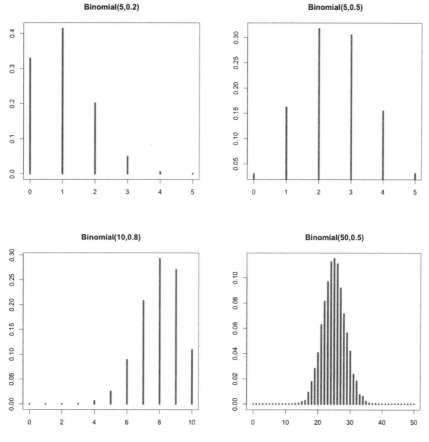

圖 4.2：四個二項式分布的機率分布圖

從圖中可以看到，不同的二項式分配對應不同的機率分配圖形，當機率 p 遠離 0.5 時，圖形會右偏如 Binomial(5, 0.2)，或是左偏如 Binomial(10, 0.8)。當機率 p 接近 0.5 時，圖形則比較對稱。另外，當 n 大的時候，X 的可能性也多，機率圖形就比較密集了。此外，如果想知道不同數值的 X 的機率，只要把這幾種數值下的機率加總即可，例如想知道圖 4.2 中右下角 X 介於 20 到 30 的機率，那麼只要把對應的高度加總即可。另外，從圖 4.2 中還可以看到這個母體的中心趨勢如期望值，以及變異數。按照定義，二項式分配的期望值是 np，變異數是 npq。例如，從圖 4.2 右下角中可以看出，其中心約在 25，左右變異在 3~4 之間。

範例四（延續）：回到上述例子，31 位男同學當中不超過 10 人罹患高血壓的機率應該是將 0、1、…到 10 人罹患高血壓機率的加總，所以是

$$P(X \leq 10) = \sum_{k=0}^{10} C_k^{31} 0.28^k 0.72^{31-k} \approx 0.77$$

這個機率大約是 0.77。

如果使用 R，可以鍵入「pbinom(10, 31, 0.28)」指令而得，也就是說，pbinom 這個函數算的是從小的數值開始的累加機率，也就是前面提過的累積機率函數的數值。反過來說，假使想知道超過 10 人罹患高血壓的機率，那就是 $P(X > 10)$，也就是 1 減去上面的 0.77，也就是 0.23 了。

範例四（延續）：回到上述例子，31 位男同學中罹患高血壓的人數，猜測平均而言會是 $np = 31 \times 0.28 = 8.68$，在 8 到 9 人之間，加減 $\sqrt{npq} = \sqrt{31 \times 0.28 \times 0.72} \approx 2.5$ 人。以此類推，19 歲以上國人男性約 953 萬人，而根據國健署出版的調查報告 [3]，其中罹患高血壓的人數，平均而言將接近 267 萬人（953×0.28 = 266.8）。這個數字不小，即使計算了其變異數並且開根號得到標準差，仍是加減 14 萬人。

範例四（延續）：（二項式分配與伯努利分配）在上述例子調查 31 位男同學中罹患高血壓的人數，也就是先看每個人是否罹患高血壓，有就記為 1，沒有則記為 0，再把這 31 個 0 或 1 相加；所以每個人都是一個伯努利分配。又因為這 31 位男同學是否罹患高血壓並不會互相影響，彼此獨立，所以這 31 個彼此獨立且參數都是 p 的伯努利分配相加就變成了二項式分配。

範例五：（當參數值未知時）在有些情況下，二項式分配的參數值 p 是未知的，

例如，早期新型冠狀病毒（Covid-19）剛發生時，許多國家都不清楚感染後的重症比率及死亡率是多少；此時，可以利用觀察到的資料，如 621 位感染者當中有 11 人死亡，再利用 11/621＝1.77% 來估計 p。有了這個估計值，接下來就可以評估，全國有 1 萬人染病時的死亡人數了。此外，如果要評估重症的比率或估計重症的人數，道理也是一樣。

第四節　布阿松分配（Poisson distribution）

另一個常用來描述離散資料，如計數資料（count data）的機率分布是布阿松分布（或稱布阿松分配）。這個分配的名稱是紀念法國數學家 Siméon Denis Poisson。這分配時常被用來描述在一給定時間內事件發生的次數，例如今年內臺灣發生颱風的個數、在一天當中接到的電話數等；在十九世紀末也曾被用來描述普魯士軍隊中被馬踢死的人數。如果以 X 來表示，它的數值可以從 0 到 1、2、3、⋯，沒有上限。它的機率分布函數為，

$$P(X = k) = \frac{\lambda^k}{k!} e^{-\lambda}，k = 0, 1, ...$$

這代表發生 k 次的機率，其中的常數 λ 是這個分布的參數，而 e 則是自然常數，是一個無限不循環小數，e 約為 2.718。針對所有可能的 k，把全部的 $P(X = k)$ 加總，就會得到機率總和為 1。記為 $X \sim \text{Poisson}(\lambda)$。這個服從布阿松分布的隨機變數 X 的期望值以及變異數恰好都是 λ，所以，檢查一組離散資料的樣本平均值與樣本變異數是否接近，通常可以做為判斷這個隨機變數是否服從布阿松分布的線索。

圖 4.3 是四個布阿松分布的機率分布圖，X 軸是發生個數 k，Y 軸則是對應的機率質量函數數值。由圖形可以看出，布阿松分布的分布圖是一個右偏的圖形；而且，當參數值 λ 變大時，整個母體圖形將往右移，表示比較有機會觀察到高發生次數的事件。

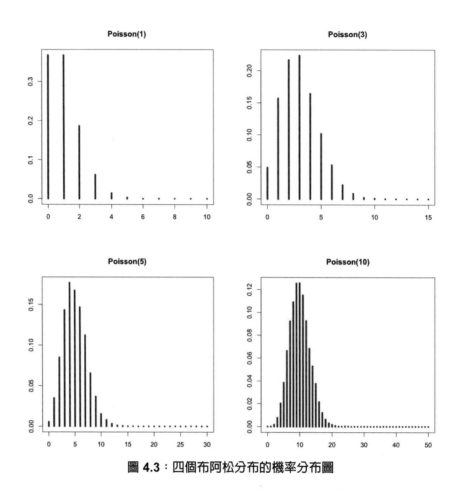

圖 4.3：四個布阿松分布的機率分布圖

範例六：假設今年侵襲臺灣的颱風個數服從布阿松分布，$X \sim \text{Poisson}(\lambda)$，其中 $\lambda = 5$。那麼，今年會有 3 個颱風的機率、以及今年不會超過 7 個颱風的機率分別是

$$P(X = 3) = \frac{5^3}{3!} e^{-5} \approx 0.14 \; ; \; P(X \leq 7) \approx 0.87$$

如果使用 R，對應的兩個指令是「dpois(3, 5)」以及「ppois(7, 5)」。

範例七：布阿松分布也很常使用在罕見疾病發生人數，例如，若假設臺灣每一萬人發生血友病人數服從布阿松分布，且 $\lambda = 1.2$，則某人口數一萬的鄉鎮今年發生 5 人罹患血友病的機率為 $P(X = 5) = (1.2^5/5!)e^{-1.2} \approx 0.006$，這個機率不太大。

範例八：（布阿松分配與二項式分配）其實，布阿松分布也可以視為是二項式分配的一個特例，尤其當這個二項式分配的 p 很小、而且這個二項式分配的 n 相較於

可能發生的人數 X 很大時。回到上述血友病的例子，血友病是個罕見疾病，多發生於男性，在臺灣每一萬人約 1.25 個病例；換句話說，這一萬人當中血友病案例數 X 可以是二項式分配，$n = 10000$ 且 $p = 1.25 \times 10^{-4}$。那麼，按照二項式分配的特性，期望值就會是 $np = 1.25$，變異數是 $npq \approx 1.25$；恰好跟布阿松分布之期望值等於變異數的特性一樣。也就是說，這個 X 很像布阿松分布，其參數值 λ 是 $np = 1.25$。

　　如果使用 R 來檢查在兩個分配下分別觀察到 5 個人得病的機率，則指令「dpois(5, 1.25)」以及「dbinom(5, 10000, 1.25 × 10^{-4})」分別會得到 0.007286 及 0.007283，兩者的確十分接近。

範例九：（布阿松分布與二項式分配）圖 4.4 列出了兩個二項式分布與兩個布阿松分布的機率圖，上下比較時 X 軸與 Y 軸的範圍都一樣。讀者可以發現，這兩種分配和前面段落敘述的情況一樣，的確十分接近。

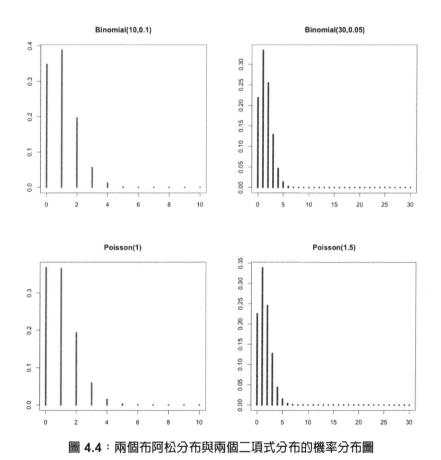

圖 4.4：兩個布阿松分布與兩個二項式分布的機率分布圖

範例十：（布阿松分布的應用）在 Hsu（Hsu et al., 2021）等人的研究中 [4]，針對疾病發生人數提出不同的機率模型來描述，其中一個就是布阿松分布。在該研究中假設不同地區某個疾病發生的人數都服從布阿松分布，每十萬人發生該疾病的比例都是同一個參數 λ。

第五節　常態分配：最常見的連續型母體分布

　　連續型資料的母體有很多種，可以用不同的機率模型來描述，其中最廣為熟知的機率模型是**常態分配**（normal distribution），或稱為**高斯分布**（Gaussian distribution），有些人稱之為鐘形（bell shape）分配，因為它的機率分布圖形，如圖 4.5 的三個不同的常態分配，像是一個倒扣的鐘，而且是一個對稱且頗為集中的鐘形。

　　就跟前面介紹過的分配一樣，常態分配的形狀由它的參數數值決定；所以圖 4.5 中三個不同的常態分配有各自的參數值，每個常態分配皆配備兩個參數，第一個參數是 μ，也恰好是這個分配的期望值。在圖 4.5 中，每個常態分配的中心都是它的期望值，而分布的圖形對稱於其期望值。第二個參數是 σ^2，也恰好是這個分配的變異數；所以一個服從常態分配的隨機變數 X 通常表示為 $X \sim N(\mu, \sigma^2)$，而 σ 也就是標準差。當期望值為 0 且變異數為 1 時，（$\mu = 0$, $\sigma^2 = 1$），這個常態分配稱**為標準常態分配**（standard normal distribution），有時會以隨機變數 Z 來表示，也就是 $Z \sim N(0, 1)$。

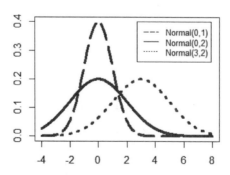

圖 4.5：三個常態分配的機率密度圖，各自有不同的期望值及變異數。* 注意：這是以 R 繪製的圖形，R 語言中須指定標準差，而不是變異數，所以圖中的 1 與 2 代表的是標準差。

此外，因為常態分配屬於連續型的隨機變數，所以機率圖中的 Y 軸不再能表示對應之 X 軸數值的機率，這個機率密度函數下的面積才能代表機率。也就是說，此時無法探討 X 等於某個定值 x 的機率，只能探討 X 在某個區間，如 $a \leq X \leq b$ 之間的機率，$P(a \leq X \leq b)$。也因此，這個曲線下的面積總和會是 1，代表機率總和為 1。

常態分配有一個特性，就是它的機率非常集中，例如，在 μ 左右兩側到一個標準差 σ 區間的機率會是 0.68，到左右各兩個標準差 σ 之區間的機率會是 0.95，三個標準差 σ 的機率則是 0.998；換句話說，在三個標準差之間，就幾乎涵蓋了整個母體。這個特質在其他連續型分配中並不常見。

$$P(\mu - 1\sigma \leq X \leq \mu + 1\sigma) = 68\%$$
$$P(\mu - 2\sigma \leq X \leq \mu + 2\sigma) = 95\%$$
$$P(\mu - 3\sigma \leq X \leq \mu + 3\sigma) = 99.8\%$$

有時候，如果需要精確一點的數字，會把 2σ 變成更精確的 1.96σ；這個 1.96 在後面的統計推論中將時常遇到。

常態分配還有一個特性，就是彼此之間可以互換，最常見的就是將非標準常態 $X \sim N(\mu, \sigma^2)$ 進行如下轉換，轉換而得的新的 Z 就是標準常態分配。

$$Z = \frac{X - \mu}{\sigma} \sim N(0,1)$$

範例十一：（常態分布的標準化）陳小鳴在班上的數學考試得分為 78 分，生物考試得分為 66 分。如果想要知道陳小鳴這兩個科目在班上的相對表現，可能不適合直接比較分數，因為各科的得分範圍及分布有所不同。但如果這兩個科目的得分分布都是常態分布，數學是 $X_1 \sim N(63,170)$，生物是 $X_2 \sim N(51,70)$，那麼，經過標準化之後，

$$Z_1 = \frac{78 - 63}{\sqrt{170}} \sim N(0,1) \; ; \; Z_2 = \frac{66 - 51}{\sqrt{70}} \sim N(0,1)$$

小鳴的分數變成 $z_1 \approx 1.15$，$z_2 \approx 1.79$，亦即，陳小鳴的生物雖然得分比數學低，但是小鳴的生物成績在班上的相對表現比數學的相對表現還要好。

範例十一（延續）：（常態分布的標準化）如果小鳴的同學志明的生物成績在標準化之後為 1.9，那麼志明的生物原始成績也可以利用上述的反向轉換而得，如下，亦即 67 分。

$$X = 51 + 1.9 \times \sqrt{70} \approx 67$$

範例十二：（標準常態分布的應用）如果小鳴的同學敏華的數學成績在標準化之後爲 2.1，那麼，因爲 2.1 已經在兩個標準差之外，所以可以知道敏華的數學成績一定在全班前 2.5%。爲什麼呢？因爲，兩個標準差之內的機率是 95%，之外是 5%，而又因爲左右對稱，所以左右各爲 2.5%。敏華的是 2.1，不是 −2.1，所以是前 2.5%，而不是最低的 2.5%。

範例十二（延續）：如果想要進一步知道敏華的排名百分比，就必須計算 $P(Z \geq 2.1)$ 這個機率。過去的數學家們花了很多時間，利用積分來進行標準常態分布的機率的計算，現今如果使用 R，只要鍵入指令「1−pnorm(2.1, 0,1)」，就可以得到 0.018。在這個指令中，函數 pnorm 計算的是累積到 2.1 的機率，所以比 2.1 大的機率必須被 1 減掉才算；另外，括號中第二個跟第三個數字分別代表期望值與標準差。請注意，在 R 中需鍵入標準差，而不是變異數。另外，在 R 中，如果鍵入的指令中沒有指定期望值及標準差的數值，例如「1−pnorm(2.1)」，則 R 將自動把這個常態視爲是標準常態分布。

在一般資料分析時，如果需要比較不同的資料，而資料的分配也像常態，那麼就可以考慮上述的標準化過程了。舉例而言，如果要比較血壓下降 5 mmHg 與體重下降 5 公斤，哪個比較令人擔心，上述標準化可以提供一個比較的方法。當然，這種標準化沒有考慮到一個人原來的血壓究竟多高或是體重究竟多重，這些數值是不是有臨床意義等。

範例十三：（常態分布的應用）已知一般人的血壓收縮壓 X 分布服從常態分布 $N(121, 100)$，如果想知道人口中高血壓（收縮壓高於 130 mmHg）的比例，就必須計算 $P(X \geq 130)$ 這個機率，也就是計算 X 的機率密度函數曲線下 $X \geq 130$ 的面積。上面的例子說過，如果使用 R，只要鍵入指令「1−pnorm(130, 121, 10)」，就可以得到 0.18 了。換句話說，人口中將近 20% 的人有高血壓的情況。

另外，如果利用標準化，

$$P(X \geq 130) = P\left(\frac{X - \mu}{\sigma} \geq \frac{130 - \mu}{\sigma}\right) = P(Z \geq 0.9)$$

那麼也可以利用 R 指令「1−pnorm(0.9)」得到相同的數值 0.18。

範例十四：（標準常態分布的機率密度函數）不同於前面的離散型機率模式，常態分布的機率密度函數比較複雜，也是個連續函數，這個函數是

$$f(X = x) = \frac{1}{\sigma\sqrt{2\pi}} \exp\left\{-\frac{1}{2}(\frac{x-\mu}{\sigma})^2\right\}$$

把適當的參數數值填入 μ, σ，再變動不同的 x 值，就可以畫出圖 4.5 的圖形了。

第六節　其他分配

其他常見的分布還有**連續型的均一分布**（**continuous uniform distribution**），這指的是在一個給定範圍內，所有數值都有相同的機率密度函數值。舉例來說，某間餐廳針對客人的用餐時間 X 可以假設成一個介於 30 分鐘到 90 分鐘的均一分布，表示這段時間內的所有可能數值 x 有無限多個，而且每個數值都有一樣的機率密度函數值，其機率密度函數表示法為

$$f(X = x) = \frac{1}{90 - 30}, x \in [30, 90]$$

這個隨機變數可以表示為 $X \sim U(30, 90)$。這個分布不同於離散型的均一分布，在離散型的情況中，X 只有有限個可能數值而已。

另一個常使用連續型均一分布的情境是**貝氏統計**（**Bayesian statistics**），對於未知的參數，例如範例四中每個人罹患高血壓的機率 p，有時會使用 U(0,1) 來表示這個機率 p 不是一個定值，它是一個介於 0 到 1 之間、隨著機率變動的數；而且，在這個區間當中，所有數值的可能性都是均等（equally likely）的。這個 U(0, 1) 在貝氏統計中很常被當成機率的先驗分布或稱**事前機率**（**prior distribution**）。

對於前述這個機率 p，有些人則認為，如果有訊息指出該機率在 0.5 左右的可能性比較高，比 0.5 大或小的可能性則較低且差不多大小，那麼可能就可以**選擇 Beta 分配**（**Beta distribution**）來表示，例如 $p \sim \text{Beta}(\alpha, \beta)$。這裡的 α, β 是 Beta 分布的參數，能決定 Beta 分布的長相，例如圖 4.6 中，不同的 α, β 數值表示對 p 定義的不同的 Beta 分布，有些情況下，研究者可能傾向認為成功的機率數值偏高，那就會選擇圖中高峰出現在右側的分布；有些情況下，研究者可能認為成功的機率數值偏小，那麼就可能選擇圖中高峰出現在左側的分布了。值得注意的是，$\text{Beta}(\alpha = 1, \beta = 1)$ 會等於 U(0, 1)，換句話說。連續型均一分布可以表示成

Beta 分布，這在貝氏統計的推論中常被使用。

　　在後面章節會遇到的分布還有 **t 分配**（**t distribution**）、**F 分配**（**F distribution**）、**卡方分配**（**chi-square distribution**），這三個都是在統計檢定推論中，不同**檢定統計量**（**test statistic**）的連續隨機變數分布，其參數都叫做**自由度**（**degree of freedom**）。這三個也都跟常態分配有很密切的關係，例如，自由度為 1 的卡方分布其實就是標準常態分布的平方，有興趣的讀者可以參考統計推論的書籍，看看這些分布是如何被推導而得。

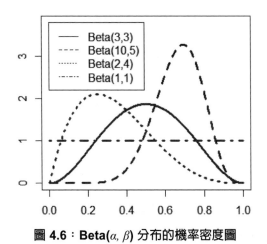

圖 4.6：Beta(*α*, *β*) 分布的機率密度圖

　　其他常見的離散型的隨機分布，有以前學過的**超幾何分配**（**hypergeometric distribution**），還有**幾何分配**（**geometric distribution**）跟負二項分配〔或稱負二項式分配 (**negative binomial distribution**)〕等，後兩者跟二項式分配一樣，都跟伯努利分配有關。例如，幾何分配代表的是要得到第一次成功所需進行之試驗的次數，所以如果隨機變數服從幾何分配，則可能的數值為 {1, 2,...}，從 1 開始，因為可能第一次就是成功。它的機率質量函數在 $X = k$ 時表示為

$$P(X = k) = (1 - p)^{k-1}p，k = 1, 2, ...$$

其中的 p 代表一次試驗成功的機率，函數中表示在第一次成功之前看到 $k - 1$ 次的失敗。可能的應用有，如果丟出銅板正面的機率是 0.3，第三次才丟出正面的機率會是 $P(X = 3) = (1 - 0.3)^{3-1}0.3 = 0.147$，這數值不大，比第一次就丟出正面的機率 0.3 小多了。另一個例子，如果舒眠的呼吸治療成功效果為 0.8，那麼到第四個人治療才成功的機率是 $P(X = 4) = (1 - 0.8)^{4-1}0.8 = 0.0064$，這數值很小，表示

要等到第四個人才看到治療成功的可能性太小了。其實，最多兩個人就可以看到療效的機率是 $P(X = 1) + P(X = 2) = 0.8 + 0.2 \times 0.8 = 0.96$，不小了呢。

　　負二項分配跟幾何分配有點像，但指的是如果要看到成功 r 次，總共要進行 k 次試驗的機率，換句話說，這總次數 X 次當中，最後一次是第 r 次的成功，前面的 $X - 1$ 次當中則包含了 $r - 1$ 次的成功。所以，$X \sim \text{NB}(r, p)$ 的機率質量函數為

$$P(X = k) = \binom{k - 1}{r - 1} p^{r-1} (1 - p)^{(k-1)-(r-1)} p = \binom{k - 1}{r - 1} p^r (1 - p)^{k-r}$$

其中 X 的可能數值範圍為 $k = r$、$r + 1$、$r + 2$、...。延續前一段的應用，要治療到第八個病人（$k = 8$）才能成功治療六個人（$r = 6$）的機率是 $C_5^7 0.8^6 0.2^2 = 0.22$。

　　負二項分配一個很常見的應用是當計數資料的變異較大，例如當樣本變異數超過樣本平均值很多時，此時可能不適合使用布阿松分配來描述，可以考慮利用負二項分配來描述這種 overdispersed Poisson 的分布情況，又稱 extra-Poisson variation。例如每年侵襲臺灣的颱風個數，負二項分配可能比布阿松分配更適合。

總　結

　　本章介紹了幾個常見的機率模式，有針對離散型資料母體的，也有針對連續型資料母體的。同時也看到，母體分布的方式由機率函數、以及函數中的參數決定。此外，本章也提到母體的特性可以透過期望值以及變異數來表達，分別代表母體的中心趨勢以及分散程度；同時，本章也說明一組樣本的中心趨勢以及分散程度也可以利用樣本期望值以及樣本變異數來表達，這兩者時常被使用來描述母體可能的特性。

　　本章另外也提出一些例子，說明這些機率模式的使用以及應用。這些例子很值得一讀，可以協助讀者具體瞭解實務上的應用。有些範例（及後面的練習題）加上了 R 指令的練習，對於使用者也有幫助。

　　本章最後提出的其他幾個分布，讀者未來學習其他統計分析方法時將有機會再深入認識。

關鍵名詞

母體（population）

機率模式（probability model）

機率分布（probability distribution）

離散型（discrete）

樣本（sample）

機率密度函數（probability density function, PDF）

機率質量函數（probability mass function, PMF）

隨機變數（random variable）

離散型的均一分布（discrete uniform distribution）

累積機率函數（cumulative distribution function, CDF）

母體期望值（population expected value, population expectation）

中心趨勢（central location）

第一四分位（first quartile）

第三四分位（third quartile）

變異數（variance）

標準差（standard deviation, sd）

樣本平均值（sample mean）

樣本變異數（sample variance）

統計量（statistic）

伯努利分配（Bernoulli distribution）

二元隨機變數（binary random variable）

參數（parameter）

二項式分配（Binomial distribution）

布阿松分配（Poisson distribution）

常態分配（normal distribution）

高斯分布（Gaussian distribution）

標準常態分配（standard normal distribution）

連續型的均一分布（continuous uniform distribution）

貝氏統計（Bayesian statistics）

事前機率（prior distribution）

Beta 分配（Beta distribution）

t 分配（Student's t distribution）

F 分配（F distribution）

卡方分配（chi-square distribution）

檢定統計量（test statistic）

自由度（degree of freedom, df）

超幾何分配（hypergeometric distribution）

幾何分配（geometric distribution）

負二項式分配（negative binomial distribution）

複習問題

1. 小田利用餵球機練習揮棒，第一球即將餵出，

   (1) 小田可能打得到或是打不到球，請問這可以使用哪種分配來描述？

   (2) 請問這個分配的參數會是什麼？這個參數的意義是什麼？

   (3) 請問你會如何估計這個參數？

   (4) 如果想知道在接下來的 10 個球當中，小田會打中幾個，請問這比較適合哪種分配？

2. （延續上題）如果想知道在接下來的 100 個球當中，小田會打中幾個，請問這比較適合哪種分配？

   (1) 請畫出這個分配的機率分布圖形，其中參數的數值請試試三個不同的大、中、小數值。

   (2) 在上一小題的圖中，適不適合使用布阿松分布，或是常態分布來逼近（approximate）？為什麼？

3. 阿方這學期修了四門課，請問

   (1) 阿方到學期結束能安全修過的課有 T 門，請問 T 可能的數值有哪些？

   (2) 上述的數值可能服從什麼分布？你的回答是否需要任何假設？

   (3) 上述的假設如果不成立，怎麼辦？

4. 唸小一的小明生平第一次到超商買報紙，拿到發票一張，

   (1) 小明問你，日後發票開獎時，他有沒有可能對到號碼，得到統一發票最小獎 200 元，你的回答是？

   (2) 如果小明向全家人收集了共 47 張發票，其中中獎的張數比較適合哪種分布來描述？為什麼？

   (3) 如果小明向全家人收集了共 100 張發票，其中至少一張中獎的機率是多少？

5. 請利用 R 或是 EXCEL，進行分布的檢測：

   (1) 在 R 或 EXCEL 中隨機生成 10 個布阿松分布（參數值為 1.5）的數值，請計算其樣本平均值與樣本變異數，請問跟參數值是否接近？

   (2) 請重複上述動作，但使用另外隨機生成的 100 個布阿松分布（參數值為 1.5）的數值，請問結果與上述有何不同，為什麼？

6. 請利用 R 或是 EXCEL，進行分布的比較：

   (1) 把布阿松分布（參數值為 1.5）的圖形，及二項式分配 Binomial(30, 0.5) 的圖形畫在同一張圖上。再把布阿松分布（參數值為 12）的圖形，及二項式分配 Binomial(300, 0.04) 的圖形同時畫在另一張圖上。比對這兩張圖並說明你的觀察。

   (2) 再把常態分布期望值為 12，變異數為 $300 \times 0.04 \times (1-0.04) = 11.52$ 加到第二個圖，請問你有什麼發現以及有何想法？

7. 國健署 2016 年指出高血壓不是中老年人的專利，18~39 歲年輕人高血壓盛行率為 4.7%。小田計畫舉辦年輕人創業發表大會，預計將有 3,000 人參加。

   (1) 請推估其中約有多少人可能有高血壓？

   (2) 如果參加活動的人當中有高血壓的人數太多，就必須設置專科醫師在現場，請問高血壓人數超過 200 人的機率是多少？

8. 已知一般人血壓分布服從常態分布，期望值為 112 mmHg，變異數為 64 $mmHg^2$ 平方；高血壓病人的血壓分布也服從常態分布，期望值為 138 mmHg，變異數為 100 $mmHg^2$。以下兩個曲線分別為這兩個分布。

   (1) 請在下圖中，分別標記上述兩個分布。

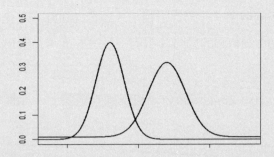

(2) 鳴人的穿戴式手錶如果測得血壓在 125 mmHg 以上，就會發出罹患高血壓的警訊，請問這個手錶的敏感度及特異度各是多少？〔敏感度（sensitivity）及特異度（specificity）的定義請見前面章節〕

(3) 這個發出警訊的標準可以另外設定成 128 mmHg 以上。請建議該公司應該設定成多少，以及說清楚為什麼？

9. 根據紀錄，地球上總人口數約 7.6×10^9 人，而 Facebook 在 2017 年第二季有 2×10^9 位用戶每個月登入至少一次，稱為活躍用戶（active user），有 1.3×10^9 位每天登入至少一次。

(1) 臺灣大學約有 16,000 位大學生，請估計約有多少人每天都會登入 Facebook ？

(2) 請問你上述的估計用了什麼假設？

(3) 如果在地球上隨機找 2 位居民，這兩個人都不是 Facebook 用戶的機率是多少？

(4) 某個國家 14 億人口中，約有 5×10^7 人使用 Facebook。請問若隨機抽選 700 位該國民眾，請問其中 Facebook 用戶不到 100 人的機率是多少？

10. 每年侵襲臺灣的颱風個數 Y 如果服從布阿松分配，參數 λ 為 3，請問明年至少有一個颱風會侵襲臺灣的機率是多少？不會超過 3 個颱風侵襲臺灣的機率又是多少？

11. 以下為利用抽樣的方法比較標準常態隨機變數的平方跟自由度為 1 之卡方分布的隨機變數。

(1) 抽出 1,000 個標準常態分布的數值，每個數值平方之後再畫出這些數值的分布圖，再跟自由度為 1 的卡方分布圖進行比較。

(2) 請比較標準常態分布的 2.5%、97.5% 百分位數值，跟自由度為 1 的卡方分布的 95% 百分位數值，兩者有何關係？

12. 請獨立抽出 5 個標準常態分布的數值，平方之後相加，重複 1,000 次之後得到 1,000 個數值，請比較這 1,000 個數值的分布，跟自由度為 5 的卡方分布，請問有何發現？

13. 請把自由度分別為 1、3、5、10、20 的卡方分布畫在同一張圖上，請問有何發現？

14. 探討 Beta 分布。

(1) 請試試不同的參數數值，畫出對稱、左偏、右偏、向上彎曲的 Beta 分布。

(2) 請寫下 Beta 分布的機率密度函數，找出期望值與變異數的表達方式，說明與參數的關係。

(3) Beta 分布的機率密度函數中，有個 beta 函數，請說明這個函數的表示法及性質。

15. 依照中央氣象局發布侵襲臺灣的颱風個數，自 2000 年起到 2021 年每年個數依序為 5、8、2、3、5、4、4、5、4、3、3、1、4、5、2、2、3、2、1、3、1、1。你認為這比較適合布阿松分布還是負二項分布？為什麼？

引用文獻

1. 林月美、朱志良、洪清霖等人：臺灣地區青少年之營養狀態評估第一報：身高與體重。中華民國營養學會雜誌 1985；**10**：91-105。

2. 國健署：國民營養健康狀況變遷調查 2013-2016 年成果報告。取自 https://www.hpa.gov.tw/Pages/Detail.aspx?nodeid=3999&pid=11145。

3. 國健署：高血壓不是中老年人專利！36 萬青壯高血壓大軍，近 24 萬自己不知道。取自 https://www.hpa.gov.tw/Pages/Detail.aspx?nodeid=1136&pid=3106。

4. Hsu CC, Tsai DR, Su SY, Jhuang JR, Chiang CJ, et al. A stabilized kriging method for mapping disease rates. Journal of Epidemiology 2022;JE20210276.

第二篇
估計與檢定的統計推論

第 5 章
統計值之抽樣分布

王世亨　撰

學習目標

一、瞭解母群體與樣本的區別

二、評估樣本統計值與母群體參數之間可能的誤差

三、瞭解統計量之抽樣分布，以及與母群體分布的差異

四、瞭解中央極限定理

五、瞭解如何利用樣本平均值進行統計推論

前　言

　　前幾章已介紹了幾種母群體的機率分布，當這些母群體機率分布中相關**參數**（**parameter**）為已知時，則可完整描繪出其分布情形。然而，在真實世界中，這些參數通常是未知的，如果能利用樣本來瞭解母群體的這些參數，就可以瞭解這個母體，這是一種**統計推論**（**statistical inference**）的過程。統計推論的第一大類稱為**估計**（**estimation**），也是本章的主要目標。本章將介紹母群體與樣本之區別，說明什麼是**統計量**（**statistic**），瞭解如何利用統計量來估計母群體參數並評估其估計之表現，本章也將介紹**統計量的抽樣分布**（**sampling distribution of the statistic**），其中最典型的是樣本平均值（$\bar{X}$）的抽樣機率分布，稱為**平均值的抽樣分布**（**sampling distribution of the mean**），然後介紹使用**中央極限定理**（**central limit theorem, CLT**）來描述樣本平均值機率分布的特質，此外，也將說明比例的機率分布。

第一節　母群體與樣本

　　母群體（**population**）是指一群有共同可觀察特質（characteristic）的人（或事件），**樣本**（**sample**）是指母群體中的子群體，通常是經由抽樣而得來。舉例來說，母群體為全臺灣所有的糖尿病患者，樣本可能是某一所醫院的糖尿病患者，也可能是一群在老人活動中心招募的糖尿病患者。如果以感興趣的特質來定義，例如感興趣的特質為全臺灣糖尿病患者的體重，則母群體定義為全臺灣所有糖尿病患者的體重數值，而某一所醫院糖尿病患者的體重數值則是樣本。

　　參數是描述母群體特質的數值，統計量則是樣本資料的函數，統計量的數值除了可用來描述樣本資料的特質外、也可用來估計母群體的參數。

　　實務上，通常難以得到母群體的全部資料，像是「全臺灣所有糖尿病患者的體重」，因此收集母群體中的子群體，也就是樣本，像是「某一所醫院糖尿病患者的體重」，然後從樣本資料計算出的數值，用以估計母群體之參數；譬如利用樣本平均值來估計母群體平均值，這就是一種統計推論的過程。

範例一：某研究者感興趣的特質是臺灣幼稚園大班學童的身高，則母群體定義為

全臺灣所有幼稚園大班學童的身高。該研究者想知道臺灣幼稚園大班學童的身高平均值（也就是母群體平均值，以 μ 表示）是多少，但實務上難以收集到母群體每個大班學童的資料；因此該研究者在兒童樂園收集了 100 位大班學童自願受試者的身高，這便是樣本，計算出樣本平均值為 115 公分，藉以推論臺灣幼稚園大班學童的身高平均值 μ 為 115 公分。這是對 μ 的一個點估計值，這也就完成了估計的第一步驟，**點估計（point estimate）**。接下來請試想，這樣的推論可能有多大的誤差呢？如果收集更多樣本，推論的誤差會較大或較小呢？

範例二：某市長候選人想知道自己的支持率有多少，則母群體定義為戶籍在該市並且年齡滿 18 歲以上所有居民（假設有 100 萬人）的支持傾向。實務上，難以在選舉日前獲知這 100 萬人每個人的支持傾向，所以該市長候選人委託民調公司，經由抽樣市話民調收集了 1,000 位居民樣本的支持傾向，其中 510 位回答說支持該候選人，民調公司便以這組樣本中的支持率 51% 作為 100 萬人母群體中支持率的估計值。接下來應該考慮，這樣的估計可能有多大的誤差，如果想要讓此估計的誤差變小，又應該要如何做呢？

　　利用樣本資料計算得到的統計值來推論母群體參數，進行推論統計，前兩個範例都提出應該思考這個估計的精確度；此外，這個統計值可能因取得的樣本不同而有所不同，究竟會有多不同呢？這兩個問題都可以利用下一節的統計量的抽樣分布來回答，以評估利用樣本統計值來推論母群體參數之表現。

第二節　統計量之抽樣分布

　　如果要估計的是連續隨機變數的平均數，則可以使用樣本平均值（$\bar{X}$）作為母群體平均值（μ）的估計值。使用樣本平均值的一個理由是，樣本平均值具備**不偏性（unbiasedness）**，是母群體平均值的一個**不偏估計量（unbiased estimate）**；有興趣的讀者可以利用第一部分提到的期望值定義，計算期望值 $E(\bar{X})$，會得到 $E(\bar{X}) = \mu$，也就是說，$\bar{X}$ 是 μ 的不偏估計量，這個性質在連續或離散型的隨機變數都成立，不偏性是好的估計值的條件之一。此外，若母群體服從常態分布，則樣本平均值（$\bar{X}$）是母群體平均值（μ）的**最大概似估計（maximum likelihood** estimator），這也是好的估計值的條件之一。然而，兩組不同樣本得到的樣本平均值可能不同，稱爲**抽樣變異**（**sampling variability**），換句話說，這個估計存在著因爲抽樣而帶來的不確定性，因此以下先來瞭解樣本平均值因爲抽樣而有的特性。

一般來說，選取的樣本必須能代表母群體的族群，樣本具有可代表性；如果樣本無法代表母群體，則在進行推論統計時，可能產生偏差。譬如想瞭解臺灣糖尿病患者的血壓平均值，如果只針對 65 歲以上糖尿病患者進行抽樣，則可能高估母群體平均值。另一個特點是，當樣本數愈高時，利用樣本平均值（$\bar{X}$）來估計母群體平均值（μ）的可信度就會愈高。

假定在一特定族群中，連續型隨機變數血壓的母群體平均值爲 μ，從該族群選取樣本數爲 n 之第一組樣本，計算得到其樣本平均值 $\bar{x}_1$；從該族群再選取樣本數爲 n 之第二組樣本，計算得到其樣本平均值 $\bar{x}_2$；從該族群再選取樣本數爲 n 之第三組樣本，計算得到其樣本平均值 $\bar{x}_3$。除非該族群中每個人的血壓值都一樣（也就是母群體標準差 σ 爲 0），不然，$\bar{x}_1$、$\bar{x}_2$ 與 $\bar{x}_3$ 不太可能會完全相同。以此類推，如果繼續對該族群持續以樣本數爲 n 的方式進行抽樣，並且完成所有可能的樣本數爲 n 的樣本組合，計算每一組樣本的樣本平均值，那麼，就可以得到樣本平均值的所有可能。這些由 $\bar{x}_1$、$\bar{x}_2$、$\bar{x}_3$…組合成的數值，便是樣本數爲 n 的樣本平均值的所有可能數值，而且有因爲抽樣而得來的隨機性，這可以使用 $\bar{X}$ 這個隨機變數來表示。

把每一組樣本計算得到的樣本平均值（$\bar{x}_1$、$\bar{x}_2$、$\bar{x}_3$…）當成是一個個獨立的觀察值，那麼其組合起來的機率分布就是樣本數爲 n 之下的樣本平均值的**抽樣分布**（**sampling distribution**）。圖 5.1 爲統計量的抽樣分布圖示說明。實務上，一般人不太會以樣本數爲 n 自某特定族群進行重複抽樣來得到抽樣分布；所以，如果能瞭解樣本平均值抽樣分布的理論性質，就可以在只有單一組樣本資料時，利用這些性質來進行統計推論，包含前述的點估計，以及對點估計值的精確度評估。

研究者藉由所抽取的一組樣本，計算得到樣本平均值，用以推論未知參數母群體平均值，而此推論的精確度有多少呢？以 $\bar{X}$ 來估計 μ 的誤差有多少呢？藉由統計量的機率分布，便可以掌控統計量數值與母群體參數之間可能的誤差情形，這是大多數推論統計所依據的理論基礎。由於統計值是由樣本資料計算得到，所以如果該組樣本爲一組隨機樣本，則該統計值亦可視爲一隨機變數的數值，也會有其對應的機率分布。

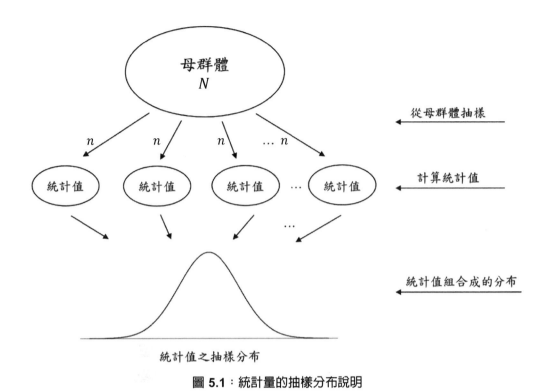

圖 **5.1**：統計量的抽樣分布說明

第三節　中央極限定理

　　那麼樣本平均值抽樣分布的長相會如何呢？直覺上來說，會預期樣本平均值分布應該會聚集在母群體平均值的附近。而樣本平均值抽樣分布的標準差則應該會跟母群體標準差 σ 有關。只不過，樣本平均值的離散情形（變異程度）應該小於母群體個體的離散情形，這是因爲樣本平均值的離散情形表示的是估計值相對於 μ 的離散情形，而不是母群體個體的離散情形；舉例來說，當樣本數比 1 大很多如 1,000 的時候，估計值應該會離 μ 很近，會比單一個觀察值還要近才是。而且，當抽樣樣本數 n 愈大，那麼抽樣變異會愈小，如果抽樣樣本數 n 足夠大，那麼樣本平均值抽樣分布會接近常態分布。統計學家以「中央極限定理」來描述此樣本平均值抽樣分布的特質。

　　中央極限定理被用來說明單一樣本平均值（$\bar{X}$）的抽樣分布，其定理如下：不論隨機變數的母群體爲何種分布，假設已知其平均值爲 μ，如果抽樣樣本數 n 夠大，則樣本平均值 $\bar{X}$ 的抽樣分布會接近常態分布，樣本平均值抽樣分布的平均數

會等於母群體平均值 μ、樣本平均值抽樣分布的標準差為 $\sigma/\sqrt{n}$，表示如下

$$\bar{X} \sim \text{Normal}(\mu, \frac{\sigma^2}{n})$$

或是表示為

$$\bar{X} \sim \text{Normal}(\mu, \sigma_{\bar{X}}^2)，其中 \sigma_{\bar{X}}^2 = \frac{\sigma^2}{n}$$

$\sigma_{\bar{X}}^2$ 表示樣本平均值抽樣分布的變異數，等於 σ^2/n。而樣本平均值抽樣分布的標準差 $\sigma/\sqrt{n}$，稱為**標準誤**（**standard error, se**），或稱為平均值的標準誤，可用它來說明以樣本平均值 $\bar{X}$ 來估計母群體平均值 μ 之誤差的大小。

請讀者注意的是，上述的符號「$\bar{X} \sim \text{Normal}$」在這裡是表示「逼近」常態分布，而不是確切的等於常態分布，只有在樣本數大的時候才會成立。然而，如果母群體本身就是常態分布，那麼即使樣本數不大，樣本平均值抽樣分布仍然是常態分布。如果母群體為偏態分布或是雙峰分布，一般來說，$n = 30$ 能夠使得樣本平均值抽樣分布逼近常態。

圖 5.2 進行模擬以說明中央極限定理。以下考慮三種不同的母群體分布：$X \sim \text{Normal}(115, 8^2)$ 為常態分布、$X \sim \text{Beta}(6, 2)$ 為左偏分布、$X \sim \text{Poisson}(2)$ 為右偏分布，隨機抽出樣本數 $n = 5$、$n = 30$、$n = 100$ 的樣本並計算樣本平均值 $\bar{X}$，重複抽樣 10,000 次，然後把 10,000 個樣本平均值 $\bar{X}$ 的分布畫出。進行 10,000 次重複抽樣不具特定意義，僅是代表重複抽樣無限多次，以盡可能獲得所有的樣本組合。

從圖中可以觀察到，當母群體為常態分布時，即使在樣本數不大（$n = 5$）的情況下，其樣本平均值抽樣分布仍服從常態分布；另外，當樣本數愈大時，樣本平均值抽樣分布的變異數愈小。

然而，當母群體分布為左偏分布或右偏部分時，如果樣本數不大（$n = 5$），樣本平均值抽樣分布顯示偏斜不對稱；等到樣本數增大後（$n = 30$ 與 $n = 100$），樣本平均值抽樣分布就近似常態分布了，而且樣本數愈大，樣本平均值抽樣分布的變異數愈小。換句話說，當母群體越不接近常態分布時，需要越大的樣本數來使得樣本平均值的抽樣分布趨近常態。一般來說，$n = 30$ 即足夠使抽樣分布接近常態分布。

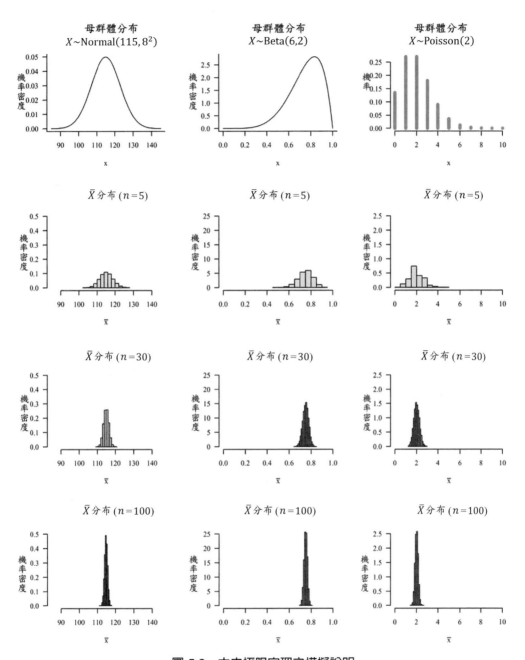

圖 5.2：中央極限定理之模擬說明

第四節　中央極限定理的應用

中央極限定理有廣泛應用性，除了適用於連續型隨機變數，也適用於離散型隨機變數。不論隨機變數 X 的母群體為何種分布，只要樣本數夠大，其樣本平均值 $\bar{X}$ 的抽樣分布都能接近平均值為 μ、標準差為 $\sigma/\sqrt{n}$ 的常態分布，若樣本大小夠大，可以定義 $Z = (\bar{X} - \mu)/(\sigma/\sqrt{n})$。亦即，將常態分布的隨機變數 $\bar{X}$ 標準化為 Z〔**標準常態分布**〕，如此一來，便可以查詢標準常態分布表來對母群體平均值進行更多的統計推論。

範例三：假設臺灣 65 歲以上糖尿病患者的血壓母群體平均值 $\mu = 160$ mmHg，標準差 $\sigma = 30$ mmHg，從該族群抽樣 $n = 100$ 個樣本，那麼樣本平均值大於等於 166 mmHg 的機率為多少？

樣本數 $n = 100$ 已足夠大，依據中央極限定理，樣本平均值的抽樣分布接近常態分布，$\bar{X} \sim Normal(160, 30^2/100)$，其平均數會等於母群體平均值、標準誤為 $\sigma/\sqrt{n} = 30/\sqrt{100} = 3$ mmHg，如圖 5.3 所示，

$$P(\bar{X} \geq 166) = P\left(\frac{\bar{X} - 160}{3} \geq \frac{166 - 160}{3}\right) = P(Z \geq 2) \approx 0.0228$$

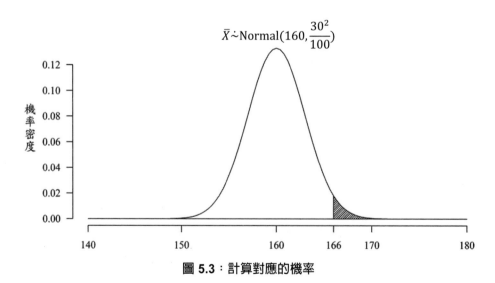

圖 5.3：計算對應的機率

範例三（延續）：延續範例三，當樣本平均值大於等於多少時其機率會等於 5%？如圖 5.4 所示。假設切點值為，則

$$P(\bar{X} \geq c) = P\left(\frac{\bar{X} - 160}{3} \geq \frac{c - 160}{3}\right) = P\left(Z \geq \frac{c - 160}{3}\right) = 0.05$$

查表可得 $(c - 160)/3 = 1.645$，$c = 164.935$。當樣本平均值大於等於 164.935 mmHg 時其機率會等於 5%。

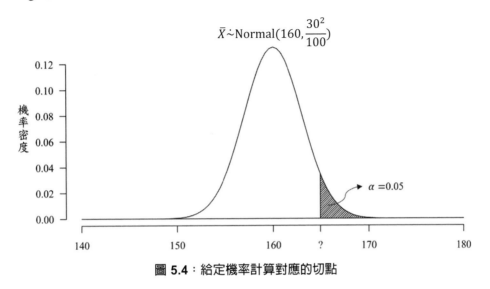

圖 **5.4**：給定機率計算對應的切點

第五節　比例的抽樣分布

　　本節討論如果感興趣的是母群體中某事件發生的比例，例如想知道臺灣幼稚園大班學童有近視的比例，則母群體定義爲全臺灣所有幼稚園大班學童的近視情形。由於難以收集到全部母群體的資料，研究者收集 n 個幼稚園大班學童近視與否的資料，其中如果有 y 位有近視，就可以利用 $\hat{p}$ 來估計母群體中有近視的比例 (p)：$\hat{p} = y/n$。樣本中發生事件的比例 $\hat{p}$，是母群體中發生事件的比例 p 的最大概似估計。

　　假設爲二元隨機變數，$X = 1$ 表示成功，$X = 0$ 表示失敗，p 表示母群體中成功的機率。在 n 個樣本觀測值 $\{x_1, x_2, \dots, x_n\}$ 中，有 y 個成功，$n - y$ 個失敗，則 $\hat{p} = y/n$ 表示樣本中成功的比例，換句話說，這其實是樣本觀測值的平均值，$\bar{X} = (x_1 + x_2 + \dots + x_n)/n$。

　　假設從該族群選取樣本數爲 n 之第一組樣本，得到樣本中發生感興趣事件（譬如成功）的比例 $\hat{p}_1$，從該族群再選取樣本數爲 n 之第二組樣本，得到樣本中發生感興趣事件的比例 $\hat{p}_2$，從該族群再選取樣本數爲 n 之第三組樣本，得到樣本中發生感興趣事件的比例 $\hat{p}_3$；除非該族群中每個人皆有發生該事件，或是皆沒有發生

該事件，不然 $\hat{p}_1$、$\hat{p}_2$、$\hat{p}_3$ 不太可能會完全相同。如果對該族群持續以樣本數爲 n 進行抽樣，獲得所有可能的樣本組合，計算各組樣本中發生感興趣事件的比例，就可以得到樣本發生感興趣事件比例的分布狀況。

把每一組樣本計算得到的比例（$\hat{p}_1$、$\hat{p}_2$、$\hat{p}_3 \cdots$）當作是一個個獨立的觀察值，那麼其組合起來的機率分布就是樣本數爲 n 之下的比例的抽樣分布。依據中央極限定理，如果樣本數足夠大（$np > 5$ 且 $n(1-p) > 5$），那麼樣本中發生感興趣事件的比例 $\hat{p}$ 會近似常態分布，$\hat{p} \sim$ Normal $(p, p(1-p)/n)$，比例抽樣分布的平均數是母群體中發生事件的比例 p，其標準誤爲 $\sqrt{p(1-p)/n}$。可以進一步標準化爲 Z，$Z = (\hat{p} - p)/\left(\sqrt{p(1-p)/n}\right)$，便可以查詢標準常態分布表來對母群體發生事件的比例進行統計推論。

範例四：假設臺灣幼稚園大班學童有近視的比例 $p = 0.1$，如果從該族群中選取 100 個樣本，請問樣本中有近視的比例大於等於 0.15 的機率是多少？

因爲 $np > 5$ 且 $n(1-p) > 5$，樣本數足夠大，依據中央極限定理，樣本中近視的比例近似常態分布 $\hat{p} \sim$ Normal $(p = 0.1, p(1-p)/n)$，

$$P(\hat{p} \geq 0.15) = P\left(\frac{\hat{p} - p}{\sqrt{\dfrac{p(1-p)}{n}}} \geq \frac{0.15 - p}{\sqrt{\dfrac{p(1-p)}{n}}}\right)$$

$$= P\left(Z \geq \frac{0.15 - 0.1}{0.03}\right) \approx p(Z \geq 1.67)$$

查表後發現，標準常態分布曲線下在 $z = 1.67$ 的右邊面積約爲 0.047。樣本中有近視的比例大於等於 0.15 的機率爲 0.047。

總　結

本章首先介紹母群體與樣本之區別，實務上，由於難以得到母群體的全部資料，因此藉由收集的樣本計算出統計值，用以估計母群體之參數。爲了瞭解利用樣本平均值來推論母群體平均值之可能誤差，介紹樣本平均值的抽樣分布，並使用中央極限定理來描述樣本平均值抽樣分布的特質，瞭解如何利用樣本平均值進行統計推論。此外也說明比例（也就是二元類別變項觀測值的平均值）的抽樣分布。

關鍵名詞

參數（parameter）

統計推論（statistical inference）

估計（estimation）

統計量（statistic）

統計量的抽樣分布（sampling distribution of the statistic）

平均值的抽樣分布（sampling distribution of the mean）

中央極限定理（Central Limit Theorem, CLT）

母群體（population）

樣本（sample）

點估計（point estimate）

不偏性（unbiasedness）

不偏估計量（unbiased estimate）

最大概似估計（maximum likelihood estimator）

抽樣變異（sampling variability）

抽樣分布（sampling distribution）

標準誤（standard error）

標準常態分布（Z）

複習問題

1. 請解釋母群體與樣本的區別。

2. 請解釋抽樣變異。

3. 何謂樣本平均值的標準誤？

4. 請比較母群體分布的標準差與樣本平均值的標準誤。

5. 如何評估利用樣本平均值來估計母群體平均值時，可能的誤差？

6. 請解釋中央極限定理。

7. 假設某地區居民月收入為右偏分布，平均值 $\mu=$ 新台幣 50,000 元、標準差為 $\sigma=$ 新台幣 20,000 元。以 $n=100$ 進行抽樣，重複抽樣 10,000 次，然後把 10,000 個樣本平均值的分布畫出，請問樣本平均值的抽樣分布為何。

8. 假設某地區居民身高近似常態分布，平均值 $\mu=170$ 公分、標準差為 $\sigma=10$ 公分。以 $n=25$ 進行抽樣，重複抽樣 10,000 次，然後把 10,000 個樣本平均值的分布畫出，請問樣本平均值的抽樣分布為何。

9. 假設臺灣幼稚園大班學童身高服從常態分布，平均值 $\mu=115$ 公分，標準差 $\sigma=8$ 公分，請問

   (1) 臺灣幼稚園大班學童中，身高大於等於 123 公分的機率為多少？

   (2) 臺灣幼稚園大班學童中，身高介於 114 公分至 120 公分的機率為多少？

10. 延續上題，研究者從臺灣幼稚園大班學童抽樣 $n=25$ 個樣本，請問

    (1) 樣本平均值大於等於 116.6 公分的機率為多少？

    (2) 樣本平均值介於 114 公分至 120 公分的機率為多少？

    (3) 假設每次抽出 25 位樣本，計算其樣本平均值，若重複抽樣 100 次，請問在這 100 個樣本平均值，大概會有多少個樣本平均值會介於 114 公分至 120 公分？

11. 假設某地區居民月收入為右偏分布，平均值 $\mu=$ 新台幣 50,000 元、標準差為 $\sigma=$ 新台幣 20,000 元，從該族群抽樣 $n=100$ 個樣本，請問

    (1) 樣本平均值大於等於新台幣 50,000 元的機率為多少？

    (2) 樣本平均值介於新台幣 47,000 元至新台幣 53,000 元的機率為多少？

    (3) 假設每次抽出 100 位樣本，計算其樣本平均值，若重複抽樣 100 次，請問在這 100 個樣本平均值，大概會有多少個樣本平均值會介於新台幣 47,000 元至新台幣 53,000 元？

12. 假設臺灣幼稚園大班學童有近視的比例 $p=0.1$，如果從該族群中選取 64 個樣本，請問

    (1) 樣本中有近視的比例大於等於 0.1 的機率是多少？

    (2) 樣本中有近視的比例大於等於 0.2 的機率是多少？

    (3) 樣本中有近視的比例介於 0.1 到 0.2 的機率是多少？

第 6 章
點估計與區間估計及應用

梁文敏　撰

學習目標

一、瞭解點估計的意義及可能的誤差

二、瞭解標準差與標準誤所代表的意義

三、瞭解區間估計的意義

四、瞭解雙尾及單尾區間估計所代表的意義

五、瞭解母群體變異數已知時區間估計公式之推導並進行估計

六、瞭解母群體變異數未知時區間估計公式之推導並進行估計

七、瞭解 t 分布，以及 t 分布與標準常態分布之異同處

前 言

統計學主要分為**描述性統計**（descriptive statistics）與**推論性統計**（inferential statistics）兩大部分。而推論性統計的基礎，主要係建立在前一章所介紹的統計值之機率分布（或稱抽樣分布）之上。推論性統計中最常見的兩大部分為**估計**（estimation）與**假說檢定**（或稱**假設檢定** hypothesis testing），而估計又分為**點估計**（point estimation）及**區間估計**（interval estimation）。在推論性統計的入門課程上，最常見到透過樣本平均值（$\bar{x}$）的抽樣分布，來帶領大家瞭解估計與假說檢定的基本原理。本單元主要著重於估計的部分，假說檢定則在後續的章節介紹。

第一節　點估計

一、母體參數的點估計

點估計（point estimation）是指根據樣本資料求得一統計值（例如 $\bar{x}$、s^2）來估計未知母體參數（例如 μ、σ^2）的方法，因而此統計值又稱為**估計值**（estimate）或點估計值（point estimate），其公式通常稱為**點估計式**（point estimator）。例如以 $\bar{x}$ 估計 μ，符號上可記為 $\hat{\mu} = \bar{x}$，則 $\bar{x} = \sum x/n$ 稱為 μ 的估計式，若由樣本資料得到 $\bar{x} = 8$，則稱 8 為 μ 的估計值（estimate）。同理，若以 s^2 估計 σ^2，符號上可記為 $\hat{\sigma}^2 = s^2$，$s^2 = \sum(x - \bar{x})^2/(n-1)$ 稱為 σ^2 的估計式，若由樣本資料得到 $s^2 = 1.44$，則稱 1.44 為 σ^2 的估計值。

二、用標準誤來表示點估計可能的誤差

點估計畢竟只提供一個值，並無法表現出可能的誤差大小，而且實務上，一般僅利用一組樣本資料來進行推估，所以可以想見不同組樣本所得到的估計值將有所不同，且與真值之間的誤差亦有所不同。那麼，統計學上是如何來瞭解甚至控制這些可能誤差呢？前面單元所介紹的統計值的抽樣分布可用來作為說明這些誤差的依據。以 $\bar{x}$ 估計 μ 為例，$\bar{X}$ 之抽樣分布中的標準差可用來表示估計值 $\bar{x}$ 與真值 μ 之間可能的誤差大小，故一般而言，估計值的抽樣分布中的標準差，又稱

爲**標準誤**（standard error, se），命名原因主要是它可以用來表示估計值與眞值之間誤差的大小。標準誤與標準差在應用時，主要不同之處在於標準誤一般係用於評估誤差大小，而標準差則是用於描述資料的分散程度；兩者均是描述分散程度的指標，只是標準誤是描述估計值（或稱統計值或點估計值）的分散程度。再以 $\bar{x}$ 估計 μ 爲例，$\bar{X}$ 之抽樣分布中的標準差 $\sigma_{\bar{x}} = \sigma/\sqrt{n}$，若從描述資料來看，它可表示 $\bar{X}$ 的分散程度，然而從統計推論來看，它稱之爲平均值的標準誤（standard error of the mean），可用以推論樣本平均值與母體平均值之間的誤差大小。

標準誤在推論性統計上是非常重要且常見的指標，然而，其公式中有些參數是未知的需要由樣本去估計。例如上例平均值的標準誤，其中母體參數經常是未知的，故可用樣本標準差 s 去估計 σ，其估計式爲 $\hat{\sigma}_{\bar{x}} = s/\sqrt{n}$，其中 s 爲樣本標準差，定義爲 $s = \sqrt{\sum(x - \bar{x})^2/(n - 1)}$。

範例一：某研究者感興趣的特質是臺灣幼稚園大班學童的身高，研究者在兒童樂園收集了 100 位大班學童自願受試者的身高，計算出樣本平均值爲 115 公分及樣本標準差爲 4 公分。試估計臺灣幼稚園大班學童身高平均值，以及平均值的標準誤？

首先以樣本平均值推估母群體平均值，可得

$$\hat{\mu} = \bar{x} = 115 \text{ 公分}$$

接著，估計平均值的標準誤如下：

$$\hat{\sigma}_{\bar{X}} = \frac{s}{\sqrt{n}} = \frac{4}{\sqrt{100}} = 0.04$$

第二節　區間估計

一、信賴區間

區間估計是第二種估計母體參數的方法，它是結合了點估計值、標準誤，以及指定的一個**信賴水準**（或稱**信心水準** confidence level）所計算出的一個區間。信賴水準通常以 $100(1 - \alpha)\%$ 表示，例如 $\alpha = 0.05$ 表示指定信賴水準爲 95%，利用這些元素可獲得**母體參數的信賴區間**（**confidence interval of the parameter**）。

以單一母體平均值 μ 的區間估計爲例，若信賴區間爲雙尾，則嘗試求出一段包括下限與上限的區間，使得此區間有 $100(1-\alpha)\%$ 的信心會包含 μ，此區間稱之爲 μ 的 $100(1-\alpha)\%$ 信賴區間；若信賴區間爲單尾，則依需要來求信賴下限或信賴上限，μ 的 $100(1-\alpha)\%$ 信賴下限，表示由樣本資料所求得的信賴下限有 $100(1-\alpha)\%$ 會小於 μ，亦即，有 $100(1-\alpha)\%$ 的信心，這個下限會低於 μ；而 μ 的 $100(1-\alpha)\%$ 信賴上限，則表示由樣本資料所求得的信賴上限有 $100(1-\alpha)\%$ 會大於 μ，亦即，有 $100(1-\alpha)\%$ 的信心，這個上限會高於 μ。

二、平均值的信賴區間之推導

前述介紹當以 $\bar{x}$ 估計 μ 時，可利用 $\bar{X}$ 之抽樣分布的標準差，來瞭解可能的誤差大小。同樣地，也可利用 $\bar{X}$ 之抽樣分布來推導平均值 μ 的信賴區間，以下分別依照雙尾與單尾的信賴區間，推導如下。

首先將樣本平均值 $\bar{X}$ 標準化得到 Z，根據中央極限定理，可得

$$Z \sim \text{Normal}(0,1)，其中 Z = (\bar{X} - \mu)/(\sigma/\sqrt{n})$$

（1）若區間爲雙尾信賴區間（two-sided confidence interval）
從中央極限定理可得

$$Pr(z_{\alpha/2} \leq Z \leq z_{1-\alpha/2}) = 1 - \alpha$$

將 Z 以 $(\bar{X} - \mu)/(\sigma/\sqrt{n})$ 取代，可得

$$Pr\left(z_{\alpha/2} \leq \frac{\bar{X} - \mu}{\sigma/\sqrt{n}} \leq z_{1-\alpha/2}\right) = 1 - \alpha$$

但因爲常態分配爲對稱，所以 $z_{\alpha/2} = -z_{1-\alpha/2}$，因此上述式子可以寫爲

$$Pr\left(-z_{1-\alpha/2} \leq \frac{\bar{X} - \mu}{\sigma/\sqrt{n}} \leq z_{1-\alpha/2}\right) = 1 - \alpha$$

接著，爲求 μ 的 $100(1-\alpha)\%$ 信賴區間，將上述括號中的不等式取出，並進行轉換僅留 μ 在中間位置，可得

$$\bar{X} - z_{1-\alpha/2}\frac{\sigma}{\sqrt{n}} \leq \mu \leq \bar{X} + z_{1-\alpha/2}\frac{\sigma}{\sqrt{n}}$$

所以，μ 的 $100(1-\alpha)\%$ 信賴區間公式如下：

$$\left(\bar{X} - z_{1-\alpha/2} \frac{\sigma}{\sqrt{n}}, \bar{X} + z_{1-\alpha/2} \frac{\sigma}{\sqrt{n}} \right)$$

只要查表得到 $z_{1-\alpha/2}$，就可以求得信賴區間。

（2）若區間為**單尾信賴下限**（**confidence lower limit**）

從中央極限定理可得

$$Pr(Z \leq z_{1-\alpha}) = 1 - \alpha$$

將 Z 以 $(\bar{X} - \mu)/(\sigma/\sqrt{n})$ 取代，可得

$$Pr\left(\frac{\bar{X} - \mu}{\sigma/\sqrt{n}} \leq z_{1-\alpha} \right) = 1 - \alpha$$

一樣利用括號中的不等式進行轉換，僅留 μ 在一邊，可得

$$\mu \geq \bar{X} - z_{1-\alpha} \frac{\sigma}{\sqrt{n}}$$

所以，μ 的 $100(1-\alpha)\%$ 信賴下限，公式為：

$$信賴下限 = \bar{X} - z_{1-\alpha} \frac{\sigma}{\sqrt{n}}$$

只要查表得到 $z_{1-\alpha}$，就可以完成信賴下限的計算。

（3）若區間為**單尾信賴上限**（**confidence upper limit**），則 $100(1-\alpha)\%$ 信賴上限為
先求得

$$Pr(-z_{1-\alpha} \leq Z) = 1 - \alpha$$

將 Z 以 $(\bar{X} - \mu)/(\sigma/\sqrt{n})$ 取代，可得

$$Pr\left(-z_{1-\alpha} \leq \frac{\bar{X} - \mu}{\sigma/\sqrt{n}} \right) = 1 - \alpha$$

一樣利用括號中的不等式進行轉換，僅留 μ 在一邊，可得

$$\mu \leq \bar{X} + z_{1-\alpha} \frac{\sigma}{\sqrt{n}}$$

所以，μ 的 $100(1-\alpha)\%$ 信賴上限，公式如下：

$$信賴上限 = \bar{X} + z_{1-\alpha} \frac{\sigma}{\sqrt{n}}$$

範例二：延續上例，以雙尾信賴區間去估計臺灣幼稚園大班學童的身高，假設已

知母體資料呈常態分布且母體標準差為 3.6 公分，從樣本資料可得 $\bar{x} = 115$ 公分，試求母體平均值的 95% 信賴區間？此外，研究者認為抽樣地區附近都市化程度高，該地區兒童普遍身高較其他地區為高，故想利用單尾信賴上限來估計臺灣幼稚園大班學童的身高平均值的上限，試續求 μ 的 95% 信賴上限，並分別解釋結果。

因為查表可得 $z_{1-\alpha/2} = z_{1-0.05/2} = z_{0.975} = 1.96$，所以 μ 的 95% 信賴區間為

$$\left(\bar{X} - z_{1-\frac{\alpha}{2}}\frac{\sigma}{\sqrt{n}}, \bar{X} + z_{1-\frac{\alpha}{2}}\frac{\sigma}{\sqrt{n}}\right) = \left(115 - 1.96 \times \frac{3.6}{\sqrt{100}}, 115 + 1.96 \times \frac{3.6}{\sqrt{100}}\right)$$

$$\approx (114.3, 115.7)$$

結果顯示 μ 的 95% 信賴區間約為 (114.3, 115.7)，表示有 95% 的信心此區間會包含臺灣幼稚園大班學童身高平均值。

另外，查表可得 $z_{1-\alpha} = z_{0.95} = 1.645$，所以 μ 的 95% 信賴上限為

$$\bar{X} + z_{1-\alpha}\frac{\sigma}{\sqrt{n}} = 115 + 1.645 \times \frac{3.6}{\sqrt{100}} \approx 115.6$$

結果顯示 μ 的 95% 信賴上限約為 115.6，表示有 95% 的信心此上限會大於臺灣幼稚園大班學童身高平均值。

範例三：假設臺灣幼稚園大班學童的身高服從常態分布，平均值為 115 公分，標準差為 3.6 公分。模擬從該族群中每次隨機抽取 25 位樣本，重複 100 次，每次都由樣本資料計算出 μ 的 95% 信賴區間，然後把這 100 個信賴區間繪圖如圖 6.1：

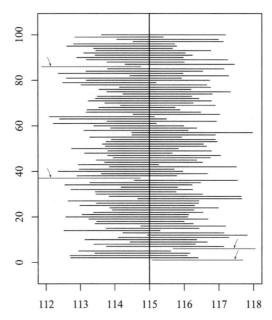

圖 6.1：自 Normal(115, 3.6^2) 的母體抽樣，$n = 25$，重複 **100** 次，所獲得的 **100** 個 μ 的 **95% 信賴區間**，垂直線表示母體真值 **115**

觀察發現，大部分 μ 的 95% 信賴區間有蓋到母體眞值 μ，少部分則沒有。每一組 $n = 25$ 的樣本計算出 μ 的 95% 信賴區間，理論上表示有 95% 的信心此區間會蓋到母體眞值 μ，亦即這 100 個 μ 的 95% 信賴區間，大約會有 95 個會蓋到母體眞值〔在此次模擬中，有 96 個 μ 的 95% 信賴區間蓋到母體眞值，圖中淺色線（箭頭標示處）表示未蓋到〕。

　　如果改爲從該母體中每次隨機抽取 100 位樣本，重複 100 次，每次都由樣本資料計算出 μ 的 95% 信賴區間，然後把這 100 個信賴區間繪圖如圖 6.2：

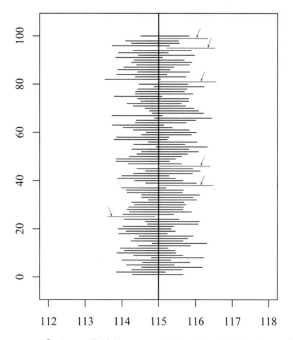

圖 6.2：自 Normal($115, 3.6^2$) 的母體抽樣，$n = 100$，重複 **100** 次，所獲得的 **100** 個 μ 的 **95%** 信賴區間，垂直線表示母體眞值 **115**

觀察發現，樣本數變大後，μ 的 95% 信賴區間變窄了。每一組 $n = 100$ 的樣本計算出 μ 的 95% 信賴區間，理論上表示有 95% 的信心此區間會蓋到母體眞值 μ，亦即這 100 個 μ 的 95% 信賴區間，大約會有 95 個會蓋到母體眞值〔在此次模擬中，有 94 個 μ 的 95% 信賴區間蓋到母體眞值，圖中淺色線（箭頭標示處）表示未蓋到〕。

第三節　母體標準差未知時的處理與 t 分布

　　第二節所建立的信賴區間之推導，係根據中央極限定理以及假設母體變異數 σ^2（或母體標準差 σ）爲已知時所推導出的。然而在實務上，母體變異數 σ^2 一般是未知的，故也無法獲得 $\bar{X}$ 的機率分布中的標準差 $\sigma/\sqrt{n}$，亦即無法利用上列公式，在此情形下，一般會以樣本標準差 s 來估計 σ，此時 $(\bar{X} - \mu)/(s/\sqrt{n})$ 則不再服從常態分布，根據統計理論，只要樣本數夠大，可得

$$\frac{\bar{X} - \mu}{s/\sqrt{n}} \sim t_{df=n-1}$$

其中 $t_{df=n-1}$ 表示**自由度（degree of freedom, df）**爲 $n-1$ 的 t 分布。

　　這個分布在統計推論中經常會用到，其分布與常態分布有許多相似之處，如圖 6.3 所示，皆以 0 爲平均值，左右對稱，t 分布的機率密度函數如下：

$$f(x) = \frac{\Gamma\left(\dfrac{df-1}{2}\right)}{\sqrt{\pi}\sqrt{df}\,\Gamma\left(\dfrac{df}{2}\right)} \times \left(1 + \frac{x^2}{df}\right)^{-(df+1)/2} \quad, \; -\infty < x < \infty \; , \; df > 0$$

其中 Γ 爲 gamma 函數，df 爲 t 分布的自由度（degree of freedom），df 又稱爲 t 分布的參數。從圖 6.3 可看出 t 分布的機率曲線形狀，受自由度的影響，自由度 df 越小，例如自由度＝1，曲線分散程度越大，圖形越矮寬，隨著自由度增加，t 分布的圖形越趨近標準常態分布，例如自由度＝30，t 分布即已相當接近標準常態分布。

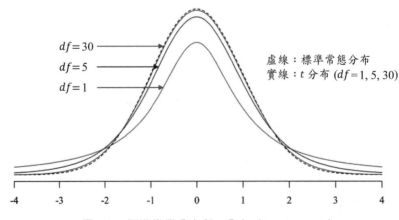

圖 6.3：標準常態分布與 t 分布（df =**1, 5, 30**）

因此當母體參數 σ^2 爲未知時，令 $t = (\bar{X} - \mu)/(s/\sqrt{n})$，因爲 $t \sim t_{df=n-1}$，可獲得下列公式：

（1）若區間爲雙尾信賴區間，透過

$$Pr\left(t_{df,\alpha/2} \leq \frac{\bar{X} - \mu}{s/\sqrt{n}} \leq t_{df,1-\alpha/2}\right) = 1 - \alpha$$

因爲 t 分配是對稱，所以可得 μ 的 $100(1 - \alpha)$% 信賴區間，公式如下：

$$\left(\bar{X} - t_{df,1-\alpha/2}\frac{s}{\sqrt{n}}, \bar{X} - t_{df,1-\alpha/2}\frac{s}{\sqrt{n}}\right)$$

（2）若區間爲單尾信賴下限

可得 μ 的 $100(1 - \alpha)$% 信賴下限，公式如下：

$$信賴下限 = \bar{X} - t_{df,1-\alpha}\frac{s}{\sqrt{n}}$$

（3）若區間爲單尾信賴上限

可得的 $100(1 - \alpha)$% 信賴上限，公式如下：

$$信賴上限 = \bar{X} + t_{df,1-\alpha}\frac{s}{\sqrt{n}}$$

範例四：延續上例，研究者想利用從兒童樂園收集到的 100 位大班學童自願受試者的身高資料，以雙尾信賴區間去估計臺灣幼稚園大班學童的身高，假設已知母體資料呈常態分布，母體標準差未知，從樣本資料可得 $\bar{x} = 115$ 公分、$s = 4$ 公分，試求母體平均值 μ 的 95% 信賴區間？另，續求 μ 的 95% 信賴上限，並分別解釋結果。

查表可得 $t_{df,1-\alpha/2} = t_{99,1-0.05/2} = 1.984$，$\mu$ 的 95% 信賴區間

$= \left(\bar{X} - t_{99,1-0.05/2}(s/\sqrt{n}), \bar{X} + t_{99,1-0.05/2}(s/\sqrt{n})\right)$

$= \left(115 - 1.984 \times \frac{4}{\sqrt{100}}, 115 + 1.984 \times \frac{4}{\sqrt{100}}\right) \approx (114.2, 115.8)$

結果顯示 μ 的 95% 信賴區間約爲 $(114.2, 115.8)$，表示有 95% 的信心此區間會包含臺灣幼稚園大班學童身高平均值。

查表可得 $t_{df,1-\alpha} = t_{99,1-0.05} = 1.660$，$\mu$ 的 95% 信賴上限

$$\bar{X} + t_{99,1-0.05}(s/\sqrt{n}) = 115 + 1.660 \times \frac{4}{\sqrt{100}} \approx 115.7$$

結果顯示 μ 的 95% 信賴上限約爲 115.7，表示有 95% 的信心此上限會大於臺灣幼稚園大班學童身高平均值。

總　結

　　本章介紹了點估計及區間估計的基本原理及其應用，以及相關的專有名詞，包括標準誤、信賴水準、雙尾信賴區間、單尾信賴下限、單尾信賴上限、及 t 分布。這裡主要以母體平均值信賴區間的估計來進行介紹，進行點估計時，一般可利用標準誤來表示點估計值與母體平均值誤差的大小，區間估計提供了母體平均值的可能範圍，比點估計值提供更多的訊息。另外，配合實務上一般母體變異數未知的特質，將中央極限定理中的隨機變數 Z（服從標準常態分布）進行修改，以樣本標準差 s 取代隨機變數 Z 中的 σ，得到新隨機變數 t（服從 t 分布），本章亦介紹如何根據 t 分布來進行區間估計。

關鍵名詞

描述性統計（descriptive statistics）

推論性統計（inferential statistics）

估計（estimation）

假說檢定（hypothesis testing）

點估計（point estimation）

區間估計（interval estimation）

估計值（estimate）

點估計式（point estimator）

標準誤（standard error）

信賴水準（confidence level）

信心水準（confidence level）

信賴區間（confidence interval, CI）

母體參數的信賴區間（confidence interval of the parameter）

雙尾信賴區間（two-sided confidence interval）

單尾信賴下限（one-sided confidence lower limit）

單尾信賴上限（one-sided confidence upper limit）

自由度（degree of freedom）

複習問題

1. 請解釋點估計的意義。

2. 請舉例說明標準差與標準誤之不同。

3. 請解釋區間估計的意義。

4. 請說明平均值的雙尾信賴區間的公式是如何推導出來的。

5. 信賴水準的意義是什麼？

6. 請描述 t 分布的機率分布圖形，並說明自由度對分布圖形的影響。

7. 請比較標準常態分布與 t 分布之異同。

8. 為什麼母體標準差未知時，需用 t 分布來推導信賴區間的公式？

9. 請舉例說明在什麼情境下會使用單尾信賴區間？

10. 有喝牛奶習慣的幼稚園大班學童的身高平均值未知，今假設母體標準差為 5 公分，研究者隨機選取 25 位有喝牛奶習慣的幼稚園大班學童為樣本，測量其身高，獲得樣本平均值為 117.8 公分。

   (1) 試求母體身高平均值 μ 的點估計值，以及平均值的標準誤。

   (2) 設定信賴水準為 99%，試求 μ 的雙尾信賴區間，並解釋之。

   (3) 設定信賴水準為 95%，試求 μ 的雙尾信賴區間，並解釋之。

   (4) 比較 μ 的 99% 及 95% 兩個信賴區間何者較寬，並解釋其合理性。

   (5) 一般認為喝牛奶能幫助學童成長發育，研究者想利用單尾信賴區間的結果，來鼓勵學童要有喝牛奶的習慣，妳（你）會建議用信賴下限或信賴上限來進行宣傳呢？

(6) 根據 (5) 的建議，設定信賴水準為 95%，試求 μ 的單尾信賴界限？並解釋之。

11. 延續上題，假設母體標準差未知，從樣本中可獲得樣本標準差 $s = 4.6$，設定信賴水準為 95%。

(1) 試求 μ 的雙尾信賴區間，並解釋之。

(2) 試求 μ 的單尾信賴下限，並解釋之。

(3) 試求 μ 的單尾信賴上限，並解釋之。

第 7 章
假說檢定

王世亨　撰

第一節　假說檢定基本概念
第二節　假說檢定步驟
第三節　雙尾假說檢定
第四節　單尾假說檢定

學習目標

一、瞭解假說檢定的意義與基本概念

二、瞭解假說檢定的基本元素，如虛無假說、對立假說、顯著水準、
　　雙尾檢定、單尾檢定，及 P 值

三、能以臨界值法、P 值法，及信賴區間法進行假說檢定

前　言

　　假說檢定（**hypothesis testing**）是推論統計中非常重要的部分，其應用十分廣泛，可用來推論所探討的母群體之特質或關係。本章介紹假說檢定的基本原理，以及相關的基本元素，例如：**虛無假說**（**null hypothesis**）、**對立假說**（**alternative hypothesis**）、**顯著水準**（**significance level**）、**雙尾檢定**（**two-sided test**）、**單尾檢定**（**one-sided test**），及 **P 值**（**P-value**）。此外，本章將說明如何進行假說檢定之推論。一般推論的方式可從三個角度來看：**臨界值**（**critical values**）法、信賴區間法，及 P 值法，這三種方式進行統計推論的結果是相同的。本章將以樣本平均值的抽樣分布為例，來帶領讀者瞭解假說檢定的原理及執行步驟。

第一節　假說檢定基本概念

　　所謂假說檢定（或稱假設檢定 hypothesis testing），是指根據樣本資料，來對所建立的假說進行推論。例如針對感興趣的母群體參數，像是母群體平均值，想瞭解是否具有某種關係或是否等於某特定值，在統計學上，可以藉著建立假說、收集樣本資料並找出適當的**檢定統計值**（**test statistic**）及其機率分布、計算出需要的指標，來作為檢定結果的判斷準則、得出結論來推論該假說是否會被所蒐集的資料所推翻。

　　首先，先建立假說，完整的假說包括兩個陳述：虛無假說（或稱虛無假設 null hypothesis，以 H_0 表示）、與對立假說（或稱對立假設 alternative hypothesis，以 H_1 或 H_A 表示）。虛無假說與對立假說必須是互斥且周延，通常會把嘗試推翻的論點放在虛無假說。舉例來說，如果想瞭解母群體平均值 μ 是否等於某一個特定值 μ_0，則虛無假說為 $H_0 : \mu = \mu_0$，而對立假說則是 $H_1 : \mu \neq \mu_0$，虛無假說與對立假說合起來已考慮了所有可能性，而兩者當中只有一個陳述為真。

範例一：假設臺灣一般民眾身體質量指數平均值為 24 kg/m²，如果想探討臺灣糖尿病患者的身體質量指數平均值（以 μ 表示）是否與一般民眾身體質量指數平均值不同，此時可建立兩個假說分別為：

$$H_0 : \mu = 24 \ \text{kg/m}^2$$
$$H_1 : \mu \neq 24 \ \text{kg/m}^2$$

範例二：假設臺灣一般民眾身體質量指數平均值為 24 kg/m²，如果想探討臺灣糖尿病患者的身體質量指數平均值（以 μ 表示）是否高於一般民眾身體質量指數平均值，此時可建立兩個假說分別為：

$$H_0 : \mu \leq 24\,\mathrm{kg/m^2}$$
$$H_1 : \mu > 24\,\mathrm{kg/m^2}$$

建立好假說之後，接著可以進行統計推論。研究者收集樣本資料並找出適當的檢定統計量及其機率分布（也就是統計量的抽樣分布）。依據虛無假說，找到適用的統計理論，再從蒐集的資料中計算檢定統計量的數值，以決定要拒絕虛無假說（或稱推翻虛無假說 reject H_0），或是決定無法拒絕虛無假說（或稱無法推翻虛無假說 do not reject H_0）。如果有證據支持樣本可能不是來自虛無假說成立下的母群體，則拒絕虛無假說；在虛無假說為真的情況下，如果計算得到的樣本平均值（$\bar{X}$）離虛無假說成立下的值（μ_0）非常的遠，表示資料與虛無假說不太一致，則應拒絕虛無假說。利用統計的假說檢定拒絕虛無假說，兩者差異通常需要達到**統計顯著**（**statistical significance**）。然而，必須注意這種統計上的顯著並不代表一定有生物醫學上的差異。此外，如果沒有足夠的證據支持「樣本不是來自虛無假說成立下的母群體」，則無法拒絕虛無假說；但這並不表示接受虛無假說或是虛無假說為真，僅僅是找不到足夠證據推翻虛無假說而已。這種情況有可能是因為研究者收集的該組隨機樣本之樣本數太小，無法拒絕 H_0。

範例三：假設臺灣一般民眾身體質量指數平均值為 24 kg/m²，標準差為 3 kg/m²。如果想探討臺灣糖尿病患者的身體質量指數平均值（以 μ 表示）是否與一般民眾身體質量指數平均值不同，研究者收集 100 位糖尿病患者作為研究樣本，請問要如何進行假說檢定呢？

兩個假說先建立如下 $H_0 : \mu = 24\ \mathrm{kg/m^2}$；$H_1 : \mu \neq 24\ \mathrm{kg/m^2}$

接下來，從蒐集到的 100 位樣本計算出樣本平均值，然後比較該樣本平均值與虛無假說成立下的值 24 kg/m² 之間的差距，如果相距足夠遠則應該拒絕虛無假說 H_0，如果相距不夠遠則可能無法拒絕虛無假說 H_0。

如果得到的樣本平均值（$\bar{X}$）與虛無假說成立下 μ 的值（μ_0）相距足夠遠，則可以拒絕虛無假說 H_0。換句話說，在虛無假說 $H_0 : \mu = \mu_0$ 成立下，樣本平均值的抽樣分布應該以 μ_0 為中心，所以如果獲得的 $\bar{X}$ 數值非常極端（指遠離 μ_0）時，甚至比這個 $\bar{X}$ 數值還極端的區域之機率很小時，則拒絕虛無假說。那麼，何謂

很小的機率呢？絕大部分的研究選用 0.05，表示當樣本可能來自母群體平均值為 μ_0 的可能性小於 5% 時，將拒絕虛無假說；這也表示當虛無假說為真，但卻被錯誤地拒絕掉的可能性是 5%。如果研究者想更保守一些，減少錯誤拒絕掉虛無假說的機率，也可以選用 0.01，那麼當虛無假說為真，但卻錯誤地被拒絕掉的可能性就只有 1% 了。這個由研究者主觀選用的機率值，又稱為假說檢定的顯著水準（significance level），以 α 來表示，是指當虛無假說為真，但錯誤將其拒絕掉的機率，可以利用條件機率式來表示：$\alpha = P$（reject $H_0 \mid H_0$ 為真）。這個顯著水準的數值必須在進行假說檢定之前，事先設定好。

在虛無假說為真之下，通常可以先找出檢定統計量（test statistic）的機率分布，例如上述範例中的 $\bar{X}$ 在 H_0 下的抽樣分布，再計算此時以樣本資料所計算得到的檢定統計量的數值以及比其更極端的數值之機率總和，這就稱為 P 值（P-value）。如果 $P < \alpha$ 則拒絕虛無假說；如果 $P \geq \alpha$ 則無法拒絕虛無假說。這個 P 值代表樣本資料與虛無假說下之差異，P 值比顯著水準小，表示有證據顯示樣本來源（樣本來源的母群體）與虛無假說下的條件很不相同。

要提醒讀者的是，P 值只能跟顯著水準來相比，一旦 P 值比較小，就可以推翻虛無假說，這是**二分類的決策（binary decision）**。至於 P 值比 α 小很多，例如 P 值等於 10^{-16}，並不能解讀為證據強度非常強，不能說比 $P = 10^{-3}$ 時還強。此外，從 P 值的定義看來，P 值也不能解讀成虛無假說為真的機率。

第二節　假說檢定步驟

假說檢定可以四個步驟來進行。

步驟一，建立假說並設定顯著水準 α。顯著水準設得愈小，愈不容易拒絕正確的虛無假說（當虛無假說是正確的時候）；但是相對地，假如虛無假說是錯誤的，則可能因為顯著水準值設得太小，而使得難以達到拒絕錯誤之虛無假說的門檻。最常見的顯著水準設定值為 $\alpha = 0.05$，其次為 $\alpha = 0.1$、$\alpha = 0.01$。不同的研究領域有不同習慣的顯著水準數值。

步驟二，找出適當的檢定統計量（test statistic），以及其在虛無假說下的機率分布。例如以樣本平均值 $\bar{X}$ 或是標準化的 Z，$Z = (\bar{X} - \mu_0)/(\sigma/\sqrt{n})$，作為檢定統計量來進行檢定，在虛無假說為真的條件下，當樣本個數夠大且母群體標準差已

知時，根據中央極限定理，此檢定統計量的機率分布近似常態分布；這個檢定因為使用到標準常態分布，又稱爲 **Z 檢定**（**Z test**）。如果母群體標準差 σ 未知，可以利用樣本標準差來估計母群體標準差，標準化後的檢定統計量之機率分布，是自由度爲 $n-1$ 的 t 分布，會在第 9 章介紹母群體標準差 σ 未知時的檢定步驟。

　　步驟三，計算或找出需要的指標來作爲檢定結果的判斷準則。判斷準則大致有三種：臨界值（critical values）法、P 值法，及信賴區間法，這三種方法皆是以步驟二所找出的機率分布爲理論基礎，因此雖然是從三個不同的角度切入，但所得的結論皆是相同的。不過，雖然會得到相同的結論，但三者可提供不同的訊息；P 值代表樣本資料與虛無假說下之差異，而信賴區間提供參數（母群體平均值 μ）的可能範圍、瞭解樣本平均值作爲點估計值的不確定性。以下兩節將會利用範例來說明。

　　步驟四，提出結論及解釋。依據步驟三來決定是要「拒絕虛無假說」，或是「無法拒絕虛無假說」。如果檢定統計值比臨界值更極端、或是 $P<\alpha$、或是信賴區間不包含虛無假說下的值（μ_0），則拒絕虛無假說。

第三節　雙尾假說檢定

　　假設想瞭解母群體平均值 μ 是否等於某一個特定值 μ_0，則虛無假說爲 H_0：$\mu=\mu_0$，而對立假說是 H_1：$\mu\neq\mu_0$，這稱爲雙尾檢定（two-sided test）；此時，若蒐集樣本所得到的樣本平均值 $\bar{x}$ 比 μ_0 大得足夠多或比 μ_0 小得足夠多，皆可能拒絕虛無假說。

範例四：假設臺灣一般民眾身體質量指數平均值爲 24 kg/m²；而臺灣糖尿病患者的身體質量指數平均值未知（以 μ 表示），標準差假設爲 3 kg/m²。欲探討臺灣糖尿病患者的身體質量指數平均值是否與一般民眾身體質量指數平均值不同，某研究者收集 100 位糖尿病患者作爲研究樣本，樣本平均值爲 24.6 kg/m²，在顯著水準 $\alpha=0.05$ 下，請使用臨界值法、P 值法，及信賴區間法分別進行假說檢定。

首先建立假說如下：H_0：$\mu=24$ kg/m²；H_1：$\mu\neq24$ kg/m²，此爲雙尾檢定。

1. 臨界值法

根據檢定統計值的機率分布及顯著水準可以先設定**拒絕域**（**或稱拒絕區 rejection**

region），及決定出臨界值（critical value），再判斷當檢定統計量的數值落在拒絕域時，表示檢定統計量的數值比臨界值更極端時，則拒絕 H_0。

如圖 7.1 所示，當採用標準化後的統計值，拒絕域落於左右兩邊，所以臨界值分別是 $c_1 = z_{0.05/2} = -1.96$ 與 $c_2 = z_{0.975} = 1.96$，因此當 $z < -1.96$ 或 $z > 1.96$ 則是拒絕 H_0。

延續原來範例中的數值，因為 $z = (\bar{x} - \mu_0)/(\sigma/\sqrt{n}) = (24.6 - 24)/(3/\sqrt{100}) = 2 > 1.96$，因此拒絕 H_0。

若轉換為原尺度身體質量指數的臨界值，則因為

$$\frac{c_1' - 24}{3/\sqrt{100}} = -z_{0.975} = -1.96$$

可求得臨界值

$$c_1' = 24 - 1.96\frac{3}{\sqrt{100}} = 23.412$$

以及因為

$$\frac{c_2' - 24}{3/\sqrt{100}} = z_{0.975} = 1.96$$

可求得臨界值

$$c_2' = 24 + 1.96\frac{3}{\sqrt{100}} = 24.588$$

此時，因為樣本平均值 $\bar{x} = 24.6 > 24.588$，落在拒絕區，所以一樣拒絕 H_0。

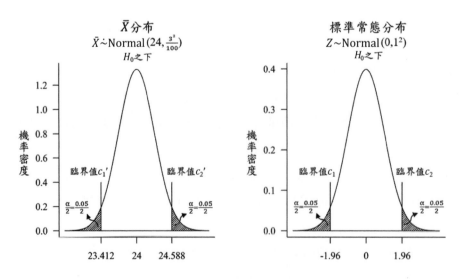

圖 7.1：雙尾檢定臨界值法圖示說明

2. P 值法

由於這個範例是雙尾檢定，極端區域在圖中分布的兩邊，所以 P 值等於單邊的尾端機率乘以 2。尾端機率如圖 7.2 所示。

$$P\text{-value} = 2 \times P\left(\bar{x} \geq 24.6 \big| H_0 為真\right) = 2 \times P\left(Z \geq \frac{\bar{x} - \mu_0}{\frac{\sigma}{\sqrt{n}}}\right) = 2 \times P\left(Z \geq \frac{24.6 - 24}{\frac{3}{\sqrt{100}}}\right)$$

$$= 2 \times P(Z \geq 2) = 2 \times (1 - P(Z < 2)) \approx 2 \times 0.0228 = 0.0456 < \alpha (= 0.05)$$

因此拒絕 H_0。

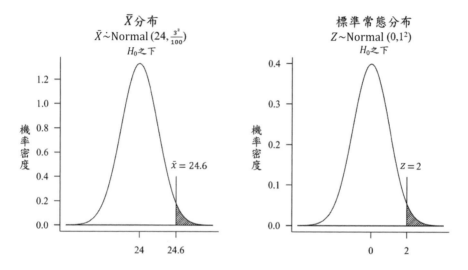

圖 7.2：雙尾檢定 P 值法尾端機率圖示說明

3. 信賴區間法

根據顯著水準因 $\alpha = 0.05$，可以計算 95% 信賴區間，而這裡又因為是雙尾檢定，所以計算有上下限的信賴區間，為

$$\left(\bar{x} - z_{1-\alpha/2} \frac{\sigma}{\sqrt{n}}, \bar{x} + z_{1-\alpha/2} \frac{\sigma}{\sqrt{n}}\right) = \left(24.6 - 1.96 \frac{3}{\sqrt{100}}, 24.6 + 1.96 \frac{3}{\sqrt{100}}\right)$$

$$= (24.012, 25.188)$$

由於這個信賴區間不包含 H_0 下的 $\mu = 24$，因此拒絕 H_0。

在這個範例中，使用了臨界值法、P 值法、及信賴區間法進行假說檢定，結果都是拒絕虛無假說，換句話說，臺灣糖尿病患者的身體質量指數平均值應該不等於一般民眾身體質量指數平均值。

第四節　單尾假說檢定

　　假設想瞭解母群體平均值 μ 與某一個特定值 μ_0 是否具有某種關係，但依據過去已累積的生物醫學資訊，認為 μ 不會小於 μ_0，那麼當 $\bar{x}$ 比 μ_0 大得足夠多，才可提供證據來拒絕虛無假說，在此情境下，通常不會進行雙尾檢定，而是進行單尾檢定（one-sided test），設定虛無假說為 $H_0 : \mu \leq \mu_0$，對立假說為 $H_1 : \mu > \mu_0$。

範例五：假設臺灣一般民眾身體質量指數平均值為 24 kg/m^2；而臺灣糖尿病患者的身體質量指數平均值（以 μ 表示）未知，假設標準差為 3 kg/m^2。某研究者相信臺灣糖尿病患者的身體質量指數平均值不會小於一般民眾的身體質量指數平均值，因此這位研究者想要探討臺灣糖尿病患者的身體質量指數平均值是否高於一般民眾身體質量指數平均值。該研究者收集 100 位糖尿病患者作為研究樣本，樣本平均值 $\bar{x}$ 為 24.6 kg/m^2，假設 $\alpha = 0.05$，請使用臨界值法、P 值法，及信賴區間法分別進行假說檢定。

首先建立假說如下：$H_0 : \mu \leq 24$ kg/m^2；$H_1 : \mu > 24$ kg/m^2，此為單尾檢定中的右尾檢定。

1. 臨界值法

此時只有當 $\bar{x}$ 比 24.6 kg/m^2 大的足夠多，才可提供證據來拒絕虛無假說，拒絕域只出現在右邊。

如圖 7.3 所示，當採用標準化後的統計值，臨界值為 $c = z_{0.95} = 1.645$，拒絕域位於 > 1.645 的區域，當 $z > 1.645$ 則拒絕 H_0。

而根據樣本資料，可計算得到

$$z = \frac{\bar{x} - \mu_0}{\sigma / \sqrt{n}} = \frac{24.6 - 24}{3 / \sqrt{100}} = 2 > 1.645$$

因此拒絕 H_0。

若轉換為原尺度的臨界值，

$$\frac{c_2' - 24}{3 / \sqrt{100}} = z_{0.95} = 1.645$$

所以臨界值為

$$c' = 24 + 1.645 \frac{3}{\sqrt{100}} = 24.4935，x = 24.6 > 24.4935$$

因此拒絕 H_0。

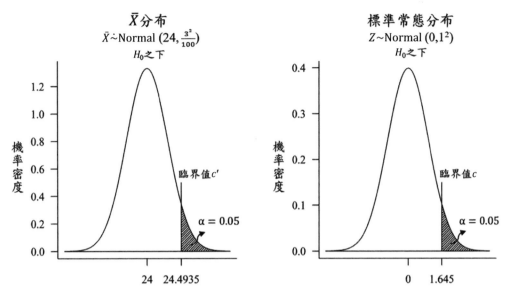

圖 7.3：單尾檢定臨界值法圖示說明

2. P 值法

由於是單尾檢定中的右尾檢定，P 值為右邊尾端機率。

$$\text{P-value} = P\left(\bar{x} \geq 24.6 \middle| H_0 \text{為真}\right) = P\left(Z \geq \frac{\bar{x} - \mu_0}{\frac{\sigma}{\sqrt{n}}}\right) = P\left(Z \geq \frac{24.6 - 24}{\frac{3}{\sqrt{100}}}\right)$$

$$= P(Z \geq 2) = 1 - P(Z < 2) \approx 0.0228 < \alpha(= 0.05)$$

因此拒絕 H_0。

3. 信賴區間法

在給定 $\alpha = 0.05$ 時計算 95% 信賴區間，由於是單尾檢定中的右尾檢定，求 μ 的 95% 信賴區間下限為

$$\bar{x} - z_\alpha \frac{\sigma}{\sqrt{n}} = 24.6 - 1.645 \frac{3}{\sqrt{100}} = 24.1065$$

由於 H_0 下的 $\mu = 24$ 小於信賴區間下限，因此拒絕 H_0。

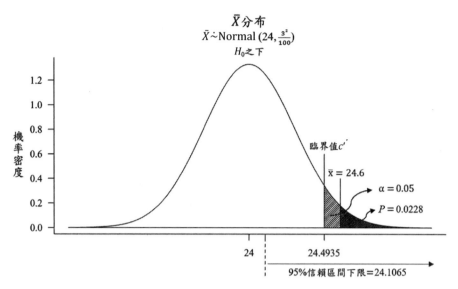

圖 7.4：單尾檢定臨界值、P 值、信賴區間圖示說明

圖 7.4 圖示說明三種檢定方法。在範例五中，使用臨界值法、P 值法，及信賴區間法進行假說檢定，皆拒絕虛無假說，表示臺灣糖尿病患者的身體質量指數平均值應該大於一般民眾身體質量指數平均值。

比較範例四與範例五，會發現雙尾檢定的 P 值是單尾檢定 P 值的兩倍大。所以雙尾檢定與單尾檢定的結果可能造成不同的結論，像是進行雙尾檢定的結論為無顯著差異，但是進行單尾檢定的結論為有顯著差異；這也是雙尾檢定被認為比較保守的原因。要注意的是，研究者需在進行隨機取樣之前就決定要採取雙尾檢定或單尾檢定，而且，進行單尾檢定必需有過去足夠的生物醫學證據來支持；一般在實務研究中，大多是採用雙尾檢定。

總　結

本章介紹了假說檢定的基本原理，以及相關的基本元素，包括虛無假說、對立假說、顯著水準、雙尾檢定、單尾檢定、臨界值，及 P 值。接著介紹如何使用臨界值法、P 值法，及信賴區間法，三種方式進行統計推論，以及這三種方式提供的統計訊息之差異，最後以實例演練進行雙尾假說檢定與單尾假說檢定。

關鍵名詞

假說檢定（hypothesis testing）

虛無假說（null hypothesis）

對立假說（alternative hypothesis）

顯著水準（significance level）

雙尾檢定（two-sided test）

單尾檢定（one-sided test）

P 值（P-value）

臨界值（critical values）

檢定統計值（test statistic）

統計顯著（statistical significance）

二分類的決策（binary decision）

Z 檢定（Z test）

拒絕域或拒絕區（rejection region）

複習問題

1. 請解釋假說檢定的目的。

2. 請問是否能藉由假說檢定來證明虛無假說？為什麼？

3. 顯著水準的意義是什麼？

4. 請說明 P 值的意義是什麼？

5. 請問 P 值是否能解讀為虛無假說為真的機率？為什麼？

6. 為什麼能藉由信賴區間來進行假說檢定？

7. 為什麼臨界值法、P 值法，及信賴區間法，這三種方式進行統計推論得到的結論會一樣？

8. 在什麼情境下會使用單尾檢定，而非雙尾檢定？

9. 有喝牛奶習慣的幼稚園大班學童的身高平均值 μ 未知，其標準差 $\sigma = 8$ 公分，

研究者想瞭解有喝牛奶習慣的幼稚園大班學童的身高平均值是否等於一般同年紀的學童的身高平均值 115 公分。

(1) 請寫出虛無假說與對立假說。

(2) 研究者設定顯著水準，抽樣 25 位有喝牛奶習慣的幼稚園大班學童，其身高的平均值為 117.8 公分。請使用臨界值法、P 值法，及信賴區間法分別進行假說檢定。結論為何？

(3) 顯著水準更改為 $\alpha = 0.1$，請問結論是否不同？

10. 延續上題，一般相信有喝牛奶習慣的幼稚園大班學童的身高不會比一般同年紀學童的身高來得低，因此進行單尾檢定。

(1) 請寫出虛無假說與對立假說。

(2) 研究者設定顯著水準 $\alpha = 0.05$，請使用臨界值法、P 值法，及信賴區間法分別進行假說檢定。結論為何？

11. 某減肥藥物服用者的體重改變量〔定義為服藥後體重減掉服藥前體重〕之平均值 μ 未知，其標準差 $\sigma = 10$ 公斤，藥廠想瞭解該減肥藥是否有效，設定顯著水準 $\alpha = 0.05$，招募了 16 位受試者，服藥前量一次體重，開始服藥後兩個月再量一次體重，得到其體重改變量的平均值為 -4.6 公斤。

(1) 請問要進行雙尾檢定或單尾檢定？為什麼？

(2) 寫出虛無假說與對立假說。

(3) 請使用臨界值法、P 值法，及信賴區間法分別進行假說檢定。結論為何？

第 8 章
假說檢定可能發生的錯誤及樣本數的推估

梁文敏　撰

學習目標

一、瞭解假說檢定推論可能會發生的錯誤

二、瞭解型一錯誤及型二錯誤及檢定力

三、瞭解信賴區間的寬度所代表的意義

四、瞭解如何從信賴區間的允許寬度來估計樣本數

五、瞭解設定型一錯誤及型二錯誤的一般準則

六、瞭解如何從型一錯誤及型二錯誤的允許範圍來推估樣本數

前　言

　　在統計推論上，不論是估計或假說檢定，當樣本資料帶入分析時，就可以得到結果。然而，值得思考的是，要如何去評估推論結果的正確性，包括估計時可能的誤差大小，抑或是統計檢定時可能判斷錯誤的機率，這些都是使用統計方法進行分析時應具備的素養。此外，既然可能會發生誤判的情形，是否可以事前先降低誤判的可能，這也是本章的重點。本章將介紹統計推論可能發生的錯誤以及如何控制這些錯誤，並介紹如何藉由事先設定好允許的錯誤率，來計算所需的樣本數，以達到設定的效能。這部分內容不僅經常用於撰寫研究計畫書時有關樣本數的估計，同時在解釋統計推論結果時，也相當重要。

第一節　假說檢定可能發生的錯誤

　　如何選擇適當的檢定方法，對許多使用者而言，經常是最困擾的問題。此外，還有一個重要的問題，會被大多數使用者所忽略，就是在解釋統計結果時可能誤判的機率有多大？唯有瞭解這些，才能對統計結果的解釋更為周全。

　　在進行統計的假說檢定時，可能的誤判情形有兩種，分別稱之為**型一錯誤**（**type I error**）與**型二錯誤**（**type II error**）；此外，不會犯型二錯誤的機率稱之為**檢定力**（**power**），以下分別介紹。

一、型一錯誤（type I error）

　　型一錯誤率（**type I error rate**）是指虛無假說為真時，但卻錯誤地拒絕虛無假說的機率，又可指當結果為拒絕 H_0 時可能發生的誤判率，以 α 表示，即 $\alpha = Pr($ 拒絕 $H_0 \mid H_0$ 為真 $)$。一般設定型一錯誤率為 0.05，亦即根據該檢定，若虛無假說為真，能允許錯誤地拒絕虛無假說的機率只有 0.05。

　　型一錯誤率與前一單元所介紹的顯著水準可說是一體兩面，兩者的值是相同的。然而型一錯誤是從當虛無假說為真時所可能犯的錯誤來看，而顯著水準則是從設定判斷準則的角度來看，在設定判斷準則時，通常是根據樣本資料與虛無假說下之差異要多大時來設定，因此在解讀結果時，若拒絕虛無假說，一般會說檢

定結果與虛無假說有顯著差異。

二、型二錯誤（type II error）

　　型二錯誤率（**type II error rate**）是指虛無假說為假時，卻無法拒絕虛無假說的機率，又可說為當結果為無法拒絕 H_0 時可能發生的誤判率，以 β 表示，即 $\beta = Pr($ 無法拒絕 $H_0 \mid H_0$ 為假 $)$。雖然一般希望型二錯誤率能夠越小越好，但型二錯誤率不同於型一錯誤率，根據統計學的保守原則（也就是「不輕易拒絕虛無假說」），希望能儘量避免當虛無假說為真時卻把虛無假說拒絕掉的情形發生，故通常一開始就先設定型一錯誤率為一個相當小的機率，例如 0.05、0.01，或 0.001（最常見的是 $\alpha = 0.05$）。然而，針對型二錯誤率，一般較難界定；不像型一錯誤是在虛無假說的條件下設定，而且統計檢定的準則也是依照虛無假說的條件設定，故較能夠掌握。型二錯誤率較難界定的原因是，設定型二錯誤率必需根據對立假說設定的參數值來進行計算，然而，對立假說的範圍相當廣，不容易準確界定。一般而言，當設定的參數值離虛無假說的參數值越遠時，或樣本數越大時，會犯型二錯誤的可能會比較低，也就是型二錯誤率會降低。實務上，在進行研究計畫或臨床試驗的設計時，除了訂出型一錯誤率之外，亦會藉由設定對立假設為真下的參數值及所允許的型二錯誤率，來計算所需的樣本數，細節將在本章後面討論。

三、檢定力（power）

　　檢定力是指虛無假說為假時，拒絕虛無假說的機率，即檢定力 $= Pr($ 拒絕 $H_0 \mid H_0$ 為假 $)$。對照於型一錯誤是發生在虛無假設為真時做了錯誤判斷的機率，檢定力與型二錯誤則是發生在虛無假說為假時，型二錯誤率是指做了錯誤判斷的機率，而檢定力則是指做了正確判斷的機率，因此可知型二錯誤率與檢定力相加的機率為 1，亦即檢定力 $= 1 -$ 型二錯誤率，也就是檢定力 $= 1 - \beta = 1 - Pr($ 無法拒絕 $H_0 \mid H_0$ 為假 $)$。

　　為什麼要特別在本章介紹型一錯誤、型二錯誤及檢定力，主要是要提醒讀者，一定要切記統計分析的結果不一定是百分之百的正確，使用者應該要有能力評估統計假說檢定可能的錯誤，及如何減少錯誤。這些評估及改善的思維，在研究設計階段就必須進行。一般而言，可以參考過去的資訊、評量實際狀況，來預

設各種假設參數，以計算可能產生的型二錯誤率（或檢定力），並透過足夠的樣本數來達到所允許的型二錯誤率。此外，因為假說檢定的精神主要是推論我們認為可能的結果（通常這個結果會放在對立假說），因此，從這個角度來看，會希望當對立假說為眞時（亦即虛無假說為假時），拒絕虛無假設的機率越大越好，亦即檢定力要夠大。基本上，不論限制型二錯誤率的大小抑或要求想要達成的檢定力大小，皆是相同概念，只是說法不同。除上述理論上的思維外，若針對實務上假說檢定的應用，因為結果只可能是拒絕 H_0 或無法拒絕 H_0 兩者之一，故在應用時，型一錯誤及型二錯誤不可能同時發生。

範例一：假設臺灣一般民眾身體質量指數平均值為 24 kg/m²，標準差為 3 kg/m²。研究者相信臺灣糖尿病患者的身體質量指數平均值大於一般民眾，如果想要探討臺灣糖尿病患者的身體質量指數平均值是否高於一般民眾身體質量指數平均值，研究者收集 100 位糖尿病患者作為研究樣本，以右尾檢定探討糖尿病患者的身體質量指數平均值是否高於 24 kg/m²，即 $H_0 : \mu \leq 24$、$H_1 : \mu > 24$，並設定型一錯誤率為 0.05（$\alpha = 0.05$），假設糖尿病患者族群的身體質量指數平均值為 24.917 kg/m² 時，則型二錯誤率為何？檢定力為何？

要回答這個問題，首先以虛無假說 H_0 及對立假說 H_1 下樣本平均值 $\bar{X}$ 的機率分布圖，來說明型一錯誤及型二錯誤，如圖 8.1 所示，在 H_0 下 $\bar{X} \sim \text{Normal}(24, (3^2/100))$，在 H_1 下 $\bar{X} \sim \text{Normal}(24.917, (3^2/100))$，圖中淺色表示型一錯誤，深色表示型二錯誤。

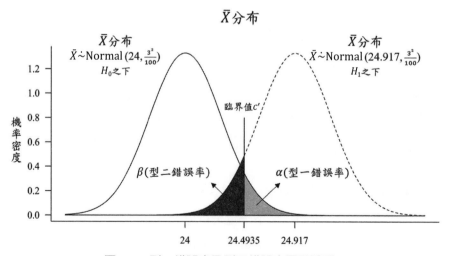

圖 8.1：型一錯誤率及型二錯誤率圖示說明

在 H_0 下，$\mu_0 = 24$，由於 $\alpha = 0.05$，故臨界值 c' 可由 $(c' - 24)/(3/\sqrt{100}) = z_{0.95} = 1.645$ 求得，臨界值 $c' = 24.4935$。

在 H_1 下，$\mu_1 = 24.917$，由於 $c' = 24.4935$，可得型二錯誤率 β 與檢定力 $1-\beta$ 如下：

$$\beta = Pr(\bar{X} \leq 24.4935 | H_1) = Pr\left(Z \leq \frac{24.4935 - 24.917}{\frac{3}{\sqrt{100}}} \right)$$

$$= Pr(Z \leq -1.41) \approx 0.079$$

所以，檢定力為

$$1 - \beta = 0.921$$

範例二：延續上例 $H_0 : \mu \leq 24$、$H_1 : \mu > 24$，設定型一錯誤率 α 為 0.05、母體標準差 σ 為 3 kg/m²、$n = 100$，試依據在 H_1 下，糖尿病患者族群身體質量指數平均值的三個不同設定值：24.600 kg/m²、24.917 kg/m²、25.235 kg/m²，如圖 8.2 所示，分別求對應的型二錯誤率及檢定力。

根據問題中三個不同的設定值，可以計算型二錯誤率 β 如下：

（1）當 $\mu_1 = 24.600$ 時，

$$\beta = Pr(\bar{X} \leq 24.4935 \,|\, H_1) = Pr\left(Z \leq \frac{24.4935 - 24.600}{\frac{3}{\sqrt{100}}} \right) \approx 0.361$$

（2）當 $\mu_1 = 24.917$ 時，

$$\beta = Pr(\bar{X} \leq 24.4935 \,|\, H_1) = Pr\left(Z \leq \frac{24.4935 - 24.917}{\frac{3}{\sqrt{100}}} \right) \approx 0.079$$

（3）當 $\mu_1 = 25.235$ 時，

$$\beta = Pr(\bar{X} \leq 24.4935 \,|\, H_1) = Pr\left(Z \leq \frac{24.4935 - 25.235}{\frac{3}{\sqrt{100}}} \right) \approx 0.007$$

因為檢定力 $= 1 - \beta$，當 $\mu_1 = 24.600$ 時，檢定力 $= 1 - 0.361 = 0.639$；同理可得，當 $\mu_1 = 24.917$ 時，檢定力 $= 0.921$；當 $\mu_1 = 25.235$ 時，檢定力 $= 0.993$。

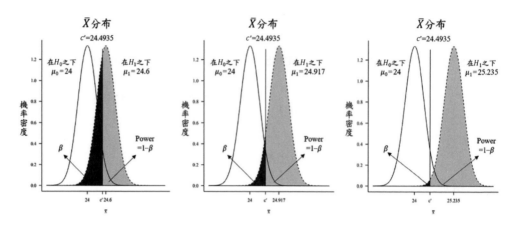

圖 8.2：H_1 下不同母體平均值對型二錯誤的影響

範例三：延續上例，以橫軸代表身體質量指數平均值，標示 H_1 下的設定值，縱軸為對應的檢定力，並繪製曲線，此圖形一般稱為檢定力曲線圖，可用以評估在不同設定值下檢定力的變化。

在繪製檢定力曲線時，一般會以 H_0 下設定的母體平均值〔$\mu = \mu_0 = 24$〕為橫軸的起點，先標出型一錯誤率，即

$$Pr(\bar{X} > 24.4935|H_0) = Pr\left(Z > \frac{24.4935 - 24}{\frac{3}{\sqrt{100}}}\right) = 0.05$$

如圖 8.3 所示，在圖形上以空心點表示，以區別該值並非檢定力。

從範例二，當 $\mu_1 = 24.600$ 時，檢定力 $= 0.639$；$\mu_1 = 24.917$ 時，檢定力 $= 0.921$；$\mu_1 = 25.235$ 時，檢定力 $= 0.993$，茲將檢定力曲線繪製如下，從圖中可清楚看出，當 H_1 的平均值 μ_1 離 H_0 的平均值 μ_0 愈遠時，檢定力愈高。

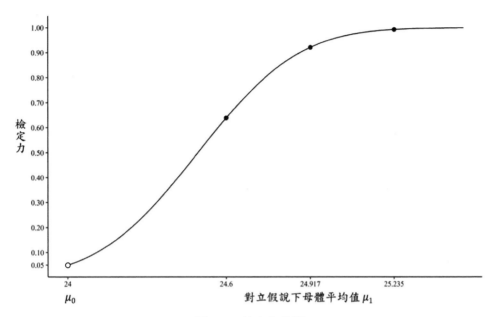

圖 **8.3**：檢定力曲線

範例四：延續範例二 $H_0 : \mu \leq 24, H_1 : \mu > 24$，但將樣本數改為 200，即設 $n = 200$，求各點對應的型二錯誤率 β？與範例二（$n = 100$）結果比較，檢定力增加或減少呢？

在 H_0 下，$\mu_0 = 24$，由於 $\alpha = 0.05$，故臨界值 c' 可由 $(c' - 24)/(3/\sqrt{200}) = z_{0.05} = 1.645$ 求得，臨界值 $c' = 24.349$。

在 H_1 下，計算型二錯誤率 β 如下：

（1）當 $\mu_1 = 24.600$ 時，

$$\beta = Pr(\bar{X} \leq 24.349 \mid H_1) = Pr\left(Z \leq \frac{24.349 - 24.600}{\frac{3}{\sqrt{200}}} \right) \approx 0.118$$

（2）當 $\mu_1 = 24.917$ 時，

$$\beta = Pr(\bar{X} \leq 24.349 \mid H_1) = Pr\left(Z \leq \frac{24.349 - 24.917}{\frac{3}{\sqrt{200}}} \right) \approx 0.004$$

（3）當 $\mu_1 = 25.235$ 時，

$$\beta = Pr(\bar{X} \leq 24.349 \mid H_1) = Pr\left(Z \leq \frac{24.349 - 25.235}{\frac{3}{\sqrt{200}}} \right) < 0.001$$

可知當 $n = 200$，型二錯誤率分別為 0.118、0.004、比 0.001 小。因為檢定力 $= 1 - \beta$，可得檢定力分別為 0.882、0.996、比 0.999 大，均比 $n = 100$ 時增加了。

第二節　樣本數的推估

　　在撰寫研究計畫時，經常需要規劃研究所需的樣本數，**樣本數的推估**（**sample size estimation**）通常有兩種方式，第一種是從信賴區間的允許寬度來估計，第二種則是從型一錯誤及型二錯誤的允許範圍來估計，以下先以單一母體平均值的估計及檢定為例，來介紹樣本數的推估。

一、從信賴區間的允許寬度來推估樣本數

　　信賴區間的寬度可以反映估計的準確性，信賴區間寬度越小表示越能掌握母體參數的可能位置，因此可以利用事先決定的信賴區間的寬度來推估樣本數。

　　在第 6 章推導單一母體平均值 μ 的 $(100 \times (1 - \alpha))\%$ 信賴區間（confidence interval, CI）時，獲得公式如下：

$$(100 \times (1 - \alpha))\%CI = (a, b) = \left(\bar{x} - z_{1-\alpha/2} \times \frac{\sigma}{\sqrt{n}}, \bar{x} + z_{1-\alpha/2} \times \frac{\sigma}{\sqrt{n}} \right)$$

所以，可得到 CI 的寬度為

$$b - a = 2 \times \left(z_{1-\alpha/2} \times \frac{\sigma}{\sqrt{n}} \right)$$

從上式中，可知

（1）信賴程度 $(100 \times (1 - \alpha))\%$ 越小（即 α 愈大），$z_{1-\alpha/2}$ 越小，因此 CI 寬度越小。

（2）母體變異數（σ^2）越大，CI 寬度越大。

（3）樣本數（n）越大，CI 寬度越小。

（4）CI 寬度不受 $\bar{x}$ 的影響。

　　今設定信賴區間的允許寬度為 d，即

$$d = 2 \times \left(z_{1-\alpha/2} \times \frac{\sigma}{\sqrt{n}} \right)$$

經過轉換，可獲得

$$n = \left[\frac{2 \times z_{1-\alpha/2} \times \sigma}{d}\right]^2$$

因此，當設定了信賴區間的允許寬度，則可利用下列式子推估所需要的樣本數為：

$$n \geq \left[\frac{2 \times z_{1-\alpha/2} \times \sigma}{d}\right]^2$$

如果右邊的結果有小數點，則需要無條件進位。

範例五：研究者想要估計糖尿病患者的身體質量指數平均值，並希望以母體平均值信賴區間的寬度去推估所需要的研究樣本數，假設臺灣一般民眾身體質量指數的母體標準差 σ 為 3 kg/m²，研究者希望平均值的信賴區間的寬度能夠小於 0.6 kg/m²，亦即估計值與母體平均值的誤差有 95% 的機率能夠控制在 ±0.3 kg/m²之內，試求所需要的樣本數？

從問題中可以先列出 $\sigma=3$，$d=0.6$，$z_{1-0.025}=1.96$，將這些帶入公式可得 $[2 \times z_{1-\alpha/2} \times \sigma/d]^2 = [2 \times 1.96 \times 3/0.6]^2 = 384.16$，故需要 385 筆資料。

二、從型一錯誤及型二錯誤的允許範圍來推估樣本數

除了可從控制信賴區間的寬度來推估樣本數外，也可以從設定型一錯誤率及型二錯誤率的允許範圍來推估樣本數，因為型一錯誤率通常是一個預設值，其可調整的空間不大，而且型一錯誤率最常被設定為 0.05，因此第二種方法主要係從設定型二錯誤率的大小（亦即設定檢定力的大小）來推估所需樣本數。以下仍舉單一母體平均值的檢定為例，來介紹如何推估樣本數，為方便說明，以下利用單尾的右尾檢定 $H_0: \mu \leq \mu_0$、$H_1: \mu > \mu_0$ 來進行說明。

首先，需設定所允許的型一錯誤率 α 及型二錯誤機率 β，接著，因為所要探討的是單一母體平均值，除了虛無假說下已經設定的母體平均值的數值（以 μ_0 表示）外，在推估樣本數時，也需要另外假設在對立假說為真下之母體平均值的數值（以 μ_1 表示）；此外，對於母體變異數 σ^2 亦需設定，接著以圖 8.4 來說明公式的推導：

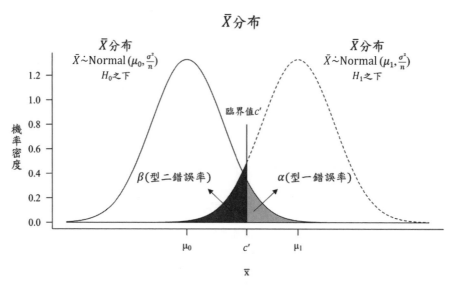

圖 8.4：從設定型一及型二錯誤率來推估樣本數

在圖 8.4 中，先分別根據在虛無假說 H_0 及對立假說 H_1 下，各自 $\bar{X}$ 的機率分布，來找出臨界值 c' 的位置：

（1）在 H_0 下，從 $\bar{X} \sim \text{Normal}\left(\mu_0, \frac{\sigma^2}{n}\right)$，可得 $c' = \mu_0 + z_{1-\alpha} \times \dfrac{\sigma}{\sqrt{n}}$，

（2）在 H_1 下，從 $\bar{X} \sim \text{Normal}\left(\mu_1, \frac{\sigma^2}{n}\right)$，可得 $c' = \mu_1 + z_\beta \times \dfrac{\sigma}{\sqrt{n}} = \mu_1 - z_{1-\beta} \times \dfrac{\sigma}{\sqrt{n}}$，

令上列兩式相等，可得

$$\mu_0 + z_{1-\alpha} \times \frac{\sigma}{\sqrt{n}} = \mu_1 - z_{1-\beta} \times \frac{\sigma}{\sqrt{n}} \, ,$$

經過計算，令 $d = |\mu_1 - \mu_0|$，可獲得 $n = \left[\left((z_{1-\alpha} + z_{1-\beta}) \times \sigma\right)/d\right]^2$。因此當研究者設定了型一錯誤率、型二錯誤率、母體變異數 σ^2，及對立假說為真下之母體平均值 μ_1，則可利用下列公式推估所需要的樣本數：

$$\text{若為單尾檢定，則 } n \geq \left[\frac{(z_{1-\alpha} + z_{1-\beta}) \times \sigma}{d}\right]^2$$

上述公式，雖然以單尾的右尾檢定推導獲得，同時亦適用於單尾的左尾檢定。

利用類似的推導，將單尾檢定改為雙尾檢定，可得：

$$\text{若為雙尾檢定，則 } n \geq \left[\frac{(z_{1-\alpha/2} + z_{1-\beta}) \times \sigma}{d}\right]^2$$

同樣，在推估樣本數時，若有小數點，則需要無條件進位。

　　此外，請讀者特別注意，在計算樣本數時，型一錯誤經常設定為 0.05，而型二錯誤通常建議要求檢定力要達到 0.75 或 0.8 以上。如果是**臨床試驗**（**clinical trial**）研究，則檢定力最好能訂在 0.9 以上，而一些**觀察性研究**（**observation study**），檢定力最好也能達到 0.7。

範例六：研究者想要檢定糖尿病患者的身體質量指數平均值是否高於臺灣一般民眾身體質量指數〔平均值＝24 kg/m²，設定假說為 $H_0：\mu \leq 24$、$H_1：\mu > 24$。

　　假設研究者所設定的條件如下：型一錯誤率 $\alpha = 0.05$、檢定力＝0.9、母體標準差 $\sigma = 3$ kg/m²，並假設若對立假設為真下母體平均值為 24.6 kg/m²（即虛無假設與對立假說之平均值差異達 0.6 kg/m²），試估計最少需要多少樣本數？

　　從問題中可知 $\alpha = 0.05$、$\beta = 1 - 0.9 = 0.1$、$\mu_0 = 24$、$\mu_1 = 24.6$、$\sigma = 3$、 $d = 0.6$，帶入公式 $n = \left[\left((z_{1-\alpha} + z_{1-\beta}) \times \sigma \right) / d \right]^2 = \left[((1.645 + 1.28) \times 3)/0.6 \right]^2 \approx 213.89$，故需 214 筆資料。

總　結

　　本章介紹了假說檢定推論可能會發生的錯誤，以及相關的專有名詞，包括型一錯誤、型二錯誤，及檢定力。接著介紹如何從信賴區間的允許寬度、及型一錯誤及型二錯誤的允許範圍來推估樣本數。

關鍵名詞

型一錯誤（type I error）
型二錯誤（type II error）
檢定力（power）
型一錯誤率（type I error rate）
型二錯誤率（type II error rate）
樣本數的推估（sample size estimation）

臨床試驗（clinical trial）

觀察性研究（observation study）

複習問題

1. 型一錯誤率的意義是什麼？

2. 一般會將型一錯誤率設定為多少？為什麼？

3. 型二錯誤率的意義是什麼？為何在應用時一般較難界定型二錯誤率？檢定力的意義是什麼？為什麼一般會在意假說檢定的檢定力？

4. 從信賴區間的寬度來估計所需樣本數的理由為何？為何從信賴區間的寬度設定，可以瞭解估計值與研究母體平均值的可能誤差大小？

5. 研究者想瞭解有喝牛奶習慣的幼稚園大班學童的身高平均值，假設已知母體標準差 $\sigma = 3$ 公分，研究者希望估計值與母體平均值的誤差有 95% 的機率能夠控制在 ±0.5 公分，試求所需要的樣本數？

6. 研究人員想調查某疾病病人族群的平均睡眠時間是否小於 8 小時（$H_0：\mu \geq 8$, $H_1：\mu < 8$），假設睡眠小時的分布為常態分布，且已知 $\sigma = 0.8$ 小時。令 $\alpha = 0.05$，若假設對立假說為真，並設定平均睡眠時間＝7.6 小時。試回答以下問題：

   (a) 何種檢定方法適當？

      (1) 雙尾檢定 (2) 單尾（左尾）檢定 (3) 單尾（右尾）檢定 (4) 以上皆非

   (b) 出現型一錯誤的機率？

      (1) 0.01 (2) 0.025 (3) 0.05 (4) 0.10

   (c) 從此母體中挑選 25 個樣本 (n＝25)，根據對立假說，型二錯誤率最接近？

      (1) 0.2843 (2) 0.2981 (3) 0.3015 (4) 0.2912 (5) 0.1963

   (d) 承上題，檢定力最接近？

      (1) 0.6985 (2) 0.7019 (3) 0.8037 (4) 0.7088 (5) 0.7157

   (e) 承上題，針對對立假說為真時，檢定結果為沒有拒絕掉虛無假說的誤判情形，研究者只願意冒 10% 的風險。試利用設定型一錯誤率及型二錯誤率的

允許範圍來估計所需最小樣本數？

(1) 29　(2) 31　(3) 33　(4) 35　(5) 37

(f) 若研究者想要改採雙尾檢定：$H_0：\mu=8$；$H_1：\mu\neq8$ 設定 $\alpha=0.05$，型二錯誤率設為 0.1，試估計所需最小樣本數？

(1) 43　(2) 45　(3) 48　(4) 53　(5) 58

7. 研究者想要檢定臺灣糖尿病患者的身體質量指數平均值是否與臺灣一般民眾身體質量指數不同，建立假說如下：$H_0：\mu=24$ kg/m²、$H_1：\mu\neq24$ kg/m²。假設臺灣糖尿病患者的身體質量指數為常態分布，且已知標準差 σ 為 3 kg/m²。令 $\alpha=0.05$，研究者想瞭解在 H_1 為真時不同的設定值（H_0 的平均值 μ_0 與 H_1 的平均值 μ_1 之差距 $d=0.5$、1、1.5 或 σ），及不同的檢定力（power=0.7、0.8 或 0.9）下，所需要的最小樣本數，試填滿下列空格：

	檢定力 (power)		
	0.7	0.8	0.9
$d=0.5$	____	____	____
$d=1$	____	____	____
$d=1.5$	____	____	____
$d=\sigma=3$	____	____	____

$z_{1-\alpha/2}=z_{1-0.05/2}=1.96, z_{1-0.3}=0.5244, z_{1-0.2}=0.8416, z_{1-0.1}=1.2816$

8. 在估計所需樣本數時，假設其他條件相同，請問雙尾檢定及單尾檢定何者需要較多的樣本數？為什麼？

第三篇

常用的統計檢定方法之原理、假設、使用時機、計算及應用

第 9 章
單一樣本的統計檢定

陳錦華 撰

學習目標

一、延續前面章節對統計檢定的介紹，以實例說明單一樣本的統計檢定使用時機，從例子中瞭解使用單一樣本平均數、比例檢定之選擇機制，也包含雙尾及單尾檢定的例子說明

二、瞭解單一樣本統計檢定的背後原理如何應用到實例當中，以及在實例中檢定統計量之抽樣分布為何，包含平均數檢定及比例檢定

三、學習面對實際問題時，如何進行建立統計假說，利用臨界值、P值及信賴區間進行檢定，並有決策能力

四、能應用單一樣本的統計檢定進行資料分析，並解讀結果，進行最佳的決策

五、瞭解 P 值的使用，以及需注意之事項及其優缺點

前　言

在之前的章節中，已經瞭解抽樣分布、信賴區間估計、檢定流程及檢定可能犯的兩種錯誤，接下來在這一章中，將準備進行實際問題的假說檢定實作，從單一樣本的檢定開始。如果針對單一母體的參數有興趣時，例如：臺灣瘦肉精添加是否符合美國標準規範所要求的 50 ppb（微克／公斤，或十億分之一濃度）以下、臺灣男性的比例是否和過去的比例相同，這些都是針對單一母體參數之推論，在抽樣時皆從母體抽出樣本，再進行參數之估計及檢定，利用此訊息進行參數之統計推論，這裡的參數可能是平均數、中位數、比例等。本章節介紹單一樣本的平均數檢定、單一樣本的比例檢定，在過程中，可以利用臨界值、P 值及信賴區間進行推論，檢定的型態可能是雙尾或單尾的型式。若能熟悉這些推論的技巧，在對後續章節的學習會更容易上手。

第一節　簡介單一樣本的假說檢定

在介紹檢定方法時，常引用下面的例子，來瞭解檢定概念：在法庭上，被告有兩種可能情事：有犯罪或沒犯罪，當法官要裁定被告有罪時，需要找到「明確證明此人犯罪的證據」時，才能作出宣判，判決此人有罪。此決定可能會有錯誤的判斷發生，因此「明確的證據」很重要，當無法找到明確證據時，法官只能宣判無罪，但背後的意義是：「因無法找到被告有罪的證據」，表示無法有證據證明此人有罪。在進行檢定流程和此例子相似，我們需找出證據，以進行檢定的決策。在本章節主要的重點是，介紹單一樣本的統計檢定方法，通常當我們對單一母體平均數（μ）、單一母體比例（p）有興趣時，會使用到此方法，在此要強調的是「有興趣的參數是：單一母體參數」。

一、以例子說明單一樣本檢定之使用時機

以推論單一母體平均數為例，假若我們想瞭解臺灣人群中，60 歲以上有心血管疾病者之收縮壓平均數是否大於 120 mmHg，此問題中的母體為「在臺灣人群中 60 歲以上有心血管疾病者」，有興趣的問題是：母體收縮壓平均數是否大於

120 mmHg，此為**單一樣本的平均數檢定**應用。首先會進行樣本資料的收集，經適當的樣本數（n）計算，瞭解樣本資料中收縮壓之平均數（$\bar{X}$）、樣本之標準差（S），建立虛無假說、對立假說（詳細檢定流程可見前面章節）：

$$\begin{cases} H_0 : \mu \leq 120 \\ H_1 : \mu > 120 \end{cases}$$

此為右尾檢定。

　　另一個關於單一比例檢定的例子，在丟銅板時，會以公正的銅板進行試驗，想知道此銅板是否為公正的銅板（$p = 0.5$）？可利用檢定方法，除了需要進行丟擲銅板時正面發生次數的資料收集，得知樣本資料中發生正面的比例，也需進行假說檢定流程，其虛無假說、對立假說為，

$$\begin{cases} H_0 : p = 0.5 \\ H_1 : p \neq 0.5 \end{cases}$$

此為雙尾檢定。$\hat{p}$ 為樣本資料發生正面的比例，我們不會以此比例是否為 0.5 來判斷是否為公正的銅板，在檢定過程中，會考慮 $\hat{p}$ 的抽樣誤差以做適當的決策。

　　另一個針對推論單一母體比例的例子為，從 2021 年 5 月臺灣 Coronavirus disease 2019（Covid-19）疫情開始，致死率是否偏高一直被熱烈討論，確診個案主致死的計算如下：

$$致死率 = \frac{個案死亡數}{總個案數}$$

臺灣 Covid-19 致死比為 4.2%，和其他先進國家相比，臺灣的醫療品質優良，致死率卻高於美國及歐洲國家，美國的致死率為 1.8%、英國 2.7%，讓很多學者急著想找出原因（此數值參考 2021/6/25 中央疫情中心所發布）。若想知道臺灣的 Covid-19 致死率是否高於美國？要記得，絕對不是將兩個數值相比就可以知道答案。在前面介紹點估計時，說過估計一定有誤差（稱為標準誤），要回答時此問題時，需把抽樣誤差考慮進去；**所以直接將 4.2% vs 1.8% 兩數值相比，表示不相等，這樣就大錯特錯**了。這裡先利用前面章節的方法來設定統計假說：

（I）問題：**想知道臺灣的 Covid-19 致死是否高於美國？**

$$\begin{cases} H_0 : 臺灣 \text{ Covid-19 } 致死率 \leq 1.8\% \\ H_1 : 臺灣 \text{ Covid-19 } 致死率 > 1.8\% \end{cases}$$

可將虛無假說及對立假說寫成互為補集合，或寫成

$$\begin{cases} H_0：臺灣 \text{ Covid-19 } 致死率 = 1.8\% \\ H_1：臺灣 \text{ Covid-19 } 致死率 > 1.8\% \end{cases}$$

無論哪種寫法，皆爲單尾的假說檢定，此**單尾檢定（one-tailed test）**稱爲右尾檢定。

（II）問題：**想知道臺灣的 Covid-19 致死率是否等於美國？**

$$\begin{cases} H_0：臺灣 \text{ Covid-19 } 致死率 = 1.8\% \\ H_1：臺灣 \text{ Covid-19 } 致死率 \neq 1.8\% \end{cases}$$

這樣的寫法爲雙尾的假說檢定，稱爲**雙尾檢定（two-tailed tests）**。

從例子中可以知道，假說檢定有雙尾檢定及單尾檢定，依賴想解決的問題是什麼，以決定假說檢定應爲雙尾檢定或單尾檢定；但在研究時，以嚴謹的結果考量，會以雙尾檢定爲優先選擇，在此本章第二節會說明此觀念。

二、本章節之範例資料說明

衛福部國健署在 106 年進行國民健康訪問調查 [2]，每四年調查一次，主要在監測國民健康現況及長期變化，主要調查內容包含個人基本資料、個人健康狀態、疾病預防知識、醫療服務利用情形等，由於老年化社會爲臺灣未來導向，爲因應未來長照政策制定，以納入疾病預防或協助之計畫推動，需要對年長者之健康狀況有基本之認識，特別是認知功能相關之數據；針對 65 歲以上國人認知功能狀況調查，可以利用簡短智能量表（Mini-Mental State Examination, MMSE [3]）予以評分，是初步認知功能檢測工具之一，也是阿茲海默氏失智症的診斷工具之一，此MMSE 問卷滿分爲 30 分，未達 25 分者認定爲具嚴重（≤9 分）、中度（10-20）、輕微（21-24）之認知功能障礙，原始分數有必要時需針對年齡及教育程度調整。

此調查中，65 歲以上國人之樣本數爲 2,888 人，平均年齡爲 73.6 歲（標準差爲 6.38，中位數爲 72.3 歲）；男性占 47.3%，女性占 52.7%。下表爲此次調查之結果：

表 9.1：調查中 65 歲以上國人，MMSE 分數之分布概況

未加權樣本數	MMSE 分數 平均數標準差	中位數	比例
全樣本（2,888 人）	25.5±4.45	27	100%
性別			
男性（1,366 人）	26.5±3.87	28	47.3%
女性（1,522 人）	24.6±4.77	26	52.7%
年齡			
65-69 歲（1,110 人）	27.3±3.28	29	38.4%
70-74 歲（648 人）	26.0±3.77	28	22.4%
75-79 歲（567 人）	24.3±4.60	26	19.6%
80-84 歲（330 人）	22.3±5.08	22	11.4%
85-89 歲（183 人）	21.9±5.61	24	6.3%
90 歲以上（50 人）	22.9±4.37	24	1.7%

本章節將以此例子作為檢定內容之說明。

第二節　單一樣本的平均數檢定

一、當母體標準差（σ）已知——基本理論架構

　　在假說驅動的研究中，需要利用假說檢定的結果推論至母體，也是推論性統計重要的一環，在第 6 章中已學過了信賴區間的估計，應用中央極限定理中之樣本平均數的抽樣分布，來推估母體平均數 95% 信賴區間，此區間也能進行檢定，此單元中，將利用假說檢定的程序，進行推論母體訊息為目的。

　　先從單一母體平均數（μ）的推論開始，需應用中央極限定理，母體標準差 σ 已知，當樣本數夠大時，樣本平均數的抽樣分布會趨近於常態分布；樣本平均數為隨機變數，以 $\bar{X}$ 表示，

$$\bar{X} \sim \text{Normal}\left(\mu, \frac{\sigma^2}{n}\right)$$

將 $\bar{X}$ 標準化後為

$$Z = \frac{\bar{X} - \mu}{\sqrt{\sigma^2/n}} \sim \text{Normal}(0, 1)$$

無論隨機變數 $\bar{X}$ 或 Z，皆是進行檢定的統計量。根據不同的檢定目的，會利用不同統計量的抽樣分布（上述統計量是 $\bar{X}$，因為檢定的目標參數是單一母體平均數 μ），不是所有統計量的抽樣分布皆為常態分布，有的可能是 t 分布、卡方分布或 F 分布，若不知其抽樣分布的樣貌為何時，甚至需要進行模擬的方式才能得到統計量的抽樣分布。這些抽樣分布皆是進行統計估計及假說檢定重要的基礎。

以本章節的例子可知，我國 65 歲以上調查的之 MMSE 整體平均分數為 25.5 分，標準差為 4.45 分，從此平均分數來看，是高於 25 分，但實際上是否如此，需要透過假說檢定的方法來回答。首先，需訂定虛無假說及對立假說：

$$\begin{cases} H_0：65 \text{ 歲以上之 MMSE 平均分數為 25 分} \\ H_1：65 \text{ 歲以上之 MMSE 平均分數不為 25 分} \end{cases}$$

或是設 μ 為 65 歲以上國人的 MMSE 平均分數

$$\begin{cases} H_0：\mu = 25 \\ H_1：\mu \neq 25 \end{cases}$$

以下小節將介紹如何應用中央極限定理，以臨界值法、P 值法及信賴區間法進行檢定。

（一）雙尾檢定──臨界值法、P 值法及信賴區間法

從第 5 章的中央極限定理中，得知當母體標準差已知，可知樣本平均數抽樣分布漸近常態分布，

$$\bar{X} \sim \text{Normal}\left(\mu, \frac{\sigma^2}{n}\right) \quad \text{或} \quad Z = \frac{\bar{X} - \mu}{\sqrt{\sigma^2/n}} \sim \text{Normal}(0, 1)$$

在假說檢定時，需在虛無假說的條件下進行討論，以此例之 MMSE 平均分數之討論，假設母體標準差為 7，在虛無假說下時，

$$\bar{X} \sim \text{Normal}\left(25, \frac{\sigma^2}{n}\right) \quad \text{或} \quad Z = \frac{\bar{X} - 25}{\sqrt{\sigma^2/n}} \sim \text{Normal}(0, 1)$$

這是在虛無假說成立下平均數 $\bar{X}$ 的抽樣分布、$\bar{X}$ 標準化後的抽樣分布。此時將收集到樣本資料（也就是證據）的樣本平均數 $\bar{X} = 25.5$，比較座落於虛無假說下 $\bar{X}$ 抽樣分布的相對位置，若 $\bar{X}$ 位在此分布很極端的位置，表示此樣本平均數 $\bar{X}$ 離虛無假說下的母體平均數 $\mu = 25$ 很遠，則其極端面積值會很小，表示**此樣本資料不是來自此母體分布、或是來自此分布但為極端值**；因為平均數 $\bar{X}$ 的抽樣分布的分散程度會隨標準誤而改變，而標準誤中，母體標準差是固定的，因此影響標準誤

大小是由樣本數決定，若樣本平均數 $\bar{X}$ 座落於此分布接近 $\mu=25$ 的位置，則極端面積值會很大（如圖 9.1，虛無假說下的抽樣分布為常態分布，平均數 25，標準誤為 $\sqrt{49/2888}=\sqrt{0.017}$ 時，而樣本平均數 $\bar{X}=25.5$，大於此值的面積機率值很小，此機率則為上述的極端面積值，此機率大小可以衡量樣本平均數和虛無假說平均數之距離），可看出樣本平均數與虛無假說下的母體平均數 $\mu=25$ 很遠，此機率可用來作為決策的依據。

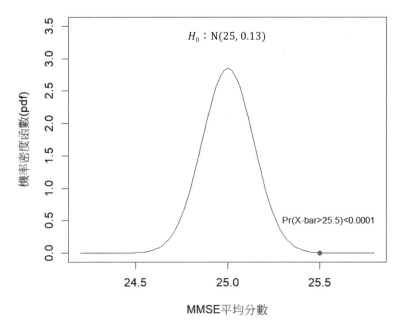

圖 9.1：抽樣分布為 $N\,(25, 0.017)$ 下，大於樣本平均數為 **25.5** 之機率值接近 **0**

　　因此假說檢定是在找拒絕虛無假說的證據，即當大於 25.5 之面積很小時，代表兩種情形，第 1 種情形是資料不是來自此母體，若拒絕虛無假說，則表示決策正確，而第 2 種情形則是資料來自此母體但為極端值時，若拒絕虛無假說，則表示決策錯誤，這種錯誤稱之為型一錯誤。因此要給定犯型一錯誤的界限，這界限為顯著水準（α），通常設定為 0.05。上述大於 25.5 之區域面積，稱為極端機率值，是計算比**檢定統計量**（**此例為 $\bar{x}$ 或 $z=(\bar{x}-25)/\sqrt{\sigma^2/n}$**）更極端的面積值。茲介紹三種檢定方法如下，以前述之例子資料予以計算：

1. 雙尾檢定：臨界值法
臨界值法是依據顯著水準（significant level）先找出切割的臨界值

（critical values），在雙尾檢定時，會有兩個臨界值，此例之檢定統計量為，
$z = (\bar{x} - 25)/\sqrt{\sigma^2/n} = (25.5 - 25)/\sqrt{49/2888} \approx 3.84$，當檢定統計值大於、或小於
臨界值時，則稱拒絕虛無假說，或稱達到統計顯著。

當顯著水準 $\alpha = 0.05$ 時，因抽樣分配標準化為標準常態分配，可得到標準常態
分布所對應的 $100 \times (1 - \alpha/2)$ 百分位數（可參考圖 9.2），也就是 $Z_{0.975} = 1.96$ 及
$Z_{0.025} = -1.96$，稱為**臨界值**（**critical values**），此處 $Z < -1.96$ 及 $Z > 1.96$ 兩個極端
部位稱為**拒絕域**（**rejection region**），此例中 3.84 落在拒絕域，或說 3.84 比 1.96
大，所以達到統計顯著。在標準常態分布中，對應到左尾機率 0.025 的數值是
-1.96，這可以利用 R 指令「qnorm(0.025, mean=0, sd=1)」而得到，這個函數的
第一個值 0.025 代表累積機率，對應到右尾機率 0.025 的數值是 1.96，可利用
「qnorm(0.975, mean=0, sd=1)」而得到。

```
> qnorm(0.025, mean = 0, sd = 1)
[1] -1.959964
> qnorm(0.975, mean = 0, sd = 1)
[1] 1.959964
```

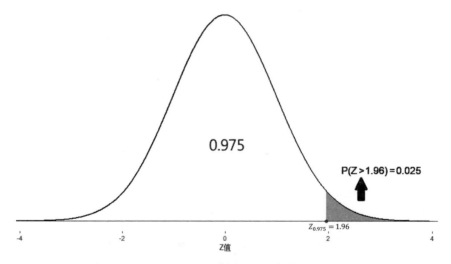

圖 9.2：Z 值和 $\alpha/2$ 之對應關係，此圖 $\alpha/2 = 0.025$

2. 雙尾檢定：P 值法

P 值法的原理與臨界值法相同，只是由計算檢定統計量在分布中出現的極端
機率來與顯著水準相比，做出決策判斷。在雙尾檢定時，$\bar{x}$ 可能會落在 $\mu = 25$

的左邊或右邊，故拒絕域會出現在分布的兩端，為了與顯著水準（α）可直接做比較，**P 值**（**P-Value**）為比**檢定統計量**（**此例的檢定統計量為 $\bar{x} = 25.5$ 或 $z = (\bar{x} - 25)/\sqrt{\sigma^2/n}$**）更極端的面積值乘上 2 倍，計算如下：

$$\text{P 值} = 2 \times \text{P}(\bar{X} > 25.5 | H_0：\mu = 25)$$

或

$$\text{P 值} = 2 \times \text{P}\left(Z > \frac{\bar{X} - 25}{\sqrt{\sigma^2/n}}\right) = 2 \times \text{P}\left(Z > \frac{25.5 - 25}{\sqrt{49/2888}}\right) = 2 \times \text{P}(Z > 3.84)$$

無論是利用 $\bar{X}$ **或標準化後的 Z**，其 P 值 < 0.0001，此值的計算可以利用統計軟體 R 將 P 值算出，在標準常態分布中，檢定統計量 > 3.84 的極端機率值，可利用 R 指令「1-pnorm(3.84, mean=0, sd=1)」而得到，因為雙尾檢定，故 P 值為「2*(1-pnorm(3.84, mean=0, sd=1))」，所得結果 P 值 $= 0.000123$，因 P 值小於顯著水準 0.05，故拒絕虛無假說，顯示有充分證據拒絕虛無假說，證實國民 65 歲以上國人之 MMSE 平均分數不為 25 分，具有統計上顯著之差異。這樣的檢定方法，稱為 P 值法（圖 9.3）。

```
> 2 * (1-qnorm(3.84, mean = 0, sd = 1))
[1] 0.0001230343
```

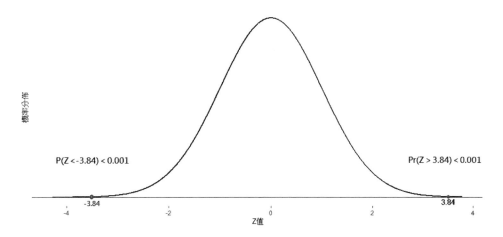

圖 9.3：機率值 P($Z > 3.84$) 之示意圖

3. 雙尾檢定：μ 的 $100 \times (1 - \alpha)\%$ 信賴區間檢定法

在前面利用 P 值法進行假說檢定，於第 6 章中已學過了信賴區間估計，當顯

著水準爲 0.05，μ 的 **95% 信賴區間**（**95% confidence interval 或 95% CI**）爲：

$$\left(\bar{X} - Z_{1-\alpha/2} \times \sqrt{\sigma^2/n}, \bar{X} + Z_{1-\alpha/2} \times \sqrt{\sigma^2/n}\right)$$
$$= \left(25.5 - 1.96 \times \sqrt{49/2888}, 25.5 + 1.96 \times \sqrt{49/2888}\right)$$
$$\approx (25.2447, 25.7553)$$

此 95% 信賴區間不包含虛無假說下的母體平均數（$H_0 : \mu = 25$），故拒絕虛無假說。說明：Z 值和 $\alpha/2$ 之對應關係（如圖 9.2 所示），$Z_{1-\alpha/2}$ 也可稱爲 $100 \times (1 - \alpha/2)$ 百分位數（percentile），$Z_{1-\alpha/2}$ 表示累積機率爲 $1 - \alpha/2$ 時的切點。

$$P\left(Z > Z_{1-\alpha/2}\right) = \alpha/2$$

當 $\alpha = 0.05$，雙尾檢定之切點可由 $P(Z > Z_{0.975}) = 0.025$ 獲得，在標準常態分布中，對應到右尾機率 0.025 的數值爲 1.96，即 $Z_{0.975} = 1.96$；當 $\alpha = 0.1$，可得 $P(Z > Z_{0.95}) = 0.05$，$Z_{0.95} = 1.645$。

統計上的顯著和臨床上的顯著

有人也許對這樣的結果充滿疑問，因爲點估計的平均數 $\bar{X}$ 爲 25.5，比較對象是 25（MMSE 的切點），差異只有 0.5，檢定結果是拒絕虛無假設，由於在檢定時除了考慮兩數之絕對差值外，也會考慮抽樣分布的分散程度，也就是標準誤（SE），若是標準誤很小，此抽樣分布就很集中，即使差值很小，也會有顯著差異；若抽樣分布很分散，那差值就要差多點，才可能會有顯著差異。這個例子也說明**統計上之顯著差異及臨床上之顯著差異**是不太一樣的，統計上具有差異性，在臨床上可能不構成差異，像這例子，雖然只差 0.5，在實際運用時，這個分數差異很難決定是否爲構成臨床上的差異，通常臨床上會有專業上之共識，設定至少要差幾分以上才達到臨床差異。

（二）單尾檢定──臨界值法、P 值法及信賴區間法

在本節之（一）中，討論雙尾檢定，此小節將以單尾檢定爲例，介紹假說檢定之程序，和雙尾檢定一樣，大致整理如下：（假說顯著水準爲 0.05）

（1）設定虛無假說及對立假說。

（2）樣本平均數的抽樣分布爲何？

（3）檢定統計量是什麼？

（4）利用（2）及（3）的結果找出臨界值、計算 P 值，或 95% 信賴區間。

（5）進行決策，並做出檢定結論。

仍以上述為例，若想瞭解**臺灣 65 歲以上國民之 MMSE 平均數是否大於 25**，程序

（1）設定虛無假說及對立假說如下：

$$\begin{cases} H_0 : \mu \le 25 \\ H_1 : \mu > 25 \end{cases}$$

在程序（2）及（3）的內容和雙尾檢定是相同的，樣本平均數的抽樣分布為

$$\bar{X} \sim \text{Normal}\left(\mu, \frac{\sigma^2}{n}\right) \quad \text{或} \quad Z = \frac{\bar{X} - \mu}{\sqrt{\sigma^2/n}} \sim \text{Normal}(0, 1)$$

檢定統計量為 $\bar{x} = 25.5$ 或 $z = (25.5 - 25)/\sqrt{49/2888} \approx 3.84$。

1. 右尾檢定：臨界值法

在右尾檢定時，只考慮出現在右尾的拒絕域，根據顯著水準（$\alpha = 0.05$），對應到右尾機率 0.05 的數值是 1.645，即 $Z_{0.95} = 1.645$，這可以利用 R 指令「qnorm(0.95, mean=0, sd=1)」而得到，故比 1.645 大的是拒絕域，此例中檢定統計量 3.84 比 1.645 大，所以達到統計顯著。

```
> qnorm(0.95, mean = 0, sd = 1)
[1] 1.644854
```

2. 右尾檢定：P 值法

右尾檢定不需把顯著水準分在兩尾端，因此計算 P 值時，只需計算單邊之面積值。

$$\text{P 值} = P(\bar{X} > 25.5 \mid H_0 : \mu = 25) = 0.00006$$

或

$$\text{P 值} = P\left(Z > \frac{\bar{X} - 25}{\sqrt{\sigma^2/n}}\right) = P\left(Z > \frac{25.5 - 25}{\sqrt{49/2888}}\right) = P(Z > 3.84) = 0.00006$$

此例中 P 值 0.0006 小於顯著水準 0.05，所以達到統計顯著。這 P 值也是雙尾檢定 P 值的一半。**在醫學研究上通常會使用雙尾檢定，因為雙尾檢定結果是比較嚴謹**，若雙尾檢定結果是拒絕無虛假說，單尾檢定也必定會拒絕虛無假說，但反之未必。

3. 右尾檢定：μ 的 $100 \times (1-\alpha)\%$ 信賴區間檢定法

在右尾檢定，根據對立假說可建構單邊 μ 的 95% 信賴區間為：

$$\left(\bar{X} - Z_{0.95} \times \sqrt{\sigma^2/n}, \infty\right) = \left(25.5 - 1.645 \times \sqrt{49/2888}, \infty\right) \approx (25.2857, \infty)$$

此信賴區間不包含「$H_0 : \mu \leq 25$」之等號值，亦即不包含 25，故拒絕虛無假說，有充分證據證明臺灣 65 歲以上國民之 MMSE 平均數是大於 25 分；此結果和 P 值法所得到結論相同。

二、當母體標準差（σ）未知──基本理論架構

在前面章節，已利用第 5 章中央極限定理的結果，進行單樣本母體平均數之檢定，其母體標準差是已知，不過很多時機母體標準差是未知的，於第 5 章也有提過，可以利用樣本標準差（s）來估計母體標準差（σ），此時標準化後之檢定統計量的抽樣分布為是 **t 分布**（**t discription**），自由度為 $n-1$，利用此架構進行單樣本的平均數檢定。（t 分布之介紹，請見本章附錄（一））

（一）雙尾檢定──臨界值法、P 值法及信賴區間法

在本章第二節中，假說母體 MMSE 分數之分散程度，以標準差為 $\sigma = 7$ 進行假說檢定的介紹，若此標準差是未知，在此抽樣資料下，可得此樣本之標準差為 4.45（表 9.1），其檢定流程及概念皆和本章第二節相同，在計算時，在 σ 以 s 估計之，抽樣分配原本是 Z 分布的以 t 分布取代，但此時母體分布需假設為常態分布。延續本章第二節的內容，想瞭解 65 歲以上國人之 MMSE 平均分數是否為 25 分？

$$\begin{cases} H_0 : 65 \text{ 歲以上之 MMSE 平均分數為 } 25 \text{ 分} \\ H_1 : 65 \text{ 歲以上之 MMSE 平均分數不為 } 25 \text{ 分} \end{cases}$$

或

$$\begin{cases} H_0 : \mu = 25 \\ H_1 : \mu \neq 25 \end{cases}$$

1. 雙尾檢定：臨界值法

樣本平均數為 25.5 分，樣本標準差為 4.45 分，檢定統計量為

$$t = \frac{\bar{x} - 25}{\sqrt{s^2/n}} = \frac{25.5 - 25}{\sqrt{4.45 \times 4.45/2888}} \approx 6.04$$

　　再根據顯著水準（$\alpha = 0.05$），可得到自由度為 2887 的 t 分布所對應的分位數，也就是 -1.9608 及 1.9608，這兩數值以外為拒絕區，可利用 R 指令「qt(0.025, df = 2887)」及「qt(0.975, df = 2887)」而得到，此 t 分布，自由度為 2887($df = n-1$)，當自由度很大時，其 t 分布會趨近於標準常態分布（Z 分布）Z，若將此例中的 t_{n-1} 改為 Z，則答案也不會有改變，而檢定統計量為 6.04 比 1.9608 大，所以達到統計顯著，有充分證據證實 65 歲以上國人之 MMSE 平均分數不為 25 分。

```
> qt(0.025, df = 2887)
[1] -1.960786
> qt(0.975, df = 2887)
[1] 1.960786
```

2. 雙尾檢定：P 值法

樣本平均數為 25.5 分，樣本標準差為 4.45 分，其 P 值的計算如下，

$$\text{P 值} = 2 \times \text{P}\left(\frac{\bar{X}-\mu}{s/\sqrt{n}} > \frac{25.5-\mu}{s/\sqrt{n}}\right) = 2 \times \text{P}\left(t_{n-1} > \frac{25.5-25}{4.45/\sqrt{2888}}\right)$$

$$= 2 \times \text{P}(t_{2888-1} > 6.04) \approx 0$$

此值可利用 R 指令「2*(1-pt(6.04, $df = 2887$))」而得到，所得結果 P 值 ≈ 0，因 P 值小於顯著水準 0.05，故拒絕虛無假說，有充分證據證實 65 歲以上國人之 MMSE 平均分數不為 25 分。

3. 雙尾檢定：μ 的 $100 \times (1-\alpha)\%$ 信賴區間檢定

根據第 6 章信賴區間建立，在母體標準差未知時，當顯著水準為 0.05，μ 的 95% 信賴區間為：

$$\left(\bar{X} - t_{1-\alpha/2,df} \times \sqrt{s^2/n}, \bar{X} + t_{1-\alpha/2,df} \times \sqrt{s^2/n}\right)$$

$$= \left(25.5 - t_{0.975,df=2887} \times \sqrt{4.45^2/2888}, 25.5 + t_{0.975,df=2887} \times \sqrt{4.45^2/2888}\right)$$

$$= \left(25.5 - 1.9608 \times \sqrt{4.45^2/2888}, 25.5 + 1.9608 \times \sqrt{4.45^2/2888}\right)$$

$$\approx (25.338, 25.662)$$

母體平均數的 95% 信賴區間不包含 25，且區間兩個值皆大於 25，故拒絕虛無假說，有充分證據證實 65 歲以上國人之 MMSE 平均分數不為 25 分，且平均數為

25 分以上，顯示 65 歲以上國人，整體上平均而言並無認知障礙，但這結論需進一步探究原因。

依年齡分層計算，若在不同年齡層時，其 MMSE 之樣本平均數皆差不多爲 25 分左右，上述的結論還算是正確及完滿，這個例子就結束了。但事實上，並非如此，從表 9.1 中，可看出在不同年齡層時，MMSE 之樣本平均分數並非皆在 25 分以上，其中，大於 75 歲以上年齡層，其 MMSE 之平均分數皆落於 25 分以下，這和上述的結論至少在大於或小於 25 分之方向上是有所差別的；因此 65 歲以上之平均分數無法正確代表其他年齡層的認知狀況，若單單以 65 歲以上 MMSE 之平均數來討論，將有失偏頗，這也是爲什麼在表格中會再以年齡分層的表格呈現資料。除了瞭解 65 歲以上整體平均數外，也能瞭解其他年齡層的分布狀況，這是資料分析及呈現時，需要注意的細節。

（二）單尾檢定——P 值法及 $100 \times (1-\alpha)\%$ 信賴區間法

單尾檢定中包含右尾檢定及左尾檢定，其概念相似於本章第二節之單尾檢定內容，當母體標準差未知時，差別於抽樣分布爲 t 分布，以表格整理方式呈現。

表 9.2：統整單一樣本平均數檢定之右尾檢定及左尾檢定流程

顯著水準爲 α	右尾檢定	左尾檢定
虛無假說及對立假說	$\begin{cases} H_0 : \mu \leq \mu_0 \\ H_1 : \mu > \mu_0 \end{cases}$	$\begin{cases} H_0 : \mu \geq \mu_0 \\ H_1 : \mu < \mu_0 \end{cases}$
檢定統計量	$\dfrac{\bar{x} - \mu_0}{s/\sqrt{n}}$	
計算 P 值	$\text{P 值} = P\left(\dfrac{\bar{X} - \mu_0}{s/\sqrt{n}} > \left\| \dfrac{\bar{x} - \mu_0}{s/\sqrt{n}} \right\| \right) = P\left(t_{n-1} > \left\| \dfrac{\bar{x} - \mu_0}{s/\sqrt{n}} \right\| \right)$	
95% 信賴區間	$\left(\bar{X} - t_{0.95, df} \times \sqrt{s^2/n}, \infty \right)$	$\left(-\infty, \bar{X} + t_{0.95, df} \times \sqrt{s^2/n} \right)$
決策	拒絕虛無假說：P 值 $< \alpha$ 或信賴區間不包含 μ_0	
結論	根據決策的結果，針對您想瞭解的問題下結論	

第三節　單一樣本的比例檢定

一、單一樣本的比例檢定──基本理論架構

　　在第二節中，著重於單一平均數 μ 的檢定介紹，在此節中，將介紹母體比例的推論，和母體平均數檢定的概念及流程皆相仿，惟在檢定的對象改變爲母體比例。此類資料變數爲二元變項（binary variable），通常被紀錄爲 0 或 1，例如：在 50 人的班級中，男生標記爲 1、女生標記爲 0，將此數值相加總後爲班中男生的人數，再除以 50，則爲班上男生的比例。在第一節中，有提及感染 Covid-19 致死比例也是類以的計算方式，感染者死亡者標記爲 1、存活者標記爲 0，則可計算出感染 Covid-19 致死比例的估計，在第一節中，要檢定感染 Covid-19 致死比例是否爲 1.8%，此爲**單一樣本的比例檢定**。

　　在二項式分布的應用中（第 4 章提及），若班上共有 n 個人，男生的機率爲 p，女生的機率爲 $1-p$，假說此班級男生個數爲隨機變數 X，$X = 0, 1, 2, 3, ..., n$，可得知隨機變數 X 的平均數爲 $n \times p$，變異數爲 $n \times p \times (1-p)$，而 $\hat{p} = \dfrac{X}{n}$ 爲樣本比例，亦爲一隨機變數（也是平均數的概念），在樣本數夠大下（指 $n \times p > 5$ 且 $n \times p \times (1-p) > 5$），利用中央極限定理，樣本數夠大時，可以得 $\hat{p}$ 之抽樣分布：

$$\hat{p} \sim \text{Normal}\left(p, \frac{p \times (1-p)}{n}\right)$$

經標準化後，Z 之抽樣分布，在樣本數夠大時，漸近於常態分布，

$$Z = \frac{\hat{p} - p}{\sqrt{\dfrac{p \times (1-p)}{n}}} \sim \text{Normal}(0, 1)$$

由此可知，進行單一樣本的比例檢定時，也像單一樣本的平均數檢定一樣，有相同的近似分布，惟在統計量的計算上是有些許差異，但標準化的精神是不變的。以下以雙尾檢定爲例來做說明，單尾檢定可依前面所介紹概念延伸。雙尾檢定時，其虛無假說及對立假說分別爲，

$$\begin{cases} H_0 : p = p_0 \\ H_1 : p \neq p_0 \end{cases}$$

（一）臨界值法

在單一樣本的比例檢定中，和單一樣本的平均數檢定相同，需先計算檢定統計量（在虛無假說下計算 Z 值），$z = \dfrac{\hat{p}^* - p_0}{\sqrt{\dfrac{p_0 \times (1-p_0)}{n}}}$，其中 $\hat{p}^*$ 爲觀察到的樣本比例。

在雙尾檢定時，$\hat{p}^*$ 可能會落在 p_0 的左邊或右邊，故拒絕域會出現在分布的兩端，臨界值法是依據顯著水準（significant level）先找出切割拒絕域的臨界值，再依據我們得到的檢定統計量 z，來做決策判斷。此時的臨界值爲 $Z_{\alpha/2}$ 及 $Z_{1-\alpha/2}$，若 z 介於 $Z_{\alpha/2}$ 及 $Z_{1-\alpha/2}$ 間，則不拒絕虛無假設。

（二）P 值法

和單一樣本的平均數檢定相同，在雙尾檢定時，爲**檢定統計量（此例爲 $\hat{p}^*$ 或** $z = \dfrac{\hat{p}^* - p_0}{\sqrt{\dfrac{p_0 \times (1-p_0)}{n}}}$）更極端的面積值乘上 2 倍，計算如下（其中下式之 p 以虛無假說的等號值代入，即以 p_0 代入）：

$$P値 = 2 \times P\left(Z > \left| \frac{\hat{p}^* - p}{\sqrt{\dfrac{p \times (1-p)}{n}}} \right| \middle| H_0 : p = p_0 \right)$$

$$= 2 \times P\left(Z > \left| \frac{\hat{p}^* - p_0}{\sqrt{\dfrac{p_0 \times (1-p_0)}{n}}} \right| \right)$$

（三）信賴區間法

和單一樣本的平均數檢定相同，在雙尾檢定時，可以信賴區間來做檢定。當顯著水準爲 0.05，爲比例 p 的 $100 \times (1-\alpha)\%$ 信賴區間爲：

$$\left(\hat{p}^* - Z_{1-\alpha/2} \times \sqrt{\frac{p_0 \times (1-p_0)}{n}}, \hat{p}^* + Z_{1-\alpha/2} \times \sqrt{\frac{p_0 \times (1-p_0)}{n}} \right)$$

其中標準誤是以虛無假說的等號值 p_0 代入計算的。

在顯著水準爲 0.05 時，單尾檢定之 P 值計算及 95% 信賴區間如下表所示：

表 **9.3**：統整單一樣本比例檢定之右尾檢定及左尾檢定流程

顯著水準為	右尾檢定	左尾檢定
虛無假說及對立假說	$\begin{cases} H_0 : p \leq p_0 \\ H_1 : p > p_0 \end{cases}$	$\begin{cases} H_0 : p \geq p_0 \\ H_1 : p < p_0 \end{cases}$

檢定統計量

$$p^* \text{ 或 } z = \frac{p^* - p_0}{\sqrt{\dfrac{p_0 \times (1 - p_0)}{n}}}$$

計算 P 值

$$\text{P 值} = \text{P}\left(\frac{\hat{p} - p_0}{\sqrt{\dfrac{p_0 \times (1 - p_0)}{n}}} > \left| \frac{\hat{p}^* - p_0}{\sqrt{\dfrac{p_0 \times (1 - p_0)}{n}}} \right| \right)$$

$$= \text{P}\left(Z > \left| \frac{\hat{p}^* - p_0}{\sqrt{\dfrac{p_0 \times (1 - p_0)}{n}}} \right| \right)$$

95% 信賴區間

$$\left(\hat{p}^* - Z_{0.95} \times \sqrt{\frac{p_0 \times (1 - p_0)}{n}}, \infty \right) \quad \left(-\infty, \hat{p}^* + Z_{0.95} \times \sqrt{\frac{p_0 \times (1 - p_0)}{n}} \right)$$

決策	拒絕虛無假說：P 值 $< \alpha$ 或信賴區間不包含 p_0
結論	根據決策的結果，針對研究者想瞭解的問題做出結論

在以信賴區間法來進行統計檢定時，上式中係以虛無假說的等號值 p_0 來估計樣本比例（$\hat{p}$）分布的標準誤，在實務上，會經常看到係以下列公式來進行推論，公式如下：

$$\left(\hat{p}^* - Z_{1-\alpha/2} \times \sqrt{\frac{\hat{p}^* \times (1 - \hat{p}^*)}{n}}, \ \hat{p}^* + Z_{1-\alpha/2} \times \sqrt{\frac{\hat{p}^* \times (1 - \hat{p}^*)}{n}} \right)$$

此公式不同之處係利用樣本比例 $\hat{p}^*$ 來估計樣本比例（$\hat{p}$）分布的標準誤。從假設檢定的立場，以 p_0 帶入來估計標準誤是較適當的方式，其結果會與所介紹的臨界值法與 P 值法完全相同，因為是在相同的理論基礎上所建立的方法。然而若是從估計的立場來推論母體參數，則用樣本比例（$\hat{p}^*$）來估計標準誤，並以所建立的信賴區間來進行推論，也是經常被用到的一種方式，在 Yang 等人 [4] 的文章中，有更深入的討論。

二、單一樣本比例檢定之例子

在 106 年衛福部委託調查 65 歲以上國人之健康狀況，MMSE 分數之分布人群中，男性的比例為 47.3%，女性比例為 52.7%，

	人數	百分比
男性	1,366	47.3%
女性	1,522	52.7%

藉由此例子，想瞭解本國 65 歲以上性別的比例是否為男性、女性各半的比例分布，由於此調查中，在 65 歲以上之年齡層抽出共 2,888 個樣本，假說 p 為男性的比例，$\hat{p}^* = 47.3\%$。虛無假說及對立假說建構如下：

$$\begin{cases} H_0 : p = 0.5 \\ H_1 : p \neq 0.5 \end{cases}$$

（一）雙尾檢定：臨界值法

男性樣本的比例為 $\hat{p}^* = 47.3\%$，虛無假說下樣本比例（$\hat{p}$）分布的標準誤為 $\sqrt{0.5 \times (1-0.5)/2888}$，以 $z = (\hat{p}^* - p_0)/\sqrt{[p_0 \times (1-p_0)/n]} = (0.473 - 0.5)/\sqrt{[0.5 \times (1-0.5)/2888]} \approx 2.903$ 為檢定統計量，再根據顯著水準（$\alpha = 0.05$），可從標準常態分布獲得臨界值，也就是 -1.96 及 1.96，因為檢定統計量比 1.96 大，所以達到統計顯著。

（二）雙尾檢定：P 值法

同單一樣本的平均數檢定相同，為比檢定統計量（此例為 $z = 2.903$）更極端的面積值乘上 2 倍，計算如下：

$$P 值 = 2 \times P\left(Z > \left| \frac{\hat{p}^* - p}{\sqrt{\frac{p_0 \times (1-p_0)}{2888}}} \right| \bigg| H_0 : p = p_0 \right)$$

$$= 2 \times P\left(Z > \left| \frac{0.473 - 0.5}{\sqrt{\frac{0.5 \times (1-0.5)}{2888}}} \right| \bigg| H_0 : p = 0.5 \right)$$

$$= 2 \times P\left(Z > \left| \frac{0.473 - 0.5}{\sqrt{\frac{0.5 \times (1-0.5)}{2888}}} \right| \right) = 2 \times P(Z > 2.903) = 0.003696$$

由上可得 P 值 < 0.05，故拒絕虛無假說，在顯著水準爲 0.05 時，有充分的證據證實，本國之 65 歲以上人口之性別分布，並非男性及女性各半之比例分布。

```
> 2 * (1-qnorm(2.903, mean = 0, sd = 1))
[1] 0.003696066
```

（三）雙尾檢定：信賴區間法

根據上述公式，當顯著水準爲 0.05 時，p 的 95% 信賴區間爲，

$$\left(\hat{p}^* - Z_{0.975} \times \sqrt{\frac{p_0 \times (1-p_0)}{n}}, \hat{p}^* + Z_{0.975} \times \sqrt{\frac{p_0 \times (1-p_0)}{n}}\right)$$

$$\rightarrow \left(0.473 - 1.96 \times \sqrt{\frac{0.5 \times (1-0.5)}{2888}}, 0.473 + 1.96 \times \sqrt{\frac{0.5 \times (1-0.5)}{2888}}\right)$$

$$\rightarrow (0.473 - 1.96 \times 0.009304, 0.473 + 1.96 \times 0.009304)$$

$$\rightarrow (0.4548, 0.4912)$$

以信賴間法顯示，此區間「不包含 $p_0 = 0.5$」，故拒絕虛無假說，在顯著水準爲 0.05 下，有充分證據顯示本國之 65 歲以上人口之性別分布，男性比例不爲 0.5，表示此族群之人口比例非男、女性各半。

第四節　P 值的使用

使用 P 值進行檢定之決策，雖然是行之有年之作法，但其爭議的聲浪愈來愈大，只有 P 值就夠了嗎？顯著水準在一般的檢定中，會將其設爲 0.05，也就是犯型一錯誤的極大值。但在不同領域時，顯著水準 α 之設定會不太一樣，當研究者希望得到一個很保守的決策時，可以將顯著水準調小一點，例：0.01，像是 GWAS（Genome-wide association study）基因資料研究，因基因位點太多，經過 Bonferroni 校後的顯著水準可能達到 10^{-6}；若希望得到一個較寬鬆的決策時，會設定大一些的顯著水準，例如：0.1，像在統合分析（meta-analysis）的異質性檢定時，通常會設定顯著水準爲 0.1。若依資料得到 P 值爲 0.03，顯著水準的設定，將影響到決策結果（表 9.4）。

表 9.4：顯著水準和 P 值對於決策之影響

P 值	顯著水準	決策
	0.1	拒絕虛無假說
0.03	0.05	拒絕虛無假說
	0.01	不拒絕虛無假說

　　愈來愈多的統計學家及科學家，針對 P 值所帶來的誤解，造成只強調統計上之顯著性。在 2016 年，美國統計協會（American Statistical Association, ASA）發表一篇文章，對於 P 值的聲明 [5]，文中一開始，2014 年 Mount Holyoke College 數學與統計學名譽教授 George Cobb 向 ASA 討論論壇提出了以下問題：

　　Q：為什麼這麼多大學和研究所都教 $\alpha = 0.05$ ？

　　A：因這仍是科學領域及期刊編輯使用。

　　Q：為什麼有這麼多人還使用 $\alpha = 0.05$ ？

　　A：因為他們是在大學及研究所被教的。

　　P 值的使用引起 Cobb 的擔憂，但這不是第一位談及此事之學者。因此 ASA 希望透過聲明，闡明 P 值及顯著性在研究上經常被誤解及濫用。雖然一些期刊不鼓勵只使用 P 值進行決策，甚至放棄使用 P 值，以信賴區間取代，但關於其理論並沒有改變，因此 ASA 制定相關原則於量性科學之研究使用，以下簡短引述說明，若有興趣者，可參閱原始文獻。

1. P 值的意涵為何？

　　指數據和某個模型之不相容的程度，這個模型在上述內容中，也就是所謂虛無假說下之設定，愈不相容即 P 值愈小，這樣的不相容程度也就是所謂推翻虛無假說的證據大小。

2. P 值並非衡量研究虛無假說為真的機率，也不是關於收集到此樣本之機率，應要配合特定假說下，計算比檢定統計值更極端之機率的解釋。

3. 在科學研究上進行決策時，不能只就 P 值小於或大於特定的閾值（顯著水準）來下結論，在數據分析或科學研究不要太過分依賴於 P 值小於 0.05 這樣的機械式動作，就進行相對決策，以免造成錯誤的解讀，例如：P 值 = 0.051 時，只差 0.001 就不拒絕虛無假說；科學研究的發現，因為一個特定的閾值，而決定最終「統計顯著」與否，進而提出科學主張，將會造成科學研究結果的嚴重扭曲。而更應該重視於研究設計、收集的流程、樣本數、數據品質等，在抽樣分配中的標準誤也是重要的，而 P 值只是這些數據分析的眾多流程及分析結果

之一。

4. 正確的推論，需要呈現完整的報告及透明度

研究者不應選擇性報導 P 值，部分研究者只選擇顯著的 P 值在文章中呈現，這是不當的作法，在完整報告上，明確說明進行哪些假說檢定、進行的分析方法、其對應的結果，決定報告上所呈現之 P 值的理由是什麼。只有完整呈現研究過程如何選擇保留下來的研究結果（及所對應的 P 值），才能就此得到有效的科學推論。

5. P 值不能得到關於效應值（effect size）之大小或結果的重要性

P 值的大小僅供判定統計顯著性，並非代表臨床的顯著性或臨床的意義；而 P 值愈小也不代表效應值愈大。而應要更瞭解 P 值背後的意義，樣本數及精準度也會影響 P 值的大小，樣本數及精準度夠大，則會有較小的 P 值，但無法從 P 值得知樣本數及精準度的程度。

6. 就本質上，P 值對於模型或假說無法提供好的衡量證據

研究者應瞭解只有 P 值而無上下文或其他證據所提供的訊息是有限的，例如：P 值接近 0.05 時，提供拒絕虛無假說之微小證據，若 P 值大於 0.05 時，也不是支持虛無假說爲眞。很多分析方法皆可驗證您的結果，應採用多面向的分析方法，而得到一致之結果，不應只依賴 P 值。

以上 ASA 對於 P 值之聲明，P 值不是不可用，但不應只利用 P 值進行決策，而要瞭解其他數據所提供之意義，也可以利用圖形、描述性統計瞭解資料本身之樣態，再進行相關檢定及模型的分析，提供完整的報告，才能以正確的方法及途徑找到科學的答案。在科學研究上進行決策時，不能只就 P 值小於或大於特定的閥值（顯著水準），若顯著水準變動，$100 \times (1-\alpha)\%$ 信賴區間長度也會跟著改變，當顯著水準較大時，則信賴區間較窄；當顯著水準較小時，則信賴區較間寬。

在各領域中，在呈現各項數據時，不能只呈現 P 值，應包含平均數（或中位數）、標準差（或四分位距、或最大最小值）、95% 信賴區間，這樣才能充分提供點估計、標準誤的訊息，除了 P 值外，加上這些數值的提供，估計的品質及精準度也可以看出來，而非一味只在意 P 值大小，若一味只在意是否顯著，則淪爲分析的機器人；應該深入解讀數據及看數據，瞭解數據眞正的價值及提供的訊息，才是分析重要的目的。

無論哪個領域的研究者，希望在使用上應更瞭解 P 值眞實的本質及意義，而非只是利用一個閥值（顯著水準），決定拒絕或不拒絕虛無假說，這樣絕非統計學

教導的方法及方向，在進行科學研究時應要慎重其事，抱持實事求是的精神，再配合客觀及全面的方法，來找出最接近的答案。

總 結

　　本章節主要以假說檢定進行統計的推論，雖然身處大數據時代，很多觀念都在變化，但除了大數據外，讀者仍會接觸非大數據特性之資料，例如，調查資料、臨床試驗，這些仍需要有統計方法加以驗證而得到結果，假說檢定是一個進行推論及產生決策的重要方法。本章中利用抽樣分布理論加以應用，以單一樣本的平均數檢定、單一樣本的比例檢定內容爲主，介紹雙尾及單尾檢定之檢定流程，並以實際的老年生活調查爲例，讓閱讀者更加瞭解其應用。最後，談及 P 值，這是個受爭議的數值，雖然大家對它的看法兩極，重要的是要瞭解其背後之意義及適度使用它，才能幫助我們在科學驗證的過程，得到有意義之結論。

關鍵名詞

單一樣本的平均數檢定

單尾檢定（one-tailed test）

雙尾檢定（two-tailed test）

臨界值（critical value）

拒絕域（rejection region）

P 值（p-value）

95% 信賴區間（95% confidence interval, 95% CI）

t 分布（t distribution）

單一樣本的比例檢定

複習問題

1. 何謂顯著水準、信心水準、95% 信賴區間？

2. 請解釋 p-value 如何計算及其意義？

3. 雙尾檢定及單尾檢定的差異？何者較為保守（不容易拒絕虛無假設）？

4. 說明「統計上之顯著」及「具臨床上意義」之關係及概念。

5. 請說明單樣本平均數檢定之步驟。（當母體變異數未知）

6. 利用臺北市確診資料代表全臺北市民眾確診之分布，已知臺北市之確診年齡標準差為 20 歲，利用 2021/5~2021/7 確診資料，此樣本數約 4,750 人。

   (1) 其確診年齡平均數為 53.33 歲，利用本章檢定方法，顯著水準設為 0.05，想討論臺北市確診年齡平均數是否大於 60 歲？

   I. 寫出虛無假說及對立假說？

   II. 利用以下方法進行檢定：臨界值法、P 值法及信賴區間法。

   III. 以上述三種方法之結果，進行決策判斷並寫出您的結論。

   (2) 若臺北市確診年齡標準差未知，利用 2021/5~2021/7 確診資料之年齡分布估計確診年齡標準差（為 18 歲），並運用檢定方法，顯著水準設為 0.05，請問臺北市確診年齡平均是否為 60 歲？

   I. 寫出虛無假說及對立假說？

   II. 利用以下方法進行檢定：臨界值法、P 值法及信賴區間法。

   III. 以上述三種方法之結果，進行決策判斷並寫出您的結論。

   (3) 若用臺北市確診資料作為全臺北市確診母體分布，您覺得是否適合？

   (4) 在進行以上檢定時，需要注意什麼樣的假設？

7. 臨界值法及 P 值法皆可作為檢定的證據，此兩方法在訊息提供上，哪個能提供較多的訊息？若您要提供此證據時，此兩方法會選用哪個方法？

8. 由樣本資料得知，此樣本的體重平均數為 63.2 公斤，以 $\bar{x}$ 代表。假說體重之母體服從常態分布，其母體標準差 $\sigma = 10$ 公斤。

   (1) 請問母體體重平均數 μ 之 90% 信賴區間估計為何？

   (2) 選擇題（複選題）：若想知道「母體體重平均值 μ 是否大於 62 公斤」，以下對 P 值的描述何者較為不合適？（隨機變數 $\bar{X}$ 代表樣本平均數）

(A) P 值 $= P(\bar{X} > 63.2 | \mu = 62.0)$

(B) P 值 $= P(\bar{X} > 62.0 | \mu = 63.2)$

(C) P 值 $= P(Z > 3.6)$

(D) P 值 $= P(Z > -3.6)$

(E) P 值 $= 0.0002$

(F) P 值 $= 0.9998$

9. 選擇題（複選題）進行統計假說檢定中，令型一錯誤發生的機率為 α、型二錯誤發生的機率為 β，下列敘述何者正確？

(A) α 下降，β 下降。

(B) α 下降，β 增加。

(C) α 增加，檢定力上升。

(D) 在 Covid-19 的檢驗中，「能檢驗此人確診」是試劑主要的功用，若此人有病但檢驗結果判定為沒確診，則犯了型一錯誤，又稱為偽陰性。

(E) 在 Covid-19 的檢驗中，「能檢驗此人確診」是試劑主要的功用，若此人有病而且檢驗結果判定為確診，則為正確的判斷機率為 $1-\beta$，又稱為檢定力大小。

(F) 若固定型一錯誤的發生率為 0.05，此值又稱為顯著水準，在 $\alpha = 0.01$ 時比 $\alpha = 0.02$ 時，容易得到拒絕虛無假說的檢定結果。

(G) 在進行統計的假說檢定時，單尾檢定比雙尾檢定容易得到拒絕虛無假說的檢定結果。

(H) 若型一錯誤愈小，則計算出來的 P 值也會愈小。

10. 選擇題：根據某調查資料計算出男性糖尿病患者的腰圍平均值之 95% 信賴區間為 (96.3 cm, 108.7 cm)，樣本腰圍平均值為 102.5 cm。若想利用這個資料檢定「男性糖尿病患者的腰圍平均值是否為 100 cm」，下敘述何正確？（$\alpha = 0.05$）

(A) 由於 P < 0.05，檢定結果為拒絕虛無假說。

(B) 由於信賴區間包含 102.5 cm，檢定結果為不拒絕虛無假說。

(C) 由於信賴區間包含 100 cm，檢定結果為拒絕虛無假說。

(D) 有充分的證據顯示男性糖尿病患者的腰圍平均值是 100 cm。

(E) 沒有充分的證據顯示男性糖尿病患者的腰圍平均值不為 100 cm。

11. 藥物研發中，首重癌症的治療，在新藥的臨床試驗中，抽出一組具代表本國之樣本共 80 位，實驗結束後，此樣本反應新藥有效的比例約為 68%，在國外宣稱新藥有效的比例為 56%，請問國人對新藥有效的比例是否比宣稱來得高？

12. 研究者於文獻中發現白種人的心血管疾病比例約為 10%。有一針對臺灣心血管疾病之調查，其樣本數為 4,500 人，此調查中，有心血管疾病者為 476 人，想瞭解臺灣人的心血管疾病比例 p 是否較文獻中報告的白種人比例（10%）低，利用 P 值法回答此問題。

13. 研究指出，收縮壓及舒張壓相差超過 60 mmHg，表示血管彈性變差，即使血壓正常，仍存在心血管疾病的風險。下列數據來自 295 人之健檢資料，其樣本之壓差平均數為 45 mmHg，標準差為 14.67 mmHg，想瞭解健檢族群其收縮壓及舒張壓的差以**平均數**分析是否相差超過 60 ？

14. 某研究對成年男性糖尿病患者進行抽樣調查，根據調查資料計算出成年男性糖尿病患者的腰圍平均數之 95% 信賴區間為 (96.3 cm, 108.7 cm)，根據此調查，成年男性糖尿病患者的腰圍平均數之點估計為何？標準誤之估計為何？

15. 抽樣調查 150 位全國公衛系學生，其中 72 位為女性，78 位為男性。利用此調查資料檢定全國公衛系學生之男女比例是否為 1:1 ？

引用文獻

1. 107 年兒童及少年生活狀況調查。

2. 106 年國民健康訪問調查。

3. Arevalo-Rodriguez I, Smailagic N, Roqué I Figuls M, et al. Mini-Mental State Examination (MMSE) for the detection of Alzheimer's disease and other dementias in people with mild cognitive impairment (MCI). The Cochrane database of systematic reviews 2015;**3**:CD010783.

4. Yang S, Black K. Using the Standard Wald Confidence Interval for a Population Proportion Hypothesis Test is a Common Mistake. Teaching Statistics 2019;**41(2)**:65-68.

5. Wasserstein RL, Lazar NA. The ASA Statement on p-Values: Context, Process, and Purpose, The American Statistician 2016;**70(2)**:129-133. doi: 10.1080/00031305.2016.1154108.

附錄一：t 分布

在本章的內容中，提及母體變異數未知時，其樣本平均數的抽樣分布標準化後非為標準常態分布（中央極限定理可參考本書前面章節），而為 t 分布，此分布和標準常態分布很類似：

1. 為鐘型（bell shaped）之對稱分布。

2. 以 0 為對稱點，左右對稱之分布。

3. t 分布有一個參數，稱為自由度 (df)，其值大小會影響分布之分散程度，當自由度愈大時，其分布會愈接近標準常態分布，甚至重疊在一起（df > 130 以上）。（如圖 9.4）

4. 此分布為厚尾分布，標準常態分布之三倍標準差內資料約有 99.7%，但在 t 分布時，在自由度小時（例如：df = 1），三倍標準差內不會達到這麼多的資料量。

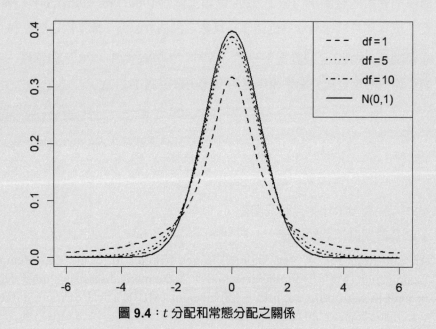

圖 9.4：t 分配和常態分配之關係

附錄二：R 的計算

二、1.1: 計算雙尾檢定之 P 值
##(1) P(X_bar>25.5|mu=25,se=sqrt(49/2888))
se=sqrt(49/2888)
p_value1=round(2*(1-pnorm(25.5,25,se)),4)
##mu 的 95% 信賴區間估計
##X_bar=25.5
upper=25.5+qnorm(0.975)*se
lower=25.5-qnorm(0.975)*se
二、1.2: 計算單尾檢定之 P_value2=P(Z>(25.5-25)/se)
z_star=(25.5-25)/se
p_value2=round(2*(1-pnorm(z_star)),4)

第 10 章
兩組樣本的統計檢定

王彥雯　撰

學習目標

一、瞭解兩個獨立母體的平均數檢定的原理與用法，以及檢定結果的解讀

二、在母體變異數已知的情況下，知道比較兩組獨立母體的平均數時，應該進行兩獨立樣本 Z 檢定

三、在母體變異數未知的情況下，知道比較兩組獨立母體的平均數時，應該採用兩獨立樣本 t 檢定，且在進行平均數檢定前，知道要先檢定母體變異數是否相等，並根據檢定結果選擇母體變異數相等的兩獨立樣本 t 檢定，或母體變異數不相等的兩獨立樣本 t 檢定

四、在比較兩組獨立母體的比例時，知道可以採用兩獨立樣本的比例檢定

五、在針對相依樣本進行母體平均數的比較時，知道採用成對樣本 t 檢定

前　言

在前面的介紹中，已經說明假說檢定的基本概念以及如何進行。在本章中，將針對兩組母體平均數或比例，系統性地說明與介紹適用的檢定方法與流程。兩組母體的資料可能是獨立的或相依的，舉例來說：「在臨床試驗中，藥廠可能想知道新藥物的療效是否較現有藥物好，因而設計實驗組與對照組來比較藥效」，「衛生福利部可能想知道偏鄉地區與都市地區學童的近視率是否有差異，分別在兩個地區抽取樣本來進行比較」。這兩個例子所探討的母體顯然是兩個獨立母體，一般會利用兩組獨立的樣本進行推論。然而，兩個母體也可能不是獨立的，例如「心理學家可能想知道雙胞胎的情緒掌控能力是否一致」，「減重專家想知道某種減重方式是否有效，因而設計每位參與者在執行某減重方式之前與之後分別測量體重，用以比較治療效果」。這兩個例子所探討的母體顯然不是兩個獨立母體：前一個例子中的兩個雙胞胎之間的資料是逐一配對的，而後者則是針對每位參與者測量了兩次體重。後者的兩個母體事實上是同一群人，而研究者想探討的是兩次測量所得之母體特質的改變。因此，這裡可以用每次測量所對應的母體來定義有幾個母體，稱之為兩個配對或相依母體。另一種說法，也可先算出兩次測量值的差異量，概念上就變為推論單一母體某特質差異量的平均數。在本章中，將要學習如何透過假說檢定的方式回答上述類型的問題，瞭解如何針對兩個獨立母體的平均數或比例進行檢定，此外，也將學習如何針對配對或相依母體的特質進行假說檢定。

第一節　兩獨立樣本的平均數檢定

一、應用實例

根據內政部調查 2020 年臺灣地區初婚平均年齡男性為 32.3 歲，女性為 30.3 歲 [1]，較 30 年前的初婚平均年齡男性 29.0 歲，女性 25.8 歲提高不少。目前社會上普遍的晚婚，導致許多育齡婦女錯失黃金生育年齡。而晚育的情況，也使得越來越多夫妻需透過人工生殖技術懷孕產子。根據衛生福利部國民健康署歷年接受人工生殖手術的通報資料來看，假設國民健康署想分析瞭解接受人工生殖手術中女性年齡對懷孕率、活產率、活產數的影響，35 歲是否是育齡婦女的一個門

檻？過了這個年齡會大幅影響手術施行後的成效，如：懷孕率、活產率、活產數等，或讓醫師施行人工生殖手術時的決策有所不同，如：植入的胚胎數、使用的技術、選用的檢測等。表 10.1 是人工生殖手術摘要統計 [2]，接下來就要利用這筆資料來學習如何回答國民健康署的問題。

表 10.1：人工生殖手術摘要統計

	34 歲以下	35 歲以上
人數	1250	2500
平均植入胚胎數	2.07	2.59
植入週期之懷孕率	48.5%	35.9%
植入週期之活產率	39.4%	24.5%

二、抽象化符號定義

讀者可以發現前述的這些問題都是在問**某個特質在兩組中是否相同**，這裡先挑其中一個問題，假設國民健康署想知道 35 歲以上（≥35 歲）的婦女在接受人工生殖手術時植入的胚胎數是否和 34 歲以下（<35 歲）的婦女有差異？從表 10.1 中可以看到 35 歲以上的婦女在接受人工生殖手術時植入的平均胚胎數爲 2.59 個，34 歲以下的婦女爲 2.07 個，2.59 和 2.07 差了 0.52，感覺上並沒有差很多，那麼要怎麼確定這兩個數字是否眞的有差異？現在就來學習如何利用統計假說檢定來回答這個問題。

這時候可以將接受人工生殖手術的婦女分爲 <35 歲的一組，≥35 歲的一組，假設 X 代表 <35 歲婦女在接受人工生殖手術時植入的胚胎數，Y 代表 ≥35 歲婦女在接受人工生殖手術時植入的胚胎數，因爲有很多這樣的病人，每個病人都會有自己接受人工生殖手術時植入的胚胎數，所以，若 <35 歲的婦女有 n_1 人，≥35 歲婦女有 n_2 人，以抽象符號來表示這些婦女接受人工生殖手術時植入的胚胎數即爲 $X_1, X_2, ..., X_{n_1}, Y_1, Y_2, ..., Y_{n_2}$。回到一開始的問題，國健署好奇的是這一堆的 X_i 和一堆的 Y_j 到底有沒有差異？如果隨意拿任一個 X_i 和任一個 Y_j 進行比較差異，其實是不太公平的，因爲當換一組 X_k 和 Y_l 時，比較的結果可能不一樣，因此，在統計上爲了能客觀的比較這一堆的 X_i 和一堆的 Y_j 到底有沒有差異，統計學家就想到「平均數」對資料來講是一個好的點估計，那麼不妨直接來比較兩組的平均數，這樣的比較應該會比較客觀、比較有參考價值，所以，這時候會把 <35 歲婦

女在接受人工生殖手術時植入的平均胚胎數 $\bar{X}$ 與 ≥ 35 歲婦女在接受人工生殖手術時植入的平均胚胎數 $\bar{Y}$ 拿來比較，計算兩者的差異 $\bar{X} - \bar{Y}$。

只是，單單比較「平均數」公平嗎？讀者應該記得平均數是透過樣本計算出來的，若從同一個母體取得不同的樣本，算出來的平均數也不會完全相同；這些平均數彼此之間會存在變異，是抽樣過程的不確定性所衍生的。因此，當比較兩組婦女植入的平均胚胎數時，是不是也應該將平均數的變異納入考慮？答案是肯定的，應該把平均數的變異程度納入比較！

現在把前面的描述用數學符號寫下來，再把實例情境抽象化。假設現在有兩個母體，讀者可能會好奇**某個特質在兩組中是否相同**，因此先從這兩個母體中各自取得一組樣本，第一個母體取得 n_1 個樣本，第二個母體取得 n_2 個樣本。由於兩組樣本資料來自於兩個不同的母體，所以這些樣本會服從兩個不同的分布。這裡利用樣本資料要**推論**的是這**兩個母體的平均數是否相等**，意即：

「假設有兩個不同的母體，分別從這兩個母體各自取得獨立的隨機樣本，第一組樣本為 $X_1, X_2, ..., X_{n_1}$ 共有 n_1 筆資料，服從某個分布，具有母體平均數為 μ_X 與母體變異數 σ_X^2；第二組樣本為 $Y_1, Y_2, ..., Y_{n_2}$ 共有 n_2 筆資料，服從某個分布，具有母體平均數為 μ_Y 與母體變異數 σ_Y^2。意即，

$$X_i \sim (\mu_X, \sigma_X^2), \, i = 1, ..., n_1$$
$$Y_j \sim (\mu_Y, \sigma_Y^2), \, j = 1, ..., n_2$$

此時在假設檢定中，想問的是 μ_X 是否與 μ_Y 相同？意即，想問 $\mu_X - \mu_Y = 0$ 是否成立，在此問題之下，檢定統計量會訂為 $[(\bar{X} - \bar{Y}) - (\mu_X - \mu_Y)]/\sqrt{Var(\bar{X} - \bar{Y})} = [(\bar{X} - \bar{Y}) - 0]/\sqrt{Var(\bar{X} - \bar{Y})}$。」

由於檢定統計量中涉及樣本平均數的變異數，而一開始已經假設兩組樣本是獨立的，所以根據變異數的計算，可以知道：

$$Var(\bar{X} - \bar{Y}) = Var(\bar{X}) + Var(\bar{Y}) = \frac{\sum_{i=1}^{n_1} Var(X_i)}{n_1^2} + \frac{\sum_{j=1}^{n_2} Var(Y_j)}{n_2^2} = \frac{\sigma_X^2}{n_1} + \frac{\sigma_Y^2}{n_2}$$

在這個算式下，需要知道兩個母體的變異數 σ_X^2 和 σ_Y^2，才能進行後續的檢定統計量計算。但並不是在所有情況下，都有辦法知道母體的變異數。因此，接下來，將針對**兩個母體的變異數是已知或是未知的**兩種情況，詳細說明兩個母體平均數的檢定該如何進行。

三、兩獨立樣本 Z 檢定（假設兩母體變異數已知的情況）

範例一：根據表 10.1 之統計，假設 <35 歲婦女在接受人工生殖手術時植入胚胎數的母體變異數為 2.1，≥35 歲婦女植入胚胎數的母體變異數為 2.6。請問，<35 歲婦女在接受人工生殖手術時植入的胚胎數平均數與 ≥35 歲婦女在接受人工生殖手術時植入的胚胎數平均數是否相等？

在進行兩個母體平均數的檢定時，第一步是寫下想要檢定的假說：

（一）虛無假說（H_0）和對立假說（H_1）

根據要探討的問題不同，所建立的假說可以為下列任一種：

（1）雙尾檢定：$H_0 : \mu_X = \mu_Y$ vs. $H_1 : \mu_X \neq \mu_Y$

（2）右尾檢定：$H_0 : \mu_X \leq \mu_Y$ vs. $H_1 : \mu_X > \mu_Y$

（3）左尾檢定：$H_0 : \mu_X \geq \mu_Y$ vs. $H_1 : \mu_X < \mu_Y$

以雙尾檢定為例，根據範例一，這時我們的虛無假說會是 <35 歲婦女在接受人工生殖手術時植入的胚胎數平均數與 ≥35 歲婦女在接受人工生殖手術時植入的胚胎數平均數相等（$H_0 : \mu_X = \mu_Y$），而對立假說會是 <35 歲婦女在接受人工生殖手術時植入的胚胎數平均數與 ≥35 歲婦女在接受人工生殖手術時植入的胚胎數平均數不相等（$H_1 : \mu_X \neq \mu_Y$）。

在決定好假說後，接下來是在虛無假說成立之下，寫出檢定統計量與獲得檢定統計量的抽樣分布，由於在此範例中母體變異數已知，所以此時使用的是**兩獨立樣本 Z 檢定**：

（二）檢定統計量

在兩組母體的變異數已知，且虛無假說成立之下，檢定統計量為

$$Z = \frac{(\bar{X} - \bar{Y}) - 0}{\sqrt{Var(\bar{X} - \bar{Y})}} = \frac{(\bar{X} - \bar{Y})}{\sqrt{\sigma_X^2/n_1 + \sigma_Y^2/n_2}}$$

根據中央極限定理可知

$$Z \sim N(0, 1)$$

在範例一中，<35 歲婦女在接受人工生殖手術時植入胚胎數的母體變異數為 2.1，≥35 歲婦女植入胚胎數的母體變異數為 2.6，在虛無假說成立之下，可以計

算出檢定統計量為

$$z = \frac{2.07 - 2.59}{\sqrt{2.1/1250 + 2.6/2500}} \approx -9.971$$

根據檢定統計量以及事先決定的顯著水準，接下來需要判斷檢定統計量是否落在拒絕域中或是計算 P 值，以利做出假說檢定的結論與決策。

（三）臨界值與拒絕域

在給定顯著水準（α）之下，根據不同的假說，所建立的臨界值及拒絕域為：

（1）雙尾檢定：$H_0 : \mu_X = \mu_Y$ vs. $H_1 : \mu_X \neq \mu_Y$
　　　臨界值為 $z_{\alpha/2}$ 及 $z_{1-\alpha/2}$，拒絕域為 $Z < z_{\alpha/2}$ 及 $Z > z_{1-\alpha/2}$

（2）右尾檢定：$H_0 : \mu_X \leq \mu_Y$ vs. $H_1 : \mu_X > \mu_Y$
　　　臨界值為 $z_{1-\alpha}$，拒絕域為 $Z > z_{1-\alpha}$

（3）左尾檢定：$H_0 : \mu_X \geq \mu_Y$ vs. $H_1 : \mu_X < \mu_Y$
　　　臨界值為 z_{α}，拒絕域為 $Z < z_{\alpha}$

在範例一中，虛無假說為 $H_0 : \mu_X = \mu_Y$，假設顯著水準設為 0.05，因為是雙尾檢定，故臨界值為 $z_{\alpha/2} = z_{0.025} = -1.96$ 及 $z_{1-\alpha/2} = 1.96$，拒絕域為 $Z < -1.96$ 及 $Z > 1.96$，因為檢定統計量 $z = -9.971 < -1.96$，落在拒絕域中，所以我們可以拒絕虛無假說，得到 $\mu_X \neq \mu_Y$ 的結論。此臨界值可以透過查表（附表一）得知，也可利用程式軟體 R 指令得到：

```
> qnorm(p = 0.025, mean = 0, sd = 1)
[1] -1.959964
> qnorm(p = 0.975, mean = 0, sd = 1)
[1] 1.959964
```

除了用臨界值或拒絕域來判斷假說檢定的結果之外，也可以計算 P 值（p-value），並利用 P 值下結論。

（四）P 值的計算

根據不同的假說，在虛無假說（H_0）成立之下，P 值的計算為：

（1）雙尾檢定：$H_0 : \mu_X = \mu_Y$ vs. $H_1 : \mu_X \neq \mu_Y$
$$\text{p-value} = 2 \times Pr(Z \geq |z| \,|\, H_0 \text{ 為真})$$

（2）右尾檢定：$H_0 : \mu_X \leq \mu_Y$ vs. $H_1 : \mu_X > \mu_Y$

$$\text{p-value} = Pr(Z \geq z \,|\, H_0 \text{ 為眞})$$

（3）左尾檢定：$H_0 : \mu_X \geq \mu_Y$ vs. $H_1 : \mu_X < \mu_Y$

$$\text{p-value} = Pr(Z \leq z \,|\, H_0 \text{ 為眞})$$

在範例一中，p-value $= 2 \times Pr(Z \geq |-9.971| \,|\, H_0 \text{ 為眞}) < 0.0001 < \alpha = 0.05$，因爲 P 值小於顯著水準，所以可以拒絕虛無假說，得到的結論。P 值的計算透過查表（附表一）得知，也可利用 R 指令得到，p-value ≈ 0。

```
> 2*pnorm(abs(-9.971), mean = 0, sd=1, lower.tail = F)
[1] 2.041628e-23
```

利用 P 值的判斷方式，可以得到和利用拒絕域做判斷一致的結論，因此，往後在做假說檢定時，可以選擇其中一種方式進行，獲取結論即可。

事實上讀者也可以利用統計軟體完成這個檢定，上述檢定統計量的計算因涉及四捨五入，會與使用軟體分析實際資料的結果略微不同。以下說明如何利用 R 指令來進行兩獨立樣本 Z 檢定：

利用 **R** 進行兩獨立樣本 **Z** 檢定

1. 安裝並載入 BSDA 套件

2. z.test(X, Y, alternative = "two.sided", mu = 0, sigma.x, sigma.y)
   - X：第一個母體的樣本資料 $X_1, X_2, \ldots, X_{n_1}$
   - Y：第二個母體的樣本資料 $Y_1, Y_2, \ldots, Y_{n_2}$
   - alternative：對立假說的方向，當假說為
     (1) $H_0 : \mu_X = \mu_Y$ vs. $H_1 : \mu_X \neq \mu_Y$ 時，輸入 "two.sided"，
     (2) $H_0 : \mu_X \leq \mu_Y$ vs. $H_1 : \mu_X > \mu_Y$ 時，輸入 "greater"，
     (3) $H_0 : \mu_X \geq \mu_Y$ vs. $H_1 : \mu_X < \mu_Y$ 時，輸入 "less"
   - mu：兩母體期望值的差值，輸入 0
   - sigma.x：第一個母體的標準差 σ_X
   - sigma.y：第二個母體的標準差 σ_Y

3. 報表解讀

```
> libraray(BSDA)
> z.test(X, Y, alternative = "two.sided", mu = 0,
sigma.x = sqrt(2.1), sigma.y = sqrt(2.6))
    Two-sample z-Test
data: X and Y
z = -10.009, p-value < 2.2e-16
```

```
alternative hypothesis: true difference in means is
not equal to 0
95 percent confidence interval:
 -0.6242192 -0.4197808
sample estimates:
mean of x mean of y
   2.0696    2.5916
```
- 檢定統計量 Z 值為 $z = -10.009$
- P 值為 p-value $< 2.2e-16$

四、兩獨立樣本 t 檢定（假設兩母體變異數未知的情況）

範例二：根據表 10.1 之統計，假設兩組婦女在接受人工生殖手術時，植入胚胎數的母體變異數皆未知。但從樣本統計資料中得知，< 35 歲婦女在接受人工生殖手術時，植入胚胎數的樣本變異數為 1.94；而 ≥ 35 歲婦女植入胚胎數的樣本變異數為 2.56。請問，< 35 歲婦女在接受人工生殖手術時植入的胚胎數平均數，與 ≥ 35 歲婦女在接受人工生殖手術時植入的胚胎數平均數是否相等？

即便不知道母體的變異數為何，在進行兩個母體平均數的檢定時，第一步仍然是寫下想要檢定的假說；而假說的擬定與「兩獨立樣本 Z 檢定」相同，在此不再贅述。接著是計算檢定統計量，與獲得檢定統計量的抽樣分布。但根據前面檢定統計量的公式，讀者會發現無法計算出檢定統計量，因為不知道母體的變異數為何。這時候必須先估計母體的變異數，也就是針對檢定統計量的分母進行估計 $\widehat{Var}(\bar{X} - \bar{Y})$。這時候會遇到兩種情況，一種是**兩個母體的變異數相等**，另一種是**兩個母體的變異數不相等**。若是前者（$\sigma_X^2 = \sigma_Y^2 = \sigma^2$），那麼估計母體變異數時，應該把兩組的樣本合併，一起用來估計母體變異數，以得到最佳估計值。因為這樣可以使樣本數增大，也增加了估計值的精確度（precision）。**合併變異數（pooled variance）** S_p^2 的公式如下：

$$\widehat{Var}(\bar{X} - \bar{Y}) = S_p^2 = \frac{\sum_{i=1}^{n_1}(X_i - \bar{X})^2 + \sum_{j=1}^{n_2}(Y_j - \bar{Y})^2}{n_1 + n_2 - 2} = \frac{(n_1 - 1)S_X^2 + (n_2 - 1)S_Y^2}{n_1 + n_2 - 2}$$

這裡，S_X^2 與 S_Y^2 分別代表兩組樣本的樣本變異數，計算公式如下：

$$S_X^2 = \frac{\sum(X_i - \bar{X})^2}{n_1 - 1}$$

$$S_Y^2 = \frac{\sum(Y_j - \bar{Y})^2}{n_2 - 1}$$

若是後者（$\sigma_X^2 \neq \sigma_Y^2$），在估計母體變異數時，就要將兩個母體分開估計，分別用各自的樣本變異數來估計各自的母體變異數，意即

$$\widehat{Var}(\bar{X} - \bar{Y}) = \frac{S_X^2}{n_1} + \frac{S_Y^2}{n_2}$$

由於此時分母放的是母體變異數的估計值，檢定統計量不再服從常態分布，不能再使用 Z 檢定。此時要使用的是**兩獨立樣本 t 檢定**，檢定統計量會服從 t 分布。但因為變異數估計的方式不同，因而會對應具有不同自由度的 t 分布。

（一）檢定統計量

假設兩組母體的變異數未知，在虛無假說成立之下，依據母體變異數是否相等的情況，檢定統計量與其抽樣分布分別為：

（1）假設兩個母體的變異數相同（$\sigma_X^2 = \sigma_Y^2 = \sigma^2$）：

$$T = \frac{(\bar{X} - \bar{Y}) - 0}{\sqrt{\widehat{Var}(\bar{X} - \bar{Y})}} = \frac{(\bar{X} - \bar{Y})}{\sqrt{S_p^2/n_1 + S_p^2/n_2}} = \frac{(\bar{X} - \bar{Y})}{S_p\sqrt{1/n_1 + 1/n_2}}$$

根據理論

$$T \sim t_{df}$$

其中，$df = n_1 + n_2 - 2$。表示檢定統計量 T 會服從自由度為 $n_1 + n_2 - 2$ 的 t 分布。

（2）假設兩個母體的變異數不同（$\sigma_X^2 \neq \sigma_Y^2$）：

$$T = \frac{(\bar{X} - \bar{Y}) - 0}{\sqrt{\widehat{Var}(\bar{X} - \bar{Y})}} = \frac{(\bar{X} - \bar{Y})}{\sqrt{S_X^2/n_1 + S_Y^2/n_2}}$$

根據理論

$$T \sim t_{df}$$

其中，$df = (S_X^2/n_1 + S_Y^2/n_2)^2 / \{[(S_X^2/n_1)^2/(n_1 - 1)] + [(S_Y^2/n_2)^2/(n_2 - 1)]\}$。表示檢定統計量 T 會服從自由度為 $(S_X^2/n_1 + S_Y^2/n_2)^2 / \{[(S_X^2/n_1)^2/(n_1 - 1)] + [(S_Y^2/n_2)^2/(n_2 - 1)]\}$ 的 t 分布。

這時也許有人會好奇說，如何在進行檢定時知道資料中的兩個母體，到底屬於哪種情況？因此，當不知道母體變異數為何時，在開始進行檢定之前，會先進行一個關於母體變異數是否相等的檢定，先判斷兩個母體的變異數是否相等，以利後續利用樣本變異數估計母體變異數時，可以選擇適當的估計方式。這個用來

判斷兩個母體的變異數是否相等的檢定，是如下所示的 F 檢定。

（二）檢定兩個獨立母體的變異數是否相等

「假設兩個母體的變異數 σ_X^2 與 σ_Y^2 未知，要檢定兩個母體的變異數是否相等，其虛無假說與對立假說分別是：

$$H_0 : \sigma_X^2 = \sigma_Y^2 = \sigma^2$$
$$H_1 : \sigma_X^2 \neq \sigma_Y^2$$

此時的檢定統計量為

$$F = \frac{S_X^2}{S_Y^2}$$

根據理論

$$F \sim F_{df_1, df_2}$$

亦即此檢定統計量服從自由度為 $df_1 = n_1 - 1$ 和 $df_2 = n_2 - 1$ 的 F 分布。」

　　根據範例二，可以知道 <35 歲婦女植入胚胎數的樣本變異數為 1.94，而 ≥ 35 歲婦女植入胚胎數的樣本變異數為 2.56。這時母體變異數檢定的檢定統計量為 $F = S_X^2 / S_Y^2 = 1.94 / 2.56 \approx 0.7578$，服從 F 分配，自由度分別為 $df_1 = 1249$ 和 $df_2 = 2499$，P 值小於 0.0001。若顯著水準定為 0.05，則這個檢定結果會拒絕虛無假說，意即兩組的變異數是不相等的。

　　在 R 指令中，可以使用 var.test(X, Y) 這個指令，完成兩個獨立母體變異數是否相等的檢定。另外，也可以透過查表（附表四）得知拒絕域與 P 值，用以判斷檢定結果。

　　在完成母體變異數是否相等的 F 檢定之後，若 F 檢定不顯著，就採用「假設兩個母體變異數相等」的 t 檢定。若 F 檢定顯著，則改採「假設兩個母體變異數不相等」的 t 檢定。

　　回到範例二，依據 F 檢定的結果，可以知道 <35 歲婦女與 ≥ 35 歲婦女這兩個母體植入胚胎數的變異數是不相等的。此時，就要進行**「假設兩個母體變異數不相等」**的兩獨立樣本 t 檢定。

（三）臨界值與拒絕域

　　在給定顯著水準（α）之下，根據不同的假說，建立臨界值及拒絕域：

（1）雙尾檢定：$H_0 : \mu_X = \mu_Y$ vs. $H_1 : \mu_X \neq \mu_Y$

　　臨界值為 $t_{df,\alpha/2}$ 及 $t_{df,1-\alpha/2}$，拒絕域為 $T < t_{df,\alpha/2}$ 及 $T > t_{df,1-\alpha/2}$

（2）右尾檢定：$H_0 : \mu_X \leq \mu_Y$ vs. $H_1 : \mu_X > \mu_Y$

　　臨界值為 $t_{df,1-\alpha}$，拒絕域為 $T > t_{df,1-\alpha}$

（3）左尾檢定：$H_0 : \mu_X \geq \mu_Y$ vs. $H_1 : \mu_X < \mu_Y$

　　臨界值為 $t_{df,\alpha}$，拒絕域為 $T < t_{df,\alpha}$

假設將顯著水準設為 0.05，在範例二中，虛無假說與對立假說分別是 $H_0 : \mu_X = \mu_Y$ 和 $H_1 : \mu_X \neq \mu_Y$。此時要進行的是雙尾檢定，檢定統計量如下：

$$t = \frac{2.07 - 2.59}{\sqrt{1.94/1250 + 2.56/2500}} \approx -10.245$$

另外，因為母體變異數不相等，所以此時的自由度 $df = [(1.94/1250) + (2.59/2500)]^2 / \{[(1.94/1250)^2/1249] + [(2.59/2500)^2/2499]\} \approx 2823$，可獲得臨界值為 $t_{df,\alpha/2} = t_{2823,0.025} = -1.961$ 及 $t_{df,1-\alpha/2} = t_{2823,0.975} = 1.961$，故拒絕域為 $T < -1.961$ 及 $T > 1.961$，因為檢定統計量 $t = -10.245 < -1.961$，所以可以拒絕虛無假說，得到「$\mu_X \neq \mu_Y$」的結論。此臨界值可以透過查表（附表三）得知，也可利用 R 指令得到：

```
> qt(p = 0.025, df = 2823)
[1] -1.960805
> qt(p = 0.975, df = 2823)
[1] 1.960805
```

　　除了用拒絕域來判斷假說檢定的結果之外，也可以計算 P 值，並利用 P 值下結論。

（四）P 值的計算

　　根據不同的假說，在虛無假說（H_0）成立之下，P 值的計算為：

（1）雙尾檢定：$H_0 : \mu_X = \mu_Y$ vs. $H_1 : \mu_X \neq \mu_Y$

　　　　p-value $= 2 \times Pr(T \geq |t| | H_0 為真)$

（2）右尾檢定：$H_0 : \mu_X \leq \mu_Y$ vs. $H_1 : \mu_X > \mu_Y$

　　　　p-value $= Pr(T \geq t | H_0 為真)$

（3）左尾檢定：$H_0 : \mu_X \geq \mu_Y$ vs. $H_1 : \mu_X < \mu_Y$

　　　　p-value $= Pr(T \leq t | H_0 為真)$

在範例二中，進行雙尾檢定，此時檢定統計量為 $t = -10.245$，服從 t_{2833} 分布，故 p-value $= 2 \times Pr(T \geq |-10.245| \,|\, H_0$ 為真$) < 0.0001 < \alpha = 0.05$，因為 P 值小於顯著水準，所以可以拒絕虛無假說，得到「$\mu_X \neq \mu_Y$」的結論。這個 P 值可以透過查表（附表三）得知，也可以利用 R 指令得到：

```
> 2 * pt(abs(-10.245), df = 2833, lower.tail = F)
[1] 3.277398e-24
```

這一節介紹的方法，事實上也可以很容易利用 R 指令進行兩獨立樣本 t 檢定。上述檢定統計量的計算因涉及四捨五入，會與使用軟體分析實際資料的結果略微不同。

利用 R 進行兩獨立樣本 t 檢定

1. var.test(X, Y)
   - 進行母體變異數是否相等之檢定
   - X：第一個母體的樣本資料 $X_1, X_2, \ldots, X_{n_1}$
   - Y：第二個母體的樣本資料 $Y_1, Y_2, \ldots, Y_{n_2}$
2. t.test(X, Y, alternative = "two.sided", mu = 0, var.equal = FALSE)
   - X：第一個母體的樣本資料 $X_1, X_2, \ldots, X_{n_1}$
   - Y：第二個母體的樣本資料 $Y_1, Y_2, \ldots, Y_{n_2}$
   - alternative：對立假說的方向，當假說為
     (1)雙尾檢定：$H_0 : \mu_X = \mu_Y$ vs. $H_1 : \mu_X \neq \mu_Y$ 時，輸入 "two.sided"，
     (2)右尾檢定：$H_0 : \mu_X \leq \mu_Y$ vs. $H_1 : \mu_X > \mu_Y$ 時，輸入 "greater"，
     (3)左尾檢定：$H_0 : \mu_X \geq \mu_Y$ vs. $H_1 : \mu_X < \mu_Y$ 時，輸入 "less"
   - mu：兩母體平均數的差值，輸入 0
   - var.equal：選擇進行假設母體變異數相等的 t 檢定(var.equal = TRUE) 或是假設母體變異數不相等的 t 檢定(var.equal = FALSE)
3. 報表解讀

```
> var.test(X, Y)
        F test to compare two variances
data: X and Y
F = 0.75967, num df = 1249, denom df = 2499,
p-value = 3.57e-08
alternative hypothesis: true ratio of variances is
not equal to 1
95 percent confidence interval:
 0.6906129 0.8369389
sample estimates:
ratio of variances
         0.7596706
```

- *F* 統計量為 0.75967，P 值小於 0.0001，故推翻兩個母體變異數相
  等之虛無假說，因此，在進行 *t* 檢定時，要選擇變異數不相等的
  之方式。

```
>t.test(X, Y, alternative = "two.sided", mu = 0,
var.equal = F)
        Welch Two Sample t-test
data: X and Y
t = -10.282, df = 2823, p-value < 2.2e-16
alternative hypothesis: true difference in mean is
not equal to 0 variances is not equal to 1
95 percent confidence interval:
 -0.6215506 -0.4224494
sample estimates:
mean of x mean of y
   2.0696    2.5916
```

- 檢定統計量為 $t = -10.282$
- P 值為 p−value < 2.2e−16

第二節　兩獨立樣本的比例檢定

一、應用實例

　　國民健康署根據歷年通報的接受人工生殖手術的資料，除了前一節所提到的，想知道醫師在施行人工生殖技術時植入胚胎數是否會因年齡而不同之外，也會想知道 35 歲是否也是育齡婦女在接受手術後的懷孕率與活產率的一個門檻。另外，小孩生出來後，國民健康署另一個關心的議題就是母乳哺育率。母乳哺育是目前全球都在推廣且關注的議題，自 105 年後國民健康署每兩年會進行一次臺灣母乳哺育率的調查。這時，國民健康署可能會想瞭解臺灣母乳哺育率，和國際間是否有差異？臺灣不同地區（縣市、鄉鎮、都會區、非都會區等）的母乳哺育率，是否也有差異？表 10.2 是母乳哺育調查的統計資料，接下來就要利用這筆資料和表 10.1 的人工生殖手術摘要統計資料，來學習如何回答有關比例的問題 [3,4]。

表 10.2：母乳哺育調查統計

	臺灣地區	臺北市	新北市	臺中市	高雄市
人數	12,536	1,014	1,219	1,294	1,081
二個月以下純母乳哺育率	61.2%	63.7%	58.9%	64.3%	56.9%
四個月以下純母乳哺育率	54.4%	58.0%	52.1%	58.0%	50.9%
六個月以下純母乳哺育率	44.8%	47.5%	43.0%	48.0%	42.0%

二、抽象化符號定義

　　讀者可以發現，前述的這些問題都是在問**某個比例在兩組中是否相同**，以母乳哺育爲例，假設國民健康署想知道臺北市和高雄市的母乳哺育率是否有差異？從表 10.2 中可以知道，在兩個月、四個月、六個月的純母乳哺育率臺北市分別是 63.7%、58.0%、47.5% 看起來都比高雄市的 56.9%、50.9%、42.0% 高，但是，眞的有比較高嗎？現在就利用統計假說檢定來回答這個問題。

　　以兩個月嬰兒的資料爲例，假設 X 代表臺北市的嬰兒是否爲純母奶哺育，Y 代表高雄市的嬰兒是否爲純母奶哺育，X 和 Y 等於 1 代表是純母乳哺育，等於 0 代表沒有純母乳哺育（可能全喝配方奶，也可能是母乳混合配方奶、果汁、葡萄糖水等食品）。因爲有很多這樣的嬰兒，每個嬰兒都有自己的哺育方式。若臺北市的嬰兒有 n_1 人，高雄市嬰兒有 n_2 人，以抽象符號來表示這些嬰兒哺育的方式即爲 $X_1, X_2, ..., X_{n_1}, Y_1, Y_2, ..., Y_{n_2}$，這一堆隨機變數 X_i 和 Y_j 都是 0/1 的二元變數（binary variable），彼此之間都是獨立的。因此，可以把每個隨機變數的結果，視爲進行一次伯努利試驗（Bernoulli trial）。所以，也會假設這些隨機變數服從伯努利分布（Bernoulli distribution）。現在，想知道這一堆的 X_i 和一堆的 Y_j 到底有沒有差異？但是不會一筆一筆資料比，會利用整體的比例來進行比較，也就是比較 $\hat{p}_X = \bar{X}$ 和 $\hat{p}_Y = \bar{Y}$ 是不是相同，事實上，眞實想比較的是兩個母體的 p_X 和 p_Y 是否相同，這兩個比例，其實也正好是兩個母體的平均數，因爲 $E(X_i) = p_X$、$E(Y_j) = p_Y$，所以，現在要進行的依舊是兩個母體的平均數檢定，根據前一節所學，讀者應該很容易可以寫下檢定統計量，並完成假說檢定的推論過程。

　　如同前一節，假設現在有兩個母體，研究者好奇**某個比例在兩組中是否相同**，因此可以分別從這兩個母體中各取得樣本數爲 n_1 與 n_2 個兩組樣本，由於資料是二元的隨機變數，且兩組樣本資料來自於兩個不同的母體，所以這些樣本會服從兩個不同的伯努利分布，

$$X_1, \ldots, X_{n_1} \sim \text{Bernoulli}(p_X)$$
$$Y_1, \ldots, Y_{n_2} \sim \text{Bernoulli}(p_Y)$$

利用樣本資料要**推論**的是這**兩個母體的比例是否相等**，意即「假設有兩個不同的母體，分別從這兩個母體各自取得獨立的隨機樣本，第一組樣本為 $X_1, X_2, \ldots, X_{n_1}$ 共有 n_1 筆資料，服從某個伯努利分布；第二組樣本為 $Y_1, Y_2, \ldots, Y_{n_2}$ 共有 n_2 筆資料，服從另一個伯努利分布。意即，

$$X_i \sim \text{Bernoulli}(p_X),\ i = 1, \cdots, n_1$$
$$Y_j \sim \text{Bernoulli}(p_Y),\ j = 1, \cdots, n_2$$

此時在假設檢定中，想問的是是否 p_X 與 p_Y 相同？換句話說，想問 $p_X - p_Y = 0$ 是否成立？在此問題之下，檢定統計量會訂為 $[(\hat{p}_X - \hat{p}_Y) - (p_X - p_Y)]/\sqrt{Var(\hat{p}_X - \hat{p}_Y)} = [(\hat{p}_X - \hat{p}_Y) - 0]/\sqrt{Var(\hat{p}_X - \hat{p}_Y)}$。」

三、兩獨立樣本的比例檢定

範例三：根據表 10.2 之統計，請問，臺北市和高雄市的兩個月以下嬰兒純母乳哺育率是否相等？

在假設檢定進行的過程中，第一步是寫下想要檢定的假說：

（一）虛無假說（H_0）和對立假說（H_1）

根據要探討的問題，建立假說：

（1）雙尾檢定：$H_0 : p_X = p_Y$ vs. $H_1 : p_X \neq p_Y$

（2）右尾檢定：$H_0 : p_X \leq p_Y$ vs. $H_1 : p_X > p_Y$

（3）左尾檢定：$H_0 : p_X \geq p_Y$ vs. $H_1 : p_X < p_Y$

回到範例三，這時的虛無假說是臺北市和高雄市的兩個月以下嬰兒純母乳哺育率相同（$H_0 : p_X = p_Y$），而對立假說則是臺北市和高雄市的兩個月以下嬰兒純母乳哺育率不相等（$H_1 : p_X \neq p_Y$）。

如同前一節的介紹，可以依樣畫葫蘆完成統計檢定，只是，此時使用的是**兩獨立樣本 Z 檢定**。

（二）檢定統計量

在虛無假設成立之下，檢定統計量為

$$Z = \frac{(\hat{p}_X - \hat{p}_Y) - (p_X - p_Y)}{\sqrt{Var(\hat{p}_X - \hat{p}_Y)}} = \frac{(\hat{p}_X - \hat{p}_Y) - 0}{\sqrt{Var(\hat{p}_X - \hat{p}_Y)}} = \frac{(\hat{p}_X - \hat{p}_Y)}{\sqrt{\hat{p}(1-\hat{p})/n_1 + \hat{p}(1-\hat{p})/n_2}}$$

其中

$$\hat{p} = \frac{\sum_{i=1}^{n_1} X_i + \sum_{j=1}^{n_2} Y_j}{n_1 + n_2}$$

根據理論可知

$$Z_0 \sim N(0, 1)$$

在這個檢定統計量中，需要計算分母的部分，也就是計算

$$Var(\hat{p}_X - \hat{p}_Y) = Var(\hat{p}_X) + Var(\hat{p}_Y) = Var\left(\frac{\sum_{i=1}^{n_1} X_i}{n_1}\right) + Var\left(\frac{\sum_{j=1}^{n_2} Y_j}{n_2}\right)$$

$$= \frac{\sum_{i=1}^{n_1} Var(X_i)}{n_1^2} + \frac{\sum_{j=1}^{n_2} Var(Y_j)}{n_2^2} = \frac{p_X(1-p_X)}{n_1} + \frac{p_Y(1-p_Y)}{n_2}$$

因為假說檢定是在虛無假設成立之下進行的，因此，可以令 $p_X = p_Y = p$，所以可以得到

$$Var(\hat{p}_X - \hat{p}_Y) = \frac{p(1-p)}{n_1} + \frac{p(1-p)}{n_2}$$

但是，在真實世界中，分析資料時，並無法事先知道母體的 p_X 和 p_Y，當然也不可能在虛無假設成立之下知道為 p 多少，只不過這個 p 不需要特別花力氣估計，因為可以透過已經知道的 $\hat{p}_X$ 和 $\hat{p}_Y$ 計算出來，也就是

$$\hat{p} = \frac{\sum_{i=1}^{n_1} X_i + \sum_{j=1}^{n_2} Y_j}{n_1 + n_2} = \frac{n_1\hat{p}_X + n_2\hat{p}_Y}{n_1 + n_2}$$

因此，可得

$$Var(\hat{p}_X - \hat{p}_Y) = \frac{\hat{p}(1-\hat{p})}{n_1} + \frac{\hat{p}(1-\hat{p})}{n_2}$$

這個分母的計算和兩獨立樣本 t 檢定對 S_p^2 的估計方式與理由並不相同，這也是兩獨立母體比例檢定的檢定統計量 Z 服從常態分布，而不是 t 分布的原因。

回到母乳哺育的例子，臺北市兩個月以下純母乳哺育率 $\hat{p}_X = 0.637$，高雄市兩個月以下純母乳哺育率 $\hat{p}_Y = 0.569$，因此

$$\hat{p} = \frac{1014 \times 0.637 + 1081 \times 0.569}{1014 + 1081} \approx 0.602$$

接著就可以計算檢定統計量

$$z = \frac{0.637 - 0.569}{\sqrt{(0.602)(1 - 0.602)(1/1014 + 1/1081)}} \approx 3.1777$$

　　根據檢定統計量以及事先決定的顯著水準，接下來需要判斷檢定統計量是否落在拒絕域中或是計算 P 值，以利做出假說檢定的結論與決策。

（三）臨界值與拒絕域

　　在給定顯著水準（α）之下，根據不同的假說，建立臨界值及拒絕域：

（1）雙尾檢定：$H_0 : p_X = p_Y$ vs. $H_1 : p_X \neq p_Y$

　　臨界值為 $z_{\alpha/2}$ 及 $z_{1-\alpha/2}$，拒絕域為 $Z < z_{\alpha/2}$ 及 $Z > z_{1-\alpha/2}$

（2）右尾檢定：$H_0 : p_X \leq p_Y$ vs. $H_1 : p_X > p_Y$

　　臨界值為 $z_{1-\alpha}$，拒絕域為 $Z > z_{1-\alpha}$

（3）左尾檢定：$H_0 : p_X \geq p_Y$ vs. $H_1 : p_X < p_Y$

　　臨界值為 z_{α}，拒絕域為 $Z < z_{\alpha}$

　　假設將顯著水準設為 0.05，則在範例三中，虛無假說與對立假說分別是 $H_0 : p_X = p_Y$ 和 $H_1 : p_X \neq p_Y$，故，此時進行的是雙尾檢定，臨界值為 $z_{\alpha/2} = z_{0.025} = -1.96$ 及 $z_{1-\alpha/2} = z_{0.975} = 1.96$，拒絕域為 $Z < -1.96$ 及 $Z > 1.96$，因為檢定統計量的數值 $z = 3.1777 > 1.96$，落在拒絕域，所以拒絕虛無假說，得到「$p_X \neq p_Y$」的結論。

　　除了用拒絕域來判斷假說檢定的結果之外，也可以計算 P 值，並利用 P 值下結論。

（四）P 值的計算

　　根據不同的假說，在虛無假說（H_0）成立之下，P 值的計算為：

（1）雙尾檢定：$H_0 : p_X = p_Y$ vs. $H_1 : p_X \neq p_Y$

　　　　p-value $= 2 \times Pr(Z \geq |z| \,|\, H_0$ 為真$)$

（2）右尾檢定：$H_0 : p_X \leq p_Y$ vs. $H_1 : p_X > p_Y$

　　　　p-value $= Pr(Z \geq z \,|\, H_0$ 為真$)$

（3）左尾檢定：$H_0 : p_X \geq p_Y$ vs. $H_1 : p_X < p_Y$

　　　　p-value $= Pr(Z \leq z \,|\, H_0$ 為真$)$

在範例三中，p-value $= 2 \times Pr(Z \geq |3.1777| \mid H_0$ 為眞 $) = 0.0015 < \alpha = 0.05$ 因爲 P 值小於顯著水準，所以可以拒絕虛無假說，得到「$p_X \neq p_Y$」的結論。

上述介紹的方法，事實上也可以利用 R 指令進行兩獨立樣本的比例檢定。

利用 R 進行兩獨立樣本的比例檢定

1. prop.test(x, n, alternative = "two.sided", correct = FALSE)
   - x：一個向量，代表兩組成功的次數，也就是放 $c\left(\sum_{i=1}^{n_1} X_i, \sum_{j=1}^{n_2} Y_j\right)$
   - n：一個向量，指出兩組的樣本數，也就是放 $c(n_1, n_2)$
   - alternative：對立假說的方向，當假說為

     (1)雙尾檢定：$H_0 : p_X = p_Y$ vs. $H_1 : p_X \neq p_Y$ 時，輸入 "two.sided"，

     (2)右尾檢定：$H_0 : p_X \leq p_Y$ vs. $H_1 : p_X > p_Y$ 時，輸入 "greater"，

     (3)左尾檢定：$H_0 : p_X \geq p_Y$ vs. $H_1 : p_X < p_Y$ 時，輸入 "less"

   - correct：是否要做 Yates' 連續校正，「要」則輸入「TRUE」，「不要」則輸入「FALSE」。在樣本數大時，做與不做的結果沒什麼差異，通常是樣本數小時才會做，但是，若要跟本節介紹的方法得到一致的結果，此參數請輸入 FALSE。

2. 報表解讀

```
> res <- prop.test(x = c(1014*0.637, 1081*0.569),
n = c(1014, 1081), alternaticve = "two.sided",
correct = F)
> res
          2-sample test for equality of proportions
without continuity correction
data: c(1014 * 0.637, 1081 * 0.569) out of c(1014,
1081)
X-squared = 10.097, df = 1, p-value = 0.001485
alternative hypothesis: two.sided
95 percent confidence interval:
 0.02619706 0.10980294
sample estimate:
prop 1 prop 2
 0.637  0.569

> sqrt(res$statistic)
X-squared
 3.177553
```

   - 檢定統計量為 $z = \sqrt{X - squared} = \sqrt{10.097} = 3.177553$
   - P 值為 p-value = 0.001485

第三節　相依樣本的平均數檢定

　　有時候收集到的資料或是面臨的問題，並不是獨立的兩組樣本。舉例來說：坊間的健康飲食餐盒是否能有效改變體內血糖、三酸甘油脂、膽固醇的濃度？研究者在實驗開始前會先檢測受試者體內的血糖、三酸甘油脂、膽固醇量。接著，開始一段時間健康餐盒的飲食。在實驗結束時，再檢測一次受試者體內的血糖、三酸甘油脂、膽固醇量等。最後，把受試者實驗前與實驗後的資料進行比較：每一個受試者皆貢獻兩組資料，這兩組資料因為來自同一個人，故稱之為相依樣本。研究者想推論的是，在母體中同一個人前後兩次測量的某個特質是否有差異。因此，可先算出兩次測量值的差異量，概念上就變為推論單一母體某特質差異量的平均數。另一個情況是這樣的，在流行病學的病例對照研究（case-control study）中，研究者會為了排除某些干擾因子的影響，在收集資料時會選擇利用配對設計（matched pairs design），讓病例組與對照組在干擾因子的分布上一致。此時病例組與對照組的資料是成對成對收集的，**屬於相依資料（dependent data）**，因此在進行後續分析時，這樣的資料來自的母體也不再是獨立的，因為病例組觀察到的人和對照組觀察到的人是有相關性的；這類型的問題是屬於**配對設計下，比較兩個母體中某個感興趣的特質是否有差異**。另外**雙胞胎研究（twin study）**也是一個常見的例子，在環境與遺傳的研究中，很常利用雙胞胎來探討環境或是基因對某個性狀的影響是什麼，如：智力、憂鬱程度等，由於雙胞胎彼此之間可能具有相同的基因（同卵雙生）或是具有相同的環境（異卵雙生），在分析時不應該被視為兩個獨立的母體，必須把他們視為相依的兩個母體資料，再進行比較。

一、抽象化符號定義

　　根據上述的情境，假設有 n 對成對的樣本 $(X_{11}, X_{12}), (X_{21}, X_{22}), \dots, (X_{n1}, X_{n2})$，且為連續型的資料，可以計算每對樣本的差異 $D_i = X_{i2} - X_{i1}$，此時資料如表 10.3 所示：

表 10.3：成對樣本資料

配對編號	第一組樣本	第二組樣本	差異
1	X_{11}	X_{12}	D_1
2	X_{21}	X_{22}	D_2
⋮	⋮	⋮	⋮
n	X_{n1}	X_{n2}	D_n

此時，想探討**成對樣本間的差異** D_i 是否存在，也就是這個差異所服從的分布，**平均數是否爲 0**，意即

「假設有 n 組成對的隨機樣本 $(X_{11}, X_{12}), (X_{21}, X_{22}), \ldots, (X_{n1}, X_{n2})$，每對樣本的差異定義爲 $D_i = X_{i2} - X_{i1}$，$i = 1, \ldots, n$，若 D_i 服從某個分布，具有平均數爲 μ_D 與變異數 σ_D^2，意即，

$$D_i \sim (\mu_D, \sigma_D^2) , i = 1, \ldots, n$$

此時在假設檢定中，想問的是 μ_D 和 0 的關係，相等、大於或小於？在此問題之下，可將其視爲單一樣本的檢定，檢定統計量會訂爲 $(\overline{D} - \mu_D)/\sqrt{Var(\overline{D})} = (\overline{D} - 0)/\sqrt{Var(\overline{D})}$。」

　　在這個檢定統計量中，分母是成對樣本差值的平均數的變異數，根據變異數的計算，可以知道

$$Var(\overline{D}) = \frac{\sum_{i=1}^{n} Var(D_i)}{n^2} = \frac{\sigma_D^2}{n}$$

在這裡，需要知道母體中成對資料差值的變異數 σ_D^2，才能進行後續的檢定統計量計算，但在大多數的情況下母體中成對資料差值的變異數是未知的，因此，在進行假說檢定之前，要先估計這個變異數

$$\widehat{Var}(\overline{D}) = S_D^2 = \frac{\sum(D_i - \overline{D})^2}{n - 1}$$

二、應用實例

範例四：某藥廠想測試新開發的降血壓藥物是否有效，招募了 100 位高血壓病患來參與此臨床實驗，讓這些病患服用此降血壓藥物。在服藥前，這 100 人的血壓平均高達 165 mmHg，標準差爲 20 mmHg。服藥三個月後，這 100 人的血壓平均高達 140 mmHg，標準差還是 20 mmHg。如果以每個人血壓下降量來看，平均

下降量為 27.46 mmHg，標準差為 26.9 mmHg。藥廠想知道新開發的降血壓藥物是否能有效降血壓。

三、成對樣本 t 檢定（Paired t-test）

如同前面的描述，在進行成對樣本的檢定時，第一步是寫下想要檢定的假說：

（一）虛無假說（H_0）和對立假說（H_1）

根據要探討的問題，建立假說：

（1）雙尾檢定：$H_0 : \mu_D = 0$ vs. $H_1 : \mu_D \neq 0$

（2）右尾檢定：$H_0 : \mu_D \leq 0$ vs. $H_1 : \mu_D > 0$

（3）左尾檢定：$H_0 : \mu_D \geq 0$ vs. $H_1 : \mu_D < 0$

根據範例四，假設服藥前病人的血壓是 X_{i1}，服藥三個月後病人的血壓是 X_{i2}，這時藥廠關心的是血壓在服藥前後的變化量，若令這個變化量為 $D_i = X_{i1} - X_{i2}$。研究者選擇利用單尾檢定來進行推論，這時的虛無假說會是該藥物無法有效降低血壓（$H_0 : \mu_D \leq 0$），對立假說則是該藥物能有效降低血壓（$H_1 : \mu_D > 0$）。（註：實務上，儘管期待的是單方向的推論，例如此範例藥廠想要推論降血壓藥是否能有效降低血壓，看似用單尾檢定為合適的用法，但多數研究者仍會選擇用較保守的雙尾檢定進行。）

如同前面的介紹，可以依樣畫葫蘆完成統計檢定，此時使用的是**成對樣本 t 檢定**：

（二）檢定統計量

在虛無假說成立之下，檢定統計量為

$$Z = \frac{\overline{D} - \mu_D}{\sqrt{Var(\overline{D})}} = \frac{\overline{D} - 0}{\sigma_D / \sqrt{n}}$$

根據中央極限定理可知

$$Z_0 \sim N(0, 1)$$

若母體中成對資料差值的變異數 σ_D^2 是已知的，檢定統計量服從常態分配並沒有問題，但在大多數的情況下，母體中成對資料差值的變異數 σ_D^2 是未知的，此時會用樣本資料進行變異數 σ_D^2 的估計，即

$$\widehat{Var}(\overline{D}) = S_D^2 = \frac{\sum(D_i - \overline{D})^2}{n - 1}$$

這時檢定統計量變為

$$T = \frac{\overline{D} - 0}{S_D/\sqrt{n}}$$

根據理論

$$T \sim t_{n-1}$$

亦即此檢定統計量 T 會服從自由度為 $n-1$ 的 t 分布，因樣本有相依或成對的性質，故稱此方法為**成對樣本 t 檢定**。

回到範例四，因為只知道病人血壓服藥前後變化量的標準差，這個標準差是從樣本估算出來的，因此，此時應該進行成對樣本 t 檢定。研究者選擇使用右尾檢定，然而檢定統計量不論是雙尾或單尾計算公式相同，故檢定統計量計算如下：

$$t = \frac{27.46 - 0}{26.9/\sqrt{100}} \approx 10.208$$

根據檢定統計量以及事先決定的顯著水準，接下來需要判斷檢定統計量是否落在拒絕域中或是計算 P 值，以利做出假說檢定的結論與決策。

（三）臨界值與拒絕域

在給定顯著水準（α）之下，根據不同的虛無假說（H_0）和對立假說（H_1），拒絕域為：

（1）雙尾檢定：$H_0 : \mu_D = 0$ vs. $H_1 : \mu_D \neq 0$ 時：
   臨界值為 $t_{df,\alpha/2}$ 及 $t_{df,1-\alpha/2}$，拒絕域為 $T < t_{df,\alpha/2}$ 及 $T > t_{df,1-\alpha/2}$

（2）右尾檢定：$H_0 : \mu_D \leq 0$ vs. $H_1 : \mu_D > 0$ 時：
   臨界值為 $t_{df,1-\alpha}$，拒絕域為 $T > t_{df,1-\alpha}$

（3）左尾檢定：$H_0 : \mu_D \geq 0$ vs. $H_1 : \mu_D < 0$ 時：
   臨界值為 $t_{df,\alpha}$，拒絕域為 $T < t_{df,\alpha}$

假設將顯著水準設為 0.05，則在範例四中，因為藥廠期望看到新開發的藥是有效的，且決定用右尾檢定，此時臨界值為 $t_{df=99,0.95} = 1.660$，拒絕域為 $T > 1.660$，因為檢定統計量 $t = 10.208 > 1.660$，落在拒絕域，所以拒絕虛無假說，得到「某藥廠新開發的高血壓藥物能有效降低血壓」的結論。此臨界值可利用 R 指令得到。

```
> qt(p = 0.95, df = 99)
[1] 1.660391
```

除了用拒絕域來判斷假說檢定的結果之外，也可以計算 P 值，並利用 P 值下結論。

（四）P 值的計算

根據不同的假說，在虛無假說（H_0）成立之下，P 值的計算為：

（1）雙尾檢定：$H_0: \mu_D = 0$ vs. $H_1: \mu_D \neq 0$ 時：

$$\text{p-value} = 2 \times Pr(T \geq |t| | H_0 \text{ 為真})$$

（2）右尾檢定：$H_0: \mu_D \leq 0$ vs. $H_1: \mu_D > 0$ 時：

$$\text{p-value} = Pr(T \geq t | H_0 \text{ 為真})$$

（3）左尾檢定：$H_0: \mu_D \geq 0$ vs. $H_1: \mu_D < 0$ 時：

$$\text{p-value} = Pr(T \leq t | H_0 \text{ 為真})$$

在範例四中，$\text{p-value} = Pr(T \geq 10.208 | H_0 \text{ 為真}) < 0.00001 < \alpha = 0.05$ 因為 P 值小於顯著水準，所以可以拒絕虛無假說，得到「某藥廠新開發的高血壓藥物能有效降低血壓」的結論。這個 P 值很容易可以利用 R 指令得到（p-value ≈ 0）。

```
> pt(10.208, df = 99, lower.tail = F)
[1] 1.924858e-17
```

當然，讀者也可以利用 R 指令進行成對樣本 t 檢定的分析。

利用 **R** 進行成對樣本 **T** 檢定

1. t.test(X, Y, alternative = "two.sided", mu = 0, paired = TRUE)
   - X：第一組樣本資料 $X_{11}, X_{12}, ..., X_{1n}$
   - Y：第二組樣本資料 $X_{21}, X_{22}, ..., X_{2n}$
   - alternative：對立假說的方向，當假說為

     (1) $H_0: \mu_D = 0$ vs. $H_1: \mu_D \neq 0$ 時，輸入 "two.sided"，

     (2) $H_0: \mu_D \leq 0$ vs. $H_1: \mu_D > 0$ 時，輸入 "greater"，

     (3) $H_0: \mu_D \geq 0$ vs. $H_1: \mu_D < 0$ 時，輸入 "less"
   - mu：兩母體期望值的差值，輸入 0
   - paired：選擇是否進行進行成對樣本 T 檢定，這裡要輸入「TRUE」

2. 報表解讀

```
> t.test(X1,X2, alternative = "greater", mu = 0,
paired = T)
        Paired t-test
data: X1 and X2
t = 10.209, df = 99, p-value < 2.2e-16
alternative hypothesis: true mean difference is
greater than 0
95 percent confidence interval:
 22.99594 Inf
sample estimates:
mean of the differences
        27.46245
```

- 檢定統計量為 $t = 10.209$
- P 值為 p−value < 2.2e−16

總　結

　　在本章中學習了如何針對兩個母體的問題進行假說檢定，包含兩個母體平均數的比較及兩個母體比例的比較，在兩個母體平均數的比較中，也分別介紹了母體變異數已知及母體變異數未知的兩種情況下的檢定方法，在母體變異數未知的情況下需要先檢定兩個母體的變異數是否相等，之後才能依據兩個母體變異數相等或不相等的情況選用適當的檢定統計量。最後，也學習了在配對研究設計下或成對樣本的資料型態上，如何進行假說檢定。

關鍵名詞

兩獨立樣本 Z 檢定（two-sample Z-test）

兩獨立樣本 t 檢定（two-sample t-test）

成對樣本 t 檢定（paired t-test）

兩獨立樣本的比例檢定（two-sample proportion test）

配對資料（paired data）

相依資料（dependent data）

合併變異數（pooled variance）

複習問題

1. 請問何謂「配對資料」（paired data）？

2. 請問何謂「合併變異數」（pooled variance）？

3. 請問成對樣本 t 檢定（paired t-test）可以用來回答何種問題？請舉例說明。

4. 請問兩獨立樣本 Z 檢定（two-sample Z-test）適合用於回答什麼樣的問題？請舉例說明。

5. 下列有關檢定的描述，何者正確？

    (A)兩獨立樣本 t 檢定（two-sample t-test）可以用於檢定兩個比例（proportion）的差異。

    (B)兩獨立樣本 Z 檢定（two-sample Z-test）可以用於檢定變異數未知之兩樣本是否具有相同的母體平均數。

    (C)在配對設計（matched pairs design）下，若想知道某個為連續數值的特徵在配對中是否有差異，可以進行成對樣本 t 檢定（paired t-test）。

    (D)兩獨立樣本 t 檢定（two-sample t-test）有變異數同質性的假設，也就是說假設兩組資料的變異數相等。

6. 教育局想評估取消早自習、延後國小學童到校時間，是否能增加國小學童的睡眠時間，減少上課打瞌睡不專心的比例，因而挑選 10 間國小進行實驗研究，其中 5 間國小取消早自習並延後到校時間（實驗組），另外 5 間國小維持原樣（控制組），經過一學年實驗結束後進行成效評估比較，請問下列針對實驗目的進行的統計分析的描述何者不正確？

    (A)可以利用兩獨立樣本 Z 檢定（two-sample Z-test）比較實驗組與對照組學童上課打瞌睡不專心的比例是否有差異。

    (B)將實驗組與對照組學童的睡眠時間畫成箱型圖（box plot），然後直接比較圖形的差異，進行統計推論。

    (C)可以利用兩獨立樣本 t 檢定（two-sample t-test）檢定實驗組學童的平均睡眠時間是否較對照組學童的平均睡眠時間長。

    (D)可以計算實驗組與對照組學童平均睡眠時間差異的 95% 信賴區間，看信賴區間否有包含 0 來做推論。

7. 某學者想瞭解大甲媽祖遶境期間,沿途所經的鄉鎮空氣品質是否因為人流、車流、燒香拜拜、焚燒金紙的現象而有明顯改變?他透過環保署空氣品質監測站取得沿途 20 個鄉鎮的空氣品質資料,分析遶境期間(9 天)與非遶境期間(9 天)的共 18 天的 AQI 資料,某學者將該鄉鎮遶境期間與非遶境期間 AQI 資料分別取平均以代表該鄉鎮當下期間內的空氣品質狀況,同時利用此樣本資料估計變異數,請問下列關於統計分析的描述何者正確?

(A)利用兩獨立樣本 t 檢定(two-sample t-test)檢定 20 鄉鎮遶境期間 AQI 平均數與非遶境期間是否有差異。

(B)利用成對樣本 t 檢定(paired t-test)檢定 20 鄉鎮遶境期間與非遶境期間 AQI 數值差的平均數是否有差異。

(C)因為鄉鎮比鄰,空氣品質可能互有影響,每個鄉鎮的 AQI 資料彼此之間可能不是獨立的,所以不適合使用兩獨立樣本 t 檢定(two-sample t-test),也不適合使用成對樣本 t 檢定(paired t-test)。

(D)利用單一樣本 Z 檢定(one-sample Z-test)檢定 20 鄉鎮遶境期間與非遶境期間 AQI 數值差的平均數是否有差異。

8. 某研究在兩間幼兒園進行幼童蛀牙防治衛教,研究中想利用幼童是否使用含氟牙膏刷牙的比例來評估衛教成效。在星星幼兒園中調查發現 225 位幼童中有 135 位有使用,而在長頸鹿幼兒園中 145 位幼童有 58 位有使用。請問,若想分析兩間幼兒園幼童使用含氟牙膏刷牙的比例是否有差異,不可以使用哪種統計方法進行分析?

(A)使用兩獨立樣本 t 檢定(two-sample t-test),檢定兩間幼兒園幼童使用含氟牙膏刷牙的比例是否有差異。

(B)使用卡方檢定,檢定含氟牙膏使用與幼兒園是否有相關。

(C)計算兩間幼兒園幼童使用含氟牙膏刷牙比例的差異的 95% 信賴區間,看信賴區間否有包含 0 來做推論。

(D)使用兩獨立樣本 Z 檢定(two-sample Z-test),檢定兩間幼兒園幼童使用含氟牙膏刷牙的比例是否有差異。

9. 欲檢定某年梅雨季時(歷時 43 天)臺灣北部與南部日平均降雨量是否有差異,可以用下列哪個方法進行分析?(假設母體變異數已知)

(A)成對樣本 t 檢定(paired t-test)。

(B)兩獨立樣本 t 檢定（two-sample t-test）。

(C)皮爾森相關係數（Pearson's correlation coefficient）。

(D)兩獨立樣本 Z 檢定（two-sample Z-test）。

10. 有一研究探討吸菸是否與肺癌有關，該研究招募一群有肺癌的人、一群沒有肺癌的人，發現有肺癌的 300 人當中有 90 人有吸菸習慣，沒有肺癌的 270 人當中有 45 人有吸菸習慣。請問「有肺癌的人當中有吸菸習慣的比例」與「沒有肺癌的人當中有吸菸習慣的比例」是否有差異？（請利用假設檢定的方式回答，必須說明虛無與對立假設、顯著水準、如何完成檢定及結論）

11. 青光眼是導致失明的主要原因。某研究者找了 25 位僅單眼罹患青光眼的病人，測量了他們雙眼的角膜厚度（以微米為單位），想瞭解單眼罹患青光眼的病人，其正常眼的角膜平均厚度是否較青光眼的角膜平均厚度厚？研究資料顯示，這 25 位病人正常眼的角膜平均厚度為 460 微米、標準差是 32 微米，青光眼的角膜平均厚度為 455 微米、標準差是 27 微米；如果以每位病人一對眼睛為單位來看，雙眼角膜厚度的平均差異（正常眼的角膜厚度減青光眼的角膜厚度）為 5 微米、標準差為 10 微米。（必須說明虛無與對立假設、顯著水準、如何完成檢定及結論）

12. 某機構想調查臺灣民眾對健保資源利用的情況是否有改變。在 2010 年時，隨機抽樣 10,000 位民眾，這些民眾當年度健保的平均就醫次數為 14.7 次，標準差為 5 次；而 2020 年時，同樣隨機抽樣 10,000 位民眾，這些民眾當年度健保的平均就醫次數為 15 次，標準差為 7 次。請問臺灣民眾的健保就醫次數是否有增加？（必須說明虛無與對立假設、顯著水準、如何完成檢定及結論）

13. 某研究想瞭解民眾對 Covid-19 疫苗接種偏好，透過電話訪問在臺灣北部與南部兩個地區進行調查。北部地區共 1,600 位民眾接受訪問，其中有 1,024 位想接種莫德納疫苗，400 位想接種 AZ 疫苗，其餘的沒有特別偏好；南部地區有 2,025 位民眾接受訪問，有 1,215 位想接種莫德納疫苗，648 位想接種 AZ 疫苗，其餘的沒有特別偏好。根據上述調查，請問北部與南部居民偏好接種莫德納疫苗的比例是否有差異？（必須說明虛無與對立假設、顯著水準、如何完成檢定及結論）

14. 某藥廠想進行降血脂新藥物的臨床試驗，將 100 位參與臨床試驗的病人隨機分派成兩組，每組皆有 50 位病人，其中一組使用新藥物，另一組則接受

現有常規藥物的治療。在服藥治療半年後,使用新藥物的病人平均血脂下降 36 mg/dL,標準差為 9.3 mg/dL;而使用現有常規藥物的病人平均血脂下降 32 mg/dL,標準差為 8.7 mg/dL。請問新藥降血脂的能力是否較現有常規藥物佳?(必須說明虛無與對立假設、顯著水準、如何完成檢定及結論)

15. 某醫學中心職業病與環境醫學科為治療鉛中毒的病患,採用新型螯合劑進行治療成效評估,治療結果血中鉛濃度(μg/dL)改變如下:

個案	治療前	治療後
1	12	13
2	27	14
3	43	42
4	22	10
5	36	21
6	47	36
7	24	18
8	33	22
9	17	13

請問新型螯合劑治療是否能有效降低血中鉛濃度?(必須說明虛無與對立假設、顯著水準、如何完成檢定及結論)

16. 某學者想探討在長照 2.0 推動後,民眾對於政府提供的長期照護相關服務與訊息瞭解多少,是否有城鄉差距,因而設計了一份問卷用以評估民眾對長照訊息的認知瞭解情況,在研究中隨機抽取都市居民共 450 位進行訪問,同時隨機抽取鄉村、山地居民共 650 位進行訪問。調查結果呈現都市居民平均認知分數 62 分,標準差為 15 分,鄉村、山地居民平均認知分數 53 分,標準差為 21 分。根據上述調查,請問民眾對於政府提供的長期照護相關服務與訊息的認知瞭解情況是否有城鄉差距?(必須說明虛無與對立假設、顯著水準、如何完成檢定及結論)

引用文獻

1. 內政部戶政司人口統計資料，https://www.ris.gov.tw/app/portal/346 。

2. 根據國民健康署「107 年人工生殖施行結果分析報告」內容加以整理模擬。

3. 國民健康署母乳哺育現況調查
   https://www.hpa.gov.tw/Pages/Detail.aspx?nodeid=506&pid=463 。

4. 105 年縣市母乳哺育率調查
   https://www.grb.gov.tw/search/planDetail?id=11839188 。

第 11 章
類別資料的相關性分析與檢定：列聯表分析

蕭朱杏　撰

學習目標

一、瞭解類別資料如何整理成列聯表（contingency table）

二、當兩組類別資料（資料格式可以是二元或多元）是由兩個獨立母體收集而來時，能利用卡方檢定（Chi-square test）進行相關性檢定（test of association）

三、當兩組二元類別資料是由兩個獨立母體收集而來時，如何利用勝算比（odds ratio, OR）來估計這兩個二元變數之間相關性的強度

四、瞭解如何利用收集而來的類別資料進行適合度檢定（goodness-of-fit test）

五、瞭解如何利用屬於兩組相依的（成對的）的類別資料，進行麥內瑪關聯樣本檢定（McNemar's test）

六、當樣本數不夠大時，能使用費雪精確性檢定（Fisher's exact test）進行分析

前　言

對於二元類別資料，例如罹患或沒有罹患某特定疾病，前面的章節已經討論過如何利用這種數據，來推論在單一母體下事件發生的期望值，也就是罹病機率；前面章節也討論了如何估計這種罹病機率在兩個獨立母體下之差異，例如吸菸者罹病的機率與非吸菸者罹病的機率的差異，或是檢定兩個罹病機率差異是否為 0 等。若將吸菸及非吸菸者當作兩個母體，並從其中隨機抽取樣本調查其是否罹病，所得之罹病與未罹病人數，也可用來推論吸不吸菸與罹不罹病之關係。這種有關兩個二元（或多元）類別變數的推論，是本章探討的重點。

本章針對**兩個類別**隨機變數的**相關**，進行統計推論，推論的方法包含估計及檢定，且變數可以不是二元、而是多元的。例如罹患肺癌是不是跟癮君子有關；又例如肺癌患者在某個基因帶有的基因型（AA, Aa, aa），與這個人的肺癌細胞型（肺腺癌 lung adenocarcinoma 或是鱗狀細胞肺癌 squamous cell carcinoma）彼此之間是不是有關係，亦即，是不是某種基因型的肺癌患者比較偏向是肺腺癌。又例如一個人吸菸的上癮程度（輕度、中度、重度），與這一位肺癌患者罹患的是不是肺腺癌有沒有關係。

本章將介紹**列聯表**（**contingency table**），以列聯表來整理及描述收集而得的數據，再利用**卡方檢定**（**chi-square test**）來檢定兩個類別變數是否具有統計上的相關性，即**相關性檢定**（**test of association**）。如果想評估相關性的強度，而不是檢定相關性是否存在，本章也將針對兩組二元類別資料，進行分析。最後，本章還將討論如何運用卡方檢定於**適合度檢定**（**goodness-of-fit test**），以及如何利用**麥內瑪關聯樣本檢定**（**McNemar's test**）進行相依的（成對的）類別型資料之相關性檢定。最後，本章介紹當樣本數不夠大時，如何利用**費雪精確性檢定**（**Fisher's exact test**）完成檢定。

第一節　列聯表與卡方檢定

如果想知道「吸菸與否」與「是否罹患肺癌」的關係，可以先收集資料，例如表 11.1，第一欄是已經去識別化的個案代碼（ID），第二欄為是否吸菸，第三欄為是否罹患肺癌，從資料型態看來，「是否吸菸」與「是否罹患肺癌」都是二元類

別資料，再進一步整理，可以得到一個 2 乘 2（2×2，two by two）的表格，如表 11.2 所示，表 11.2 是 Wynder and Graham 兩位學者在 1950 年的研究資料的部分結果 [1]。

表 11.1：吸菸與否與是否罹患肺癌的資料

個案 ID	是否吸菸 （0：否，1：是）	是否罹患肺癌 （0：否，1：是）
1	0	0
2	0	1
3	1	0
4	1	1
5	1	1
⋮	⋮	⋮

表 11.2：吸菸與否與是否罹患肺癌的的 2×2 列聯表

		是否吸菸		合計
		1：是	0：否	
是否罹患肺癌	1：是	597	8	605
	0：否	666	114	780
合計		1263	122	1385

一、列聯表中的觀察個數與期望個數

表 11.2 內的數據來自 1950 年的兩位學者利用回溯性（retrospective）研究方法，發表的一篇重要論文（Wynder and Graham, 1950）[1]，論文的目的是要建立吸菸與肺癌之間的相關性。表 11.2 有兩個列（row）、兩個欄（column），所以被稱爲是一個 2×2 的列聯表（contingency table）。表格內的數字是他們整理後的人數，例如 597 人是罹患肺癌的 605 人當中吸菸的人數。這些 597、666、8、114 是根據收集來的資料計算出的個數，稱爲**觀察個數（observed count）**，通常以 O_i 表示，例如 $O_1 = 597$，$O_2 = 8$，$O_3 = 666$，$O_4 = 114$。

從這個列聯表中，可以很快發現，肺癌患者中只有 8/605 ≈ 1.3% 的人是不吸菸的，但是非肺癌的人當中，有 114/780 ≈ 14.6% 的人是不吸菸的。這兩個比例十分懸殊，這個懸殊的情況究竟是一種隨機的巧合（by chance only），亦即是恰好

被看到的現象；還是說，吸不吸菸真的與罹患肺癌有關呢？這個問題可以利用前面章節，檢定兩個母體的比例是否相等來推論；或是利用以下的統計檢定來排除隨機的巧合，進而建立出「是否吸菸」與「是否罹患肺癌」的相關性，也就是使用卡方檢定（Chi-square test）完成分析。

就如同前面的 Z 檢定與 t 檢定，卡方檢定之所以稱為卡方檢定，是因為這個檢定方法的檢定統計量服從卡方分布（Chi-square distribution）。而這個卡方檢定的虛無假說及對立假說如下：

虛無假說：兩個變數之間沒有相關性，例如吸菸與罹患肺癌沒有相關性。

對立假說：兩個變數之間有相關性，例如吸菸與罹患肺癌有相關性。

這就是所謂的相關性檢定（test of association），也有人稱之為**獨立性檢定**（**test of independence**）。

卡方檢定的原理在於，如果**兩個變數沒有相關性（虛無假說）**，或是說**兩個變數獨立**，那麼吸菸的 1,263 人會不會罹患肺癌、要落在哪一個格子的可能性，與不會吸菸的 122 人是相同的，是不會有偏好的規律性。所以，吸菸的 1,263 人當中罹患肺癌的比例會跟全部 1,385 人罹患肺癌的比例（估計為 605/1385＝43.7%）一樣，也就是應該會觀察到

$$1263 \times \frac{605}{1385} \approx 1263 \times 43.7\% \approx 551.7 \text{ 人}$$

這個數字代表在虛無假說為真時，期望看到的數值，又稱**期望值或期望個數**（**expected count**），通常以 E_i 表示，跟觀察個數 597 是相對應的。以此類推，可以得到：

不吸菸的 122 人中，期望的罹癌人數為

$$122 \times \frac{605}{1385} \approx 122 \times 43.7\% \approx 53.3 \text{ 人}$$

再以此類推到**沒有罹癌**的人的期望個數，先利用全部人估計沒有罹癌的比例，為780/1385＝56.3%，所以，

吸菸的 1,263 人中，期望的沒有罹癌人數為

$$1263 \times \frac{780}{1385} \approx 1263 \times 56.3\% \approx 711.3 \text{ 人}$$

不吸菸的 122 人中，期望的沒有罹癌人數為

$$122 \times \frac{780}{1385} \approx 122 \times 56.3\% \approx 68.7 人$$

把這四個期望個數（$E_1 = 1263 \times 605/1385 \approx 551.7$，$E_2 = 53.3$，$E_3 = 711.3$，$E_4 = 68.7$）放回到 2×2 的列聯表中（表 11.3），可以發現，每個期望值的計算都使用了該個格子對應的列的總數（如 605、780）、欄的總數（如 1263、122），以及總人數 1385。

表 11.3：吸菸與否與是否罹患肺癌的期望個數的 2×2 列聯

		是否吸菸		合計
		1：是	**0：否**	
是否罹患肺癌	**1：是**	$1263 \times \frac{605}{1385} \approx 551.7$	$122 \times \frac{605}{1385} \approx 53.3$	605
	0：否	$1263 \times \frac{780}{1385} \approx 711.3$	$122 \times \frac{780}{1385} \approx 68.7$	780
合計		1263	122	1385

　　接下來，可以比對表 11.2 與表 11.3，如果虛無假說為真的情況下所計算的**期望個數**與實際的**觀察個數**差很多，表示這個「期望」可能不是真的，這個虛無假說可能應該被推翻。那麼，差多少才叫做差很多呢，這個問題可以利用卡方檢定來回答。

二、用於相關性檢定的卡方檢定

　　用於相關性檢定的卡方檢定，其檢定統計量計算的是期望個數與觀察個數的差異，通常以 X^2 表示。例如，表 11.2 與表 11.3 的差異可以表示為，

$$X^2 = \sum_{i=1}^{4} \frac{(O_i - E_i)^2}{E_i} = \frac{(597 - 551.7)^2}{551.7} + \frac{(8 - 53.3)^2}{53.3} + \frac{(666 - 711.3)^2}{711.3} + \frac{(114 - 68.7)^2}{68.7}$$
$$\approx 74.98$$

　　這個檢定統計量將列聯表中的每一個格子的 O_i 與 E_i 的差異，都利用差異的平方再除以 E_i 來計算。使用平方可以考慮到 E_i 相較於 O_i 而言，差異有多大；而分母中的除以 E_i 則有標準化的意涵，因為不同應用的數據會有不同的數值範圍，這個除以 E_i 的方式可以讓應用於不同數值範圍的檢定統計量都服從相似的統計分布，方便進行接下來的檢定。如果這個檢定統計量很大，表示期望個數與觀察個數差

很多，很可能表示虛無假設與資料不符。

　　根據統計理論，針對一個 $r \times c$（表示有 r 列及 c 欄）的列聯表，所計算出的卡方檢定統計量，在虛無假設為真時，卡方檢定統計量會服從自由度為 $(r-1) \times (c-1)$ 的卡方分布。此例是一個 2×2 的列聯表，所以檢定統計量的抽樣分布逼近自由度為 1 的卡方分布，可以利用這個分布計算 P 值。

範例一：如果在程式軟體 R 裡面執行上述例子的計算，首先必須輸入資料，圖 11.1 中將資料命名為 mydata，並且設定格式為矩陣（matrix），欄數（ncol）為 2。接下來進行卡方檢定（chisq.test），就可以得到檢定統計量的數值為 74.9527，P 值為 $2.2e-16$（可表示成 2.2×10^{-16}），也就是 P 值非常小。一般可以把 P 值跟顯著水準 0.05 或 0.001 相比，來判斷這個檢定結果是否達統計顯著。

```
> mydata = matrix(c(597,666,8,114), ncol = 2)
> mydata
     [,1] [,2]
[1,] 597    8
[2,] 666  114

> chisq.test(mydata, correct = F)

        Pearson's Chi-squared test
data:  mydata
X-squared = 74.9527, df = 1, p-value < 2.2e-16
```

圖 11.1：資料輸入與卡方檢定

這裡也可以將檢定的結果存成物件（命名為 out），如圖 11.2，就可以看看這個物件中包含的其他東西，例如觀察個數（如圖中的 out$observed）、與期望個數（如圖中的 out$expected），而呈現出來的數字跟前面計算的結果也都一樣。

```
> out=chisq.test(mydata, correct = F)
> out$observed
     [,1] [,2]
[1,] 597    8
[2,] 666  114
> out$expected
         [,1]     [,2]
[1,] 551.7076 53.29242
[2,] 711.2924 68.70758
```

圖 11.2：卡方檢定結果的部分內容

這個檢定的結果說明了在卡方分布自由度為 1（df＝1）的情況下，檢定的 P 值很小，所以可以判斷比顯著水準（α＝0.05）還低，因此達到統計顯著，拒絕虛無假說，而虛無假說就是前面提到的「兩個變數沒有相關性」。換句話說，「是否吸菸」與「是否罹患肺癌」沒有相關的這個虛無假設可以被推翻了，而對立假說的「兩者有相關」就勝出了；進一步檢視資料，肺癌患者當中有高達 597/605 ≈ 98.7% 的人有吸菸習慣，反之沒有肺癌的人當中，有吸菸習慣的比例比較低，為 666/780 ≈ 85.4%。

其實，現代社會已經普遍接受吸菸與肺癌的相關性，以及吸菸是肺癌的危險因子；但是，在當時的年代，還是有很多人不相信以及不支持，所以才會有學者提出研究的結果來佐證，而統計的論述也扮演了重要的角色。

範例二：近年來亞洲婦女（包含臺灣）罹患肺癌的人數越來越多，尤其是非小細胞肺癌（non-small-cell lung cancer, NSCLC），而這些婦女多數沒有吸菸的習慣。這類型的癌症病患，其癌細胞是否有 EGFR 突變（epidermal growth factor receptor mutation），會跟後續的標靶治療有關。數位臺灣的學者參與一個名為 PIONEER 的研究計畫（Shi et al., 2014）[2]，招募了一群東亞的 NSCLC 患者，其中包含沒有吸菸習慣的 577 位婦女、曾經或偶爾吸菸的婦女 28 位，以及經常吸菸的 23 位婦女，她們的 EGFR 突變的資料如表 11.4。從這份資料中，能否推論「是否有 EGFR 突變」與「吸菸習慣」兩者之間的相關性呢？

表 11.4：吸菸與否與是否有 EGFR 突變的觀察個數（期望數個數）的 3×2 列聯表

		是否 EGFR 突變		合計
		是	否	
吸菸習慣	從不	358 （577×384/628≈352.8）	219 （577×244/628≈224.2）	577
	曾經或偶爾	18 （28×384/628≈17.1）	10 （28×244/628≈10.9）	28
	經常	8 （23×384/628≈14.1）	15 （23×244/628≈8.9）	23
合計		384	244	628

這個範例二跟範例一的目標相同，都想探討兩個變數之間的相關性，但是，這個範例的「吸菸習慣」不是二元變項，而是多元的類別變項，所以表 11.4 是一個 3×2 的列聯表，不同於範例一的 2×2 列聯表。不過，在做法上仍相同，同樣先假設在虛無假說為真，也就是兩個變數沒有相關，「吸菸習慣」與「是否有 EGFR 突變」沒有關係的情況下，計算出每個格子的期望個數。換句話說，當兩個變數沒有相關時，一個人會不會有 EGFR 突變的機率可以利用全部資料的 384/628≈61.1% 來估計。接下來，在這個「虛無假說的期望」下，可以依序算出每個格子的期望個數，例如，在從不吸菸的 577 人當中，期望會有 $577 \times 61.1\% \approx 577 \times 384/628 \approx 352.8$ 人有 EGFR 突變，表 11.4 中其它括號內的數字也是利用同樣的想法算出來的。

接下來，就可以利用觀察個數及期望個數來計算出卡方檢定統計量，

$$X^2 = \sum_{i=1}^{6} \frac{(O_i - E_i)^2}{E_i} = \frac{(358 - 352.8)^2}{352.8} + \frac{(18 - 17.1)^2}{17.1} + \frac{(8 - 14.1)^2}{14.1} +$$

$$\frac{(219 - 224.2)^2}{224.2} + \frac{(10 - 10.9)^2}{10.9} + \frac{(15 - 8.9)^2}{8.9} \approx 7.14$$

此例是一個 3×2 列聯表分析，故要利用自由度為 2 的卡方分布計算 P 值。

如果利用 R 來進行檢定，就可以如圖 11.3，一樣得到卡方檢定統計量的值為 7.0412，還有比顯著水準 0.05 小的 P 值為 0.02958；所以，結果為達到統計顯著，不同的吸菸習慣可能跟 EGFR 是不是有突變有關。

```
> chisq.test(matrix(c(358,18,8,219,10,15), ncol = 2),
correct = F)

        Pearson's Chi-squared test
data:  matrix(c(358,18,8,219,10,15), ncol = 2)
X-squared = 7.0412, df = 2, p-value = 0.02958
```

圖 11.3：利用 R 進行卡方檢定

三、卡方檢定的假設

這裡的卡方檢定探討的是觀察個數與期望個數之間的差異，並沒有假設原先的觀察個數服從什麼樣的分布，所以卡方檢定被認為是無母數檢定的一種，因為它對觀察個數的母體沒有假設任何的分布。

　　然而，使用卡方檢定必須服從列聯表內資料的獨立性假設，也就是說，落在不同格子內的受試者之間彼此獨立、以及同一個格子內的受試者也彼此獨立；而且，每位受試者只會落在一個格子，例如，範例二內的人要不是有 EGFR 突變，不然就是沒有，不會重複；同樣地這些人的吸菸習慣只有三種方式中的一種；而且，突變狀態與吸菸習慣皆相同的人，彼此之間也是獨立的個體，沒有親屬關係，不會發生因為遺傳而有相同突變狀態的可能。同樣在範例一的列聯表中，參與調查研究的人只會出現在其中一個格子，而且彼此之間是獨立的個體。這些是卡方檢定的重要假設。

第二節　卡方分布的應用

　　前一節的兩個範例中，介紹了列聯表，也介紹了如何進行卡方檢定；從範例中的卡方檢定的結果可以發現，使用了卡方分布（Chi-square distribution, χ^2）來探討卡方檢定統計量的顯著性。這個檢定統計量之所以服從卡方分布，可以利用數理統計的方式證明，而這個證明必須在樣本數大的情況下才能完成。換句話說，雖然資料是類別、不是連續型的，但這個檢定統計量在樣本數大的時候，會逼近一個連續型的卡方分布。

一、卡方分布的特質

　　卡方分布就跟前面的許多分布一樣，有不同的形狀，而形狀則由它的參數來決定，它的參數就是所謂的**自由度（degree of freedom, df）**。就像前面的常態分佈，它的分布形狀由期望值與變異數所決定；也像前面的 t 分布，其形狀由自由度決定。圖 11.4 是利用 R 畫出的幾個不同自由度的卡方分布，分別是自由度為 1、3、5、10 的四個卡方分布。從圖可以看出，自由度越大，分布就越往大的數值移動，變異也就更大。同時，也可以看出，卡方分布是個只定義在正的數值的分布；回想前面範例中的檢定統計量也都是平方和，所以不可能會出現負值，這個正的數值的範圍可以到無限大。

　　從圖 11.4 可以看出，卡方分布是一個右偏的分布。這個分布也可以按照定義計算出期望值及變異數，它的期望值會等於它的自由度，它的變異數會等於它的

自由度的兩倍。例如，如果 Y 是一個服從卡方分布的隨機變數，自由度為 d，則其期望值為 $E(Y) = d$，變異數為 $Var(Y) = 2d$。

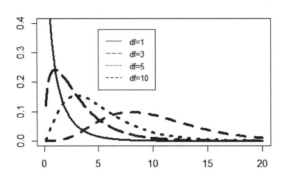

圖 11.4：自由度為 1、3、5、10 的四個卡方分布圖

二、卡方檢定的自由度

卡方檢定中，卡方分布的自由度是由列聯表的列數 r 與欄數 c 所決定的，這個數值會與列聯表中能自由變動的格子數有關。一個列聯表中的每一欄及每一列會有該欄或該列的人數小計（subtotal），將所有列或欄的人數小計相加則為總人數（total）。例如，在範例一當中的 2×2 列聯表，列數 r 為 2，欄數 c 也是 2，在總人數固定時，4 個格子中有 3 個格子的數值可以自由變動，也就是可自由變動的格子數為 $r \times c - 1 = 2 \times 2 - 1 = 3$；然而，在虛無假說下，當列人數小計或欄人數小計固定後，格子中的期望個數受限於虛無假說下的比例，無法自由變動，因此，當總人數固定時，對於列來說，可以自由變動的數值為列數減 1，即 $r - 1$；同理，對於欄來說，可以自由變動的數值為欄數減 1，$c - 1$；所以，在虛無假說下能變動的格子數為 $r - 1 + c - 1 = r + c - 2$。因此，這兩種情境中可以自由變動的格子數的差異為

$$(r \times c - 1) - (r + c - 2) = rc - r - c + 1 = (r - 1) \times (c - 1)$$

此差異在統計理論上，就是卡方檢定所依據的自由度，其計算公式為 $(r - 1) \times (c - 1)$，也就是（列數-1）×（欄數-1）。範例一的圖 11.1 中，也顯示了自由度為 1 的卡方檢定。

範例三：在範例二中，列聯表的列數為 3，因為吸菸習慣被分成 3 種；欄數為 2，因為 EGFR 不是突變就是沒有突變。所以，卡方分布的自由度為（列數-1）×

（欄數－1），也就是 $(3-1) \times (2-1) = 2$；圖 11.3 中也顯示了自由度爲 2 的卡方檢定。

三、卡方檢定的拒絕區與 P 值的計算

前面的範例中提到，卡方分布是用來決定列聯表中，觀察個數及期望個數的差異是不是大到可推論爲達到統計上的顯著；如果卡方檢定統計量的數值很大，表示觀察個數與期望個數的差異很大，這個很大的數值會落在檢定統計量之抽樣分布（如圖 11.4 的分布圖）的右尾，而右尾也就是所謂的拒絕區。然而，拒絕區的大小由顯著水準決定，所以，如果顯著水準爲 0.05，那麼落在右尾 0.05 機率之拒絕區內的數值表示達到統計顯著的檢定，虛無假說也會被拒絕。一般來說，可以根據顯著水準計算臨界值，若卡方檢定統計量大於臨界值，則拒絕虛無假設。

在自由度爲 1 的卡方分布中，對應到右尾機率 0.05 的數值是 3.84，亦即臨界值是 3.84。這可以利用 R 指令「qchisq(0.95,1)」而得到，這個函數的第一個值 0.95 代表累積機率到 0.95 時（也就是右尾機率 0.05 時），第二個值是自由度爲 1；這個指令會得到自由度爲 1 的卡方分布的第 95 個百分位數（或稱分位數），也就是 3.84。若自由度爲 2 則利用 R 指令「qchisq(0.95,2)」可以得到第 95 個百分位數爲 5.99。

另一種決定檢定結果的方式是計算 P 值，因爲卡方檢定統計量的抽樣分布之拒絕區在右尾，故可利用卡方檢定統計量及卡方分布來計算 P 值，計算方式爲：

$$P \text{ 值} = Pr(\chi^2 > \text{卡方檢定統計量的數值})$$

範例四：範例一的卡方檢定，若顯著水準爲 0.05，則因自由度爲 1，所以臨界值爲 3.84；而統計量是 74.95，比 3.84 大，所以達到統計顯著；另外，若利用 R 指令「1-pchisq(74.95,1)」計算 P 值，這個函數 pchisq 的第一個值爲統計量，代表要計算小於統計量 74.95 的累積機率，第二個值是自由度爲 1，因 P 值爲右尾機率，故以 1 減去累積機率計算，1-pchisq(74.95,1)，經計算可得 P 值 <0.05，達到統計顯著。而在範例二中，因自由度爲 2，可獲得臨界值爲 5.99，而卡方檢定統計量是 7.04，比 5.99 大，所以也達到統計顯著；另外，可利用 R 指令「1-pchisq(7.04,2)」，可得 P 值爲 0.02959944，比 0.05 小，達到統計顯著。這些數字與圖 11.1 及 11.3 內利用指令「chisq.test」所得的 P 值是一樣的。

有些讀者可能注意到，若顯著水準為 0.05，則當自由度為 1 時，上面的檢定統計量會跟臨界值 3.84 相比，這個 3.84 恰好是 1.96 的平方，所以卡方分布是不是跟標準常態分布有關係，這部分的討論請有興趣的讀者見本章最後面的補充附錄一。

四、卡方檢定的連續性校正

卡方檢定統計量計算的是計數資料（count data）之期望值與觀察值的差異，因為是計數資料，所以統計量 X^2 應該不會是連續型數值；然而，前面提到的卡方分布（如圖 11.4）卻是連續型的隨機分布；所以，是什麼情況使得卡方檢定統計量的分布接近或相似於連續型的隨機分布呢？答案是，當樣本數大的時候。換句話說，當樣本數大的時候，才可以使用卡方檢定。這是一種大樣本的性質。至於要如何判斷樣本數夠不夠大，可以看列聯表中的期望個數是不是比 5 大。比較嚴格的標準會要求每個格子的期望個數都比 5 大，這在格子數不太多的情況下是很好的準則；如果格子數很多，多半只要有超過 80% 的期望個數比 5 大就可以了。這時候，大樣本的性質就能運作，使用卡方檢定就不會有問題了。

不過，即使在期望個數比 5 大的情況下，如果能對期望個數與觀察個數的差異進行些微調整，可以使得統計量 X^2 更接近連續型的卡方分布，這個微調就是所謂的葉氏校正（Yates' correction），也就是在分子內的每一項進行 0.5 的變動如下：

$$X^2_{\text{Yates}} = \sum_{i=1}^{r \times c} \frac{(|O_i - E_i| - 0.5)^2}{E_i}$$

從式中可知，經過葉氏校正的微調，分子的值會變小，統計量也會跟著變小，故統計量可能較不容易落在拒絕區，亦即較不容易達到統計上的顯著意義。因此，針對同一組資料的分析，可能會出現進行葉氏校正的檢定結果為不顯著，而未經葉氏校正的檢定結果卻為顯著的情形。此時，分析者可納入其他訊息，再行決定。

以下範例及圖 11.5 可以看到使用的卡方檢定 R 指令 chisq.test 中，有一個選項是 correct＝F，這個選項代表的是要不要進行葉氏校正，如果選擇 F 就不會有校正；如果不選擇，R 指令內建的設定是 correct＝T，也就是會進行校正。在樣本數大的時候，有沒有校正當然不會有明顯差異，但是當樣本數小的時候，最好進行校正。又，統計軟體如 R 及 SAS，針對葉氏校正的應用，只提供給 2×2 列聯表的分析，其它 $r \times c$ 的列聯表分析，即使在 R 中加上 correct＝T，R 也不會執

行校正。

範例五：（葉氏校正）延續範例一，圖 11.5(a) 放的是有沒有進行葉氏校正的卡方檢定的結果，預設與 correct＝T 的結果均是有進行校正，兩者的統計量皆為 73.307，而 correct＝F 未經校正的統計量為 74.953，比有校正的統計量來得大。延續範例二，圖 11.5(b) 放的是有沒有進行葉氏校正的卡方檢定的結果，而兩者並沒有差異，皆為 7.0412，然經計算有校正的統計量應為 5.847，R 指令的結果顯然與根據上列式子計算的結果有差距，這就是因為在非 2×2 的列聯表時，R 不會執行校正。

```
> chisq.test(matrix(c(597,666,8,114), ncol = 2))

        Pearson's Chi-squared test with Yate's continuity
        correction

data:  matrix(c(597,666,8,114), ncol = 2)
X-squared = 73.307, df = 1, p-value < 2.2e-16
> chisq.test(matrix(c(597,666,8,114), ncol = 2),correct =
T)

        Pearson's Chi-squared test with Yate's continuity
        correction

data:  matrix(c(597,666,8,114), ncol = 2)
X-squared = 73.307, df = 1, p-value < 2.2e-16
> chisq.test(matrix(c(597,666,8,114), ncol = 2),correct =
F)

        Pearson's Chi-squared test

data:  matrix(c(597,666,8,114), ncol = 2)
X-squared = 74.953, df = 1, p-value < 2.2e-16
```

圖 11.5(a)：比較範例一中有無進行葉氏校正的卡方檢定的結果

```
> chisq.test(matrix(c(358,18,8,219,10,15), ncol = 2),
correct = F)

        Pearson's Chi-squared test

data:  matrix(c(358,18,8,219,10,15), ncol = 2)
X-squared = 7.0412, df = 2, p-value = 0.02958
> chisq.test(matrix(c(358,18,8,219,10,15), ncol = 2))

        Pearson's Chi-squared test

data:  matrix(c(358,18,8,219,10,15), ncol = 2)
X-squared = 7.0412, df = 2, p-value = 0.02958
```

圖 11.5(b)：比較範例二中有無進行葉氏校正的結果

範例六：（葉氏校正）表 11.4 是範例二的資料，如果只擷取「曾經或偶爾」有吸菸習慣、「經常」有吸菸習慣的兩組人，及他們是否有 EGFR 突變的觀察個數，來推論這種類型的吸菸習慣與 EGFR 突變的相關性，那麼就可以得到如下的 2×2 的列聯表，包含其觀察個數與期望個數如表 11.5：

表 11.5：兩種吸菸習慣與是否有 EGFR 突變的觀察個數（期望個數）的 2×2 列聯表

		是否 EGFR 突變		合計
		是	否	
吸菸習慣	曾經或偶爾	18 （26×28/51≈14.3）	10 （25×28/51≈13.7）	28
	經常	8 （26×23/51≈11.7）	15 （25×23/51≈11.3）	23
合計		26	25	51

如果看「曾經或偶爾」有吸菸習慣的人，其 EGFR 突變的比例為 $18/28 \approx 64.3\%$；而「經常」有吸菸習慣的人，其 EGFR 突變的比例為 $8/23 \approx 34.8\%$；這兩個比例相差很大，若想知道這是不是隨機碰巧觀察到的數據，還是兩者真的有相關，可以利用卡方檢定來推論兩者是否具有相關性。

在表 11.5 中，雖然期望個數都比 5 大，但是表內的樣本數不算大，此時做不做葉氏校正可能會有差異。圖 11.6 展示了這兩種做法的結果，未經葉氏校正的 P 值為 0.04、有葉氏校正的 P 值為 0.07，如果顯著水準為 0.05，那麼 P 值會從顯著邊緣（0.04）變成不顯著（0.07）。此例中，進行葉氏校正是比較保守的做法，因樣本數不大，以保守原則為較佳的策略，因此選擇葉氏校正。所以結論是，在偶爾吸菸與經常吸菸的人當中，EGFR 的突變沒有統計上顯著的不同。

```
> chisq.test(matrix(c(18,8,10,15), ncol = 2), correct = F)

        Pearson's Chi-squared test

data:  matrix(c(18,8,10,15), ncol = 2)
X-squared = 4.3982, df = 1, p-value = 0.03598
> chisq.test(matrix(c(18,8,10,15), ncol = 2)

        Pearson's Chi-squared test with Yate's continuity
        correction

data:  matrix(c(18,8,10,15), ncol = 2)
X-squared = 3.2969, df = 1, p-value = 0.06941
```

圖 11.6：比較有無進行葉氏校正的結果

第三節　利用勝算比評估相關性的方向與強度

　　前述的卡方檢定進行的是相關性檢定，如果結果是統計顯著，表示兩個變數之間可能有相關，而這個相關有可能是正相關、也有可能是負相關，卡方檢定的結果並不能表示是哪一種方向。例如範例一當中，「吸菸與否」與「是否罹患肺癌」兩者之間是有相關性的。然而，究竟是「吸菸」的人容易罹患肺癌，還是「不吸菸」的人容易罹患肺癌，並不是卡方檢定所檢定的假設。然而，這個相關性方向可以利用原始資料來判定，例如肺癌患者中只有 $8/605 \approx 1.3\%$ 的人是不吸菸的，吸菸的人占了 98.7%，但是非肺癌的人當中，不吸菸的人占 85.3%，似乎吸菸與罹患肺癌是正相關的。另一個回答這問題的方式是利用兩個比例相等的 Z 檢定，若使用雙尾的對立假說，則等同於卡方檢定，然而在 Z 檢定，可以選擇單尾的對立假說，檢定相關性的方向。因此如果卡方檢定顯著，單尾 Z 檢定應該也會顯著，這是因為屬於雙尾檢定的卡方檢定會比單尾的 Z 檢定還要保守。至於相關性的強度的統計推論，就要利用勝算比了。

一、利用勝算比（odds ratio, OR）進行相關性強度的統計推論

　　卡方檢定並不是用來量測相關性的強度。例如，相較於「不吸菸」的人，「吸菸」會提高多少「罹患肺癌」的危險性。這個問題可以使用勝算比 OR 來回答，勝算（odds）的定義是發生的機率除上不發生的機率，例如範例一當中，吸菸得肺癌的勝算估計為 $(597/1263)/(666/1263)$，不吸菸得肺癌的勝算為 $(8/122)/(114/122)$，所以「是否吸菸」與「是否罹患肺癌」的 OR 估計值為

$$\widehat{OR} = \frac{(597/1263)/(666/1263)}{(8/122)/(114/122)} = \frac{597 \times 114}{8 \times 666} \approx 12.8$$

這個表示「吸菸」的人罹患肺癌的勝算，是「不吸菸」的人罹患肺癌的勝算的 12.8 倍。既然勝算比較大，進而也表示「吸菸」的人罹患肺癌的機率比較大。所以卡方檢定與 OR 都可以用在 2×2 的列聯表上，兩者提供的訊息也可以互相支援，前者著重的是檢定的統計推論，後者注重的是估計的統計推論。

　　不過，OR 還有其他的用處，下面將利用範例來進一步說明 OR 的 95% 信賴區間與檢定。

範例七：範例一的 $\widehat{OR} = 12.8$，這個統計量是利用現有資料得到的估計值，評估一個估計值的準確程度可以看其變異數、或是 95% 信賴區間。然而，因爲這個統計量的抽樣分布不明，而 $\log(\widehat{OR})$ 的抽樣分布可以利用常態分布來逼近，所以可以先估計 $\log(\widehat{OR})$ 的變異數、95% 信賴區間，再進行轉換來求得 OR 的信賴區間。

從一些數理統計的運算可以得知，在樣本數大時，$\log(\widehat{OR})$ 的抽樣分布服從常態分布，期望值爲母群體的 $\log(OR)$ 真值，變異數可由下列公式推估：

$$\widehat{VAR}\big(\log(\widehat{OR})\big) = \frac{1}{O_1} + \frac{1}{O_2} + \frac{1}{O_3} + \frac{1}{O_4} = \frac{1}{597} + \frac{1}{8} + \frac{1}{666} + \frac{1}{114} \approx 0.14$$

因此，真正的 $\log(OR)$ 的 95% 信賴區間可以用以下區間來逼近

$$\log(\widehat{OR}) \pm 1.96 \times \sqrt{\widehat{VAR}\big(\log(\widehat{OR})\big)} = \log(12.8) \pm 1.96 \times \sqrt{0.14} \approx (1.82, 3.28)$$

再從這裡進行對數化的轉換，就可以逼近真值 OR 的 95% 信賴區間爲

$$(\exp(1.82), \exp(3.28)) \approx (6.2, 26.6)$$

這個信賴區間沒有涵蓋 1，而且這個 OR 倍數十分的大。因爲 OR = 1 表示「吸菸」跟「不吸菸」的人罹患肺癌的可能性沒有差異，所以會以「沒有包含 1」表示兩者有關。

通常從信賴區間的估計所得到的結果，與進行虛無假說 OR = 1 及對立假說 OR≠1 的檢定結果可能有一些差距，因爲在進行統計檢定時，所用的式子是根據虛無假說爲真的條件所推導出來的；然而，進行一般信賴區間的估計時，不是進行檢定，也不會注意虛無假說，因此兩者用來推論的結果可能會有一些不同。只是，所獲得的結果雖不會完全一樣，但相當接近的機會很大。

範例八：表 11.5 的 2×2 列聯表列舉了兩種不同吸菸習慣的肺癌患者與是否有 EGFR 突變的觀察個數，其 OR 估計值爲

$$\widehat{OR} = \frac{18 \times 15}{10 \times 8} = 3.375$$

這是個不小的數值，也表示兩者的正相關。爲求估計值的準確度，進一步計算其變異數爲

$$\widehat{VAR}\big(\log(\widehat{OR})\big) = \frac{1}{18} + \frac{1}{10} + \frac{1}{8} + \frac{1}{15} \approx 0.35$$

因此，眞值 log(OR) 的 95% 信賴區間爲

$$\log(\widehat{OR}) \pm 1.96 \times \sqrt{\widehat{VAR}\big(\log(\widehat{OR})\big)} = \log(3.375) \pm 1.96 \times \sqrt{0.35} \approx (0.06, 2.38)$$

接下來再進行對數化，可得到眞值 OR 的 95% 信賴區間爲

$$(\exp(0.06), \exp(2.38)) \approx (1.06, 10.80)$$

這些結果顯示，雖然 OR 估計值不小，比 1 大很多；但是它的 95% 信賴區間很寬，而且離 1 很近，很難說 OR 很顯著的不同於 1；所以，只代表了邊緣的統計顯著性（有時稱 mild significance），可能不足以推翻虛無假設。實務上，雖然有些分析者會因爲此區間不包括 1，就推論達到統計上顯著，但此處希望藉此例建議研究者在解讀結果時，務必要搭配數據值來理解會更爲恰當，而不僅僅報告結果是否顯著而已。

第四節　成對樣本的相關性檢定（McNemar's test）

在前面的章節中曾經提到，有些情況下，參與試驗的受試者在治療前會進行前測，治療後會進行後測；換句話說，同一群人中的每個人都進行了兩次測量。這種情況的分析方法（如配對的 t 檢定），不會等同於不同的兩群人分別進行測量（如兩組獨立樣本的 t 檢定）。那麼，當變數爲類別型時，這種成對的樣本要如何進行假說檢定呢？以下先以一個樣本數小的範例來說明這個檢定的想法，但實際執行檢定時，這樣的樣本數是不足的，請讀者務必注意。

假設某研究生想要評估「衛教是否能提升大學生對預防高血壓的認知」，隨機招募了 10 位大學生，先以問卷評估他們對預防高血壓的認知是否足夠，再進行三小時的衛教。完成衛教一星期之後，又評估他們對預防高血壓的認知是否足夠，得到以下資料如表 11.6：

表 11.6：衛教前後對預防高血壓的認知，＋表示足夠，× 表示不足

ID	1	2	3	4	5	6	7	8	9	10
前測	＋	×	×	＋	×	×	＋	×	＋	＋
後測	＋	×	＋	＋	＋	×	＋	＋	＋	×

　　這位研究生立刻把資料組合，變成表 11.7 的左邊，並且想進行前面提到過的卡方檢定；然而，表格中的資料並不符合前面提過的卡方檢定的假設，也就是說，表格中的 5、5、7、3 等 20 個數據彼此並不是獨立的個體。每個受試者都貢獻了兩筆資料，這兩筆資料是從同一個人來的，會受到這個人本身的特質而影響，（例如這個人本來就熱衷於研讀健康的知識等），所以這兩筆資料是彼此相依的資料。

　　正確的整理方式為表 11.7 的右邊，其中的 4 表示有 4 個人同時通過前測及後測，3 則表示有 3 個人在前測是不足（×）而後測為足夠（＋），此時表格中的 4、3、1、2 則代表 10 位彼此獨立的大學生，在前測與後測的表現情形。

表 11.7：左邊表格中的數字包含重複出現的受試者，右邊表格中的數字則無

	足夠	不足	合計			前測		
						足夠	不足	合計
前測	5	5	10	後測	足夠	4	3	7
後測	7	3	10		不足	1	2	3
						5	5	10

　　針對右邊表格中的數值，McNemar's test 的想法是，在虛無假說為真的情況下，衛教與增進或減少認知無關，那麼，一個人的前測與後測表現應該相同；換句話說，「這 10 個人的前測是足夠的機會」，如表 11.8 中的第一行 $p_a + p_c$，應該跟「這 10 個人的後測是足夠的機會」，如表 11.8 中的第一列 $p_a + p_b$，兩者一樣，也就是 $p_c = p_b$。同理，前測不足的機會 $p_b + p_d$ 也應該跟後測不足的機會 $p_c + p_d$ 一樣，也就是 $p_b = p_c$。也就是說，這個檢定將針對 45 度對角線評估 p_b 是不是等於 p_c，也就是看 45 度對角線的兩個前後測不一致的觀察個數如 3 跟 1，是不是接近。

　　在 McNemar's test 的想法下，如果虛無假說為真，衛教沒有效果，那麼數值 3 跟 1 應該差不多，也就是 3＋1 共 4 個人應該要平均出現在這兩個格子，例如 (3＋1)/2＝2，各兩個，或至少不要差太多才對。而且，使用的檢定統計量應該要能評估這個差異是不是顯著到能推翻虛無假說。上述這個例子的樣本數太小，能用來說明想法但實際上並不適合進行檢定，所以請看下一個範例。

表 11.8：每個行與每個列的機率，分別代表前測與後測是否足夠的機率

		前測		
		足夠	不足	合計
後測	足夠	p_a	p_b	$p_a + p_b$
	不足	p_c	p_d	$p_c + p_d$
		$p_a + p_c$	$p_b + p_d$	1

範例九：假設上述研究生實際收集且整理的資料如表 11.9，

表 11.9：針對 **60** 位大學生進行「對預防高血壓認知衛教」的前測與後測結果

		前測		
		足夠	不足	合計
後測	足夠	7	28	35
	不足	12	13	25
		19	41	60

則 McNemar's test 的進行必須評估 45 度對角線的兩個不一致的觀察個數 28 跟 12，是不是接近；如果接近，那麼應該各約 $(28+12)/2 = 20$，這也是在虛無假說 為真的情況下的期望個數，因此，利用觀察個數及期望個數的差異來計算檢定統 計量為

$$X^2 = \sum_{i=1}^{2} \frac{(O_i - E_i)^2}{E_i}$$

或是有校正的

$$X^2 = \sum_{i=1}^{2} \frac{(|O_i - E_i| - 0.5)^2}{E_i} = \frac{(|28 - 20| - 0.5)^2}{20} + \frac{(|12 - 20| - 0.5)^2}{20}$$

$$= 5.625$$

這個 5.625 要跟自由度為 1 的卡方分布比較，在顯著水準為 0.05 的情況下， 5.625 比 3.84 大，所以達到統計顯著，也就是能通過認知測驗的前後測機會不 同，也就是說，這個衛教是有效果的，後測通過的機會比前測通過的機會還高。 以下為 R 指令範例：

```
> mcnemar.test(matrix(c(7,12,28,13),ncol = 2),correct = T)
McNemar's Chi-squared test with continuity correction
data:  matrix(c(7,12,28,13),ncol = 2)
McNemar's Chi-squared = 5.625, df = 1, p-value = 0.01771
```

範例十：為了釐清艾瑞莎（Iressa，又稱 Gefinitib）這個藥物是不是能作為有 EGFR 突變的非小細胞肺癌患者的標靶藥物，某研究針對有 EGFR 突變的 127 位肺癌患者，使用艾瑞莎治療，觀察到 85 位臨床表現顯著較佳。這個研究同時針對這 127 位肺癌患者的年齡、性別、腫瘤大小，配對 127 位沒有 EGFR 突變的肺癌患者，也使用艾瑞莎治療，觀察到 24 位臨床表現顯著較佳。因為這是配對研究，所以這筆資料的分析必須使用 McNemar's test。將資料整理過後如表 11.10。

表 11.10：針對艾瑞莎與非小細胞肺癌患者的配對研究

		有 EGFR 突變		
		表現較佳	表現不佳	合計
沒有 EGFR 突變	表現較佳	6	18	24
	表現不佳	79	24	103
		85	42	127

則 McNemar's test 需要評估 45 度對角線的兩個不一致的觀察個數 18 跟 79，是不是接近；如果接近，那麼應該各約 $(18+79)/2 = 48.5$，這是在虛無假說為真的情況下的期望個數，因此，檢定統計量為

$$X^2 = \sum_{i=1}^{2} \frac{(|O_i - E_i| - 0.5)^2}{E_i} = \frac{(|18 - 48.5| - 0.5)^2}{48.5} + \frac{(|79 - 48.5| - 0.5)^2}{48.5}$$

$$\approx 37.11$$

在顯著水準為 0.05 的情況下，這個 37.11 比 3.84 大，所以達到統計顯著，也就是說，有 EGFR 突變跟沒有 EGFR 突變的非小細胞肺癌患者，服用艾瑞莎之後的臨床表現達到統計上顯著的不同，艾瑞莎對於有 EGFR 突變的肺癌患者比較有效。再回到表格內的數值，在配對年齡、性別、腫瘤大小之後，有 EGFR 突變且治療表現較佳的 79 人，比配對的沒有 EGFR 突變且治療表現較佳的 18 人，的確高出許多。以下為 R 指令範例：

```
> mcnemar.test(matrix(c(6,79,18,24),ncol = 2),correct = T)
McNemar's Chi-squared test with continuity correction
data:  matrix(c(6,79,18,24),ncol = 2)
McNemar's Chi-squared = 37.113, df = 1, p-value = 1.115e-09
```

　　有些學者介紹 McNemar's test 時，使用的式子爲

$$X^2 = \frac{(O_1 - O_2)^2}{(O_1 + O_2)}，或是有校正的 \ X^2 = \frac{(|O_1 - O_2| - 1)^2}{(O_1 + O_2)}$$

這兩個式子與前面所介紹的兩個式子是等價的，兩者全等，有興趣的讀者可以參考本章最後面的補充說明附錄二。

第五節　適合度檢定（Goodness-of-fit test）

　　卡方檢定除了可以使用在上述的相關性檢定之外，還可以用在所謂的適合度檢定。這個檢定通常用在檢驗一筆收集而來的資料是否符合某個已知的分布。例如，進行人口調查時，希望被調查的人當中，男女性別的比例跟母群體的比例沒有顯著的不同。又例如進行投票意願調查時，希望願意回答投票意願的人的年齡組成，跟最後會去投票的人的年齡組成不會差異太大。又例如檢驗藥物的療效時，希望受試者的病情跟實際會服用這種藥物的病患的病情相似且沒有明顯的不同等。

範例十一：根據內政部統計，民國 109 年臺灣 20-29 歲男女性別比爲男：女＝108：100。今日若想調查 20-29 歲年輕人對新興傳染病的認知，收案 382 位男性、360 位女性，請問這個性別比組成與臺灣男女性別比是不是有差異？

這個問題要問的是收案的性別比與內政部統計的性別比是不是接近，所以是一個適合度檢定的問題，虛無假說與對立假說分別爲

　　　　虛無假說：資料來自於性別比男：女＝108:100 的分布

　　　　對立假說：資料不是來自於性別比男：女＝108:100 的分布

因此，可以在表 11.11 列出觀察值，以及在虛無假說下的期望人數，其中，期望人數的計算是按照內政部統計的性別比而得。

表 11.11：調查的收案人數（觀察值）與期望人數

	男性	女性	合計
觀察人數	382	360	742
期望人數	$742 \times \dfrac{108}{108+100} \approx 385.3$	$742 \times \dfrac{100}{108+100} \approx 356.7$	742

此時的檢定統計量一樣是比較觀察人數與期望人數的差異。

未經校正之統計量為

$$X^2 = \sum_{i=1}^{2} \frac{(O_i - E_i)^2}{E_i} = \frac{(382-385.3)^2}{385.3} + \frac{(360-356.7)^2}{356.7} \approx 0.0588$$

經校正之統計量為

$$X^2 = \sum_{i=1}^{2} \frac{(|O_i - E_i| - 0.5)^2}{E_i} = \frac{(|382-385.3| - 0.5)^2}{385.3} + \frac{(|360-356.7| - 0.5)^2}{356.7}$$
$$\approx 0.04$$

這個數值可以利用自由度為 $k-1$ 的卡方分布來判讀，k 為格子數，在這裡是 2；所以在卡方分布自由度為 1、顯著水準 0.05 時，未經校正的檢定統計量 0.0588 要跟 3.84 相比，因為 0.0588 比較小，所以沒有達到統計顯著，這跟有經過校正的結果相同。換句話說，統計上沒有足夠的證據認為這個收案的組成不符合內政部公告的性別比。

下列 R 指令是未經校正的結果

```
> x<-c(382,360)
> prob<-c(108/208,100/208)
> chisq.test(x,p=prob)
Chi-squared test for given probabilities
data:  x
x-squared = 0.057702, df = 1, p-value = 0.8102
```

範例十二：一般的基因研究中，時常需要檢查研究中的基因是否符合哈溫平衡（Hardy-Weinberg equilibrium），假設現在有某個基因，其基因型（genotype）由兩個對偶基因（allele）組成，稱之為 A 與 a，其頻率各為 p 與 q，亦即，

$$Pr(A) = p;\ Pr(a) = q$$

而且，$p + q = 1$。如果該基因符合哈溫平衡，那麼應該可以預期這個基因的三個

基因型 AA、Aa 與 aa 的頻率，分別爲

$$Pr(AA) = p^2;\ Pr(Aa) = 2pq;\ Pr(aa) = q^2$$

如果已知 $p = 0.6$，而且現已收集罹患特殊疾病的 275 位病人在這三種基因型的人數分別爲 92、120、63，如表 11.12；請問這個基因是否符合哈溫平衡？

在適合度檢定的虛無假說下，這個基因符合哈溫平衡，那麼，在總人數爲 275 人時，可以期望觀察到基因型 AA、Aa 與 aa 的人數分別爲

$$275 \times 0.6^2 = 99;$$
$$275 \times 2 \times 0.6 \times 0.4 = 132;$$
$$275 \times 0.4^2 = 44$$

表 11.12：收案的基因型人數（觀察值）與哈溫平衡下的期望人數

	基因型	基因型	基因型	合計
觀察人數	92	120	63	275
期望人數	99	132	44	275

由表 11.12 中可以計算這幾個期望個數與觀察個數的差異爲

$$X^2 = \sum_{i=1}^{3} \frac{(|O_i - E_i| - 0.5)^2}{E_i} = 9.2$$

至於自由度的判斷，雖然這裡有三個格子，會以爲要使用自由度爲 $k - 1 = 3 - 1 = 2$ 的卡方分布來判讀 P 值，然而，這個例子特殊之處在於這三個格子都由 p、q 所決定，且 $p + q = 1$，所以自由度只有 1，而不是 2，請讀者多注意。利用 R 語法「1-pchisq(9.2, 1)」括號中第二個數值 1 代表自由度 1，這會得到右尾機率 0.02，也就是 P 值。所以結論是，在顯著水準 0.05 下，達到統計顯著，推翻虛無假說，這個基因不符合哈溫平衡。

第六節　費雪精確性檢定（Fisher's exact test）

前面介紹卡方檢定時，曾經提到必須注意多數格子的期望值是不是比 5 大，來保證樣本數足夠，可使用卡方檢定。如果沒辦法有足夠的樣本數，那麼就可以

使用本節介紹的費雪精確性檢定（Fisher's exact test）。這個檢定是一種無母數的方法，也就是說，並不需要假設收集的資料母體的機率分布為何。以下的例子是針對年輕黃斑部病變不同程度病人中，調查他們 3C 使用情況是否每日超過 5 小時。由括號內數字看來，在卡方檢定下的期望值不夠大，因為整體的樣本數也不過 26 人，所以可以使用費雪精確性檢定。

表 11.13：每日 3C 使用是否超過 5 小時。括號內數字為卡方檢定時的期望值

		是否超過 5 小時		合計
		是	否	
年輕黃斑部病變	嚴重	6 （10×9/26≈3.5）	3 （16×9/26≈5.5）	9
	中等	4 （10×17/26≈6.5）	13 （16×17/26≈10.5）	17
合計		10	16	26

這個檢定需要判斷上述的資料是不是恰好隨機出現，而不是因為 3C 使用過多與黃斑部病變有關，所以把能出現在左上角格子內的數字視為統計量，以 N_{11} 表示，當 N_{11} 的數值很極端時，就進行拒絕虛無假說的動作。目前的觀察值是 6，所以接下來需要計算 N_{11} 等於 6 以及比 6 還極端的機率，也就是利用超幾何分布（hypergeometric distribution）計算當邊際總數（如 9、17、10、16、26）固定時 N_{11} 等於 6 以及比 6 還極端的機率，

$$P(N_{11} = 6) = \frac{\binom{9}{6}\binom{17}{4}}{\binom{26}{10}} \approx 0.0376; \ P(N_{11} = 7) = \frac{\binom{9}{7}\binom{17}{3}}{\binom{26}{10}} \approx 0.0046;$$

$$P(N_{11} = 8) = \frac{\binom{9}{8}\binom{17}{2}}{\binom{26}{10}} \approx 0.0002; \ P(N_{11} = 9) = \frac{\binom{9}{9}\binom{17}{1}}{\binom{26}{10}} < 0.0001;$$

$$P(N_{11} = 0) = \frac{\binom{9}{0}\binom{17}{10}}{\binom{26}{10}} \approx 0.0037; \ P(N_{11} = 1) = \frac{\binom{9}{1}\binom{17}{9}}{\binom{26}{10}} \approx 0.0412;$$

計算 P 值時必須把比 $N_{11}=6$ 還要極端的機率相加，所以雙尾檢定時就是要把上述 $N_{11}=6$、7、8、9、0 這五個機率相加，得到 P 值為 0.0461，比預定的顯著水準 0.05 小一點點，雖然達到統計顯著，但頗接近 0.05。所以結論為 3C 使用過多與

黃斑部病變嚴重程度雖有統計上的相關性，但 P 值與顯著水準很接近。

　　注意上述計算 P 值時，沒有把 $N_{11}=1$ 的機率加入，理由是因爲 0.0412 比 0.0376 還大，所以不能算是比 $N_{11}=6$ 還要極端，同理 $N_{11}=2$、3、4、5、6，也是因相同理由沒有將其機率加入。又，此時計算機率時，最大只算到 9，理由是因爲嚴重程度那一組最多只能 9 人，所以 N_{11} 最大只能到 9。

　　上面這個例子在 R 裡面可以使用圖 11.7 內的指令進行。由圖中結果可以看到，P 值爲 0.0461。同時也有勝算比值，如圖中標出勝算比值 odds ratio 接近 6，雖然很大，但是其變異也很大（95% 信賴區間很寬），因爲樣本數很小的關係。

```
> data.3C = matrix(c(6,4,3,13),ncol = 2)
> fisher.test(data.3C)

        Fisher's Exact Test for Count Data

data: data.3C
p-value = 0.04614
alternative hypothesis: true odds ratio is not equal to 1
95 percent confidence interval:
  0.8266451 56.5057269
sample estimates:
odds ratio
  5.968359
```

圖 11.7：費雪精確性檢定的結果

總　結

　　本章討論的是類別資料的分析，尤其是針對可以表示成列聯表的類別資料，使用的檢定方法是卡方檢定。卡方檢定可以用來檢定兩個變數之間的相關性，也可以檢定收集的資料是不是能代表已知的某個母體。卡方檢定的想法是利用觀察個數與期望個數的差異，來決定這個差異是不是顯著到可以推翻虛無假說，例如兩個變數之間沒有相關性的虛無假說，或是收集的資料能代表已知的某個母體的虛無假說。值得注意的是，卡方檢定中的期望個數是在虛無假說爲眞的情況下所計算而得的數值。本章的範例介紹了在 2×2 的列聯表，也介紹了在 3×2 的列聯表的應用。

　　當兩組二元數據類別資料是由兩個獨立母體收集而來時，除了本章介紹的卡方檢定，前面章節提過的兩個母體比例的 Z 檢定也是一個檢定方法，那就是檢定這兩個母體比例是否相等；兩種檢定的結果會得到一樣的結論。

　　本章同時也提到，使用卡方檢定的列聯表，其中的資料必須是從獨立的個體收集而來；所以，當類別資料屬於重複測量、或是由配對研究所收集而來時，其列聯表的表達方式就必須注意；此時，使用的檢定稱為 McNemar's test。該檢定使用的卡方檢定統計量是由 45 度對角線的兩個觀察值所計算而來。

　　卡方檢定服從卡方分布，這個卡方分佈的自由度由列聯表的行數及列數所決定。使用卡方檢定時，必須注意樣本數不能太小，否則就不能使用卡方分布來決定 P 值了。當樣本數不夠大時，最好使用 Fisher's exact test of independence 或是 exact test of goodness-of-fit。在 R 裡面，前者可以使用 fisher.test 這個函數來進行，後者可以使用 binom.test 這個函數來進行。

關鍵名詞

列聯表（contingency table）

卡方檢定（chi-square test）

相關性檢定（test of association）

適合度檢定（goodness-of-fit test）

麥內瑪關聯樣本檢定（McNemar's test）

費雪精確性檢定（Fisher's exact test）

觀察個數（observed count）

卡方分布（chi-square distribution）

獨立性檢定（test of independence）

期望個數（expected count）

自由度（degree of freedom, df）

超幾何分布（hypergeometric distribution）

複習問題

1. 利用卡方檢定進行相關性檢定時，虛無假說是什麼？如果結果為顯著，結論是什麼？如果不顯著，結論又是什麼？

2. 利用卡方檢定進行適合度檢定時，虛無假說是什麼？如果結果為顯著，結論是什麼？如果不顯著，結論又是什麼？

3. 卡方檢定中的期望個數是什麼？是什麼樣的期望？

4. 在 3×2 的列聯表中進行卡方檢定的相關性檢定時，請說明自由度為 2 的原因？

5. 請評論卡方檢定與勝算比（odds ratio）的異同與使用時機。

6. 利用勝算比（OR）檢定來看兩個變數的相關性時，為什麼虛無假說是 OR＝1，而不是 OR＝0？

7. 請說明為什麼進行卡方檢定時，樣本數不能太小？

8. 為什麼卡方檢定被視為是一種無母數檢定？

9. 臺灣的糖尿病患者有年輕化的趨勢，有人認為可能跟臺灣年輕族群喜歡飲用含糖飲料有關，王同學隨機抽樣 100 位年輕糖尿病患，及另外 100 位健康的年輕人。在 100 位年輕糖尿病患當中有 80 位在罹病前每週飲用至少兩杯含糖飲料，在 100 位健康的年輕人當中有 50 位每週飲用至少兩杯含糖飲料。

   (1) 請將上述資料表示成 2 乘 2 的列聯表。

   (2) 利用卡方檢定來推論臺灣年輕族群罹患糖尿病是否與喜歡飲用含糖飲料有關。

   (3) 請說明上述檢定的虛無假說與對立假說。

10. 某研究想要探討參加過生統實戰分析的同學，對生統的使用及知識是否有所不同。有 100 位同學在參加生統實戰分析之前先接受評估，其中 30 位被評估為通過、70 位被評估為不通過。課程結束之後再接受評估，此時，原來 30 位被評估為通過的同學當中有 25 位仍被評估為通過、但有 5 位卻被評估為不通過。至於參加前被評估為不通過的 70 位同學當中有 15 位被評估為通過了，但仍有 55 位還是被評估為不通過。

    (1) 請問前後兩次評估之結果都一致（亦即兩次都正確、或是都錯誤）的比例是多少？

(2) 請檢定「參加生統實戰分析是否能夠影響對生統的使用及知識」？（請務必寫出虛無假設、對立假設、統計量、P 值或範圍、結論）

(3) 請問前後兩次評估之結果都一致的人數，對檢定「參加生統實戰分析是否能夠影響對生統的使用及知識」是否有幫助？為什麼？

11. 每逢連續假日，往返宜蘭的雪山隧道就會出現塞車車潮。某研究擬探討民眾意向是否贊成「徵收遊客觀光稅」，選項分別為贊成、不贊成、沒意見。該研究隨機抽取 70 位「宜蘭居民」與 60 位「非宜蘭居民」，其中 45 位宜蘭居民贊成，25 位宜蘭居民不贊成，30 位非宜蘭居民贊成，28 位非宜蘭居民不贊成，2 位非宜蘭居民沒意見。

(1) 請檢定「宜蘭居民」與「非宜蘭居民」對「徵收遊客觀光稅」是否有相同的支持率？此時，請問你如何處理沒意見的 2 位非宜蘭居民的資料？（檢定時請說明清楚虛無假說、對立假說、統計量及結論）

(2) 請利用 95% 信賴區間估計「宜蘭居民」與「非宜蘭居民」對該議案支持率的差異並評論。

(3) 若想利用勝算比（OR）來進行檢定，請問虛無假說應該怎麼寫？

12. 有人提出一種新的減肥藥物 B，宣稱其效果比現有減肥藥 A 為佳。某醫師找來 100 對過重的同卵雙胞胎，每對雙胞胎中有一人服用 A 藥、另一人服用 B 藥，一個月後，100 位服用 A 藥的人之中有 92 位減重超過 5 公斤，視為減肥成功，另外 8 位則減重少於 5 公斤；其餘 100 位服用 B 藥的人之中有 84 位減重超過 5 公斤，16 位少於 5 公斤；或者說 100 對雙胞胎中，有 80 對雙胞胎都減重成功，有 12 對雙胞胎中服 A 藥的減重成功、但服 B 藥的減重不成功，有 4 對雙胞胎中服 A 藥的減重不成功、但服 B 藥的減重成功，剩下的 4 對雙胞胎則是 A、B 藥都沒有效果。

(1) 請檢定這兩種藥物是否同樣有效。

(2) 請問此研究如果納入異卵雙胞胎，好還是不好，為什麼？

13. 英國將舉行是否脫離歐盟的公投時，「留歐」與「脫歐」兩派造勢不斷，衝突時有所聞，當中更發生支持留歐的議員被支持脫歐的民眾刺殺身亡事件。若某民調公司針對隨機抽選之 100 位英國民眾調查，其中，40 位在事件前後仍維持「留歐」立場，42 位仍維持「脫歐」立場，8 位由「留歐」立場轉為「脫歐」立場，10 位由「脫歐」立場轉為「留歐」立場。該民調公司同時隨機抽

選 100 位歐洲大陸民眾進行調查，其中，52 位在事件前後仍維持「留歐」立場，26 位仍維持「脫歐」立場，10 位由「留歐」立場轉為「脫歐」立場，12 位由「脫歐」立場轉為「留歐」立場。

(1) 請分別針對英國民眾及歐洲大陸民眾這兩個族群，探討其對英國是否應該脫離歐盟的意見是不是受到該刺殺事件的影響。請利用檢定回答，說明清楚虛無假說、對立假說、統計量及結論。

(2) 假設英國民眾及歐洲大陸民眾這兩個族群，對英國是否應該脫離歐盟有不同意見，請問他們意見的差異是不是受到該事件的影響。（請說明清楚你所使用的方法及結論。）

(3) 如果該調查中，其實有另外 20 位英國民眾拒絕表態而未納入上述資料，你認為對分析英國的資料及結論可能有何影響？

引用文獻

1. Wynder EL, Graham EA. Tobacco smoking as a possible etiologic factor in bronchiogenic carcinoma: a study of six hundred and eighty-four proved cases. JAMA 1950;**143**:329-336.

2. Shi Y, Au JS, Thongprasert S, et al. A prospective, molecular epidemiology study of EGFR mutations in Asian patients with advanced non-small-cell lung cancer of adenocarcinoma histology (PIONEER). Journal of Thoracic Oncology 2014;**9**:154-162.

附錄一：標準常態分布與卡方分布的關係

卡方分布跟前面學過的一些分布，如常態、布阿松分布都有關係。例如，把一個標準常態分布的隨機變數 Z 取平方，這個 Z^2 就只會是正值，不會是負的，而這個 Z^2 就會是自由度為 1 的卡方分布。圖 11.8 內的柱狀圖是從標準常態分布抽出的 5 萬個隨機數值的平方所畫的，曲線則是自由度為 1 的卡方分布的機率函數值，這兩者的確十分相似。如果把 3.84 開根號，會得到 1.96，恰好就是標準常態分布雙尾機率各 0.025 的分位數。

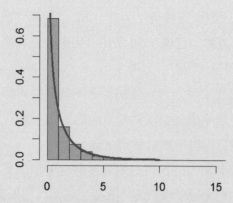

圖 11.8：柱狀圖是由 5 萬個 Z^2 構成的，曲線則是自由度為 1 的卡方分布

附錄二：McNemar's 檢定統計量的不同表示方法

在前面章節中的統計量有兩種表示法，以下先以沒有校正的統計量說明，先將期望數值 E_i 以 $(O_1 + O_2)/2$ 代入，

$$X^2 = \sum_{i=1}^{2} \frac{(O_i - E_i)^2}{E_i} = \frac{\left(O_1 - \frac{(O_1 + O_2)}{2}\right)^2}{\frac{(O_1 + O_2)}{2}} + \frac{\left(O_2 - \frac{(O_1 + O_2)}{2}\right)^2}{\frac{(O_1 + O_2)}{2}}$$

再整理一下，就會得到

$$\frac{(O_1 - O_2)^2}{(O_1 + O_2)}$$

同樣道理，在有校正的式子中，將期望數值 E_i 以 $(O_1 + O_2)/2$ 代入，

$$\text{有校正的 } X^2 = \sum_{i=1}^{2} \frac{(|O_i - E_i| - 0.5)^2}{E_i}$$

$$= \frac{\left(\left|O_1 - \frac{(O_1 + O_2)}{2}\right| - 0.5\right)^2}{\frac{(O_1 + O_2)}{2}} + \frac{\left(\left|O_2 - \frac{(O_1 + O_2)}{2}\right| - 0.5\right)^2}{\frac{(O_1 + O_2)}{2}}$$

再整理一下，就會得到

$$\frac{(|O_1 - O_2| - 1)^2}{(O_1 + O_2)}$$

這種表示法的由來還是由期望數值與觀察數值的差異而來。

第 12 章
多組樣本的統計檢定

李中一　撰

學習目標

一、認識獨立樣本與相依樣本在多組樣本差異檢定方法上的不同

二、瞭解多組獨立樣本平均數差異的檢定方法及假說條件

三、瞭解多組相依樣本平均數差異的檢定方法及假說條件

四、瞭解多組相依樣本百分比同質性的檢定方法及假說條件

五、瞭解樣本變異數分析和線性迴歸的關係

六、透過實例分析瞭解統計軟體針對多組樣本差異性檢定結果的闡釋

前　言

　　多組樣本的統計檢定是屬於雙變項分析（bivariate analysis）的範疇。依據變項屬於量性（quantitative）或質性（qualitative）屬性、資料的獨立性與否，以及樣本數多寡，衍生出多種不同的檢定方法（圖 12.1）。這些方法當中部分屬於母數統計方法，部分屬於無母數統計方法。本章內容將針對各種多組樣本的統計檢定方法進行介紹（圖 12.1 中有章節編號註記者，多數為母數方法），相關的無母數統計方法將於第 13 章的內容進行介紹。另外，為讓讀者能夠瞭解相關統計方法的實際應用，本章也將使用 STATA 軟體（StataCorp LLC, College Station, Texas, USA）分析一個真實世界（real-world）田野調查的數據，以實例來說明相關統計方法的分析結果以及如何進行結果闡釋。該田野調查為 2020 年黃乙芹等人 [1] 利用電話與網路訪視調查 1,554 位臺灣成年民眾「室外空氣污染健康識能」（以下簡稱空污識能）程度，該識能包括四個構面：取得、瞭解、評估，與應用；該調查也蒐集了受訪民眾的社會人口學與居住安排等變項 [1]。

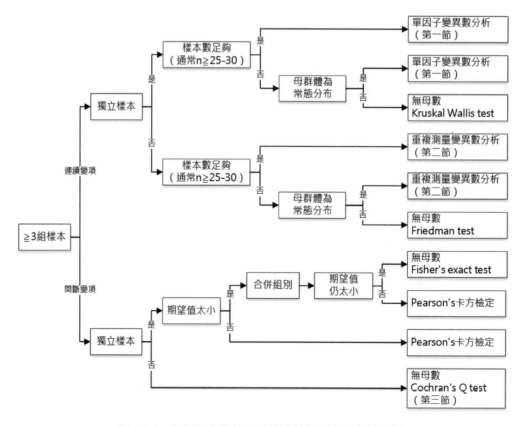

圖 12.1：多組樣本的統計檢定方法適用條件的流程圖

第一節　多組獨立樣本的單因子變異數分析

量性變項多組樣本的檢定最常見的是指比較三組或三組以上樣本的母體平均數之間是否存在差異性，也就是單因子變異數分析（One-Way Analysis of Variance, One-way ANOVA）。或許有人會認為如果要進行多於兩組的母體平均數比較，也可以進行多次的兩組獨立樣本 t 檢定。例如，如果要比較三組樣本平均數的差異，也可以進行三次兩組獨立樣本 t 檢定，針對以下虛無假說進行檢定：

$$\mu_1 = \mu_2 \text{，} \mu_1 = \mu_3 \text{，} \mu_2 = \mu_3$$

不過，這種做法會有型一錯誤膨脹（α-inflation）的問題。例如，如果有三組樣本平均數要比較，那就需要進行三次的兩組樣本平均數比較，假如每次檢定的型一錯誤（α-error）都設為 5%，則三次檢定都不會犯型一錯誤的機率則是 $(0.95)^3$，而整體來說，三次檢定中，至少犯一次型一錯誤的機率則會增加至 $0.14 \approx 1 - (0.95)^3$，而且隨著兩兩比較（pairwise comparison）的數目增加，型一錯誤就會愈來愈大，此稱為型一錯誤膨脹問題。因此，通常會先使用變異數分析（Analysis of Variance, ANOVA），針對虛無假說檢定 $\mu_1 = \mu_2 = \mu_3$ 進行檢定，使得整體的 α-error 仍然能夠維持在 5%。

多組樣本的平均數同質性的檢定會隨各組樣本之間的獨立與否而必須使用不同的統計方法。下表為 12 個受試者眼睛暴露於紅、黃、綠可見光後所做出的反應時間假想數據（單位：毫秒，m-sec），研究者可以藉由不同的研究設計來獲得此實驗的樣本數據，包括橫斷性研究設計（cross-sectional design）或世代研究設計（cohort design）。橫斷性研究設計的作法是招募 12 位受試者然後將此 12 位受試者隨機分派到紅、黃、綠光三組；世代研究設計則是只招募 4 位受試者進行重複測量，每位受試者都需要重複接受 3 種可見光的暴露試驗，每次試驗間隔一週（甚至是更長的時間，需要讓眼睛的視覺反應能力完全恢復）。橫斷性研究設計中接受三種可見光的受試者樣本是不同的人，進行組別分派時也沒有經過嚴格的匹配（matching），因此三組樣本可視為獨立樣本（independent samples）；不過，世代研究設計中因為接受三種可見光的受試者事實上是同樣的一組人，只是研究中進行重複測量，因此三組樣本宜視為相依或非獨立樣本（correlated or dependent samples）。當讀者針對相依樣本進行多組樣本的差異性檢定時，必須要考慮資料之間的相關性，這分別將在本章的第一節與第二節中加以說明。

受試者編號	紅光	黃光	綠光
1	2.9	6.1	5.0
2	8.0	9.2	6.0
3	5.7	3.0	8.5
4	2.4	2.1	4.8
平均數 ($\bar{x}_i$)	4.7	5.1	6.1

一、獨立樣本平均數的單因子變異數分析

要檢定兩組獨立樣本的母體平均數差異，虛無假說為 $\mu_1 = \mu_2$，如果符合前題假說（statistical assumptions）的話，兩組獨立樣本 t 檢定是合適的統計方法；但是如果要比較的樣本組數大於兩組，例如，虛無假說為 $\mu_1 = \mu_2 = \mu_3$ 三組平均數相等，或是 $\mu_1 = \mu_2 = \ldots = \mu_k$ k 組平均數（$k > 2$）相等，則兩組獨立樣本 t 檢定並不是適合的統計檢定方法，因為會有前述型一錯誤膨脹的問題，而適合的統計檢定方法即是單因子變異數分析。變異數分析是採用整體檢定（global test），在整體檢定呈現顯著差異後，會採用事後比較（*post-hoc* comparisons）的方法來進一步進行兩兩組別的平均數差異的比較。

兩組獨立樣本 t 檢定的對立假說可以是單尾假說或雙尾假說，如下：

$$\mu_1 \neq \mu_2 \text{ 或是 } \mu_1 > \mu_2 \text{ 或是 } \mu_1 < \mu_2$$

但是單因子變異數分析的對立假說比較複雜，在三組的情況下，可能是 $\mu_1 = \mu_2 \neq \mu_3$ 或是 $\mu_1 = \mu_3 \neq \mu_2$ 或是 $\mu_2 = \mu_3 \neq \mu_1$ 或是 $\mu_1 \neq \mu_2 \neq \mu_3$ 等。而且「$\neq$」也可以用「$<$」或「$>$」來代替，可見單因子變異數分析有相當多不同組合的對立假說。而且當要比較的組數增加時，會衍生出更多的對立假說。因此，單因子變異數分析的對立假說並不會一一列出，而是用「至少有兩個 μ_i 不相等」或是「並非每一個 μ_i 都相等」來表示。

為了方便說明，以下利用一個假想的簡單數據（範例一）來說明如何進行單因子變異數分析。假說某研究評估 A、B、C 三種止痛藥的效果，每一種止痛藥分別給予 4 位受試者，下表呈現三組獨立樣本的治療後疼痛分數數值（疼痛指數從低到高以 1–10 分表示，分數愈高表示愈疼痛），以及各組樣本的平均數與標準差。單因子變異數分析要檢定的虛無假說是：$\mu_A = \mu_B = \mu_C$，對立假說則是：並非 μ_A、μ_B、μ_C 三個母群體的平均數都相等。其中 μ_A、μ_B、μ_C 分別代表接受 A、B、C 三

種止痛藥病人母群體的疼痛分數平均數。

範例一：12 位病人被分派到三組分別接受三種止痛藥物治療後之疼痛分數數據

編號	3 組樣本		
	A 藥物	B 藥物	C 藥物
1	1	4	6
2	2	5	8
3	3	3	5
4	2	4	5
樣本數 (n_i)	4	4	4
平均數 $(\bar{x}_i)$	2	4	6
標準差 (s_i)	0.82	0.82	1.41

根據這些數據，首先計算 12 位病人疼痛分數的總變異量（Total Sum of Square, TSS），計算的步驟是：（1）將每一位的原始疼痛分數 (x_{ij}) 減去全體樣本的總平均數（grand mean，$\bar{x}$，即是 4）後，得到每一個疼痛分數與總平均數的偏差（deviation），接著（2）將每一個偏差的數值平方，即是偏差平方（squared deviation），最後（3）將所有偏差平方加總，獲得總變異量。計算過程如表 12.1 所示：

表 12.1：總變異量的計算過程

病人編號	藥物組別 (i)	原始疼痛分數 (x_{ij})，$i=1\sim3$，$j=1\sim4$	疼痛分數與總平均數的偏差 $(x_{ij}-\bar{x})$	偏差平方 $(x_{ij}-\bar{x})^2$
1	A	1	（1−4）=−3	9
2	A	2	（2−4）=−2	4
3	A	3	（3−4）=−1	1
4	A	2	（2−4）=−2	4
5	B	4	（4−4）= 0	0
6	B	5	（5−4）= 1	1
7	B	3	（3−4）=−1	1
8	B	4	（4−4）= 0	0
9	C	6	（6−4）= 2	4
10	C	8	（8−4）= 4	16
11	C	5	（5−4）= 1	1
12	C	5	（5−4）= 1	1
	樣本的總平均數 $(\bar{x})=4$			總變異量 ＝42

　　TSS 的數值顯示，此 12 位病人的疼痛分數具有變異（variation），探究變異的原因，讀者不難想像，造成變異的原因當中可能是因爲不同藥物的止痛效果差異所引起，因爲三組樣本的疼痛分數平均數不一樣。不過，從數據中也可以發現，即便是接受同一種藥物的樣本，他們的疼痛分數也不完全一樣（此變異量可能是個人疼痛感受不同，也可能是由藥物以外的因素所引起的，例如病人的年齡、性別、共病等）。變異數分析所要關注的是總變異量中有多少占比是由藥物所引起，這個占比愈大，表示不同藥物對病人疼痛分數變異的解釋能力愈大。

　　因爲藥物止痛效果差異所引起的變異量稱爲組間變異量（Between Sum of Squares, BSS），計算方法是將每一組的樣本平均數減去總平均數，得到一個偏差 $(\bar{x}_i - \bar{\bar{x}})$。將此偏差平方後乘以該組樣本數（$n_i \times (\bar{x}_i - \bar{\bar{x}})^2$），然後進行各組的加總，其中 k 爲比較的組數。計算過程如表 12.2 所示：

表 12.2：組間變異量的計算過程

藥物組別	樣本數 (n_i)	疼痛分數平均數 $(\bar{x}_i)$	疼痛分數平均數與總平均數的偏差平方 $(\bar{x}_i - \bar{\bar{x}})^2$
A	4	2	$(2-4)^2=4$
B	4	4	$(4-4)^2=0$
C	4	6	$(6-4)^2=4$
			組間變異量 $=(4\times4)+(0\times4)+(4\times4)=32$

　　至於組內變異量（Within Sum of Squares, WSS）的計算，則是分別計算每一組中個別樣本原始疼痛分數與該組樣本平均數的偏差平方 $(x_{ij} - \bar{x}_i)^2$，然後加總偏差平方後獲得該組的組內變異。表 12.3 以 A 藥組爲例，偏差平方和等於：$1+0+1+0=2$。同樣的方法計算可以計算獲得 B 藥與 C 藥兩組樣本的組內變異量，分別是 2 與 6。最後將三組的組內變異量加總，獲得整個變異數分析的組內變異量是爲 10。

表 12.3：A 藥組之組內變異量的計算過程

原始疼痛分數 (x_{ij})	原始疼痛分數與組平均數的偏差平方 $(\bar{x}_{ij} - \bar{x})^2$
1	$(1-2)^2=1$
2	$(2-2)^2=0$
3	$(3-2)^2=1$
2	$(2-2)^2=0$

根據以上計算過程，可以將 TSS、BSS 與 WSS 的關係以公式 12.1 表示：

$$\sum_{i=1}^{k}\sum_{j=1}^{n_i}\left(x_{ij}-\bar{\bar{x}}\right)^2 = \sum_{i=1}^{k}\sum_{j=1}^{n_i}(\bar{x}_i-\bar{\bar{x}})^2 + \sum_{i=1}^{k}\sum_{j=1}^{n_i}\left(x_{ij}-\bar{x}_i\right)^2 \quad \text{（公式 12.1）}$$

其中 k 為組數，n_j 為各組樣本數。

BSS 與 WSS 也可以分別利用以下比較簡略的公式 12.2 與 12.3 計算而得：

$$\text{BSS} = \sum_{i=1}^{k} n_i \bar{x}_i^2 - \frac{\left(\sum_{i=1}^{k} n_i \bar{x}_i\right)^2}{n} = \sum_{i=1}^{k} n_i \bar{x}_i^2 - \frac{x_{..}^2}{n} \quad \text{（公式 12.2）}$$

$$\text{BSS} = \sum_{i=1}^{k} n_i (\bar{x}_i - \bar{\bar{x}})^2$$

k 為樣本組數，$x_{..}$ 為所有觀察值的總和

$$\text{WSS} = \sum_{i=1}^{k} (n_i - 1)s_i^2 \quad \text{（公式 12.3）}$$

k 為樣本組數

　　根據總變異量、組間變異量，以及組內變異量的結果，可以進一步建構變異數分析表（ANOVA Table）如表 12.4，其中，因為本檢定共有三組（$k=3$），因此組間自由度為 $k-1=2$，而組內自由度則是由每一組的自由度計算加總而來，而每一組的自由度則是等於該組樣本數減一，本例三組的自由度均為（$4-1=3$），因此組內自由度為（$3+3+3=9$）。此外，均方（mean square）由平方和（變異量）除以其對應的自由度獲得，F 統計量則是由組間均方除以組內均方（16/1.11）獲得，F 統計量的抽樣分布形狀會受到組間自由度與組內自由度決定。假設此檢定的 α 設為 0.05，則相對應的 F 檢定的臨界值為 4.26（$Pr(F_{(df=2,9)}) > 4.26 = 0.05$），意即，組間、組內自由度分別為 2 與 9 時，F 統計量 4.26 右邊的 F 統計量抽樣分布的面積小於 0.05），因為本檢定的 F 統計量為 14.41，數值大於臨界值 4.26，因此相對應的機率 <0.05，統計決策為「拒絕虛無假說」，意即，三種止痛藥的效果不完全相等。

　　上述單因子變異數分析的方法適用於「完全隨機試驗設計」（completely randomized design），也就是說自變項（例如，不同處置、藥物）的給予是完全隨機的狀況。有時，研究者會考慮到讓自變項的給予能夠在某些影響結果的變項上具有同質性，因此會採取先將受試者進行分層，然後在每一層內進行自變項的指派。例如，一位物理治療師要教導病人在家中自己進行一些復健的動作，總共有

A、B 與 C 三種教材可以應用，該物理治療師想評估這三種教材的教學效果，不過根據她的經驗，病人的年齡會影響學習成效，因此在這個試驗中，她先將病人按年齡區分為 <30 歲以下、31~50 歲、51~64 歲、以及 65 歲以上等四組稱為「區塊」（block），然後在每個區塊中進行三種教學方法的分派，這種設計稱為「隨機完全區塊設計」（randomized complete block design）。這種設計可以確保在各個區塊（年齡層）中的病人樣本都會有機會接受三種教學方法，雖然最後也是區分為三組，不過因為使用了「區塊」，因此在變異數分析中必須針對「區塊」而產生的變異量進行估計，因此不宜使用以上所介紹的變異數分析方法，事實上，這裡的「區塊」可以視為教學方法以外的第二個因子，這是屬於雙因子變異數分析（Two-Way ANOVA）的討論範疇，有興趣讀者可自行參考其他生物統計教科書 [2]。

表 12.4：單因子變異數分析表（One-Way ANOVA Table）

變異量來源	平方和（變異量）	自由度	均方	F 統計量	P 值
組間	32（BSS）	2	16	14.41	$p < 0.05$
組內	10（WSS）	9	1.11		
全部	42（TSS）	11			

　　因為本例僅作為計算示範之用，所以每組止痛藥物的樣本僅納入 4 位樣本，樣本數很小，且 C 藥組樣本的標準差與其他兩組差異頗大，因此事實上這樣的條件並不太能夠滿足進行單因子變異數分析的條件（請見後述）。此外，變異數分析和兩組樣本獨立 t 檢定相同的地方，就是並不要求各組樣本數目必須相等。

　　解讀表 12.4 單因子變異數分析表時有幾點需要注意：

1. 全部的自由度是 11，表示總樣本數為 12；組間的自由度 2，表示總共有 3 組樣本的母體平均數進行比較。

2. 要檢定單因子變異數分析的虛無假說，是用 F 檢定，這就是為表中顯示「F 統計量」的數值。換言之，One-Way ANOVA 可以看成是 k 個獨立樣本的母體平均數的 F 檢定，也可以說是兩組獨立樣本 t 檢定的延伸。事實上，兩組獨立樣本的母體平均數的雙尾檢定也可以利用單因子變異數分析的方法來進行，在兩個母體變異數相等的條件下，兩個檢定方法也會獲得一致性的結論，此時同一組數據同時進行（1）兩組獨立樣本 t 檢定，與（2）單因子變異數分析的 F 檢定，所得到的 t 與 F 統計量會存在以下的關係：$F = t^2$，請見以下範例說明。

表 12.5 是利用黃乙芹等人研究的數據 [1]，以兩組獨立樣本 t 檢定比較男、女

性樣本平均空污識能分數的差異。表 12.6 則是利用單因子變異數分析方法分析同一組數據，回答相同的研究問題。從兩張 STATA 輸出表中可以看到 t 與 F 的數值分別為 0.7641 與 0.58，兩者即是具有 $F = t^2$ 的關係，且雙尾 t 檢定與 F 檢定最後相對應的 P 值均為 0.4449，結果完全一致 [3]。

表 12.5：不同性別樣本空污識能平均分數差異性的兩組獨立樣本 t 檢定（STATA 輸出表格）

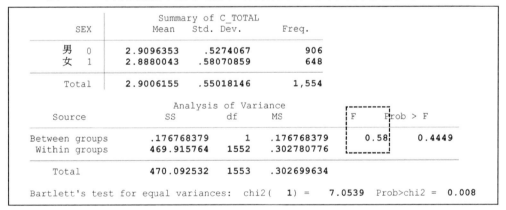

```
Two-sample t test with equal variances

   Group        Obs        Mean      Std. Err.    Std. Dev.    [95% Conf. Interval]

   男   0        906     2.909635    .0175219     .5274067     2.875247    2.944024
   女   1        648     2.888004    .0228124     .5807086     2.843209     2.9328

combined      1,554     2.900615    .0139566     .5501815     2.87324     2.927991

   diff                   .021631    .0283099                 -.0338987    .0771606

   diff = mean( 0) - mean(1)                                    t =           0.7641
Ho: diff = 0                                degrees of freedom =             1552

   Ha: diff < 0                 Ha: diff != 0                  Ha: diff > 0
Pr(T < t) = 0.7775      Pr(|T| > |t|) =  0.4449        Pr(T > t) = 0.2225
```

表 12.6：不同性別樣本空污識能平均分數差異性的單因子變異數分析 F 檢定

```
                       Summary of C_TOTAL
       SEX        Mean      Std. Dev.           Freq.

   男   0      2.9096353    .5274067             906
   女   1      2.8880043    .58070859            648

   Total      2.9006155    .55018146           1,554

                  Analysis of Variance
   Source        SS          df        MS           F      Prob > F

Between groups  .176768379     1    .176768379     0.58     0.4449
Within groups   469.915764   1552   .302780776

   Total       470.092532    1553   .302699634

Bartlett's test for equal variances:  chi2(  1) =    7.0539   Prob>chi2 =  0.008
```

3. 每一個檢定，都會把 P 值拿來和 α 值比較。在表 12.4 中，在「P 值」下方就能找到 P 值的範圍，即 $p < 0.05$，故，在 $\alpha = 0.05$ 的前提下，本 F 檢定推翻虛無假說，說明有顯著的統計證據顯示：接受三種不同止痛藥物治療的病人其疼痛分數的平均數並不完全相同。

4. 在某些統計軟體的報表中，變異量來源的「組間」常用「Between Groups」或「Model」表示，而「組內」則是常用「Within Groups」或是「Residual」或是「Error」表示。

5. 兩組獨立樣本 t 檢定的方法會因兩組母體變異數相等與否而不一樣，One-Way ANOVA 既爲三組以上之比較，依邏輯推理應該也會因爲各組母體變異數是否相等而不一樣。多數的統計軟體會針對三組母體之變異數同質性進行檢定，不過所提供的 ANOVA Table 仍是提供各組變異數相同時 One-Way ANOVA 分析結果。如果 One-Way ANOVA 有關母體變異數同質性的前提不成立（即同質性檢定結果爲推翻虛無假說），研究者需要檢視該顯著性是因爲樣本數大而導致或是樣本間的變異數確實存在明顯的差異，若是後者，可能需要進行資料轉換（transformation）或是使用相對應的無母數統計方法。

變異數分析屬於母數統計方法，包括以下前提假說：

1. 所有母體（假如有三組樣本作比較則代表是有三個母體，餘此類推）的分布都必須接近常態分布或樣本數夠大。
2. 無論組間或組內，所有的樣本觀察值皆應爲獨立觀察值。這一點較難以統計方法進行判斷，必須從研究設計中瞭解樣本觀察值測量取得的過程。

如果上列兩個假說前提都已經滿足，則各組的樣本數目並不一定要相同，樣本數也不一定要很大（參看前述之中央極限定理）。當「常態分布」這一個前提假說不能成立時，是否仍可以使用變異數分析呢？數理統計的研究結果指出，變異數分析算是一個頗爲穩健（robust）的方法，也就是說，只要變項是量性變項，而且「偏斜」程度（skewness）並不十分嚴重的話（偏斜程度嚴重時數據分布的尾巴會很長），變異數分析所使用的 F 檢定結果受到非常態的影響便不會很大。此外，當每組的樣本數相同時，非常態對 F 檢定的影響也較小，所以若認爲數據分布非常態分布時，則以盡量收取每組相同樣本數目爲佳，所獲得的單因子變異數分析結果也會較爲正確 [3]。

此外值得一提的是變異數分析從數理及應用的觀點來說，都可以算是兩組獨立樣本 t 檢定的延續，故這裡所討論的前提假說以及當這些假說不成立時該如何處理，都適用於兩組獨立樣本 t 檢定。

二、獨立樣本平均數單因子變異數分析之多重比較

當變異數分析的虛無假說被拒絕時，只能做出「並非每一組的平均數都一樣」的結論，但若要進一步探討哪　組的平均數較高，哪一組較低時，則需要進一步進行「事後分析」（*post-hoc* analysis），使用「多重比較」（multiple comparisons）。

多重比較的特色是無論進行多少數目的組與組之間的比較，整體檢定的顯著水準（significance level 或 α-level）盡量可以維持在所設定的數值範圍內（例如 Bonferroni t 檢定方法將範圍設為 5%），以避免過大的 α-inflation 的問題發生。

　　依不同的數學原理與模式，有許多多重比較的方法，各有不同的統計量。本章僅介紹包括最小顯著差異方法（least significant difference, LSD）、Bonferroni t 檢定方法、以及 Scheffe's 方法。本章僅就這些方法的概念進行介紹，沒有介紹其詳細計算的公式，有興趣的讀者可以參考 Rosner（2015）[2]。不過，其他方法如 Duncan's 與 Tukey's Honestly Significant Difference（HSD）等方法的應用也頗為普遍，讀者可以參考其他生物統計教科書獲得更多的訊息。

（一）最小顯著差異方法（LSD）

　　LSD 程序由 Fisher 於 1949 年提出，概念由兩組獨立樣本 t 檢定的延伸而來，即：

$$t = \frac{\bar{x}_1 - \bar{x}_2}{\sqrt{s^2 \left(\frac{1}{n_1} + \frac{1}{n_2} \right)}}$$
（公式 12.4）

其中 s^2 是 ANOVA Table 中的 Within group Mean Square，而該 t 檢定在虛無假說下遵循自由度為 $n - k$ 的 t 分布。雖然只是進行兩組的比較，但 LSD 使用所有比較組別的變異數與樣本數來進行 s^2 的估計（因為變異數分析假設所有組別的變異數具有同質性），而非僅使用兩組的變異數與樣本數。當 t 統計量計算出來後，一樣是跟臨界值（$t_{n-k,1-\alpha/2}$）做比較，如果 $t > t_{n-k,1-\alpha/2}$ 或 $t < t_{n-k,1-\alpha/2}$，則是推翻虛無假說。臨界值（$t_{n-k,1-\alpha/2}$）所代表的意義是在自由度為 k，顯著水準為 α 時，t 統計量抽樣分布在 $t_{n-k,1-\alpha/2}$ 右邊面積為 $\alpha/2$，同樣的，在 $t_{n-k,1-\alpha/2}$ 左邊的面積也是 $\alpha/2$。

（二）Bonferroni t 檢定方法

　　雖然 Fisher LSD 的方法修正了兩個獨立樣本 t 檢定可能產生的 α-inflation 的問題，但仍有評論認為 LSD 的方法過於寬鬆，而 Bonferroni t 檢定方法則是進一步進行調整，核心的邏輯是不讓整體事後比較的 α-error 增加。Bonferroni t 檢定方法計算 t 檢定統計量的方法與前述 LSD 的方法一樣，但所採取的臨界值就必須調整顯著水準（α-level），調整的方法是將原來的 $\alpha / C_2^k = \alpha^*$，其中 k 為需要事後比較的

組數。假說檢定的過程中有三組要進行事後比較，意即，第一、二組，第一、三組，及第二、三組進行兩組獨立樣本 t 檢定，而這三個獨立樣本 t 檢定每一個都以 0.0167（意即，$\alpha^* = 0.05/3 = 0.0167$）作為顯著水準，這種方法稱為 Bonferroni t 檢定方法。因此 Bonferroni t 檢定方法在計算出檢定 t 統計量後，比較的臨界值為 $t_{n-k,1-\alpha^*/2}$，如果 $t > t_{n-k,1-\alpha^*/2}$ 或 $t < t_{n-k,1-\alpha^*/2}$，則是拒絕虛無假說。

這個方法的主要策略就是先將每一組兩兩比較的顯著水準降低，在執行多次的兩兩比較後讓整體的顯著水準不致於過高。不過，這種方法的缺點是過於保守，當比較的組別很多的時候，每一組兩兩比較的顯著水準就會非常低，造成檢定不容易達統計顯著意義。

（三）Scheffe 方法

Scheffe 於 1953 年提出處理多對平均數比較時仍能維持整體 α-level 的 Scheffe 方法。Scheffe 方法的應用面非常廣泛，它不僅能夠進行兩組之間的比較，也可以進行二或多組平均數與參考組平均數之間差異的比較，例如，總共有四組樣本，其中三組為接受不同劑量藥物的治療組，另一組為安慰劑對照組，Scheffe 方法除了可以進行三組治療組個別與對照組的比較，也可以進行三組治療組整體平均數與對照組的比較。不過也是因為 Scheffe 方法具有這種彈性，因此宣告顯著差異的臨界值也會比較大，增加拒絕虛無假說的難度，因此 Scheffe 法也是被認為較為保守的事後檢定方法。

這裡利用範例一 12 位病人分派到三組分別接受 A、B、C 三種止痛藥物治療後之疼痛分數的假想數據，利用 STATA 軟體進行單因子變異數分析以及事後分析的結果如表 12.7 所示。因為在 $\alpha = 0.05$ 的顯著水準下，One-Way ANOVA 的檢定結果為顯著（$p = 0.0016$），因此結論是三種止痛藥物的效果不完全相同，接著進行事後多重比較，STATA 軟體預設的三種方法：Bonferroni、Scheffe，以及 Sidak。三種檢定結果非常類似，顯示，在 $\alpha = 0.05$ 的顯著水準下，兩兩組別的比較僅有 Drug A 與 Drug C 兩組間的疼痛平均數差異達到統計顯著意義。

表 **12.7**：範例一數據進行單因子變異數分析及事後多重比較之結果（**STATA** 輸出表格）

```
2 . oneway Pain_score Drug, bonferroni scheffe sidak

                              Analysis of Variance
      Source              SS         df        MS         ┌ F      Prob > F ┐
                                                          │                  │
  Between groups          32          2        16         │ 14.40   0.0016  │
  Within groups           10          9    1.11111111      └                ┘

      Total               42         11    3.81818182

Bartlett's test for equal variances:  chi2(  2) =    1.1336   Prob>chi2 =  0.567

                     Comparison of Pain_score by Drug
                            ┌ (Bonferroni) ┐
  Row Mean-                 └              ┘
  Col Mean          Drug A      Drug B

    Drug B             2
                    0.075

    Drug C          ┌ 4 ┐         2
                    │ 0.001 │    0.075
                    └      ┘

                     Comparison of Pain_score by Drug
                            ┌ (Scheffe) ┐
  Row Mean-                 └          ┘
  Col Mean          Drug A      Drug B

    Drug B             2
                    0.071

    Drug C          ┌ 4 ┐         2
                    │ 0.002 │    0.071
                    └      ┘

                     Comparison of Pain_score by Drug
                            ┌ (Sidak) ┐
  Row Mean-                 └        ┘
  Col Mean          Drug A      Drug B

    Drug B             2
                    0.073

    Drug C          ┌ 4 ┐         2
                    │ 0.001 │    0.073
                    └      ┘
```

三、獨立樣本平均數的單因子變異數分析實例

　　黃乙芹等人 [1] 調查 1,554 位臺灣成年民眾空污識能，研究者在 $\alpha = 0.05$ 的顯著水準下想針對不同教育程度民眾空污識能平均分數的同質性進行檢定。變項「EDU」為教育程度，譯碼 0、1、2、3 分別代表的教育程度為國（初）中以下、高中、大學，以及研究所。該 F 檢定的虛無（H_0）與對立（H_1）假說如下：

$H_0: \mu_0 = \mu_1 = \mu_2 = \mu_3$，依序為國（初）中以下、高中、大學，以及研究所母群體空污識能分數平均數

$H_1: \mu_0 \cdot \mu_1 \cdot \mu_2 \cdot \mu_3$ 四個母群體空污識能分數平均數不完全相等（或其中至少有兩

個平均數不相等）

表 12.8 首先呈現不同教育程度樣本之空污識能分數描述性統計結果。結果顯示：不同教育程度成年民眾的空污識能平均數並不相同，不過差異不大，四組樣本的標準差也差異不大。One-Way ANOVA Table 顯示 BSS 與 WSS 分別約為 6.11 與 463.97，檢定的 F 統計量為 6.81，相對應的 P 值為 0.0001，因此做出推翻虛無假說的統計決策。表 12.8 也呈現 Barlett's test for equal variance 的檢定結果，因為 P 值為 0.147 因此無法推翻「標準差相同」的虛無假說，故符合 One-Way ANOVA 檢定的假說前提。如果變異數同質此一虛無假說被推翻，目前的 One-Way ANOVA 檢定結果正確性就可能會有問題，此時可以透過資料轉換（transformation）使各組變異數接近，或是使用無母數統計方法來進行檢定。

表 12.8：不同教育程度成年民眾空污識能平均分數差異性的單因子變異數分析 F 檢定（STATA 輸出表格）

```
                  Summary of C_TOTAL
      EDU         Mean      Std. Dev.       Freq.

       0        2.790985   .56527234          119     0: 國（初）中以下
       1        2.8225122  .57346678          371     1: 高中
       2        2.9273422  .54385148          867     2: 大學
       3        2.9963021  .49719033          197     3: 研究所

     Total      2.9006155  .55018146        1,554

                   Analysis of Variance
     Source          SS         df      MS          F      Prob > F

Between groups    6.1164144     3    2.0388048     6.81     0.0001
Within groups   463.976118   1550    .299339431

     Total      470.092532   1553    .302699634

Bartlett's test for equal variances:  chi2(  3) =    5.3696   Prob>chi2 =  0.147
```

因為整體 F 檢定顯著，因此必須進入到事後分析的多重比較檢定程序。STATA 提供 Bonferroni、Scheffe，與 Sidak 等三種多重比較方法，三種方法的檢定結果大致相同，結果皆顯示：國（初）中以下（0）vs. 研究所（3）、高中（1）vs. 大學（2），以及高中（1）vs. 研究所（3）這三組比較有顯著的差異（表 12.9）。多重比較的統計方法雖然考量了多次檢定所帶來 α-inflation 的潛在問題，不過檢定結果仍會受到樣本數大小所影響，例如 0 vs. 2 平均數差異 0.136357，大於 1 vs. 2 平均數差異 0.104830，但前者並未達統計意義，反而是後者達到統計顯著意義，這主要是因為前者比較的兩組樣本數總和較小的緣故。

表 12.9：不同教育程度成年民眾空污識能平均分數差異性單因子變異數分析之多重比較（STATA 輸出表格）

```
                        Comparison of C_TOTAL by EDU
                                (Bonferroni)
Row Mean-
Col Mean            0              1              2

    1           .031527
                1.000

    2           .136357        .10483
                0.065          0.012

    3           .205317        .17379        .06896
                0.008          0.002         0.663

                        Comparison of C_TOTAL by EDU
                                (Scheffe)
Row Mean-
Col Mean            0              1              2

    1           .031527
                0.960

    2           .136357        .10483
                0.090          0.023

    3           .205317        .17379        .06896
                0.015          0.005         0.467

                        Comparison of C_TOTAL by EDU
                                (Sidak)
Row Mean-
Col Mean            0              1              2

    1           .031527
                0.995

    2           .136357        .10483
                0.064          0.012

    3           .205317        .17379        .06896
                0.008          0.002         0.505
```

第二節　多組相依樣本的單因子變異數分析

一、重複測量的單因子變異數分析

單因子重複測量的研究設計（one-way repeated measurement design）是指受試者（subject）重複參與一個因子（factor）內每一層次（level）之測量。這種重複測量實驗的數據違反了一般變異數分析的觀察值之間獨立的要求，所以需要另外

的統計檢定方法，來解決觀察數值之間非獨立的問題，也就是本節所要介紹的重複測量單因子變異數分析（repeated measurement one-way ANOVA）。重複測量分析的自變項可以是層次（level），也可以是相關組別（related group），前者的例子可以是一位受試者在接受高血壓藥物治療後，在不同時間內（如一週後、兩週後，以及四週後等三個時間點）血壓的變化情形。此時，「時間」即是一個層次的自變項。後者的例子則是一位受試者分別給予三種不同冰淇淋口味（如香草、草莓、百香果），並針對每一種冰淇淋口味給予好感度的評分。此時，冰淇淋口味可視為一個因子，分為三個相關組別（related group），「冰淇淋口味」即是一個相關組別的自變項，分香草、草莓、百香果三組。

重複測量變異數分析的優點是：研究所需要的受試者人數較少、殘差（residual）的變異數降低，使得 F 檢定之統計量較大，使得統計檢定力較大。不過重複測量變異數分析並不適合測量數值之間有學習效應（practice effect）或持續效應（carryover effect）的情況。本章開始時所舉可見光與視覺反應時間的數據為例，如果是採世代研究設計，招募 4 位受試者進行重複測量，每位受試者都需要重複接受紅、黃、綠三種可見光的暴露試驗，受試者每次接受試驗時，視覺反應時間都不能受到前次試驗的影響（意即，沒有持續效應），而且每次接受試驗時，視覺反應時間也不可以受到先前的試驗經驗所影響（即，沒有學習效應），以本實驗為例，重複試驗的間隔必須要足夠長，讓眼睛能有足夠的休息，可以回復到原來的視覺反應能力，才能進行下一次測驗。這裡將以表 12.10 數據說明重複測量變異數分析的計算方法，該假想之數據存於範例二。

表 12.10：4 位受試者重複接受三種不同可見光暴露所測得的視覺反應時間數據

受試者編號 i（1~4）	可見光種類 j（1~3）			受試者平均數（$\bar{x}_i$）
	紅光	黃光	綠光	
1	2.9	6.1	5.0	4.7
2	8.0	9.2	6.0	7.7
3	5.7	3.0	8.5	5.7
4	2.4	2.1	4.8	3.1
樣本數（n_i）	4	4	4	
組平均數（$\bar{x}_i$）	4.7	5.1	6.1	$\bar{\bar{x}}=5.3$
標準差（s_i）	2.61	3.23	1.70	

首先，計算 BSS 與 WSS 的方法都與獨立樣本 One-Way ANOVA 的計算方式一樣，援用公式 12.2 與 12.3 分別計算 BSS 與 WSS 如下：

$$\sum_{i=1}^{k} n_i(\bar{x}_i - \bar{\bar{x}})^2 = 4 \times (4.7 - 5.3)^2 + 4 \times (5.1 - 5.3)^2 4 \times (6.1 - 5.3)^2$$

$$= 3.77（BSS）$$

$$\sum_{i=1}^{k} (n_i - 1)s_i^2 = (4 - 1) \times 2.61^2 + (4 - 1) \times 3.23^2 + (4 - 1) \times 1.70^2$$

$$= 60.30（WSS）$$

BSS 與 WSS 數值相加得到 TSS，為 64.07。在重複測量變異數分析中，需要將 WSS 進一步分解，因為 WSS 內有一部分的變異量是由樣本重複測量所造成的（以 SS_subject 表示），計算方法如下：

$$k \times \sum_{i}^{n} (\bar{x}_i - \bar{\bar{x}})^2 = 3 \times [(4.7 - 5.3)^2 + (7.7 - 5.3)^2 + (5.7 - 5.3)^2 + (3.1 - 5.3)^2]$$

$$= 34.05$$

將 WSS − SS_subject = 60.30 − 34.05 = 26.25，即是 SS_residual，也就是殘差（residual）的變異量部分。表 12.11 為利用 STATA 分析本例數據所得到的重複測量變異數分析輸出表格。本研究的目的在檢定受試者對不同顏色可見光的視覺反應時間是否有差異。F 檢定的統計量為（BSS/df）/（SS_residual/df）在虛無假設下，此統計量服從自由度為 2 及 6 的 F 分布，從表 12.11 中，$F = (3.77/2)/(26.25/6) \approx 0.43$，在型一錯誤 $= 0.05$ 的顯著水準下，F 檢定相對應的 P 值為 $Pr(F_{2,6} > 0.43) \approx 0.6685$，結論是：沒有充分的證據可以推翻虛無假說。至於單因子重複測量變異數分析的虛無假說與對立假說列舉方式與獨立樣本 One-Way ANOVA 的方式是一樣的。

表 12.11：可見光與視覺反應時間單因子重複測量變異數分析的輸出結果（**STATA** 輸出表格）

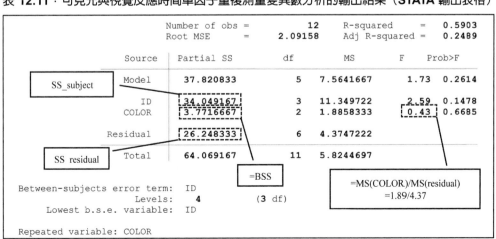

　　重複測量變異數分析的結果正確性與否也必須基礎於以下幾個假說之上：（1）各組樣本中不宜有明顯的極端值。許多統計軟體包括 STATA 都可以針對樣本數據進行極端值之偵測；（2）各組樣本的分布需要接近常態分布。事實上，在重複測量變異數分析中，樣本分布僅需接近常態即可，可以容許有些許的偏離，有許多方法可以針對樣本是否接近常態進行檢定，例如 Shapiro-Wilk test for normality；（3）資料必須符合「球度」（sphericity）假說。「球度」假說是指同一受試者內不同層次間數值差異分布的變異數必須具有同質性。以範例二數據為例，i 位受試者（$i=1$~4）每位受試者內因子（可見光）有 3 個層次（$j=1$~3），分別為 x_{i1}、x_{i2} 與 x_{i3}，「球度」假說是指以下差異量 $x_{i1} - x_{i2}$、$x_{i1} - x_{i3}$、與 $x_{i2} - x_{i3}$ 分布的變異數需要具有同質性。

　　在前述三個假說前提中，在真實世界的研究數據中以違背「球度」假說的情況較為常見。「球度」假說可以利用 Mauchly 球度檢定來進行檢定，「球度」假說的檢定過程計算較為繁複，需要借助統計軟體的協助，而多數統計軟體都有 Mauchly 球度檢定的功能，如果符合，則 F 檢定不需要作任何校正，但如果不符合「球度」假說，F 檢定則需要以 epsilon 來進行校正，方法包括：Huynh-Feldt（H-F）epsilon、Greenhouse-Geisser（G-G）epsilon、 以 及 Box's conservative epsilon 。表 12.12 所呈現的是利用 STATA 針對可見光與視覺反應時間單因子重複測量變異數分析是否符合「球度」假說進行驗證的輸出結果。表中的 P 值 ＝0.4732，在 $\alpha = 0.05$ 的顯著水準下，檢定結果無法推翻虛無假說，因此「球度」假說是符合的。

表 12.12：可見光與視覺反應時間單因子重複測量變異數分析是否符合「球度」假說的 Mauchly's method 檢定結果（STATA 輸出表格）

```
Mauchly's Test of Sphericity
```

Mauchly's W.	Chi2.	d.f.	P-value.	Epsilon_gg.	Epsilon_ff.	Lower-bound
0.4732	1.4965	2	.4732	0.6550	0.9586	0.5000

二、多組相依樣本重複測量單因子變異數分析實例

　　黃乙芹等人調查 1,554 位臺灣成年民眾空污識能，空污識能總共包括「取得」、「瞭解」、「評估」，與「應用」等四個構面。研究者在 $\alpha = 0.05$ 的顯著水準下想瞭解受試者在前述四個構面的平均分數是否有差異，此例中，空污識能是一個因子（factor）包括四個層次（levels）。該 F 檢定的虛無（H_0）與對立（H_1）假說如下：

H_0：$\mu_0 = \mu_1 = \mu_2 = \mu_3$，依序為受訪民眾在取得、瞭解、評估，與應用四個構面母體分數平均數相同

H_1：μ_0、μ_1、μ_2、μ_3 四個構面母體分數平均數不完全相等（或，其中至少有兩個不相等）

　　單因子重複測量變異數分析的結果顯示（表 12.13），該數據並未符合球度假說的前提，因此需要以經過 epsilon 修正後的檢定結果為依據，不過，本分析的三個 epsilon 修正結果都一致顯示檢定結果為拒絕虛無假說，指出受訪民眾在空污識能四個構面母體分數平均數是不完全相同的。

　　與獨立樣本的單因子變異數分析一樣，單因子重複測量變異數分析的檢定結果如果為顯著，即結果為拒絕虛無假說，也需要進一步進行事後分析多重比較。因為樣本屬於非獨立資料，因此兩兩比較的程序就類似成對樣本 t 檢定（paired t test），但同時也需要避免型一錯誤膨脹的問題，重複測量變異數分析的事後分析多重比較也有多種方法，多數統計軟體都有提供計算。表 12.14 是針對空污識能四個構面平均得分，利用 Bonferroni 方法計算兩兩比較（pairwise comparison）的結果，顯示四個構面母體分數的平均數都有顯著差異。

表 12.13：受訪民眾在取得、瞭解、評估，與應用四個構面母體分數平均數之重複測量單因子變異數分析（**STATA** 輸出表格）

```
         Variable        Obs         Mean     Std. Dev.       Min         Max

            C_GET  取得  1,554     2.819766     .6881814         1           4
      C_UNDERSTAND 了解  1,554     2.992053     .6223948         1           4
       C_EVALUATE  評估  1,554     2.730363     .6521498         1           4
          C_APPLY  應用  1,554     3.054622     .5854713         1           4




                       Number of obs =       6,216     R-squared     =   0.7561
                       Root MSE      =      .37142     Adj R-squared =   0.6746

            Source    Partial SS        df          MS          F      Prob>F

            Model     1992.2261      1,556     1.280351        9.28     0.0000

               ID     1887.1856      1,553    1.2151871        8.81     0.0000
           DOMAIN     105.04047          3    35.013491      253.81     0.0000

          Residual    642.72105      4,659    .13795258

             Total    2634.9471      6,215    .42396575


Between-subjects error term:   ID
                    Levels:    1554        (1553 df)
        Lowest b.s.e. variable:   ID

Repeated variable: DOMAIN

                                   Huynh-Feldt epsilon         =    0.9507
                                   Greenhouse-Geisser epsilon  =    0.9488
                                   Box's conservative epsilon  =    0.3333

                                              ———— Prob > F ————
            Source      df       F     Regular    H-F      G-G       Box

            DOMAIN       3    253.81    0.0000   0.0000   0.0000    0.0000
          Residual    4659
```

要選擇經 epsilon 修正的檢定結果

不符合「球度」假設

Mauchly's Test of Sphericity

```
Mauchly's W.   Chi2.   d.f.   P-value.   Epsilon_gg.   Epsilon_ff.  Lower-bound

   0.9140     140.265    5     0.0000      0.9488        0.9507       0.3333
```

表 12.14：受訪民眾在空污識能四個構面母體分數的平均數的事後分析多重比較結果（STATA 輸出表格）

```
Pairwise comparisons of marginal linear predictions

Margins        :  asbalanced

                          Number of
                          Comparisons

          DOMAIN              6


                                              Bonferroni
                  Contrast    Std. Err.      t      P>|t|

          DOMAIN
          2 vs 1   .1722866    .0133246    12.93    0.000
          3 vs 1  -.0894037    .0133246    -6.71    0.000
          4 vs 1   .2348563    .0133246    17.63    0.000
          3 vs 2  -.2616903    .0133246   -19.64    0.000
          4 vs 2   .0625697    .0133246     4.70    0.000
          4 vs 3    .32426     .0133246    24.34    0.000
```

第三節　類別型變項的多組相依樣本的相關性檢定

　　類別型變項的多組樣本相關性檢定方法也需要根據樣本的獨立性與相依性選擇不同的統計方法（圖 12.1）。多組樣本之間屬於獨立樣本時，可以進行列聯表（contingency table）分析，針對不同母體參數的同質性（homogeneity）、變數之間的獨立性（independence）、與適合度（goodness-of-fit）進行卡方檢定，這部分在本書第 11 章有作介紹。而當分析的多組樣本屬於相依樣本時，要在進行統計檢定時須考量各組樣本之間的相依性，其中 Cochran's Q 檢定是一種常被使用的方法。

　　Cochran's Q 檢定是一種無母數統計方法，它處理的是二元的事件（binary events）例如，存活與否（1 或 0），可應用在多組相依的樣本。Cochran's Q 檢定用於評估多組相依樣本的母體比例（或稱盛行率）是否具有同質性。

一、Cochran's Q 檢定

　　表 12.15 為 16 位公衛專家在 Covid-19 疫情爆發期間連續四週針對疫情發展發表他們對疫情是抱持樂觀（code＝0）或悲觀（code＝1）看法的數據（範例三）。這裡利用這個重複測量的相依數據來說明 Cochran's Q 檢定的方法。

表 12.15：16 位公衛專家在疫情爆發期間連續四週發表他們對疫情抱持樂觀（code＝0）或悲觀（code＝1）看法的數據

i＝1~16 ID	x_{ij}, j＝1~4 WEEK1	WEEK2	WEEK3	WEEK4	x_i	$x_i(k-x_i)$ k＝4
1	1	1	1	1	4	0
2	0	1	1	1	3	3
3	0	0	1	1	2	4
4	0	1	0	1	2	4
5	1	0	0	0	1	3
6	0	1	1	1	3	3
7	0	1	1	1	3	3
8	0	0	1	1	2	4
9	0	1	1	1	3	3
10	0	1	0	1	2	4
11	1	1	0	0	2	4
12	1	1	1	1	4	0
13	0	0	0	1	1	3
14	1	0	1	1	3	3
15	0	1	1	1	3	3
16	0	1	0	0	1	3
x_j	5	11	10	13	N＝39	∑＝47
$\left(x_j - \dfrac{N}{k}\right)^2$	22.563	1.563	0.063	10.563	∑＝34.75	

　　令 x_{ij} 代表第 i 列第 j 欄的數值，x_i 代表第 i 列的和，x_j 代表第 j 行的和，N 代表所有數值的總和。資料總共有 n 列（受試者個數）與 k 欄（重複測量次數）。

　　根據上述計算式，Cochran's Q 計算式為：

$$Q = k(k-1)\frac{\sum_{j=1}^{k}\left(x_j - \frac{N}{k}\right)^2}{\sum_{i=1}^{n}x_i(k-x_i)}$$

（公式 12.5）

將表格中的數據帶入公式 12.5

$$Q = 4(4-1) \times \frac{34.75}{47} \approx 8.87$$

表 12.16：16 位公衛專家連續四周對疫情發展抱持悲觀看法盛行率的差異檢定結果
（**STATA** 輸出表格）

```
Cochran's Q =  8.8723 with df =  3


Asymptotic test:
 P(Q >= 8.8723) = 0.0310

Non-asymptotic test:
     Z = 2.4898
gamma = 1.4492
 P(Q >= 8.8723) = 0.0264

                        Comparison of SCORE by WEEKDAY
                               (No adjustment)
Row vs.
Column              1            2            3

       2      3.600000
              0.0578
       na     0.1258

       3      2.777778     0.142857
              0.0956       0.7055
       na     0.1690       0.5301

       4      5.333333     0.666667     3.000000
              0.0209       0.4142       0.0833
       na     0.0743       0.4257       0.1051

alpha =   0.05
Reject Ho if p <= alpha
```

Q 遵循 χ^2 分布，本例的自由度為 $k-1=3$，在 $\alpha=0.05$ 的顯著水準下，對應到右尾機率 0.05 的數值為 7.815，亦即此檢定的臨界值 =7.815。因為 $Q>$ 臨界值，因此，Cochran's Q 相對應的 P 值 <0.05，檢定結果為拒絕虛無假說。表 12.16 是使用 STATA 進行檢定的報表輸出，檢定結果之 $P(Q \geq 8.8723)=0.0310$。因為整體檢定的結果為顯著，表示連續四週專家表示專家對疫情表示悲觀的盛行率不完全相同，因此要接續進行兩兩配對比較，表 12.16 所列出兩兩比較第一列的結果是等同於未經校正的 McNemar's χ^2 test，結果顯示僅第一週與第四週抱持悲觀的盛行率有顯著差異（5/16 vs. 13/16，$p=0.0209$）。若要校正 α-inflation 的問題，可進一步參照其他書籍。

二、Cochran's Q 檢定實例

黃乙芹等人調查 1,554 位臺灣成年民眾空污識能，空污識能總共包括取得、瞭解、評估，與應用等四個構面，研究者將低於各個構面識能得分中位數者視

爲「低識能」者。研究者在 $\alpha = 0.05$ 的顯著水準下想瞭解受試者在前述四個構面中屬於「低識能」者的盛行率是否有差異？「低識能」的定義則是得分在該構面中位分數以下者。由於該研究是針對同一組樣本進行四次重複的特定構面空污識能評估，因此可以使用 Cochran's Q 檢定，該檢定的虛無（H_0）與對立（H_1）假設如下：

H_0：$\pi_0 = \pi_1 = \pi_2 = \pi_3$，依序爲受訪民眾在取得、瞭解、評估、與應用等四個構面母群體「低識能」的盛行率（百分比）

H_1：π_0、π_1、π_2、π_3 等四個構面母群體「低識能」的盛行率（百分比）中至少有兩個不相等

　　表 12.17 呈現 Cochran's Q 檢定的結果。受訪民眾在取得、瞭解、評估，與應用等四個構面屬於「低識能」的盛行率分別爲 45.50%、55.34%、51.35%，以及 52.57%。在自由度爲 $k - 1 = 3$（其中 k 爲組數），$\alpha = 0.05$ 的條件下，對應到右尾機率 0.05 的數值爲 7.815，因爲 Cochran's Q 檢定的統計量爲 59.0103，遠大於臨界值 7.815，$P(Q \geq 59.0103) < 0.0001$，因此檢定結果爲推翻虛無假說，顯示民眾在空污識能四個構面的低識能盛行率是不完全相等的。後續事後分析多重檢定的結果顯示，表 12.17 所列出兩兩比較第一列的結果是等同於未經校正的 McNemar's χ^2 test，結果顯示僅有「評估」與「應用」兩個構面的「低識能」盛行率沒有顯著差異，其他皆有顯著差異，若要校正型一錯誤膨脹的問題，可進一步參照其他書籍。

表 12.17：臺灣成年民眾在四個空污識能構面中屬於「低識能」盛行率之差異 Cochran's *Q* 檢定結果（STATA 輸出表格）

HL_cat	DOMAIN 取得　1	了解　2	評估　3	應用　4	Total
低空污識能　0	707 45.50	860 55.34	798 51.35	817 52.57	3,182 51.19
1	847 54.50	694 44.66	756 48.65	737 47.43	3,034 48.81
Total	1,554 100.00	1,554 100.00	1,554 100.00	1,554 100.00	6,216 100.00

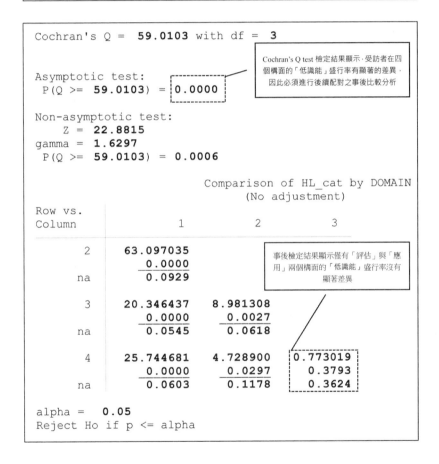

```
Cochran's Q =  59.0103 with df =  3

                                        Cochran's Q test 檢定結果顯示，受訪者在四
                                        個構面的「低識能」盛行率有顯著的差異，
Asymptotic test:                        因此必須進行後續配對之事後比較分析
 P(Q >=  59.0103) = 0.0000

Non-asymptotic test:
    Z = 22.8815
gamma = 1.6297
 P(Q >=  59.0103) = 0.0006

                        Comparison of HL_cat by DOMAIN
                                (No adjustment)
Row vs.
Column                   1          2          3

          2       63.097035
                    0.0000                         事後檢定結果顯示僅有「評估」與「應
          na                   0.0929              用」兩個構面的「低識能」盛行率沒有
                                                   顯著差異

          3       20.346437   8.981308
                    0.0000      0.0027
          na                   0.0545     0.0618

          4       25.744681   4.728900    0.773019
                    0.0000      0.0297    0.3793
          na                   0.0603     0.1178    0.3624

alpha =   0.05
Reject Ho if p <= alpha
```

第四節　變異數分析和線性迴歸的關係

以下利用範例一的 12 位病人分派到三組，分別接受三種止痛藥物治療後之疼痛分數為例，來說明變異數分析與迴歸分析的關係。範例一數據如下：

病人編號	k 組樣本		
	A 藥物	B 藥物	C 藥物
1	1	4	6
2	2	5	8
3	3	3	5
4	2	4	5

現在將原始數據重新編排，將原來看似只有一個變項（疼痛分數），編列成為有兩個變項的數據，即「藥物種類」與「疼痛分數」：

疼痛分數（y）	1	2	3	2	4	5	3	4	6	8	5	5
藥物種類（x）	1	1	1	1	2	2	2	2	3	3	3	3

這樣以「疼痛分數」為依變項，「藥物種類」為自變項，則可以把一個變異數分析的模式改成為一個簡單線性迴歸的模型。因為自變項（止痛藥種類）有三種，屬於類別變項，因此迴歸模式將其以虛擬變項（dummy variable）或指示變項（indicator variable）處理，簡單線性迴歸模式表示如下：

$$E(Y) = \beta_0 + \beta_1 x_1 + \beta_2 x_2$$

其中 x_1 與 x_2 為虛擬變項，以 (x_1, x_2)=(0, 0)、(1, 0) 與 (0, 1) 分別代表 A 藥物（原始 code＝1，參考組）、B 藥物（原始 code＝2）、與 C 藥物（原始 code＝3），迴歸係數 β_1（表 12.18 中的 Drug B）與 β_2（表 12.18 中的 Drug C）分別代表 B 藥物組、C 藥物組與參考組（A 藥物組）的疼痛平均分數差異，數值分別為 2 與 4。而迴歸模式的截距項（表 12.18 中的 _cons）數值為 2，代表的即是當 (x_1, x_2)＝(0, 0) 時的平均數，意即 A 藥物組（參考組）的平均數。先試著從報表中解釋其原因，簡單線係迴歸的結果列於表 12.18。

表 12.18：三種止痛藥物（自變項）與病人疼痛分數（依變項）之簡單線性迴歸分析結果
（**STATA** 輸出表格）

Source	SS	df	MS		Number of obs	=	12
					F(2, 9)	=	14.40
Model	32	2	16		Prob > F	=	0.0016
Residual	10	9	1.11111111		R-squared	=	0.7619
					Adj R-squared	=	0.7090
Total	42	11	3.81818182		Root MSE	=	1.0541

Pain_score	Coef.	Std. Err.	t	P>|t|	[95% Conf. Interval]	
Drug						
Drug B	2	.745356	2.68	0.025	.3138876	3.686112
Drug C	4	.745356	5.37	0.000	2.313888	5.686112
_cons	2	.5270463	3.79	0.004	.8077385	3.192262

截距項 β_0　　　迴歸係數 β_1 與 β_2　　　與表 12.4 的單因子變異數分析結果相同

　　從表 12.18 中可以發現，事實上，迴歸分析除了估計迴歸係數進行定性（迴歸係數符號的正負）與定量（迴歸係數數值的大小）分析之外，也進行變異數分析，其結果與表 12.4 的內容完全相同，F 檢定的檢定統計值亦為 14.4。

　　表 12.18 的迴歸係數 β_1 與 β_2 經 t 檢定後顯示 P 值分別為 0.025 與 <0.001，在 $\alpha = 0.05$ 的顯著水準下，均達顯著水準，代表 Drug B 與 Drug A，以及 Drug C 與 Drug A 之間疼痛分數平均數均呈現顯著差異，這個結果可與變異數分析的事後多重比較進行比較，在表 12.7 中多重比較的結果是經考量降低型一錯誤膨脹問題校正的結果，故在比較 Drug B 與 Drug A 的結果時皆不顯著，然而在表 12.18 的迴歸係數的檢定時，並未考慮校正問題，故兩者的結果可能不一致。

　　至於兩種方法的前提假說有沒有衝突呢？簡單線性迴歸的前提假說在第 14 章中已有敘述，包括了線性（linearity）、獨立性（independence）、常態性（normality）、與變異數相等性（equal variance）等。其中獨立性與變異數相等性這兩個前提假說在 One-Way ANOVA 檢定中已經滿足。此外，因為本例以虛擬變項處理三組藥物分組，因為每次都只比較兩組的平均數，因此線性假說也會滿足，因為兩點之間一定可以畫出一條直線。至於常態假說是否符合，因為本例樣本數較小，則需要進一步進行迴歸診斷（regression diagnosis）來確認。

　　本章敘述單因子變異數分析，也大略談到變異數分析與兩組獨立樣本 t 檢定，以及簡單線性迴歸模式彼此之間的關係，瞭解這些內容後也可以延申到雙因子或多因子變異數分析和複迴歸分析之間的關係，瞭解這些關係對以後學習複迴歸

（multiple regression）模式會有很大的助益。

總　結

　　本章介紹了多組樣本差異的統計檢定方法，這些方法會隨變項屬於量性或類別（質性）變項、各組樣本之間屬於獨立樣本或相依（非獨立）樣本性而異。多組樣本的檢定通常會先執行一個整體的檢定（global test），當檢定結果拒絕虛無假說時，需要再接續執行事後分析之多重比較，這樣的作法是為了避免一開始就執行多個檢定而可能因為型一錯誤膨脹而導致問題。本章所介紹的各種多組樣本差異性檢定的統計方法都牽涉到頗為複雜的計算，當樣本數小的時候，部分計算可以透過徒手計算或利用 EXCEL 試算表計算而得，不過當樣本數增大時，計算過程就會變得繁複，這時通常會需要借助統計軟體的幫忙。雖然統計軟體可以很有效率地進行統計檢定，但仍然鼓勵讀者需要清楚瞭解各種統計檢定方法的原理，而這也會有助於讀者對於統計軟體輸出報表的闡釋能力。

　　本章除了介紹各種多組樣本差異性檢定的統計原理與計算方法外，也利用統計軟體 STATA 分析一個現實世界中有關空污健康識能的調查數據，並針對本章內容所涵蓋的各種統計檢定方法來說明、闡釋 STATA 軟體的結果輸出內容，這可以增進讀者對於這些統計方法的理解程度與應用能力。當然，不僅是 STATA，其他常用統計軟體包括 SAS、SPSS，以及免費 R 軟體都可以執行相同的統計檢定與分析，其結果的呈現也都大同小異，讀者可以選擇自己熟悉的軟體自行練習，並將結果與本章 STATA 軟體的報表結果做比較。

　　本章所介紹的變異數分析、重複測量變異數分析、以及 Cochran's Q test 等方法基本上都是屬於單因子的部分，也就是只有一個屬於類別變項的自變項。不過，在許多情況下，統計分析要處理的問題會有兩個或兩個以上的自變項，而這些自變項也不僅止於是類別變項，有時也會有連續性變項。例如，本章所舉的現實生活實例之一是，若要比較不同教育程度民眾之空污健康識能分數或程度是否有差異？這個問題只有「教育程度」一個自變項，如果研究問題要多增加另外一個自變項，例如「年齡」，因為年齡也可能與空污識能有關，這時的統計分析就牽涉到兩個因子，當然方法就會變得更為複雜，因為「教育程度」與「年齡」除了本身單獨可能會影響一個人的空污識能外，兩個因子之間也可能存在交互作用

（interaction），而當對年齡進行分析時，年齡可以被當作是一個連續性變項，也可以將年齡分組，視年齡為一間斷變項（如，20~34 歲、35~49 歲……等），當有多個自變項存在時，通常會利用複線性迴歸（multiple linear regression）來進行統計檢定與分析，讀者如果有需要處理這類比較複雜的統計檢定，可以自行參考其他統計學教科書的說明。

關鍵名詞

型一錯誤膨脹（α-inflation）

單因子變異數分析（one-way ANOVA）

事後分析（*post-hoc* analysis）

多重比較（multiple comparisons）

兩兩比較（pairwise comparison）

重複測量變異數分析（repeated measurement ANOVA）

組間變異量（between sum of squares, BSS）

組內變異量（within sum of squares, WSS）

F 分布（F distribution）

簡單線性迴歸（simple linear regression）

複習問題

1. 30 位高血壓病人接受治療後，研究者每週固定測量病人收縮壓，連續 4 週。研究者想知道這些病人在治療後的一個月內每週收縮壓平均數是否有差異。

   (1) 請問研究者應該使用何種統計方法來進行檢定？

   (2) 請問（1）所選擇的方法有哪一些前提假說？

2. 如果研究者要針對多組重複測量樣本的平均數進行差異性檢定，但該研究者並未選擇使用重複測量變異數分析，而是使用一般將樣本視為獨立樣本的變異數分析，請問這將對檢定結果的顯著性造成何種影響？請敘述理由？

3. 研究者探討飲酒與血壓之間的相關性。研究者將研究對象（樣本）按平常習慣的飲酒量區分為若干組，然後比較各組樣本血壓平均數之差異，分析資料後，她得到以下的表格數據：

Source of variation	Sums of squares	df	Mean squares	F
Among groups	800	3	B	C
Within groups（error）	1200	36	33.3	
Total	A			

(1) 請問該研究者是使用何種統計分析方法來進行檢定？（如果有兩種或兩種以上的方法請分別指出來）

(2) 請寫出該檢定的虛無假說與對立假說。（如果有兩種或兩種以上的方法請分別寫出假說）

(3) 請分別計算表格中的 A、B 與 C 等三個數值。

(4) 請問該研究的研究樣本總數是多少？

(5) 請問該研究者將研究樣本的飲酒量區分為多少組？

4. 假說某研究者想探討不同止痛藥物的止痛效果（疼痛分數以 VAS 1-100 分計），她招募了術後病人若干人並分為三組，分別給予不同的止痛藥。假說研究者利用兩獨立樣本 t 檢定針對三組樣本的 VAS 分數進行平均數的差異性檢定。

(1) 請問該研究者至少錯誤地推翻一個虛無假說的機率是多少？

(2) 如果該研究是區分為四組，那研究者至少錯誤地推翻一個虛無假說的機率又會是多少？

(3) 如果在該研究中同時探討的止痛藥種類愈來愈多，請問該研究者至少錯誤地推翻一個虛無假說的機率會如何變化？

(4) 請問您會建議該研究者如何克服第（3）題答案的這個問題？

5. 20 位受試者被分隨機派到四組不同健身課程，研究者想評估四組樣本對於健身課程的滿意度。下表示單因子變異數分析與事後分析結果的 STATA 輸出表格。

(1) 請根據單因子變異數分析的結果說明檢定的結果。

(2) 請分別根據 Bonferroni 以及 Scheffe 方法所獲得的事後分析結果，說明受試者對於四種健身課程的滿意分數平均數差異情形。

```
                          Analysis of Variance
    Source                SS          df       MS              F        Prob > F

Between groups            698.2       3        232.733333      4.69     0.0155
Within groups             793.6       16        49.6

    Total                1491.8       19       78.5157895

Bartlett's test for equal variances:  chi2(3) =    2.4080   Prob>chi2 = 0.492

                     Comparison of S_SCORE by PROGRAM
                               (Bonferroni)
Row Mean-
Col Mean           1            2            3

    2            -.8
               1.000

    3           -10.8         -10
               0.165         0.235

    4            5.6           6.4          16.4
               1.000         1.000         0.012

                     Comparison of S_SCORE by PROGRAM
                               (Scheffe)
Row Mean-
Col Mean           1            2            3

    2            -.8
               0.998

    3           -10.8         -10
               0.161         0.211

    4            5.6           6.4          16.4
               0.670         0.572         0.018
```

6. 某研究追蹤一班國小學童 30 位從入學到畢業，研究者觀察到該班學童歷年的近視盛行率如下表所示。研究者想要知道研究樣本的年級別近視盛行率是否有差異，要選擇合適的統計檢定方法，並諮詢您。

近視	年級別					
	一	二	三	四	五	六
是	2	6	8	10	12	12
否	28	24	22	20	18	18

(1) 請問您會建議該研究者進行何種統計檢定方法？並請說明理由。

(2) 雖然該班級每年都有 30 位學童，不過其實每一年該班級都有轉入與轉出的學生，只是轉入與轉出人數剛好抵銷而已。如果現在您知道六年級 12 位近視的學童當中有 3 位並不是都是從一年級開始就就讀該班級，而是後來從他校陸續轉入該班級就讀的學童，而他們在轉入前就已經罹患近視。請問這個訊息會改變您對檢定方法選擇的建議嗎？

7. 某研究探討吸菸對嬰兒出生體重的影響，該研究觀察 18 位孕婦，其中從未吸菸（Group A）、懷孕便停止吸菸（Group B），以及懷孕仍繼續吸菸者（Group C）各有 6 位，其所獲致的結果如下：

	Group A	Group B	Group C	
人數	6	6	6	
嬰兒平均出生體重（磅）	8.117	7.050	6.733	總平均 = 7.3
標準差	0.8110	0.5206	0.3386	

令 μ_A、μ_B、與 μ_C 分別代表三組樣本平均體重之母數。假設三組母體體重分布呈常態，且變異數相等，今研究者想利用單維變異數分析來檢定 3 組母數平均體重是否有差異？根據這些數據，請回答下列各題（均為單一選擇題）。

(1) 該檢定的對立假設（alternative hypothesis）應為 (A)$\mu_A = \mu_B = \mu_C$ (B)$\mu_A \neq \mu_B \neq \mu_C$ (C)μ_A、μ_B、μ_C 之中至多有 2 個是相等的 (D)μ_A、μ_B、μ_C 之中至少有 2 個是不相等的。

(2) 該 ANOVA 分析中的整體變異量（Total Sum of Square）約為？ (A)5.217 (B)6.308 (C)11.520 (D) 條件不足無法計算。

(3) 該 ANOVA 分析的統計量 F 為何？ (A)0.348 (B)3.152 (C)9.069 (D) 條件不足無法計算。

(4) 該檢定的 P 值會落在以下哪一個範圍之內？ (A)< 0.01 (B)0.01 - < 0.05 (C)0.05 - < 0.1 (D)>= 0.1。

引用文獻

1. 黃乙芹、侯文萱、呂芊曄、李岳蓁、李佩珍、陳怡臻、林明彥、王毓正、李中一：臺灣成年民眾之室外空氣污染健康識能調查。臺灣公共衛生雜誌 2021；**40(5)**：479-493。

2. Rosner B. Fundamentals of Biostatistics. 8th ed. Charlotte, North Carolina: Baker & Taylor, 2015.

3. Daniel WW, Cross CL. Biostatistics: A foundation for analysis in the health sciences. 11th ed. NJ: Wiley, 2019.

第 13 章
無母數統計方法

楊奕馨　撰

學習目標

一、瞭解無母數方法的適用情境及計算原理

二、瞭解常用的母數估計與假說檢定方法所對應的無母數方法

三、能夠區別成對樣本及兩組獨立樣本的無母數方法

前　言

　　本書到目前爲止前面章節所提到的統計方法，原則上都是先假設所分析的**資料**（**data**）是來自於某種可以利用**母數**（或稱：**參數**，**parameter**）所設定的**機率分布**（**probability distribution**），例如：數值型態的資料假設來自於**常態分布**（**normal distribution**），計數的資料假設來自於二**項分布**（**binomial distribution**）等；統計方法若是基於預先假設資料符合特定機率分布而進行**估計**（**estimation**）或**假說檢定**（**hypothesis testing**），這類的方法通常被稱作爲**母數方法**（**parametric methods**）；另一種情況則是，雖然分析的資料沒有符合特定機率分布，但欲推論的母數，其估計值符合特定機率分布，例如當樣本數夠大時，運用**中央極限定理**（**central limit theorem**）可得知母體平均數的估計值（$\bar{X}$）的分布會遵從常態分布，則根據此情況所推導出的估計或假說檢定方法，一般仍稱之爲母數方法。然而若上述兩種情況均不符合，就必須運用**無母數方法**（**nonparametric methods**）進行統計分析，原則上一般常用的母數方法都會有相對應的無母數方法，當母數方法不適合使用時，可以改用對應的無母數方法進行分析；本章將介紹常用的無母數統計方法，及其適用情境。

第一節　無母數方法的基本原理

　　無母數方法也被稱爲**無分布方法**（**distribution-free methods**），意思是這些統計方法在進行估計或假說檢定時，不需要預先設定所分析的資料是否符合哪種機率分布，取而代之的是將分析的資料數值，從小的數值排到大的數值，並以其排列的**等級**（或稱：**名次**，**rank**）來取代原來的數值進行統計分析；例如：有 10 位高血壓的病人，其收縮壓（單位：mmHg）分別爲：

　　　　　182、178、186、175、181、183、179、177、176、184

經過排序後爲：

　　　　　175、176、177、178、179、181、182、183、184、186

　　而無母數的方法就以等級：1、2、3、4、5、6、7、8、9、10，來取代原來的數值進行分析。用等級取代原來的數值進行運算有幾個特性，以上述 10 位高血壓病人爲例，首先，如果將收縮壓爲 186 mmHg 之病人的收縮壓更改爲 200

mmHg，雖然數值相差 14 mmHg，但在無母數方法的分析過程中，其等級仍然維持在 10，因此分析結果不會受影響，也就是只有數值間的大小關係會納入分析的運算，而數值間的差距大小，沒有被納入考量，因此資料中若有極端值，則使用無母數方法較不會受到極端值影響而引起偏差；其次，以等級取代原始數值，則任何樣本數相同的資料，如果其值皆不相同，則其等級的總和都是固定的，例如樣本數為 n，將資料由小排到大，其等級分別為 1、2、3、…、n，等級總和為：

$$n(n+1)/2$$

例如若樣本數為 10 且數值皆不相同，則等級總和是 55；而若遇到有數值相同的情況，一般會取平均等級來設定，則所計算出的等級總和會與上面的式子相同。例如前面的 10 個收縮壓的數值為：

175、176、<u>177</u>、<u>177</u>、179、181、182、183、184、186

因為有兩個 177 mmHg，依照排序其等級分別為第 3 及第 4，故其平均等級為 (3+4)/2=3.5，因此這兩個 177 mmHg 就都以 3.5 為其等級。以此方式，等級總和仍會維持不變。

　　使用無母數方法的最主要優點，在於不用預先假設資料遵循哪一種機率分布，因此所得到的分析結果，就不用擔心不符合假設而產生偏差；例如，用等級取代原來的數值，因此遇到極端值時，或是右偏分布的資料，無母數方法比起母數方法較不受影響，也因為是以等級進行計算，若是沒有使用任何運算工具（如：電子計算機或電腦），僅以人腦執行，則無母數相較於母數方法是能夠比較快速且簡單完成運算。此外，因為同一樣本數的資料其等級是相同的，因此運算的主要工作就以資料排序為主，在人類開始使用電腦的時代之前，無母數方法的發展有其時代的使命；然而進入數位時代後，由於電腦計算效能大大提升，有時母數方法反而更能快速完成。

　　無母數方法的主要缺點，也是因為沒有母數機率分布的假設，因此分析結果經常會比母數方法的分析結果來得保守，也就是較不容易拒絕虛無假說，或是 P 值會較高；同時，也因為無母數方法僅使用等級且忽略了實際數值的差異，因此若是資料中**觀察值（observation）**的數值是重要的資訊，無母數方法就會忽略了許多應該被納入分析考慮的資訊，如同前面所提的 10 個高血壓病人的收縮壓的例子，等級最高的病人其 186 mmHg 若改為 200 mmHg，利用無母數方法分析其結果仍是相同，但利用母數方法分析則會反映 14 mmHg 的差異。

第二節　符號檢定（Sign test）

　　符號檢定（**sign test**）一般是用來檢定單一母體的**中位數**（**median**）是否為某一特定值的無母數檢定方法，其對應的母數方法是**單一樣本 *t* 檢定**（**one-sample *t* test**）或**成對樣本 *t* 檢定**（**paired *t* test**），是**量性變數**（**quantitative variables**）或**連續變數**（**continuous variables**）所適用的方法；若以表 13.1 之 24 位高血壓病人的收縮壓為例，想要檢定其中位數是否為 180 mmHg，可以先計算出收縮壓的數值是大於、小於還是等於 180 mmHg，若大於則給予「正號」，小於則給予「負號」，而等於則該筆資料「不列計」。表 13.1 的資料顯示，24 筆資料中有 13 筆資料為正號、10 筆資料為負號、一筆資料不列計。

表 13.1：24 位參加臨床試驗的高血壓病人資料及檢定數據計算

編號	收縮壓（SBP）	與 H_0 設定值（=180）相減	與 H_0 設定值（=180）相比	符號
1	171	−9	小於	負號
2	173	−7	小於	負號
3	175	−5	小於	負號
4	175	−5	小於	負號
5	176	−4	小於	負號
6	177	−3	小於	負號
7	178	−2	小於	負號
8	178	−2	小於	負號
9	179	−1	小於	負號
10	179	−1	小於	負號
11	180	0	等於	此筆不列計
12	181	1	大於	正號
13	181	1	大於	正號
14	181	1	大於	正號
15	181	1	大於	正號
16	181	1	大於	正號
17	181	1	大於	正號
18	182	2	大於	正號
19	183	3	大於	正號
20	184	4	大於	正號
21	184	4	大於	正號
22	184	4	大於	正號
23	184	4	大於	正號
24	186	6	大於	正號

因此**虛無假說**（null hypothesis, H_0）與**對立假說**（alternative hypothesis, H_1）設定如下：

$$\begin{cases} H_0 : m = m_0 \\ H_1 : m \neq m_0 \end{cases}$$

其中，m 代表母體的中位數，m_0 代表虛無假說下設定的中位數值。此範例可寫為：

$$H_0 : m = 180 \text{ mmHg}$$
$$H_1 : m \neq 180 \text{ mmHg}$$

由於符號檢定是根據母體中位數來設定假說，若以 p_s 代表母體中大於中位數的機率，因為中位數的定義就是有一半的資料會大於其值，因此根據虛無假說可得 $p_s = 0.5$，則虛無假說與對立假說也可以寫成：

$$H_0 : p_s = 0.5$$
$$H_1 : p_s \neq 0.5$$

利用上述特質，在建立檢定統計量時，假設 n 是樣本中不等於虛無假說下 m_0 的觀察值個數，亦即在處理資料時，先將等於 m_0 的資料刪除不列計，以此範例來說，原先有 24 筆觀察值，因為其中一筆（編號 11）收縮壓值等於 180 mmHg，因此刪除不列計，故 $n = 23$。今以 S 代表 n 筆資料中大於 m_0 的資料個數，亦即「正號」的個數，以 s 表示從樣本資料中所計算出的 S 的觀察個數值，由表 13.1 可得 $s = 13$，根據虛無假說的條件，S 會服從參數為 $n = 13$ 及 $p_s = 0.5$ 的二項式分布。

　　基本上，我們亦可以計算小於 m_0 的資料個數，所得的結果是等價的，從 n 減去「正號」的個數就等於「**負號**」的個數，兩者是一體的兩面，差別只是從不同的方向來看結果，在許多教科書上，大多會從大於 m_0 的方向來定義，亦即大多會計算「**正號**」的個數。

一、符號檢定的精確檢定

　　若我們直接以 S 為檢定統計量，根據虛無假說的條件，可得 S 的機率分布為

$$S \sim \text{Binomial}(n, p_s)$$

其中 n 為樣本中不等於虛無假說下 m_0 的觀察值個數。根據虛無假說 $p_s = 1/2$，從二項式分布的特性可得平均數 $= n \times p_s = n/2$，變異數 $= n \times p_s \times (1 - p_s) = n \times 1/2 \times$

$(1 - 1/2) = n/4$。所謂**精確檢定**（**exact test**），即是直接根據 S 的機率分布來進行推論，令顯著水準爲 α，一般我們會計算 **P 值**（**p-value**），若 P 值 $< \alpha$ 則拒絕虛無假說。

因此，此精確檢定法的 P 值係根據二項式分布來計算，因爲虛無假說是雙尾的設定，故 P 值爲尾端機率乘上 2，公式如下：

當 $s > n/2$，P 值 $= 2 \times P(S \geq s) = 2 \times (P(S = s) + P(S = s + 1) + \cdots + P(S = n))$

$$= 2 \times \sum_{i=s}^{n} \binom{n}{i} \left(\frac{1}{2}\right)^i \left(1 - \frac{1}{2}\right)^{n-i}$$

當 $s < n/2$，P 值 $= 2 \times P(S \leq s) = 2 \times (P(S = s) + P(S = s - 1) + \cdots + P(S = 0))$

$$= 2 \times \sum_{i=0}^{s} \binom{n}{i} \left(\frac{1}{2}\right)^i \left(1 - \frac{1}{2}\right)^{n-i}$$

當 $s = n/2$，P 值 $= 2 \times (1/2) = 1$。上式中 $\binom{n}{i} = C_i^n = \dfrac{n!}{i! \times (n-i)!}$，表示組合函數。

範例一：研究者欲利用 24 位參加臨床試驗的高血壓病人資料，檢定其母體中位數是否爲 180 mmHg，試利用符號檢定之精確檢定法進行推論，設定顯著水準 α 爲 0.05，資料如表 13.1 所示。

首先統計假說爲：

$$\begin{cases} H_0 : m = 180 \text{ mmHg} \\ H_1 : m \neq 180 \text{ mmHg} \end{cases} \text{ 或 } \begin{cases} H_0 : p_s = 0.5 \\ H_1 : p_s \neq 0.5 \end{cases}$$

由表 13.1 可知 24 筆資料中有一筆收縮壓 $= 180$ mmHg，故刪除之，因此 $n = 23$，因爲統計檢定量 S 爲 23 筆資料中大於 180 mmHg 的資料個數，故 $s = 13$，因爲 $s > 23/2$，所以

$$\text{P 值} = 2 \times P(S \geq 13) = 2 \times (P(S = 13) + P(S = 14) + \cdots + P(S = 23))$$

$$= 2 \times \sum_{i=13}^{23} \binom{23}{i} \left(\frac{1}{2}\right)^i \left(1 - \frac{1}{2}\right)^{23-i}$$

$$= 2 \times 0.3388 = 0.6776$$

所得結果 P 值 $= 0.6776$，因大於顯著水準 0.05，故無法拒絕虛無假說，結果顯示我們無法拒絕母體的中位數 $= 180$ mmHg 虛無假說。

P 值可以使用程式軟體 R 指令「2*(1-pbinom(12, 23, 0.5))」而得到，pbinom 這個函數的第一個參數爲事件發生的個數，第二個參數爲觀察值個數（n），第三個參數爲事件發生的機率。另一種使用 R 進行計算的方式，則如下所示，其中執行結

果顯示 P 值為 0.6776，與上述結果一致。

```
> x <-c(171,173,175,175,176,177,178,178,179,179,180,181,
181,181,181, 181,181,182,183,184,184,184,184,186)
> SIGN.test(x, md = 180)

 One-sample Sign-Test

 data:  x
 s = 13, p-value = 0.6776
 alternative hypothesis: true median is not equal to 180
```

範例二：如果範例一的高血壓病人的資料改成 10 位，如下所示，其中有一筆收縮壓 $= 180$ mmHg，故刪除之後 $n = 9$，而有 6 位病人的收縮壓大於 180 mmHg，此時的 $s = 6$，以精確檢定進行檢定：

因為 $6 > 9/2$，所以

$$P 值 = 2 \times P(S \geq 6) = 2 \times (P(S = 6) + P(S = 7) + P(S = 8) + P(S = 9))$$

$$= 2 \times \sum_{i=6}^{9} \binom{9}{i} \left(\frac{1}{2}\right)^i \left(1 - \frac{1}{2}\right)^{9-i}$$

$$= 2 \times 0.2539 = 0.5078$$

P 值可以使用 R 指令「2*(1-pbinom(5, 9, 0.5))」而得到，所得結果 P 值 $= 0.5078$，因為 P 值大於顯著水準 0.05，故無法拒絕虛無假說，結果顯示我們無法拒絕母體的中位數 $= 180$ mmHg 虛無假說。

使用 R 進行計算的方式，則如下所示，其中執行結果顯示值為 0.5078，與上述結果一致。

```
> x <- c(171,175,179,180,181,182,183,184,184,186)
> SIGN.test(x, md = 180)

      One-sample Sign-Test
 data:  x
 s = 6, p-value = 0.5078
 alternative hypothesis: true median is not equal to 180
```

二、符號檢定的 Z 檢定

上述之精確檢定尤其適用在樣本數較小時，然而，通常若樣本數夠

大，一般會引用二項式分布在 $np(1-p) \geq 5$ 時會逼近常態分布的原理，從 $S \sim \text{Binomial}(n, p_s = 0.5)$ 推導出 $S \sim \text{Normal}(\mu_S, \sigma_S^2)$，其中 $\mu_S = n \times p_s = n \times 0.5$，$\sigma_S^2 = n \times p_s \times (1 - p_s) = n \times 0.5 \times (1 - 0.5)$。

因此當虛無假說及對立假說為：

$$H_0 : p_s = 0.5$$
$$H_1 : p_s \neq 0.5$$

根據虛無假設 $p_s = 0.5$，檢定統計量為

$$Z = \frac{|S - n \times 0.5|}{\sqrt{n \times 0.5 \times (1 - 0.5)}} = \frac{|S - \frac{n}{2}|}{\sqrt{\frac{n}{4}}} \quad 或 \quad Z = \frac{|S - n \times 0.5| - 0.5}{\sqrt{n \times 0.5 \times (1 - 0.5)}} = \frac{|S - \frac{n}{2}| - \frac{1}{2}}{\sqrt{\frac{n}{4}}}$$

若 $Z \leq 0$，則統計檢定量 $Z = 0$。後者為經校正的公式，較為保守，實務上兩者皆有人使用。

理論上，當樣本數夠大，上述兩個檢定統計量在虛無假設為真時，均服從標準常態分布，故可用標準常態分布來建立檢定方法，且上述兩個公式，皆取絕對值，因此，雖然虛無假說是雙尾的設定，在進行檢定時，直接看右尾即可。假設顯著水準設為 0.05，臨界值為 $Z_{1-\alpha/2} = 1.96$，拒絕域為 $Z > 1.96$。

另外，需注意的是，若欲使用符號檢定的 Z 檢定，只有在樣本數夠大或資料的分布不會太偏斜的情況下，才不會產生太大的偏差；亦有些學者引用當 $np_s(1 - p_s) \geq 5$ 時，可得 S 的分布逼近於常態分布的原理，因此利用虛無假設下 $p_s = 0.5$，透過 $np_s(1 - p_s) = n \times 0.5 \times (1 - 0.5) \geq 5$，可得 $n \geq 20$，故建議至少 $n \geq 20$，才可使用上述之 Z 檢定。

範例三：延續範例一，以符號檢定之 Z 檢定法進行推論，設定顯著水準 α 為 0.05。首先統計假說為：

$$\begin{cases} H_0 : m = 180 \text{ mmHg} \\ H_1 : m \neq 180 \text{ mmHg} \end{cases} \quad 或 \quad \begin{cases} H_0 : p_s = 0.5 \\ H_1 : p_s \neq 0.5 \end{cases}$$

由表 13.1 可知 $n = 23$，統計檢定值 $s = 13$，根據 Z 檢定

$$Z = \frac{|S - \frac{n}{2}|}{\sqrt{\frac{n}{4}}} = 0.626 \quad 或 \quad Z = \frac{|S - \frac{n}{2}| - \frac{1}{2}}{\sqrt{\frac{n}{4}}} = \frac{|13 - \frac{23}{2}| - \frac{1}{2}}{\sqrt{\frac{23}{4}}} = 0.417 \text{。因為檢定統}$$

計量 $Z = 0.626$ 或 $Z = 0.417$ 皆小於 1.96，所以我們無法拒絕虛無假說，得到無法拒絕母體中位數 $= 180$ mmHg 的結論。此臨界值可以透過查表（附表一）得知，

也可利用 R 指令「qnorm(0.975, mean＝0, sd＝1)」而得到。

上述虛無假說亦可以利用計算 P 值來進行檢定，P 值的計算公式如下：

$$P \text{ 值} = 2 \times P\left(Z > \frac{\left|S - \frac{n}{2}\right|}{\sqrt{\frac{n}{4}}}\right) \quad \text{或} \quad P \text{ 值} = 2 \times P\left(Z > \frac{\left|S - \frac{n}{2}\right| - \frac{1}{2}}{\sqrt{\frac{n}{4}}}\right)$$

後者為經校正的公式，若後者 P 值 >1，則 P 值 ＝1。

回到表 13.1 的例子，

$$P \text{ 值} = 2 \times P(Z \geq 0.626) = 0.531$$

$$\text{或}$$

$$P \text{ 值} = 2 \times P(Z \geq 0.417) = 0.677$$

P 值可以使用 R 指令「2*(1-pnorm(0.626, mean＝0, sd＝1))」或「2*(1-pnorm(0.417, mean＝0, sd＝1))」而得到，所得結果未校正的公式 P 值 ＝0.531，經校正的公式 P 值 ＝0.677，未校正或經校正的公式所獲得的 P 值均大於顯著水準 0.05，故無法拒絕虛無假說，結果顯示我們無法拒絕母體的中位數 ＝180 mmHg 虛無假說。

如同母數方法中的單一樣本 t 檢定可以延伸到配對樣本的檢定，稱之為成對樣本 t 檢定；符號檢定亦可依此延伸，首先可將兩個配對的資料數值相減得到差異量，若差異量 ＝0 則該筆資料不列計，接著可利用相減後的差異量來進行符號檢定分析，也就是說符號檢定，亦可應用到配對樣本，用來比較**配對樣本**（**paired sample**）差異值的母體中位數是否有差異。實務上，基於配對樣本在研究方法上經常被用到，在下一節中，我們將以配對樣本為例，說明比符號檢定考慮更周全的另一種無母數檢定方法。

第三節　威爾克森符號等級檢定

因為符號檢定，在資料的處理上，僅計算大於設定值的個數，也就是符號為「正號」的個數，並沒有考慮到資料數值與設定值差異量的大小，亦即未將等級的觀念帶入考慮，本節將介紹另一個有加入等級觀念的**威爾克森符號等級檢定**（**Wilcoxon signed rank test**）。威爾克森符號等級檢定，與前述符號檢定基本上有

相同的統計假說，用以推論母體中位數是否等於某設定值，亦可延伸到比較配對樣本（paired sample）差異量的母體中位數是否有差異。

此處我們以配對樣本為例來介紹威爾克森符號等級檢定方法，其對應的母數方法為**成對樣本 t 檢定**（**paired t test**），是**量性變數**（**quantitative variables**）或**連續變數**（**continuous variables**）所適用的方法。同樣以高血壓病人的收縮壓為例，研究者想要檢定病人在早上和中午測量的收縮壓是否有變化，若以 D 來代表母體配對資料的差異量，則虛無假說（H_0）與對立假說（H_1）是：

$$\begin{cases} H_0 : m_D = 0 \\ H_1 : m_D \neq 0 \end{cases}$$

其中，m_D 代表母體中配對資料差異量的中位數。執行此檢定的步驟，首先需要將配對樣本的數值相減，假設以 d_i 來代表相減得到的差異量，如果相減的差異量出現 0 則刪除此筆資料，令 n 表示樣本中配對資料的差異量（d_i）不等於 0 的配對個數。將此 n 個 d_i 取其絕對值 $|d_i|$，並將 $|d_i|$ 從小到大排序並給予等級，$|d_i|$ 相同者則取平均等級，接者把差異量 d_i 之等級加總起來成為 R_1，在虛無假說下，統計檢定量的公式如下：

（1）如果沒有出現相同等級，則統計檢定量 T 為

$$T = \left[\left| R_1 - \frac{n(n+1)}{4} \right| - \frac{1}{2} \right] \Big/ \sqrt{\frac{n(n+1)(2n+1)}{24}}$$

上式中若 $T \leq 0$，則統計檢定量 $T = 0$。

（2）如果有出現相同等級，則統計檢定量

$$T = \left[\left| R_1 - \frac{n(n+1)}{4} \right| - \frac{1}{2} \right] \Big/ \sqrt{\left[\frac{n(n+1)(2n+1)}{24} \right] - \left[\sum_{j=1}^{k} (h_j^3 - h_j)/48 \right]}$$

其中 k 表示出現 $|d_i|$ 相同的組數，h_j $(j = 1, ..., k)$ 表示每組 $|d_i|$ 相同的個數。茲以表 13.2 為例來說明，24 個差異量 $(d_i, i = 1, ..., 24)$ 中有 6 組 $|d_i|$ 相同，故 $k = 6$；第 1 組 $|d_i| = 3$ 有兩個，故 $h_1 = 2$，原來排序等級分別為 2 及 3，因此平均等級為 $(2+3)/2 = 2.5$；又第 2 組 $|d_i| = 4$ 有 6 個，故 $h_2 = 6$，原來排序等級分別為 4、5、6、7、8、9，因此平均等級為 $(4+5+6+7+8+9)/6 = 6.5$，其餘依此類推。上式中若 $T \leq 0$，則統計檢定量 $T = 0$。

理論上，當樣本數夠大，上述兩個檢定統計量在虛無假設為真時，均服從標準常態分布，故可用標準常態分布來建立檢定方法，且因上述兩個公式在建立

時，皆取絕對值，因此，雖然虛無假說是雙尾的設定，但在進行檢定時，直接看右尾即可。假設顯著水準設為 0.05，臨界值為 $Z_{1-\alpha/2} = 1.96$，拒絕域為 $Z > 1.96$。

上述虛無假說亦可以利用計算 P 值來進行檢定，P 值的計算公式如下：

$$P 值 = 2 \times P(Z > T)$$

上述兩種情境的公式均為經校正的公式。

同樣地，一般而言，此檢定只有在樣本數夠大或資料的分布不會太偏斜的情況下，才不會產生太大的偏差。

範例四：研究者欲利用 24 位參加臨床試驗的高血壓病人之早上與中午測量的收縮壓資料，探討在母體中早上及中午收縮壓是否有差異，試利用威爾克森符號等級檢定之 Z 檢定法進行推論，設定顯著水準 α 為 0.05，資料如表 13.2 所示。

首先統計假說為：

$$\begin{cases} H_0 : m_D = 0 \\ H_1 : m_D \neq 0 \end{cases}$$

其中，m_D 代表母體中配對資料差異量的中位數。

從表 13.2，因為差異量均不為 0，因此 $n = 24$，將此 24 個差異量取絕對值後由小排到大並給予等級，相同值則取平均等級，R_1 為差異量為正的等級和，可得 $R_1 = 137.5$，因有 6 組 $|d_i|$ 相同，故 $k = 6$；$h_1 = 2$、$h_2 = 6$、$h_3 = 3$、$h_4 = 5$、$h_5 = 2$、$h_6 = 2$。

表 13.2：24 位參加臨床試驗的高血壓病人之早上與中午測量的收縮壓資料及檢定數據計算

編號	早上測量的收縮壓（SBP1）	中午測量的收縮壓（SBP2）	差異量（d_i=SBP2 −SBP1）	絕對值（$\|d_i\|$）	等級（rank）	說明（平均等級的計算及 h_j）	R_1（差異量為正的）
1	176	178	2	2	1		1
2	180	177	−3	3	2.5	等級 2 和 3 的平均（h_1=2）	
3	181	178	−3	3	2.5		
4	182	186	4	4	6.5	等級 4 到 9 的平均（h_2=6）	6.5
5	179	175	−4	4	6.5		
6	181	177	−4	4	6.5		
7	181	177	−4	4	6.5		
8	184	180	−4	4	6.5		
9	184	180	−4	4	6.5		

10	171	176	5	5	11	等級 10 到	11
11	175	180	5	5	11	12 的平均	11
12	175	180	5	5	11	($h_3=3$)	11
13	178	184	6	6	15		15
14	178	172	−6	6	15	等級 13 到	15
15	181	175	−6	6	15	17 的平均	15
16	181	175	−6	6	15	($h_4=5$)	15
17	186	180	−6	6	15		15
18	173	181	8	8	18.5	等級 18 到	18.5
19	181	189	8	8	18.5	19 的平均 ($h_5=2$)	18.5
20	183	174	−9	9	20		
21	177	187	10	10	21		21
22	184	171	−13	13	22.5	等級 22 到	22.5
23	184	171	−13	13	22.5	23 的平均 ($h_6=2$)	22.5
24	179	193	14	14	24		24
							（合計） 137.5

因此，

$$T = \dfrac{\left[\left|137.5 - \dfrac{24(24+1)}{4}\right| - \dfrac{1}{2}\right]}{\sqrt{\left[\dfrac{24(24+1)(2\times 24+1)}{24}\right] - \dfrac{(2^3-2)+(6^3-6)+(3^3-3)+(5^3-5)+2\times(2^3-2)}{48}}}$$

$$= \dfrac{12}{\sqrt{1225-7.75}} = 0.3439$$

當顯著水準 $\alpha = 0.05$ 時，因爲沒有大於 $Z_{1-\alpha/2} = 1.96$，所以檢定結果無法拒絕虛無假設，顯示早上及中午測量的收縮壓差異量的母體中位數沒有達到顯著差異。其對應的值則爲：

$$\text{P 值} = 2 \times P(Z > T) = 2 \times P(Z > 0.3439) = 0.7309$$

上述值可以利用 R 指令「2*(1-pnorm(0.3439, mean＝0, sd＝1))」算出，所得結果 P 值＝0.7309。另一種使用 R 進行計算，如下所示，其中設定 paired=TRUE 表示 bp1 和 bp2 是配對的樣本，執行結果顯示 4 位小數位的 P 值爲 0.7309：

```
> bp1 <- c(176,180,181,182,179,181,181,184,184,171,175,17
5,178,178, 181,181,186,173,181,183,177,184,184,179)
> bp2 <- c(178,177,178,186,175,177,177,180,180,176,180,18
0,184,172, 175,175,180,181,189,174,187,171,171,193)
> wilcox.test(bp1, bp2, paired=TRUE)

  Wilcoxon signed rank test with continuity correction

data:  bp1 and bp2
V = 162.5, p-value = 0.7309
alternative hypothesis: true location shift is not equal
to 0
```

一般而言，若配對個數太少或分布過於偏斜，則需要使用威爾克森符號等級檢定法中的精確檢定，這個方法雖然回歸到機率計算的法則，同時一般的統計軟體不一定有提供到此功能，可能會對統計分析時造成負擔。基本上，精確檢定的檢定統計量 R_1 與表 13.2 中的 R_1 是相同的，均是取差異量 d_i 爲正值的等級和，在執行精確檢定的統計分析時，只要能妥善運用已知的臨界值對照表，例如表 13.3，就可以完成檢定。

範例五：延續範例四，但將資料更改，假設不等於 0 的配對個數爲 10（$n=10$）且 $R_1=3$，試以符號檢定之精確檢定法進行推論，設定顯著水準 α 爲 0.05。

因爲 $n=10$，根據表 13.3，臨界值上界與下界爲 8 到 47，表示 $R_1<8$ 或 $R_1>47$ 爲拒絕域。因爲此例中 $R_1=3$，亦即 $R_1<8$，因此拒絕虛無假說，顯示早上及中午測量的收縮壓之母體中位數有達到統計上顯著差異。

表 13.3：威爾克森符號等級檢定利用 R_1 進行精確檢定之臨界值（雙尾 $\alpha=0.05$）

n	下界	上界
6	0	21
7	2	26
8	3	33
9	5	40
10	8	47
11	10	56
12	13	65
13	17	74
14	21	84
15	25	95

第四節　威爾克森等級和檢定

　　威爾克森等級和檢定（**Wilcoxon rank sum test**）主要是用來比較兩組**獨立樣本**（**independent sample**）的母體分布或母體中位數是否有差異的無母數方法，其對應的母數方法是**雙樣本 t 檢定**（**two-sample t test**），也是量性變數（quantitative variables）或連續變數（continuous variables）所適用的方法；威爾克森等級和檢定和另一種常見的無母數方法 **Mann-Whitney U 檢定**（**Mann-Whitney U test**）在此處的情境下是相同的，因此所產生的檢定結果也會是相同的。威爾克森等級和檢定的統計檢定量是根據虛無假說的條件下兩組母體的累計機率分布所發展出來的，因此嚴格來說，此檢定的概念不僅限於中位數的比較，亦可解釋為兩個母體分布的比較，因此在統計假說的寫法上，兩者均有研究者採用。虛無假說（H_0）與對立假說（H_1）可設定為：

$$\begin{cases} H_0 : m_1 = m_2 \\ H_1 : m_1 \neq m_2 \end{cases} \text{ 或 } \begin{cases} H_0 : \text{兩母體分布相同} \\ H_1 : \text{兩母體分布不相同} \end{cases}$$

其中，m_1 及 m_2 分別代表兩個母體的中位數。執行威爾克森等級和檢定的步驟，首先需要將兩組樣本合併一起進行排序，數值小的從等級 1 開始設定，數值相同者則取平均等級，接著把第一個樣本（註：基本上，任何其中一組都可以，建議選樣本數較少的一組，可以少些運算的負擔）的等級加總起來成為 R_1，同時 n_1 及 n_2 分別代表兩組樣本的樣本數，而統計檢定量的計算如下：

（1）如果沒有出現相同數值，則統計檢定量 T 為

$$T = \left[\left| R_1 - \frac{n_1(n_1 + n_2 + 1)}{2} \right| - \frac{1}{2} \right] / \sqrt{\left(\frac{n_1 n_2}{12} \right)(n_1 + n_2 + 1)}$$

若 $T \leq 0$，則統計檢定量 $T = 0$。

（2）如果有出現相同數值，則統計檢定量

$$T = \left[\left| R_1 - \frac{n_1(n_1 + n_2 + 1)}{2} \right| - \frac{1}{2} \right]$$

$$/ \sqrt{\left(\frac{n_1 n_2}{12} \right) \left[n_1 + n_2 + 1 - \frac{\sum_{j=1}^{k}(h_j^2 - 1)}{(n_1 + n_2)(n_1 + n_2 - 1)} \right]}$$

若 $T \leq 0$，則統計檢定量 $T = 0$。其中 k 表示出現數值相同的組數，h_j（$j = 1, ..., k$）表示每組數值相同的個數。茲以表 13.4 為例來說明，24 個數值中有 7 組數值相同，故 $k = 7$；第 1 組 $|d_i| = 3$ 有兩個，故 $h_1 = 2$，原來排序等級分別為 2 及 3，

因此平均等級為 $(2+3)/2=2.5$；又第 2 組 $|d_i|=6$ 有 3 個，故 $h_2=3$，原來排序等級分別為 5、6、7，因此平均等級為 $(5+6+7)/3=6$，其餘依此類推。

上述兩個檢定統計量在虛無假說的條件下皆服從標準常態分布，且因為上述公式有取絕對值，故 $T \geq 0$，因此，雖然虛無假設是雙尾的，但進行檢定時，直接看右尾即可。假設顯著水準設為 0.05，臨界值為 $Z_{1-\alpha/2}=1.96$，拒絕域為 $Z>1.96$。

上述虛無假說亦可以利用計算 P 值來進行檢定，P 值的計算公式如下：

$$P\ 值 = 2 \times P(Z>T)$$

上述公式均為經校正的公式。

範例六：研究者欲利用 24 位參加臨床試驗的高血壓病人探討介入後的收縮壓是否有差異，其中治療組（treatment）及對照組（control）各 12 位，試利用威爾克森等級和檢定之 Z 檢定法進行推論，設定顯著水準 α 為 0.05，資料如表 13.4 所示。首先統計假說為：

$$\begin{cases} H_0 : m_1 = m_2 \\ H_1 : m_1 \neq m_2 \end{cases} \ 或 \ \begin{cases} H_0 : 兩母體分布相同 \\ H_1 : 兩母體分布不相同 \end{cases}$$

其中，m_1 及 m_2 分別代表治療組及對照組介入後收縮壓的母體中位數。

從表 13.4，$n_1=12$、$n_2=12$，將此 24 個差異量由小排到大並給予等級，相同值則取平均等級，設定為第一組（治療組）的等級和，可得 $R_1=98.5$，因有 7 組收縮壓數值相同，故 $k=7$；$h_1=2$、$h_2=3$、$h_3=5$、$h_4=2$、$h_5=3$、$h_6=2$、$h_7=2$。

表 13.4：24 位參加臨床試驗的高血壓病人之治療介入後的收縮壓資料及檢定數據計算

編號	組別	治療介入後的收縮壓	等級（rank）	說明（平均等級的計算及 h_j）	R_1
1	Treatment	170	1		1
2	Treatment	173	2.5	等級 2 和 3 的平均（$h_1=2$）	2.5
3	Treatment	173	2.5		2.5
4	Treatment	174	4		4
5	Treatment	175	6		6
6	Treatment	175	6	等級 5 到 7 的平均等級（$h_2=3$）	6
7	Treatment	175	6		6
8	Control	176	8		

表 13.4：24 位參加臨床試驗的高血壓病人之治療介入後的收縮壓資料及檢定數據計算（續）

9	Treatment	177	11		11
10	Treatment	177	11	等級 9 到 13 的平	11
11	Control	177	11	均等級（$h_3 = 5$）	
12	Control	177	11		
13	Control	177	11		
14	Treatment	178	14.5	等級 14 到 15 的	14.5
15	Control	178	14.5	平均等級（$h_4 = 2$）	
16	Treatment	179	17		17
17	Treatment	179	17	等級 16 到 18 的	17
18	Control	179	17	平均等級（$h_5 = 3$）	
19	Control	181	19		
20	Control	182	20		
21	Control	183	21.5	等級 21 到 22 的	
22	Control	183	21.5	平均等級（$h_6 = 2$）	
23	Control	184	23.5	等級 23 到 24 的	
24	Control	184	23.5	平均等級（$h_7 = 2$）	
				（合計）	
				98.5	

因此，

$$T = \left[\left| 98.5 - \frac{12(12+12+1)}{2} \right| - \frac{1}{2} \right]$$

$$\left/ \sqrt{\left(\frac{12 \times 12}{12} \right) \left[12 + 12 + 1 - \left(\frac{1}{(12+12)(12+12-1)} \right) [4 \times (2^2 - 1) + 2 \times (3^2 - 1) + (5^2 - 1)] \right]} \right.$$

$$= \frac{51}{17.2878} = 2.95$$

因為 T 大於 $Z_{1-\alpha/2} = 1.96$，所以檢定結果拒絕虛無假說，顯示實驗組與對照組的介入後收縮壓的母體分布或母體中位數有達到統計上顯著差異。其對應的值則為：

$$P \text{ 值} = 2 \times P(Z > T) = 2 \times P(Z > 2.95) = 0.003$$

上述 P 值可以利用 R 指令「2*(1-pnorm(2.95, mean＝0, sd＝1))」算出，所得結果 P 值 =0.003。因為 P 值 <0.05，故檢定結果亦是拒絕虛無假說。另一種使用 R 進行計算，如下所示，其中設定 paired=FALSE 表示 trt 和 con 是彼此獨立的樣本，執行結果顯示 p-value 為 0.003025：

```
> bp1 <- c(176,180,181,182,179,181,181,184,184,171,175,17
5,178,178, 181,181,186,173,181,183,177,184,184,179)
> bp2 <- c(178,177,178,186,175,177,177,180,180,176,180,18
0,184,172, 175,175,180,181,189,174,187,171,171,193)
> wilcox.test(bp1, bp2, paired=TRUE)
  Wilcoxon signed rank test with continuity correction
data:  bp1 and bp2
V = 162.5, p-value = 0.7309
alternative hypothesis: true location shift is not equal
to 0
```

同樣地，此項統計檢定量只有在 n_1 及 n_2 都夠大，通常研究者會審視資料的分布是否不會太過偏斜，若不會，有些研究者會以大於等於 10（≥10）來作爲判斷標準，原則上樣本數過小或資料分布過於偏斜，會導致檢定結果容易產生偏誤，故究竟要多大的樣本才適用，並無一定的界線。因此，若 n_1 及 n_2 個數太少或分布過於偏斜，則需要使用精確檢定的方法做計算。基本上，進行精確檢定時檢定統計量 R_1 的計算方式與上述介紹的方法相同，因此執行精確檢定的統計分析時，只要能妥善運用已知的臨界值對照表，例如表 13.5，就可以完成檢定。

範例七：延續範例六，但將資料更改，假設 $n_1 = 6$、$n_2 = 6$ 且 $R_1 = 22$，試以威爾克森等級和檢定之精確檢定法進行推論，設定顯著水準 α 爲 0.05。

因爲 $n_1 = 6$、$n_2 = 6$，根據表 13.5，臨界值上界與下界爲 26 到 52，表示 $R_1 < 26$ 或 $R_1 > 52$ 爲拒絕域。此例中 $R_1 = 22$，因爲 $R_1 < 26$，因此拒絕虛無假說，顯示實驗組與對照組的收縮壓有達到統計上顯著差異。

表 13.5：威爾克森等級和檢定精確檢定之臨界值（雙尾 $\alpha = 0.05$）

$n_1=$	4		5		6		7		8		9	
$n_2=$	下界	上界	下界	上界	下界	上界	下界	上界	下界	上界	下界	上界
4	10	26	16	34	23	43	31	53	40	64	49	77
5	11	29	17	38	24	48	33	58	42	70	52	83
6	12	32	18	42	26	52	34	64	44	76	55	89
7	13	35	20	45	27	57	36	69	46	82	57	96
8	14	38	21	49	29	61	38	74	49	87	60	102
9	14	42	22	53	31	65	40	79	51	93	62	109

第五節　Kruskal-Wallis 檢定

　　Kruskal-Wallis 檢定主要是用來比較三組或三組以上之獨立樣本的母體分布或母體中位數是否有差異的無母數方法，其對應的母數方法是**變異數分析**（**analysis of variance, ANOVA**），也是量性變數（quantitative variables）或連續變數（continuous variables）所適用的方法；Kruskal-Wallis 檢定的統計檢定量是根據虛無假說的條件下各組母體的累計機率分布所發展出來的，因此一般而言，此檢定並不僅限於中位數的比較，亦可解釋為各母體分布的比較。虛無假說（H_0）與對立假說（H_1）可設定為：

$$\begin{cases} H_0 : m_1 = m_2 = \cdots = m_G \\ H_1 : 至少有一組 \, m_i \neq m_j，i \neq j \end{cases} \quad 或 \quad \begin{cases} H_0 : 各母體分布相同 \\ H_1 : 各母體分布不相同 \end{cases}$$

執行 Kruskal-Wallis 檢定的步驟，首先需要將 g 組樣本合併一起進行排序，數值小的從等級 1 開始設定，數值相同者則取平均等級，接者把每組的等級各自加總起來 $R_g \, (g = 1, 2, ..., G)$，若以 $n_g \, (g = 1, 2, ..., G)$ 代表每組的樣本數，且 $N = \sum_{g=1}^{G} n_g$，統計檢定量的計算如下：

（1）如果沒有出現相同數值，則統計檢定量 T 為

$$T = \frac{12}{N(N+1)} \sum_{g=1}^{G} \frac{R_g^2}{n_g} - 3(N+1)$$

（2）如果有出現相同數值，則統計檢定量 T 為

$$T = \left[\frac{12}{N(N+1)} \sum_{g=1}^{G} \frac{R_g^2}{n_g} - 3(N+1) \right] \Big/ \sqrt{\left[1 - \frac{\sum_{j=1}^{k}(h_j^3 - h_j)}{(N^3 - N)} \right]}$$

其中 k 表示出現數值相同的組數，$h_j \, (j = 1, ..., k)$ 表示每組數值相同的個數。

上述兩個檢定統計量在虛無假說的條件下皆服從自由度為 $G-1$ 的卡方分布，在進行檢定時，直接看右尾即可。假設顯著水準設為 α，臨界值為 $\chi_{G-1, \alpha}^2$，拒絕域為 $T > \chi_{G-1, \alpha}^2$，若 $T > \chi_{G-1, \alpha}^2$，則拒絕 H_0，否則為無法拒絕 H_0。

上述虛無假說亦可以利用計算 P 值來進行檢定，P 值的計算公式如下：

$$P 值 = Pr(\chi_{G-1}^2 > T)$$

也就是 $\chi_{G-1, \alpha}^2$ 在機率分布下，大於 T 的機率。

同樣地，上數統計檢定只有在樣本數夠大或資料的分布不會太偏斜的情況下，才不會產生太大的偏差，若資料分布不會太過偏斜，有些學者建議上述公式適用於

n_g 都大於等於 5（≥5）的條件下，原則上樣本數過小或資料分布過於偏斜，會導致檢定結果容易產生偏誤，究竟要多大的樣本才適用，並無一定的界線。

範例八：研究者將高血壓病人分為低劑量治療組（low treatment）、高劑量治療組（high treatment）及對照組（control），欲探討這三組病人在介入後的收縮壓測量值是否有差異，今收集了 15 位參加臨床試驗的高血壓病人，試利用 Kruskal-Wallis 檢定進行推論，設定顯著水準 α 為 0.05，資料如表 13.6 所示。

首先統計假說為：

$$\begin{cases} H_0：m_1 = m_2 = m_3 \\ H_1：至少有一組 m_i \neq m_j，i \neq j \end{cases} \quad 或 \quad \begin{cases} H_0：各母體分布相同 \\ H_1：各母體分布不相同 \end{cases}$$

其中，m_1、m_2、m_3 分別代表低劑量治療組高劑量治療組及對照組介入後收縮壓的母體中位數。

從表 13.6，$n_1 = 5$、$n_2 = 5$、$n_3 = 5$，將此 15 個數值由小排到大並給予等級，因為沒有相同數值，故用第一個公式

表 13.6：15 位參加臨床試驗的高血壓病人的收縮壓資料及檢定數據計算

編號	組別	治療介入後的收縮壓	等級（rank）	R_1	R_2	R_3
1	Treatment（高）	170	1	1		
2	Treatment（高）	171	2	2		
3	Treatment（高）	172	3	3		
4	Treatment（低）	173	4		4	
5	Treatment（高）	174	5	5		
6	Treatment（低）	175	6		6	
7	Control	176	7			7
8	Treatment（高）	177	8	8		
9	Treatment（低）	178	9		9	
10	Treatment（低）	179	10		10	
11	Treatment（低）	180	11		11	
12	Control	181	12			12
13	Control	182	13			13
14	Control	183	14			14
15	Control	184	15			15
	等級加總 R_g			19	40	61

因此，

$$T = \left[\frac{12}{15(15+1)} \left(\frac{19^2}{5} + \frac{40^2}{5} + \frac{61^2}{5} \right) - 3 \times 16 \right] = 8.82$$

因為 T 大於 $\chi^2_{3-1,1-0.05} = 5.99$，所以檢定結果為拒絕虛無假說，顯示三組間至少有兩組有達到統計上顯著差異。

其對應的值則為：

$$\text{P 值} = Pr(\chi^2_{3-1} > 8.82) = 0.01$$

若使用 R 進行計算，則如下所示，其中執行結果顯示，自由度為 $T = 8.82$ 且 P 值為 0.01216：

```
> trt1 <- c(170,171,172,174,177)
> trt2 <- c(173,175,178,179,180)
> con <- c(176,181,182,183,184)
> kruskal.test(list(trt1, trt2, con))
Kruskal-Wallis rank sum test

data:  list(trt1, trt2, con)
Kruskal-Wallis chi-squared = 8.82, df = 2, p-value =
0.01216
```

由於上述統計檢定適用於樣本數夠大且資料分布不會太偏斜的條件下，才不會產生偏差。因此若是不符合上述條件時，則需要使用精確檢定的方法執行計算，這些方法雖然回歸到機率計算的法則，基本上，檢定統計量 T 的計算方式與上述介紹的方法相同，執行精確檢定的統計分析時，只要能妥善運用已知的臨界值對照表，例如表 13.7 列出三組比較時的精確檢定臨界值供參考，就可以完成檢定。

範例九：延續範例八，但將資料更改，假設 $n_1 = 3$、$n_2 = 3$、$n_3 = 3$ 且 $T = 3.47$，試以威爾克森等級和檢定之精確檢定法進行推論，設定顯著水準 α 為 0.05。

因為 $n_1 = 3$、$n_2 = 3$、$n_3 = 3$，根據表 13.7，臨界值為 5.69，表示 $T > 5.69$ 為拒絕域。此例中 $T = 3.47$，因為 $T \leq 5.66$，因此無法拒絕虛無假說，顯示三組間沒有達到統計上顯著差異。

表 13.7：Kruskal-Wallis 檢定比較三組（$n_1 \leq n_2 \leq n_3$）精確檢定之臨界值（雙尾 $\alpha = 0.05$）

n_1	n_2	$n_3=$ 3	4	5
1	2			5.00
1	3	5.14	5.39	4.96
1	4		4.97	4.99
1	5			5.13
2	2	4.71	5.33	5.16
2	3	5.36	5.44	5.25
2	4		5.45	5.27
2	5			5.34
3	3	5.69	5.79	5.65
3	4		5.60	5.66
3	5			5.71
4	4		5.69	5.66
4	5			5.67

總　結

　　無母數方法的主要是以數值排序後的等級取代原始資料的數值，再進行統計檢定量或估計值的運算，這樣的處理可以免去母數方法使用時必須先假設資料遵循某種特定的機率分布（通常是常態分布），因此不用擔心若實際資料沒有遵從預設機率分布可能造成偏差，然而也因為省去假設基礎機率分布的過程，而使得分析結果經常會比母數方法的分析結果較不容易拒絕需無假說，也就是較不敏感，因此大部分情況若是樣本數夠大時，會先引用中央極限定理的支持，維持繼續使用母數方法的合理性，而無母數方法就是運用在母數方法不適用時，也就是資料樣本數小且不呈常態分布。除此之外，屬於等距（interval）尺度的分析變項，因為數值間的倍數關係或是等於零時不具有實質上的具體意義，而無母數方法經常係將數值轉換為等級來執行估計或假說檢定，因此，有些研究者認為針對此類資料的推論，無母數方法是合適的選擇。

　　每一種母數方法雖然都可以找到對應的無母數估計或假說檢定的策略，但在虛無假說及對立假說的設定時仍有些微差異，例如：母數方法以平均值，而無母數方法以中位數或是累積分布函數設定；此外，符號檢定與威爾克森符號等級

檢定都可以用來比較配對樣本是否有差異，但前者僅侷限於比較時的正或負值的個數，而後者才有納入數值間的大小關係。此外，在母數方法中用來估計兩個連續性變項的線性相關的**皮爾森相關係數**（**Pearson correlation coefficient**）在連續性資料沒有呈現常態分布時，可以改用的無母數方法是**斯皮爾曼等級相關係數**（**Spearman rank correlation coefficient**），主要也是以等級取代原始數值來計算相關係數；在類別變數列聯表格子數小的時候，也會改採用無母數的**費氏精確檢定**（**Fisher's exact test**）；斯皮爾曼等級相關係數的點估計與區間估計以及費氏精確檢定在前面章節已經有介紹，因此本章僅補充說明。

統計方法的發展，最早在沒有任何電子計算工具時，單靠人腦及紙筆的時代，以排序為主的無母數統計方法是早期可以在較短的時間內完成統計分析的主要功臣，然而後來數位時代的來臨，由於電腦計算平均值所需的時間比排序快，母數方法因為能較快速被計算完成，因而演變成統計分析的主流，然而隨著電腦運算速度的持續快速發展，現階段除非是非常巨量的資料，若以一般的公共衛生相關議題的資料分析，母數與無母數方法的計算時間對於使用者而言，已經沒有明顯差別；由於當前健康相關議題的複雜型，傳統的母數方法已經不一定能夠符合所有需求考量，因此無母數方法又再重新被重視，而現階段對於無母數方法的需求則是其對於分析資料基礎分布的包容性。

關鍵名詞

資料（data）

母數或稱參數（parameter）

機率分布（probability distribution）

常態分布（normal distribution）

二項分布（binomial distribution）

估計（estimation）

假說檢定（hypothesis testing）

母數方法（parametric methods）

中央極限定理（central limit theorem）

無母數方法（nonparametric method）

無分布方法（distribution-free method）

等級或稱名次（rank）

觀察值（observation）

符號檢定（sign test）

中位數（median）

單一樣本 t 檢定（one-sample t test）

成對樣本 t 檢定（paired t test）

量性變數（quantitative variables）

連續變數（continuous variables）

虛無假說（null hypothesis, H_0）

對立假說（alternative hypothesis, H_1）

精確檢定（exact test）

P 值（p-value）

配對樣本（paired sample）

威爾克森符號等級檢定（Wilcoxon signed rank test）

威爾克森等級和檢定 (Wilcoxon rank sum test)

獨立樣本（independent sample）

雙樣本 t 檢定（two-sample t test）

Mann-Whitney U 檢定（Mann-Whitney U test）

變異數分析（analysis of variance, ANOVA）

複習問題

1. 請說明會需要使用到無母數方法的情況。

2. 無母數方法主要是以哪種統計量取代原來的資料數值？

3. 簡述符號檢定（sign test）與威爾克森符號等級檢定（Wilcoxon signed rank test）的差異？

4. 母數方法若是使用配對樣本 Student t 檢定，則相近的無母數方法是下列何者？

(A)威爾克森等級和檢定（Wilcoxon rank sum test）

(B)符號檢定（sign test）

(C)威爾克森符號等級檢定（Wilcoxon signed rank test）

(D)Kruskal-Wallis 檢定

5. 母數方法若是使用 ANOVA 檢定比較 3 組或 3 組以上的獨立樣本，則相近的無母數方法是下列何者？

(A)威爾克森等級和檢定（Wilcoxon rank sum test）

(B)符號檢定（sign test）

(C)威爾克森符號等級檢定（Wilcoxon signed rank test）

(D)Kruskal-Wallis 檢定

6. 母數方法若是使用兩組獨立樣本 Student t 檢定，則相近的無母數方法是下列何者？

(A)威爾克森等級和檢定（Wilcoxon rank sum test）

(B)符號檢定（sign test）

(C)威爾克森符號等級檢定（Wilcoxon signed rank test）

(D)Kruskal-Wallis 檢定

7. 一個班級有 10 位學生參加英文考試，若想知道 10 位學生的成績中位數是不是 80 分，已知有 5 位學生成績高於 80 分，一位學生成績剛好 80 分，其餘 4 位低於 80 分，請以符號檢定的精確檢定方法計算 P 值，並推論學生的中位數有否顯著不同於 80 分？

8. 在進行威爾克森符號等級檢定，比較一衛生教育介入前後的知識分數改變狀況，得到的初步計算結果為：共有 12 個配對，其中有 1 配對的差異為 0，以及 $R_1=12$，請利用表 13.3 進行精確檢定，判定統計檢定結果（α 為 0.05）。

9. 在進行威爾克森等級和檢定時，比較胰臟癌病人之某個生物標記有否變異與病人血糖值之關係，得到的初步計算結果為：$n_1=5$ 及 $n_2=7$，其中 $R_1=12$，請利用表 13.5 進行精確檢定，判定統計檢定結果（α 為 0.05）。

10. 在 Kruskal-Wallis 檢定時，比較 3 組學生的身高差異，得到的初步計算結果為：$n_1=3$、$n_2=4$、$n_2=5$ 且 $T=5.70$，請利用表 13.7 進行精確檢定，判定統計檢定結果（α 為 0.05）。

11. 在一項下課教室清空的預防近視介入研究中，比較是否有進行下課教室清空介入活動對於學生近視的影響，下表資料為研究中的一部分樣本，請以下表所提供的數據使用無母數方法進行假說檢定。

[參考文獻：Wu PC, Chen CT, Lin KK, Sun CC, Kuo CN, Huang HM, Poon YC, Yang ML, Chen CY, Huang JC, Wu PC, Yang IH, Yu HJ, Fang PC, Tsai CL, Chiou ST, Yang YH. Myopia Prevention and Outdoor Light Intensity in a School-Based Cluster Randomized Trial. Ophthalmology 2018;**125(8)**:1239-1250.]

組別	介入計畫前基線測量的近視度數	介入計畫後測量的近視度數	介入計畫前後近視度數的增加量
實驗組	125	275	150
實驗組	187.5	250	62.5
實驗組	150	237.5	87.5
實驗組	150	225	75
實驗組	175	212.5	37.5
實驗組	50	187.5	137.5
實驗組	87.5	162.5	75
實驗組	125	150	25
實驗組	100	137.5	37.5
實驗組	87.5	112.5	25
實驗組	−50	62.5	112.5
實驗組	25	37.5	12.5
對照組	0	75	75
對照組	−25	87.5	112.5
對照組	25	100	75
對照組	−12.5	125	137.5
對照組	87.5	175	87.5
對照組	75	200	125
對照組	87.5	262.5	175
對照組	125	300	175
對照組	100	325	225
對照組	225	425	200
對照組	362.5	450	87.5
對照組	575	625	50

(1) 比較實驗組的近視度數在介入前後是否有改變？

(2) 比較實驗組與對照組的近視度數增加量是否有差異？

引用文獻

1.   Rosner B. Fundamentals of Biostatistics. 8th ed. USA: Cengage Learning, 2016.

第四篇

相關指標與
迴歸分析

第 14 章
簡單及複線性迴歸分析

温淑惠　撰

學習目標

一、學會利用散佈圖或相關係數評估兩連續變數之關係

二、知道如何建立線性迴歸模式，並進一步對迴歸斜率進行統計
檢定

三、使用迴歸分析來利用自變數 X 預測或估計應變數 Y，也可學會
使用 R 語言進行迴歸分析

前　言

　　閱讀公共衛生或醫學研究評論時，常會看到探討與某疾病相關之風險因子或因素的研究報告，例如，常被用來評估肥胖的身體質量指數 BMI（body mass index，定義為體重除以身高平方〔kg/m²〕），與許多因素有關，比方說性別（男性可能有較高之 BMI 值），或是年齡（年紀大者可能 BMI 較高）。如果想同時考量性別、年齡、飲食、活動量或社經地位等因素與 BMI 之關係時，就可以利用迴歸分析來看看這些變數之間的關係。為方便介紹，以下使用符號 Y 代表研究感興趣之疾病或結果（例如這裡的 BMI），與 Y 相關之因素可能是性別、年齡、飲食、活動量或社經地位等，這些因素則以符號 X 代表。如果想要描述一個 Y 與單一個 X 之間的關係時，可以根據一元一次直線方程式 $Y = a + bX$ 來表示，此方程式在統計上即稱之為**簡單線性迴歸模式（simple linear regression model）**的迴歸式，而迴歸模式還要考慮到隨機性或是誤差 e，以 $Y = a + bX + e$ 來表示；換句話說，這裡利用方程式 $a + bX$ 來作為 Y 的期望值。通常，X 也可以有很多個，比如 $X_1, X_2, …, X_k$ 表示 k 個因素，Y 與 k 個因素的關係可寫成 $Y = a + b_1X_1 + b_2X_2 + ⋯ + b_kX_k$ 的迴歸式，再加上誤差，就可以表示統計的迴歸模式了，這在統計上屬於**複線性迴歸模式（multiple linear regression model）**。不管是簡單線性迴歸模式或是複迴歸模式，都可以透過迴歸模式的建立，由 X 來評估或預測 Y（也就是 Y 可寫成 X 的函數）。在醫學或公衛領域，不乏使用迴歸模式來預測疾病相關因素的研究，協助臨床或公衛相關政策之擬定。本章第一節將先說明如何評估 Y 與 X 的相關性並佐以範例，第二、三節將介紹如何求出 Y 與 X 的迴歸模式，及如何進行迴歸模式的統計推論，第四節將以 R 軟體示範迴歸模式的分析。

第一節　兩變數間之相關性及範例分析

　　在進入迴歸模式主題前，先來瞭解變數間的相關性。如果兩變數具有相關性，那麼有了其中一個變數的資訊即有利於預測另一個變數。白話來說，如果 A 與 B 是好朋友，兩人常常會一起出現在各種場合，那麼當看到 A 時就可預料 B 也會出現才是。迴歸分析的基本概念也是如此，找到跟 Y 變數是好朋友的 X 變數（具有相關性），就可用 X 的資訊來預測 Y，也就是建立 Y 與 X 的迴歸模式。

　　針對皆爲連續型變數之 X 與 Y 的相關性，有兩種方法可評估其相關性，一是利用**散佈圖**（**scatter plot**），二是利用**皮爾森相關係數**（**Pearson correlation coefficient**，通常以 r 表示）。

一、散佈圖

　　以 15 位大學生的身高與體重的例子來說明（資料請見表 14.1），一般來說，身高越高者、體重也可能越重。首先可畫出這筆資料的散佈圖來呈現身高與體重的關係，例如以 X 表示身高（height）、Y 表示體重（weight），也就是橫軸 X 爲身高的數值、縱軸 Y 爲體重的數值，將每一位的資料 (x, y) 數值以點標示在 X-Y 軸圖形上，如圖 14.1。

表 14.1：15 位大學生的身高與體重的資料

學生編號	身高（X）	體重（Y）
1	175	78
2	176	78
3	184	87
4	184	87
5	184	87
6	184	87
7	168	66
8	152	45
9	155	45
10	156	45
11	157	45
12	160	45
13	160	46
14	153	48
15	155	48

圖 14.1 上的點代表 15 位大學生的身高與體重，其分布的趨勢爲左下右上，整體看來似乎身高的數值越大、體重的數值也有增加的傾向，由圖 14.1 散佈圖研判，身高與體重呈現正向關係，稱爲正相關。

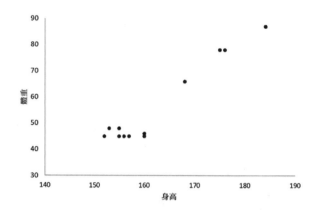

圖 14.1：15 位大學生的身高與體重之散佈圖

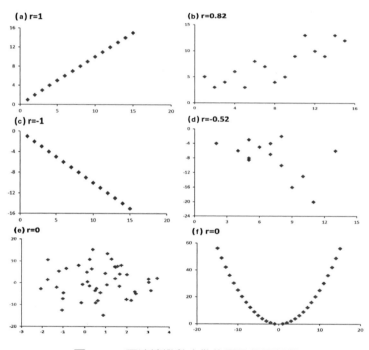

圖 14.2：兩連續變數之散佈圖及相關係數

　　除了圖 14.1 為兩連續變數是正相關的例子，也有可能一變數數值增加時另一變數數值為減少，也就是負相關；抑或是兩變數為無相關之情形，可參考圖 14.2 所表示兩連續變數之可能的各種相關性。圖 14.2(a) 中 X 與 Y 為完全正相關，兩者有直線關係；圖 14.2(b) 則為高度正相關；圖 14.2(c)X 與 Y 為完全負相關，圖 14.2(d) 則為中度負相關；圖 14.2(e) 看不出 X 與 Y 有明顯之正或負相關，亦即 X 與 Y 可能是無相關；而圖 14.2(f) 顯示 X 與 Y 雖無**線性相關**（**linear correlation**）但

具有曲線相關。散佈圖可呈現 X 與 Y 的相關性，除了可以看出兩者爲正相關或負相關外，也可檢視 X 與 Y 是否具備直線（線性）或非直線（非線性）關係。這對於建立迴歸模式也有幫助。然而，圖形的判別較爲主觀，因此通常需搭配皮爾森相關係數 r 一起進行解讀（如圖 14.2(a)–(f) 標題的數值）。

二、皮爾森相關係數

假設有一組樣本共 n 筆資料，以 (x_i, y_i) 表示 X 與 Y 的資料，其中 $i = 1, ..., n$，X 與 Y 的樣本平均數分別爲 $\bar{X}$、$\bar{Y}$，樣本標準差分別爲 s_X、s_Y，皮爾森相關係數 r 可利用下式計算，

$$r = \frac{1}{n-1} \sum_{i=1}^{n} \frac{(x_i - \bar{X})}{s_X} \frac{(y_i - \bar{Y})}{s_Y}$$

這個數值 r 有一些特質：
（1）r 不具單位；（2）r 的數值介於 -1 到 1 之間，$-1 \leq r \leq 1$；（3）$r > 0$ 表示正相關（如圖 14.2(a) 與 14.2(b)），$r < 0$ 表示負相關（如圖 14.2(c) 與 14.2(d)），$r = 0$ 表示無直線相關（如圖 14.2(e) 與 14.2(f)）。值得一提的是，圖 14.2(f) 的兩變數雖無直線相關，但卻有明顯的曲線相關，因此，只看 r 值是不夠的，應再佐以散佈圖來瞭解兩變數之關係。此外，評估 X 與 Y 的相關性時，若僅看散佈圖則可能容易落於主觀，以 r 數值來判定相關性的程度較爲客觀，r 的數值愈接近 1 或 -1 時，也表示變數之相關性愈強，如圖 14.2(b) 之 $r = 0.82$ 與圖 14.2(d) 之 $r = -0.52$ 相較，圖 14.2(b) 之相關性就比圖 14.2(d) 強。

範例一：請以表 14.1 身高與體重資料爲例，計算身高與體重之皮爾森相關係數。

要回答這個問題可以利用表 14.1 資料，分別計算身高與體重其標準化後資料 $(x_i - \bar{X})/s_X$ 與 $(y_i - \bar{Y})/s_Y$，將每位學生的標準化身高乘上標準化體重（計算過程可參考表 14.2），再將 15 位學生的數值相加後爲 13.75，除以 $(15-1)$ 可得 $r = 0.98$。此數值說明學生的身高與體重爲高度正相關，身高愈重者體重也愈重。

這個問題也可以利用軟體計算，因 r 計算複雜通常可藉由統計軟體計算 r 的值，若利用 Excel 軟體可由資料分析功能選擇「相關係數」分析工具（參考圖 14.3(a)），將身高與體重資料選定在輸入範圍處「$A\$1:\$B\$16$」（參考圖 14.3(b)，需勾選「類別軸標記在第一列」），即可獲得相關係數值 $r = 0.98$（參考圖 14.3(c)）。

若利用 R 語言，則以 corr 函數來計算即可（詳細語法可參考本章之附錄）。

在實際分析資料判讀兩連續變數之相關時，讀者可同時提供圖 14.1 散佈圖與皮爾森相關係數 r。最後要提醒讀者的是，**有相關性不代表因果關係存在**，因

表 14.2：15 位大學生的身高與體重資料計算相關係數

學生編號	身高 (X)	體重 (Y)	標準化身高 $(x_i - \bar{X})/s_X$	標準化體重 $(y_i - \bar{Y})/s_Y$	標準化身高 × 標準化體重 $(x_i - \bar{X})/s_X(y_i - \bar{Y})/s_Y$
1	175	78	0.63	0.81	0.51
2	176	78	0.71	0.81	0.57
3	184	87	1.33	1.28	1.70
4	184	87	1.33	1.28	1.70
5	184	87	1.33	1.28	1.70
6	184	87	1.33	1.28	1.70
7	168	66	0.09	0.18	0.02
8	152	45	-1.16	-0.92	1.06
9	155	45	-0.92	-0.92	0.85
10	156	45	-0.84	-0.92	0.77
11	157	45	-0.77	-0.92	0.70
12	160	45	-0.53	-0.92	0.49
13	160	46	-0.53	-0.86	0.46
14	153	48	-1.08	-0.76	0.82
15	155	48	-0.92	-0.76	0.70
平均數	$\bar{X}=166.9$	$\bar{Y}=62.5$	0	0	總和 $=13.75$
標準差	$s_X=12.9$	$s_Y=19.1$	1	1	$r=0.98$

	Height	Weight
Height	1	
Weight	0.98	1

圖 14.3：Excel 操作計算相關係數 r 之示意圖

此在解釋 $r = 0.98$ 時只能解讀為身高與體重具有正相關，不宜解釋成「身高愈高的人，會導致體重愈重」或是「體重的影響因子為身高」等具有暗示因果關係的描述。

三、相關係數之假說檢定

除計算 r 值外，也可進行假說檢定，來推論 X 與 Y 的相關性，如前面章節假說檢定之步驟，首先設定虛無假說為「母體之相關係數（通常以 ρ 表示）為 0」，可寫成 $H_0 : \rho = 0$（X 與 Y 無直線相關）vs. $H_1 : \rho \neq 0$。而因為樣本相關係數 r 就是 ρ 的點估計量，且 r 之標準誤公式為 $\sqrt{(1-r^2)/(n-2)}$，所以檢定統計量可寫成 $t = (r-0)/(\sqrt{(1-r^2)/(n-2)})$，$t$ 的分子為（$r-0$），代表資料觀察到的母體之相關係數 ρ 的估計值 r，它與 ρ 在 H_0 為真時（也就是 $\rho = 0$）的差距，若（$r-0$）愈大，就顯示資料愈不支持 H_0，愈有證據可推翻 H_0。假定 X 與 Y 的資料 (x_i, y_i) 為一隨機樣本且 X 與 Y 皆為常態分配，在 H_0 成立時，t 會是一自由度為（$n-2$）的 t 分配。如此一來，相關係數之假說檢定即可參考前面章節假說檢定介紹過之 t 檢定之作法，找出臨界值或計算 P 值來決定是否可以推翻 H_0。

範例二：回到表 14.1 例子，請檢定身高與體重是否相關（令顯著性水準為 0.05）？

這個問題可以先以實際運算來回答，首先，虛無假設為 $H_0 : \rho = 0$（身高與體重無直線相關），由表 14.1 資料確定 $n = 15$，$r = 0.98$，接著計算檢定統計值 $t = (0.98 - 0)/(\sqrt{(1-0.98^2)/(15-2)}) \approx 17.76$。在顯著性水準 0.05 下，查 t 分布（自由度為 13）的表，臨界值為 2.16（也可使用 R 程式語法：「qt(0.975, df=13)」獲得 2.16）。比較檢定統計值 $t = 17.76 >$ 臨界值 2.16，故可推翻 $H_0 : \rho = 0$，身高與體重呈顯著相關。或者計算此檢定之 P 值，為 t 分布（自由度為 13）下，數值在 17.76 外之尾端面積，（因為此例為雙尾檢定），得到 P 值 < 0.001，檢定結果為推翻虛無假設 $H_0 : \rho = 0$，身高與體重呈顯著相關。（可使用 R 程式語法：「2*pt(-abs(17.76), df=13)」獲得 P 值為 1.69×10^{-10}。）

這個問題也可以利用 R 語言回答，則以 cor.test 函數來計算即可（詳細語法可參考本章之附錄）。順帶一提，R 語言計算檢定統計值 $t = 18.314$ 與上述手算 $r = 0.98$ 計算之 $t = 17.76$ 不同，起因於 R 語言使用的皮爾森相關係數 $r = 0.981167$

有取位誤差。

　　本節介紹的皮爾森相關係數適合用在 X 與 Y 爲連續變項且無異常值（outlier）時；在本書前面章節已談過平均數及標準差不適用於資料有異常值的情況，因 r 的計算式與平均數及標準差有關，所以 r 同樣也不適用於資料有異常值之時。若 X 或 Y 有一者爲序位資料（ordinal data）或資料出現異常值，則應採用**斯皮爾曼等級相關係數**（**Spearman rank correlation coefficient**），通常以 r_s 表示。r_s 計算爲先將 X 與 Y 資料各自進行排序後，再以 X 與 Y 各自的序位資料計算皮爾森相關係數即爲 r_s，因此 r_s 的解釋方式就與 r 一樣，差別僅在於 r_s 適用於具異常值之連續性資料。若利用 R 語言，則以 cor 函數並加上 method="spearman" 來計算即可（詳細語法可參考本章之附錄）。

第二節　建立迴歸模式

　　描述 X 與 Y 線性迴歸之方程式爲 $Y = a + bX$，a 與 b 分別表示迴歸線之截距與斜率，亦稱爲**迴歸係數**（**regression coefficient**），a 與 b 爲統計推論感興趣的參數（parameter），須由 X 與 Y 資料來估計或計算出來。通常 Y 變數代表研究感興趣之疾病或結果，想利用迴歸模式探討與之相關的因素；Y 又可稱爲**應變數**或**依變數**（**dependent variable**）、**反應變數**（**response variable**）或**輸出變數**（**output variable**），甚至在生物醫學論文中有時也稱 Y 爲主要結果變項（primary outcome）。而 X 變數則是與 Y 有相關之因素，又稱爲**自變數**或**獨立變數**（**independent variable**）、**解釋變數**（**covariate**）或**輸入變數**（**input variable**），在生物醫學醫學論文中有時也稱 X 爲**風險因子**（**risk factor**）。

範例三：某醫師想研究婦女的骨質密度與更年期的關係，請問如何建構迴歸模式？

　　骨質密度爲連續型變數，通常進入更年期的婦女可能會有骨鬆的問題。可設定 Y 變數爲骨質密度，與 Y 相關的因素爲 X 變數則是更年期，建構迴歸模式之方程式爲「骨質密度 $= a + b \times$ 更年期」；加上隨機性或是誤差項後迴歸模式可以表示成「骨質密度 $= a + b \times$ 更年期 $+ e$」或是「E(骨質密度) $= a + b \times$ 更年期」，來表示骨質密度期望值與更年期的線性關係。這種只有一個 X 變數的模式又稱爲簡單線

性迴歸模式（simple linear regression model）。

範例四：某醫師想分析生活品質與年齡與肌耐力之關係，請問如何建構迴歸模式？

　　生活品質通常可由問卷量表來測量，如果是連續型變數，可設為 Y 變數。與生活品質相關之因素為 X 變數，則有年齡、肌耐力。若欲分別探討年齡或肌耐力與生活品質的關係，則可建立兩個簡單線性迴歸式的方程式：（1）生活品質 $=a_1+b_1\times$ 年齡，（2）生活品質 $=a_2+b_2\times$ 肌耐力。若想要同時評估年齡與肌耐力與生活品質的關係，則建構迴歸方程式為：生活品質 $=c_1+c_2\times$ 年齡 $+c_3\times$ 肌耐力；上式中 X 變數有兩個以上的模式又稱為複線性迴歸模式（multiple linear regression model），模式中的迴歸係數有 c_1、c_2、c_3 加上隨機性或是誤差項之後，迴歸模式為「生活品質 $=c_1+c_2\times$ 年齡 $+c_3\times$ 肌耐力 $+e$」。一般來說，生物醫學研究中常以複迴歸模式獲得的結果來做為研究結論，主要是因為可考量 Y 變數同時受到多個因素影響之結果。

　　以表 14.1 為例，前一節已確認身高與體重具相關性，接著的可能問題是「如果知道同學的身高為 160 公分，要如何猜到他 / 她的體重？」這就可使用線性迴歸模式（linear regression model）先建立 X 與 Y 的關係式，如圖 14.4 建立 15 位大學生的身高與體重之線性迴歸式為：體重 $=-180.19+1.45\times$ 身高，接著以身高 160 公分代入線性迴歸式為：$-180.19+1.45\times160=$ 體重 $=51.81$ 公斤，透過線性迴歸模式可很快預測此人體重為 51.81 公斤。而讀者可能會好奇線性迴歸模式中兩個關鍵數字 $a=-180.19$ 與 $b=1.45$ 是如何得知呢？下一小節就來簡介能求出關鍵數字的**最小平方法**（**least squares method**）。

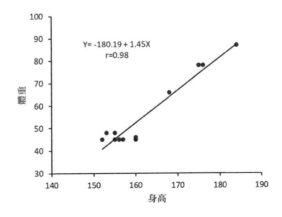

圖 14.4：15 位大學生的身高與體重之線性迴歸式

一、最小平方法（least squares method）

以圖 14.1 為例，在 15 位學生身高與體重之散佈圖中，若要畫出一條直線描述 X 與 Y 的關係，就數學角度來說，可畫出非常多條直線通過這些散佈的點，但要如何找到其中最適切的直線（也就是能最準確地預測 Y）呢，就可利用最小平方方法，求出一條迴歸線，這個方法能使 Y 變數之預測值與 Y 變數的觀察值的**誤差平方和**（**sum of squared errors, SSE**）最小。從統計角度來說，先定義**誤差**（**error**）；若以符號 $\hat{Y}$ 代表迴歸模式之預測值 $a + bX$，則誤差的定義為 $Y - \hat{Y}$，也就是預測值與觀察值的差距。以表 14.1 中第 1 位學生身高為 175 公分來看，學生的真實體重 $Y = 78$，而以迴歸線預測體重值為 $\hat{Y} = a + b \times 175$，則誤差為 $Y - \hat{Y} = 78 - (a + b \times 175)$。以此類推，將每位學生的誤差平方後相加，稱為誤差平方和（SSE）。最小平方方法的原理為在不同 (a, b) 組合下計算迴歸線之 SSE 達最小者（如下式），即為最佳之迴歸線。

$$min_{a,b}\text{SSE} = min_{a,b} \sum_{i=1}^{n} (Y_i - \hat{Y}_i)^2 = min_{a,b} \sum_{i=1}^{n} (Y_i - (a + bX_i))^2$$

上述求 SSE 最小值的方法，可透過微積分之技巧即可求得 a、b 的估計值（以符號 $\hat{a}$、$\hat{b}$ 表示）。以簡單線性迴歸式 $Y = a + bX$ 為例，以最小平方方法求得迴歸係數的估計值 $\hat{a}$、$\hat{b}$ 為

$$\hat{a} = \bar{Y} - \hat{b}\bar{X}, \quad \hat{b} = r\frac{s_Y}{s_X}$$

由資料估計出迴歸係數 $\hat{a}$、$\hat{b}$ 後，就可得到 Y 的預測方程式為 $\hat{Y} = \hat{a} + \hat{b}X$，而迴歸係數 $\hat{b}$ 可用來推論 X 與 Y 之相關性，$\hat{b}$ 可解釋為當 X 增加一單位時，Y 的平均值會增加 $\hat{b}$ 個單位。我們以表 14.2 的資料計算身高與體重之迴歸係數為

$$\hat{b} = r\frac{s_Y}{s_X} = 0.98 \times \frac{19.1}{12.9} \approx 1.45$$
$$\hat{a} = \bar{Y} - \hat{b}\bar{X} = 62.5 - 1.45 \times 166.9 = -179.505$$

身高與體重之迴歸線可寫成 $Y = -179.505 + 1.45X$。$\hat{b} = 1.45$ 可解釋為當自變數 X（也就是身高）改變一個單位時，依變數 Y（體重）之平均值會改變 1.45 個單位。讀者會發現手算的 $\hat{a} = -179.505$ 與圖 14.4 的 $\hat{a} = -180.19$ 有些微差距，是因為描述性統計量如 s_X、s_Y 只取到小數點一位造成的取位誤差。

範例五：有一研究收集 100 位老年人的年齡與 BMI 資料如下表，請協助建立年齡與 BMI 的簡單線性迴歸模式？若一民眾爲 70 歲，請估計其 BMI 值？

樣本統計量	年齡	BMI
平均數	$\bar{X} = 68$	$\bar{Y} = 25.4$
標準差	$s_X = 5.3$	$s_Y = 4.2$
相關係數	$r = 0.4$	

利用簡單線性迴歸式 $Y = a + bX$，假定 BMI 爲研究感興趣之結果變數 Y，年齡即爲 X，則根據最小平方法可求出

$$\hat{b} = r\frac{s_Y}{s_X} = 0.4 \times \frac{4.2}{5.3} \approx 0.32$$

$$\hat{a} = \bar{Y} - \hat{b}\bar{X} = 25.4 - 0.32 \times 68 = 3.64$$

所以，年齡與 BMI 的簡單線性迴歸式爲：BMI $= 3.64 + 0.32 \times$ 年齡；當年齡每增加 1 歲時，BMI 平均會增加 0.32 個單位。

若一民眾爲 70 歲，其 BMI $= 3.64 + 0.32 \cdot 70 = 26.04$。又因爲 BMI 超過 24 爲過重，超過 27 則爲肥胖之判定標準，這位民眾之體位爲過重。

範例五只考慮年齡與 BMI 之關係，然而還有其他變數也會與 BMI 有關，此時就可採用複線性迴歸模式，假設有 k 個解釋變數 $X_1, X_2, ..., X_k$，複線性迴歸模式爲 $Y = a + b_1X_1 + b_2X_2 + \cdots + b_kX_k + e$，其中 b_j，$j = 1, ..., k$ 稱爲**偏迴歸係數**（**partial-regression coefficient**），代表的意義爲考慮其他變數時或校正其他變數後，X_j 的值若增加一單位，Y 的平均值會增加 b_j 個單位；因此 b_j 也常被稱作校正後（adjusted）的迴歸係數。這裡 b_j 的估計值仍可使用最小平方法計算出來。舉例來說，研究者認爲性別（令女生爲 1 男生爲 0）也會跟 BMI 有關，採複線性迴歸分析得到 BMI 預測方程式爲 $15.4 + 0.16 \times$ 年齡 $- 1.4 \times$ 性別，這時年齡的迴歸係數 0.16 可解釋爲「考慮性別影響下（給定相同性別時），年齡每增加 1 歲時，BMI 平均會增加 0.16」。同樣的，性別的迴歸係數 -1.4，代表的意義爲「校正年齡後（年齡給定相同數值時），女生的 BMI 平均會比男生少 1.4」。此外，也可由方程式估計 70 歲男性的 BMI $= 15.4 + 0.16 \times 70 - 1.4 \times 0 = 26.6$，70 歲的女性的 BMI $= 15.4 + 0.16 \times 70 - 1.4 \times 1 = 25.2$；這裡可以發現女性的平均 BMI 較男性少 1.4，也就是性別的迴歸係數 -1.4 代表的意義。

二、迴歸係數之假說檢定與信賴區間

若迴歸線斜率 $b = 0$ 時，迴歸線為一水平線，反應出 X 與 Y 無關。因此，可利用最小平方法，估計出迴歸係數後，進行假說檢定 $H_0 : b = 0$（X 與 Y 無相關）的統計推論。此時，會需要 X、Y 的資料滿足一些統計上的前提假設（assumption）：

（1）給定 X 值下，Y 的分配是常態分配（normal distribution）。

（2）給定不同 X 值下，Y 的分配之變異數會相同，亦即，符合同質性（homogeneous）。

（3）(X, Y) 資料來自獨立（independence）個體。

（4）X 與 Y 的關係符合線性（linearity）。

以完整的統計模式來說明，n 筆 (x_i, y_i) 資料可寫成

$$Y_i = a + bX_i + e_i, e \sim N(0, \sigma^2)，其中 i = 1, \ldots, n$$

e_i 就是在最小平方法提過的誤差項，且假設誤差 e_i 的分配是一常態分配，平均數為 0、變異數為 σ^2。

當 (X, Y) 資料符合上述四個前提假設，迴歸係數 $\hat{b}$ 的理論分配便具有以下特性：

$$\hat{b} \sim N(b, \frac{\sigma^2}{\sum_{i=1}^{n}(X_i - \bar{X})^2})$$

那麼，檢定 $H_0 : b = 0$（X 與 Y 無相關）時，其檢定統計量 t 為

$$t = \frac{\hat{b} - 0}{\left(\dfrac{s^2}{\sum_{i=1}^{n}(X_i - \bar{X})^2}\right)} \sim t(df = n - 2)$$

s^2 表示誤差變異數 σ^2 的估計量，可由

$$s^2 = 1/(n-2) \sum_{i=1}^{n}\left(Y_i - \hat{Y}_i\right)^2$$

計算出，又可稱為**均方誤**（**mean squared error, MSE**），

$$MSE = s^2 = SSE/(n-2) = 1/(n-2) \sum_{i=1}^{n}\left(Y_i - \hat{Y}_i\right)^2$$

當 H_0 成立時，檢定統計量 t 的理論分配是一自由度為 $n-2$ 的 t 分配。

回到 15 位學生身高與體重範例，迴歸線為 $Y = -179.67 + 1.45X$，若檢定 $H_0 : b = 0$（身高與體重無相關），則可計算均方誤為 14.729（請見表 14.3），及檢

定統計量爲

$$t = \frac{\hat{b} - 0}{\sqrt{\dfrac{s^2}{\sum_{i=1}^{n}(X_i - \bar{X})^2}}} = t = \frac{1.45 - 0}{\sqrt{\dfrac{14.729}{14 \times 12.9^2}}} = 15.14$$

在顯著性水準 0.05 下，查 t 分布（自由度爲 13）的表，臨界值爲 2.16，此檢定之 P 值爲 t 分布（自由度爲 13）下在 ±15.14 以外之尾端面積（此例爲雙尾檢定），得 P 值 < 0.001，檢定結果爲推翻虛無假設 $H_0 : b = 0$，身高與體重呈顯著相關。（精確 P 值爲 1.230966×10^{-9}，可使用 R 程式語法「2*pt(-abs(15.14), df=13)」獲得。）

　　另外，也可計算迴歸係數 b 的 95% 信賴區間爲 $\hat{b} \pm t_{0.975}\sqrt{s^2/\sum_{i=1}^{n}(X_i - \bar{X})^2}$，$t_{0.975}$ 爲 t 分布（自由度爲 $n-2$）的 97.5 百分位數。續上例身高與體重之迴歸係數 95% 信賴區間爲 $1.45 \pm 2.16\sqrt{14.729/(14 \times 12.9^2)} \approx (1.28, 1.62)$，可檢視此區間未包含 0，表示可拒絕 $H_0 : b = 0$，亦可獲得統計顯著之結論，也就是身高與體重有顯著相關。

表 14.3：15 位大學生的身高與體重資料計算均方誤

學生編號	身高 (X)	體重 (Y)	體重預測值 ($\hat{Y}_i$)	誤差 ($Y_i - \hat{Y}_i$)	誤差平方 ($Y_i - \hat{Y}_i$)^2
1	175	78	74.08	3.92	15.37
2	176	78	75.53	2.47	6.10
3	184	87	87.13	−0.13	0.02
4	184	87	87.13	−0.13	0.02
5	184	87	87.13	−0.13	0.02
6	184	87	87.13	−0.13	0.02
7	168	66	63.93	2.07	4.28
8	152	45	40.73	4.27	18.23
9	155	45	45.08	−0.08	0.01
10	156	45	46.53	−1.53	2.34
11	157	45	47.98	−2.98	8.88
12	160	45	52.33	−7.33	53.73
13	160	46	52.33	−6.33	40.07
14	153	48	42.18	5.82	33.87
15	155	48	45.08	2.92	8.53
平均數	$\bar{X} = 166.9$	$\bar{Y} = 62.5$			平方和 = 191.48
標準差	$s_X = 12.9$	$s_Y = 19.1$			MSE = 14.729

三、殘差圖與迴歸模式假設

　　表 14.3 列出每位樣本體重預測與觀察值的誤差 $(Y_i - \hat{Y}_i)$，可進一步用來檢查迴歸模式的前提假設條件是否成立，稱之為**殘差分析**（residual analysis），因表 14.3 樣本數過小，改以較大樣本（593 位學生）的身高體重資料說明，假如建構之線性迴歸模式為體重 $= -63.96 + 0.73$ 身高，接著可利用**殘差圖**（residual plot）進行殘差分析。殘差圖也是一種散佈圖，是以誤差 $(Y_i - \hat{Y}_i)$ 為 Y 軸，有時為方便檢視有無異常值也會以標準化殘差（standardized residual）為 Y 軸；模式估計之預測值 $(\hat{Y}_i)$ 為 X 軸，透過檢視殘差圖的點分布判斷同質性假設是否成立，若很隨機雜亂無任何趨勢存在，則表示誤差符合同質性；然而殘差圖若呈現扇形（fan shape）的分布，可能意味著 Y 預測值越大時殘差的變異也越大（或是越小），代表同質性前提假設不成立。圖 14.5 為殘差圖（圖 14.5(a) 的 Y 軸為原始殘差，圖 14.5(b) 的 Y 軸為標準化殘差），殘差圖的點分布都是隨機雜亂的，並無明顯的扇形分布，因此線性迴歸模式符合同質性。值得注意的是圖 14.5(b) 的標準化殘差若範圍約介於 $(-3, 3)$ 之間，顯示無異常值存在。

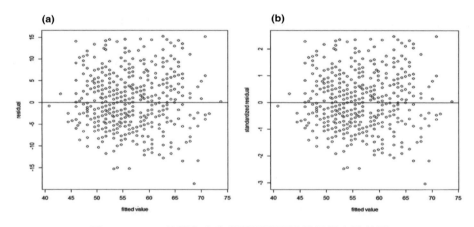

圖 14.5：593 位學生身高與體重簡單線性迴歸之殘差圖

　　原始殘差或標準化殘差也可用來檢視資料是否符合常態性的前提假設，較簡單的方式是由殘差的直方圖檢視有無對稱性（如圖 14.6(a)），但是對稱只是常態分配的一種特性，並非所有對稱分配都是常態分配。因此要檢測常態性也可利用殘差製作的**常態機率圖**（normal probability plot）；以殘差之百分位數為 Y 軸，而 X 軸為預期資料為常態分布下預測的百分位數，若殘差符合常態分配則常態機率

圖上的點會靠近 45 度直線。圖 14.6(b) 就是標準化殘差之常態機率圖，看起來點與 45 度直線算貼近，常態性假設應可成立。至於上述同質性、常態性假設若不成立，通常可透過資料轉換方式解決，有興趣的讀者可查閱迴歸分析之書籍瞭解更多細節。

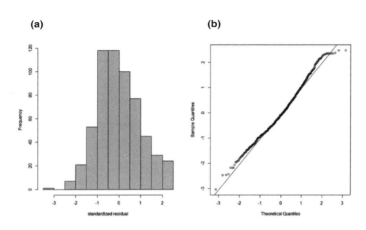

圖 14.6：593 位學生身高與體重簡單線性迴歸之殘差直方圖與常態機率圖

四、預測值的區間估計

迴歸模式 $Y = a + bX + e$ 可幫助研究者預測 Y 的數值，也就是在收集 X 的資料後便可透過上述迴歸方程式預測 Y；在第二節有提過「如果知道同學的身高為 160公分，要如何猜到他／她的體重？」，這個問題可提供點估計或是區間估計，點估計就是直接從配適後的迴歸方程式計算 Y 的預測值，而區間估計又可分成兩個角度回答，（1）我們可預測 160 公分的一群學生，平均體重落在哪個範圍。或（2）一位 160 公分的同學，體重大約落在哪個範圍？第一種估計是對具相同數值的母體，預測 Y 的平均值；給定 $X = x$ 下，估計 Y 的平均值為 $\hat{y} = \hat{a} + \hat{b}x$，$\hat{y}$ 代表的是有一群樣本的 $X = x$ 時，這些樣本的 Y 平均值之點估計，也可建立其 95% 信賴區間為 $\hat{y} \pm t_{0.975}se(\hat{y})$，$\hat{y}$ 的標準誤 $se(\hat{y}) = \sqrt{s^2\{1/n + [(x_i - \bar{X})^2 / \sum_{i=1}^{n}(x_i - \bar{X})^2]\}}$，$t_{0.975}$ 為 t 分布（自由度為 $n-2$）的 97.5 百分位數。以 15 位學生身高體重資料建構身高與體重之迴歸線 $Y = -179.67 + 1.45X$，可以對身高為 160 公分的學生，預測這些學生平均體重之 95% 信賴區間。首先，先計算點估計 $\hat{y} = -179.67 + 1.45 \times 160 = 52.33$，表示這群學生平均體重約為 52.33 公斤；再計算標準誤

$se(\hat{y}) = \sqrt{14.729\{1/15 + [(160-166.9)^2/14 \times 12.9^2]\}} \approx 1.13$，代表預測之平均體重之標準差為 1.13 公斤，因此可計算平均體重之 95% 信賴區間為 $52.33 \pm 2.16 \times 1.13 \approx (49.89, 54.77)$；身高為 160 公分的學生，我們有 95% 信心知道其平均體重預測值約為 49.89 到 54.77 公斤。

　　第二種估計是對某一個 X 數值的個體，預測 Y 的數值，針對特定個體的 Y 值進行區間估計，稱之為 95% 預測區間（prediction interval）。特定個體的 Y 預測值在給定 $X = x$ 下，估計值一樣會得到 $\hat{y} = \hat{a} + \hat{b}x$，但是個別預測值的變異會比前述平均值之預測值大，其標準誤公式為 $\sqrt{s^2\{1 + 1/n + [(x_i - \bar{X})^2 / \sum_{i=1}^{n}(x_i - \bar{X})^2]\}}$，因此 95% 預測區間為 $\hat{y} \pm t_{0.975} \times \sqrt{s^2\{1 + 1/n + [(x_i - \bar{X})^2 / \sum_{i=1}^{n}(x_i - \bar{X})^2]\}}$，也就是說個別預測值的 95% 預測區間會比平均值預測值之 95% 信賴區間更寬。舉例而言，若有一位新同學身高為 160 公分，那這位同學的體重可能會是多少呢？這位同學的體重預測值會是 $-179.67 + 1.45 \times 160 = 52.33$ 公斤，但是標準誤會變成 $\sqrt{14.729\{1 + 1/15 + [(160-166.9)^2/14 \times 12.9^2]\}} \approx 4$ 公斤，95% 預測區間會變成 $52.33 \pm 2.16 \times 4 = (43.69, 60.97)$；表示一位身高為 160 公分的學生，其體重預測值大約在 43.69 到 60.97 公斤。而 95% 預測區間的寬度的確比平均體重預測值的 95% 信賴區間寬；另外如果特定的 $X = x$ 值離 $\bar{X}$ 越遠，標準誤會變大，95% 預測區間就會比較寬。

第三節　迴歸模式的判定係數

　　在成功建立迴歸模式後，一般會關心模式配適的效果，換句話說，會想知道納入的 X 變數究竟對 Y 變數的預測能力如何，誤差是多少；這可以利用**判定係數 R^2**（**coefficient of determination**）進行評估。判定係數 R^2 定義為 Y 變數的變異可被迴歸模式中 X 變數解釋的比例，其定義為：

$$R^2 = \frac{SSR}{SST} = \frac{\sum_{i=1}^{n}(\hat{Y}_i - \bar{Y})^2}{\sum_{i=1}^{n}(Y_i - \bar{Y})^2}$$

其中 SST（total sum of squares）為總變異，為 Y 變數的變異 $\sum_{i=1}^{n}(Y_i - \bar{Y})^2$，SSR（regression sum of squares）為迴歸模式預測之 Y 變數（即 $\hat{Y}_i$）計算之變異

$\sum_{i=1}^{n}(\hat{Y}_i - \bar{Y})^2$，由式子可發現將 SST 中的 Y_i 值以預測值 $\hat{Y}_i$ 取代，即為 SSR。利用表 14.3 資料可計算出

$$SST = \sum_{i=1}^{n}(Y_i - \bar{Y})^2$$
$$= (78 - 62.5)^2 + (78 - 62.5)^2 + \cdots + (48 - 62.5)^2 = 5117.75$$
$$SSR = \sum_{i=1}^{n}(\hat{Y}_i - \bar{Y})^2$$
$$= (74.08 - 62.5)^2 + (75.53 - 62.5)^2 + \cdots + (45.08 - 62.5)^2 = 4926.273$$

此模式之 $R^2 = SSR/SST = 4926.273/5117.75 \approx 0.963$。

這裡的 $R^2 = 0.963$ 意思為，體重的變異（即 Y 變數的變異）有 96.3% 可被身高解釋（即 X 變數預測 Y）。而未被迴歸模式解釋的比例為 $1 - R^2 = 0.037 = 3.7\%$，表示誤差之變異（也就是前一小節提及的誤差平方和 SSE）占總變異之比例（SSE/SST）為 3.7%。

　　迴歸模式的判定係數 R^2 會介於 0 到 1 之間，但 R^2 的值要超過多少才叫好模式呢？因不同研究議題並無明確 R^2 的標準值，但讀者可藉由 R^2 的值瞭解模式的配適效果。要留意的是，R^2 的數值可透過增加 X 變數的個數而提高，因此在複線性迴歸模式時（X 變數有兩個以上的線性迴歸模式），通常要報告的是校正後 R^2（adjusted R^2）的數值，才不會失真。此外，校正後 R^2 也可用來幫助選擇合適的複迴歸模式，比如建構三個解釋變數 X_1, X_2, X_3 與 Y 的迴歸模式，如果考慮每一個解釋變數都可放或不放入迴歸模式，那所有可能的迴歸模式共計 $2^3 = 8$ 種，計算出所有可能迴歸模式之校正後的 R^2，即可挑選具最大的校正後 R^2 對應的模式就是最合適的。又或者當解釋變數很多時，上述計算所有可能的模式就很耗時；這時可改由自兩個**巢狀模式**（nested model）中比較其校正後 R^2 的差異是否夠顯著，巢狀模式是指兩個模式有從屬關係，如 $Y = a + b_1 X_1$ 與 $Y = a + b_1 X_1 + b_2 X_2$ 為巢狀模式，當後者的 $b_2 = 0$ 時兩個模式是相同的，因此也會把前者稱為**限制模式**（restricted model），也就是限制 $b_2 = 0$，後者則稱作**無限制模式**（unrestricted model）；比較兩個巢狀模式的校正後 R^2 差異是否夠顯著，以決定挑選哪一個模式。另外，也可以利用**逐步迴歸**（stepwise regression）的方法來進行模式選擇。有興趣的讀者可查閱迴歸分析之書籍瞭解更多**模式選擇**（model selection）的方法。

第四節　利用統計軟體 R 語言建構迴歸分析模式

這一節示範以 R 語言執行迴歸分析，假定讀者已經事先安裝 R 語言（https://cran.csie.ntu.edu.tw/，請依據自己的電腦作業系統選擇合適的版本），這一節將以微軟系統為主介紹 R 語法建構迴歸分析模式。

範例六：利用表 14.1：15 位大學生的身高與體重的資料，以 R 語言執行簡單線性迴歸分析。

讀者請將表 14.1 資料存在 C 槽下命名為 corr.csv 檔案，先以 R 語法讀入資料，接著以函數 lm( ) 建構迴歸模式：體重＝$a + b \times$身高，分析的語法如下：

```
setwd("c:/")
a1 <- read.table("corr.csv", sep=",", header=TRUE)
output <- lm(a1$Weight ~ a1$Height, data=a1)
summary(output)
```

第 1-2 行語法為指定資料路徑為 C 槽，並以 read.table( ) 函數將 corr.csv 檔案讀入到 R 語言環境，將之命名為 a1 物件。第 3 行語法 lm(a1$Weight ~ a1$Height, data=a1) 則進行線性迴歸分析，以體重為 Y 變數，身高為 X 變數，統計結果存到 output 物件。第 4 行語法 summary(output) 會獲得迴歸分析結果如下，

```
Call:
lm(formula = a1$Weight ~ a1$Height, data = a1)

Residuals:
    Min      1Q  Median      3Q     Max
-7.4811 -1.0232 -0.3822  2.5208  5.6984

Coefficients:
             Estimate Std. Error t value Pr(>|t|)
(Intercept) -180.1934    13.2866  -13.56 4.75e-09 ***
a1$Height      1.4542     0.0794   18.31 1.15e-10 ***
---
Signif. codes:  0 '***' 0.001 '**' 0.01 '*' 0.05 '.' 0.1 ' ' 1

Residual standard error: 3.833 on 13 degrees of freedom
Multiple R-squared:  0.9627,    Adjusted R-squared:  0.9598
F-statistic: 335.4 on 1 and 13 DF,  p-value: 1.15e-10
```

請注意報表 Coefficients 的部分，Estimate 欄位的數值代表迴歸係數 a、b 的估計值，分別為 -180.1934、1.4542，因此估計出的迴歸模式為：體重 $a = -180.1934$、$b = 1.4542 \times$ 身高。前面小節介紹的迴歸係數 b 之假說檢定，其檢定統計量值與 p-value 則在報表 Coefficients 的 a1$Height 橫列，對應到 t value＝18.31 與 Pr(>|t|) 欄位 p-value＝1.15×10^{-10}（報表之下方有符號 *、**、

*** 分別表示 p-value 小於 0.05、0.01、0.001 的顯著性），迴歸分析結果可解讀爲
體重與身高有顯著相關，身高每增加 1 公分，體重平均約增加 1.45 公斤。

　　上述的語法可擴充到複線性迴歸模式，舉 214 位大學生資料爲例（Example_
reg.csv 檔案，列出部分資料如表 14.4），分析身體質量指數（BMI）與性別、是否
爲大一新生、有無戀愛經驗的關係：

表 14.4：大學生身體質量指數（BMI）與性別、大一新生、有無戀愛經驗的資料

sex	freshman	love	BMI
1	1	2	18.1
2	1	1	21.2
2	2	1	20.8
1	2	1	22.4
1	1	2	28.7

註：sex 爲性別，1= 男生 2= 女生；freshman 爲新生，1= 新生 2= 非新生；love 爲有無談過戀愛，1=
有 2= 無。

　　建構複線性迴歸模式之迴歸式爲：

$$BMI = a + b_1 \times sex + b_2 \times freshman + b_3 \times love$$

上式模式中的迴歸係數有 a、b_1、b_2、b_3。此範例的 X 變數有三個（性別、是否爲
大一新生、有無戀愛經驗），都是兩個分類的變數，Y 變數則是 BMI，提醒讀者線
性迴歸分析要求的 Y 變數需爲連續變數，X 變數則可以是連續變數也可以是類別
變數。

範例七：利用 214 位大學生資料爲例（Example_reg.csv 檔案），以 R 語言執行複
線性迴歸模式，分析 BMI 與性別、是否爲大一新生、有無戀愛經驗的關係。
R 語法呈現如下：

```
setwd("c:/")
a2<-read.table("c:/Example_reg.csv", sep=",", header=TRUE)
output2 <- lm(a2$BMI ~ a2$sex+a2$freshman+a2$love,
data=a2)
summary(output2))
```

第 1-2 行語法爲將 Example_reg.csv 檔案讀入並命名爲 a2 物件。第 3 行語法
lm(a2$BMI ~ a2$sex+a2$freshman+a2$love, data=a2) 則進行複線性迴歸分析，以

BMI 為 Y 變數，X 變數則有三個，語法寫成 a2\$sex+a2\$freshman+a2\$love，複線性迴歸模式分析結果存到 output2 物件。第 4 行語法 summary(output2) 獲得分析結果如下，Coefficients 的 Estimate 欄位代表迴歸係數的估計值，$a = 22.5159$, $b_1 = -1.3588$、$b_2 = 0.1303$、$b_3 = 0.7459$，估計出的複線性迴歸模式為：

$$BMI = 22.5159 - 1.3588 \times sex + 0.1303 \times freshman + 0.7459 \times love$$

從迴歸係數檢定結果來看，只有性別的迴歸係數檢定達到顯著（p-value = 0.00358）。性別的迴歸係數 −1.3588 為校正後的迴歸係數，代表的意義為「在校正了是否為大一新生、有無戀愛經驗後，性別為女生時（即變數 sex = 2），BMI 平均會比男生（即變數 sex = 1）低 1.3588」。新生與否或是談過戀愛與否，與 BMI 皆無顯著相關。此外，報表下方提供 adjusted $R^2 = 0.035$，解釋意義為模式中的三個 X 變數：性別、是否為大一新生、有無戀愛經驗，可解釋 BMI 變異約達 3.5% 不是太高，顯示可能還有其他跟 BMI 相關的因素未被納入。

```
Call:
lm(formula = a2$BMI ~ a2$sex + a2$freshman + a2$love, data = a2)

Residuals:
    Min      1Q  Median      3Q     Max
-5.8746 -1.9263 -0.4572  1.3432 14.9254

Coefficients:
            Estimate Std. Error t value Pr(>|t|)
(Intercept)  22.5159     1.2141  18.545  < 2e-16 ***
a2$sex       -1.3588     0.4611  -2.947  0.00358 **
a2$freshman   0.1303     0.4715   0.276  0.78259
a2$love       0.7459     0.4559   1.636  0.10333
---
Signif. codes:  0 '***' 0.001 '**' 0.01 '*' 0.05 '.' 0.1 ' ' 1

Residual standard error: 3.218 on 210 degrees of freedom
Multiple R-squared:  0.04859,   Adjusted R-squared:  0.035
F-statistic: 3.575 on 3 and 210 DF,  p-value: 0.01487
```

最後，來討論多個解釋變數（$X_1, X_2, ..., X_k$）與 Y 的關係，其中一種常見的關係為交互作用（interaction），指的是 X_1 與 Y 的關係，會因 X_2 的值不同時而改變。舉例來說假如大學生談過戀愛者平均 BMI 比沒談過戀愛者低，這個關係如果因為性別不同而改變的話，就表示性別與有無談過戀愛對 BMI 具有交互作用。圖 14.7(a) 呈現不同性別下有無戀愛經驗兩組學生之平均 BMI，實線為女大學生，虛線為男大學生，由圖可看出女生談過戀愛者的平均 BMI 較沒談過戀愛者低，但是男生卻剛好相反，談過戀愛者的平均 BMI 反而較沒談過戀愛者高，圖中的兩條線並非平行線而是會有交點，就顯示交互作用可能存在。而圖 14.7(b) 則看到兩條平均值的線幾乎為平行，顯示 X_1 與 X_2 這兩個變項交互作用不存在，換句話說，不管 X_2 的

值是多少，當 $X_1 = 2$ 時 Y 的值都比 $X_1 = 1$ 時來得高；X_1 與 Y 的關係不會因為 X_2 的值不同而改變。在複迴歸模式中檢視 X_1 與 X_2 的交互作用，可在原模式中加入 X_1 與 X_2 的交乘項，亦即 $Y = a + b_1X_1 + b_2X_2 + b_3X_1 \times X_2 + e$，透過假說檢定迴歸係數 $H_0 : b_3 = 0$（X_1 與 X_2 無交互作用），即可推論交互作用是否顯著，有興趣的讀者還可查閱迴歸分析之書籍瞭解更多細節。

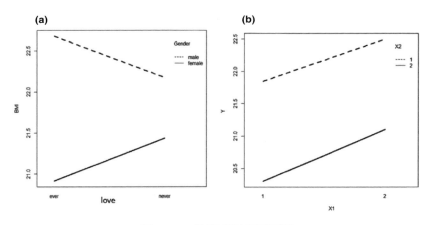

圖 14.7：檢視交互作用圖形

總　結

本章介紹判別兩變數之相關性的方法，包含了相關係數與線性迴歸分析，這裡也簡介了迴歸模式下 Y 變數與 X 變數的專有稱呼。若研究目的為探討 X 變數與 Y 變數關係有多強，可選擇相關係數來瞭解兩變數相關之強度並可進行假說檢定；然而，這僅適用於 X 變數與 Y 變數都是連續變數的情況。讀者若想處理兩個非連續變數間的相關性的話，可採用勝算比來看出兩個二元變數之相關或是其他相關性的統計量來評估，這在其他章節有更詳細之介紹。在建構線性迴歸分析時，須將變數區分為 Y 變數與 X 變數，Y 變數必須為連續變數，X 變數可為連續或類別變數，但必須是與 Y 變數具有某種程度相關的變數，對於預測 Y 變數才有助益；因此利用最小平方方法建構出迴歸分析模式後，還需要對迴歸係數進行假說檢定，確立兩變數之相關性是否存在。透過本書提供的 R 指令語法，讀者可自行練習或以其他例子來進行分析，並可學著對分析的報表進行解釋。最後，提醒讀者，本章介紹的迴歸分析必須有 Y 變數適合條件常態分布的前提假設（給定 X 值下，Y 為常

態分布），如果 Y 變數是二元資料即不符合此項前提假設，則可以利用下一章的**羅吉斯迴歸模式（logistic regression model）**進行分析。

關鍵名詞

簡單線性迴歸模式（simple linear regression model）

複線性迴歸模式（multiple linear regression model）

散佈圖（scatter plot）

皮爾森相關係數（Pearson correlation coefficient）

線性相關（linear correlation）

斯皮爾曼等級相關係數（Spearman rank correlation coefficient）

迴歸係數（regression coefficient）

依變數（dependent variable）

反應變數（response variable）

輸出變數（output variable）

獨立變數（independent variable）

解釋變數（covariate）

輸入變數（input variable）

風險因子（risk factor）

最小平方法（least squares method）

誤差平方和（sum of squared errors, SSE）

偏迴歸係數（partial-regression coefficient）

誤差（error）

均方誤（mean squared error, MSE）

殘差分析（residual analysis）

殘差圖（residual plot）

常態機率圖（normal probability plot）

判定係數（coefficient of determination, R^2）

巢狀模式（nested model）

限制模式（restricted model）

無限制模式（unrestricted model）

逐步迴歸（stepwise regression）

模式選擇（model selection）

交互作用（interaction）

羅吉斯迴歸模式（logistic regression model）

複習問題

1. 皮爾森相關係數 r 可以描述非線性關係嗎？

2. 是否可以用皮爾森相關係數 r 描述性別與肥胖之關係嗎？

3. 連續變數 X, Y 資料若有異常值（outliers），皮爾森相關係數 r 是否仍可以使用？為什麼？

4. 請說明以下哪些例子可使用皮爾森相關係數 r 來描述變數間相關？

   (1) 香菸消耗量（pack year）與死亡年齡的關係？

   (2) 蛀牙數與 IQ 的關係？

   (3) 性別與成績的關係？

   (4) 種族與抽菸的關係？

   (5) 學歷高低與收入的關係？

   (6) 咖啡飲用與癌症的關係？

5. 研究者欲研究媽媽懷胎週數是否可估計出生嬰兒頭圍，並決定以簡單線性迴歸模式來建立兩者之間的關係。請問線性迴歸模式為何？

6. 請簡述何謂最小平方法？

7. 100 位樣本的性別、膽固醇值與血糖值的皮爾森相關係數矩陣如下

相關係數矩陣	性別	膽固醇值	血糖值
性別	1	−0.3	0.4
膽固醇值	−0.3	1	0.5
血糖值	0.4	0.5	1

(1) 請問上表的相關係數 −0.3、0.4、0.5 分別要如何解釋，也請畫出相對應的散佈圖？

(2) 請問上述三個相關係數是否有顯著相關（$\alpha = 0.05$）？

(3) 以血糖值為依變數，膽固醇值為自變數，假如迴歸線（regression line）截距為 80.6，斜率為 2.3，請寫出迴歸方程式。請問斜率 2.3 如何解釋？

8. 請你用書中範例（Example_regression.csv 檔案），以 R 語言分析 BMI 與有無談過戀愛的關係。

9. 以線性迴歸分析 100 位成人的血壓值與年齡（單位：歲）的關係，呈現結果如下

	迴歸係數	標準差	t 值	P 值
血壓值	105.2	50	2.104	0.038
年齡	2.8	0.875	3.2	0.002

(1) 請問建構出的線性迴歸模式為何？

(2) 請問年齡與血壓是否有顯著相關（令 $\alpha = 0.05$）？

(3) 假設此模式之 $R^2 = 0.25$，代表的意義為何？

(4) 請你計算年齡的迴歸係數之 95% 信賴區間。

10. 複線性迴歸分析 100 位成人的血壓值與性別、年齡（單位：歲）的關係，呈現結果如下

	迴歸係數	標準差	t 值	P 值
血壓值	101.8	30	3.39	0.001
性別 (reference=Female)	5.2	2	2.6	0.011
年齡	1.2	0.5	2.4	0.018

(1) 請問建構出的複線性迴歸模式為何？

(2) 請問性別與血壓是否有顯著相關（令 $\alpha = 0.05$）？

(3) 請問年齡的迴歸係數為 1.2，代表的意義為何？與前一題年齡的迴歸係數意義有何不同？

附錄一：R 語言範例

資料請存為 corr.csv 檔案並存在電腦 c:/ 下。將工作目錄改為 c:/

setwd("c:/")

a1<- read.table("corr.csv", sep=",", header=TRUE)

#read.table 將資料讀入後存為 a1 物件，檢視 a1 讀取是否正確

View(a1)

圖 14.1 散佈圖

plot(a1$Height, a1$Weight, xlab="Height",ylab="Weight")

範例一：計算 Pearson 相關係數

cor（a1$Height, a1$Weight）

計算 Spearman 相關係數

cor(a1$Height, a1$Weight, method = "spearman")

執行相關係數檢定 H0: rho=0

output <- cor.test(a1$Height, a1$Weight)

output

附錄二：範例 Example_regression.csv 檔案

資料下載連結：

https://coph.ntu.edu.tw/uploads/root/kpchen/KPC_BS2023_EX.zip

第 15 章
簡單及複羅吉斯迴歸分析

王彥雯　撰

學習目標

一、瞭解羅吉斯迴歸模型的長相與假設

二、瞭解如何建立羅吉斯迴歸模型、如何估計迴歸係數與如何進行
　　迴歸診斷

三、瞭解如何解釋迴歸係數代表的意義，以及如何進行統計推論

四、瞭解如何對新樣本進行預測

五、瞭解羅吉斯迴歸模型在相關性推論與分類問題上如何應用以及
　　如何解決問題

前　言

在前一章中，已經學會如何衡量兩個變數之間的關係，也知道如何建立統計模型探索變數間的關係，只是，在前一章中探索的依變數是連續變數，所以使用一般的線性迴歸分析。如果依變數是類別變數，例如：「懷孕媽媽會不會早產？影響因素有哪些？」「媽媽是不是純母乳哺育嬰兒？影響因素有哪些？」「癌症病人會不會復發？影響因素有哪些？」「一個人是不是有病與 X 光片的關係」等，這些問題想探討的依變數皆是只有兩種結果的類別變數，在這種情況下，什麼樣的統計方法或統計模型，可以用來衡量這樣的依變數與其他變數之間的相關性，可以建立變數之間關係的統計模型呢？本章將介紹**羅吉斯迴歸**（**logistic regression**）模型，這個方法可以用來分析類別型態的依變數與其他變數的相關性，在生醫科學領域應用尤其廣泛，近年來，在**機器學習**（**machine learning**）與**人工智慧**（**artificial intelligence**）領域中也利用這個方法來建立分類模型以解決分類與類別預測的問題。本章第一節涵蓋了進行羅吉斯迴歸分析的基本概念，對於想要知道如何建立及使用羅吉斯迴歸模型的讀者十分有用。從第二節開始則是比較進階的內容，第二節討論在羅吉斯迴歸模式下的如何評估迴歸模式的好壞。第三節是以 R 軟體執行作為範例，以實例說明羅吉斯迴歸在相關性分析的應用。而第四節則是說明羅吉斯迴歸在機器學習的應用，尤其是在分類問題的應用，這已經是羅吉斯迴歸在當今很常見的應用之一，很適合有興趣的讀者深入閱讀。

第一節　羅吉斯迴歸之基礎

一、應用實例

母乳哺育是目前全球都在推廣且關注的議題，國民健康署自 105 年起每兩年都會進行一次臺灣母乳哺育率的調查 [1]，用以瞭解臺灣地區母乳哺育的情況，並擬定適當的母乳哺育推行政策，根據文獻的瞭解與過去的經驗，許多因素皆會影響到媽媽母乳哺育的意願，如：年齡、教育程度、工作情況、生產情況等等，若國民健康署想透過臺灣母乳哺育率的調查資料，找出影響臺灣地區媽媽母乳哺育的因素，國民健康署該如何進行呢？

二、羅吉斯迴歸概念介紹

(一) 自變數大於一個的相關性分析

在這個問題下，想探討的依變數（dependent variable）有兩個類別，一類是有哺餵母乳，另一類則是沒有哺餵母乳，而自變數（independent variable）則會有好多個，如：媽媽的年齡、媽媽的教育程度、產後是否回到工作崗位、胎次、生產方式、嬰兒是否早產、是否在母嬰親善醫院生產等。在前面章節中，介紹過兩組的期望值檢定，這樣的方法當然可以檢定哺餵母乳的媽媽與未哺餵母乳的媽媽在年齡或教育程度（以受教育年數為單位）的平均值上是否有差異；在前面章節中也介紹過兩個類別變數的相關性分析，這當然也可以用來分析依變數「是否哺餵母乳」與「產後是否回到工作崗位、生產方式、嬰兒是否早產，或是否在母嬰親善醫院生產」等類別自變數之兩兩變數的相關性分析，如：勝算比，或是卡方檢定。然而，這些檢定只能回答是否推翻虛無假設，並不能回答多個自變數對依變數的影響程度。在本章中，將利用第 14 章學到的線性迴歸分析的概念，建立出針對二分類依變數的迴歸模型，來探討多個自變數對依變數的影響。

(二) 依變數不再是常態分配隨機變數的模型

現在的依變數只有兩個類別，一類是「有哺餵母乳」，另一類則是「沒有哺餵母乳」，而自變數則可能有好多個，如：媽媽的年齡、媽媽的教育程度、產後是否回到工作崗位、胎次、生產方式、嬰兒是否早產、是否在母嬰親善醫院生產等。在第 14 章的線性迴歸中曾經提到，依變數必須是服從常態分配的連續隨機變數，如果不顧這個假設，硬是利用第 14 章的線性迴歸進行分析，將依變數 Y 代表嬰兒是否為母乳哺育，「有」則輸入 1，「沒有」則輸入 0，自變數 X_k 則代表各個可能有影響的因素，如：媽媽的年齡、媽媽的教育程度、產後是否回到工作崗位、胎次、生產方式、嬰兒是否早產、是否在母嬰親善醫院生產等 K 個自變數，迴歸模型會寫為

$$Y = \beta_0 + \sum_{k=1}^{K} \beta_k X_k + \varepsilon$$

這時顯而易見的一個問題是，此模型等號的左邊，數值只會出現 0 或 1，但模型等號的右邊，因為自變數可以是類別變數，也可以是連續變數，這些自變數

各自乘上表示相關程度的迴歸係數，再進行線性行組合後，數值範圍會有很多種可能，也就是說，模型等號的右邊的數值範圍會落在 $(-\infty, \infty)$ 之間。很明顯地，這個等號不可能會成立，這時候該怎麼做呢？一個作法是將等號的左邊，也就是依變數，透過某種函數轉換，讓其數值的範圍也變成介於 $(-\infty, \infty)$ 之間，就可以讓等式成立了；那麼，接下來的問題就是，什麼樣的函數適合進行這種轉換。

（三）羅吉斯迴歸

在前面章節討論類別變數的相關性分析時，使用了**勝算**（**odds**），勝算是一個事件發生的機率與不發生的機率的相比，$\text{odds} = p/1 - p$。在哺餵母乳的例子中，一樣可以計算媽媽哺餵母乳的機率 p 和沒有哺餵母乳的機率 $1 - p$，然後計算母乳哺育的勝算，$\text{odds} = p/1 - p$，如果把這個勝算取自然對數，也就是 $\ln[p/(1-p)]$，這個數值的範圍就會落在 $(-\infty, \infty)$ 之間。因此，就有人建議利用這個函數轉換來連接等號的兩邊，這就是所謂的羅吉斯迴歸，迴歸方程式為

$$\ln \frac{p}{1-p} = \beta_0 + \sum_{k=1}^{K} \beta_k X_k$$

在這個模型當中，依變數和自變數的相關性可以透過迴歸係數來表示；因為依變數 Y 只有兩類，是一個二元的隨機變數，所以可以假設它服從伯努力分配

$$Y \sim \text{Bernoulli}(p)$$

在伯努力分配下，期望值為 $E(Y) = p$，所以可以重新改寫迴歸方程式為

$$\ln \frac{p}{1-p} = \ln \frac{E(Y)}{1-E(Y)} = \beta_0 + \sum_{k=1}^{K} \beta_k X_k$$

由此，就可以連結出依變數和自變數的關聯性了。等號左邊的轉換為 logit 函數轉換，又可以寫成 $\text{logit}(p) = \ln p/(1-p)$，這個 logit 函數轉換有時候也會被稱為 **logit 鏈結函數**（**logit link function**），因此，羅吉斯迴歸方程式有時候也會寫成

$$\text{logit}(p) = \beta_0 + \sum_{k=1}^{K} \beta_k X_k$$

除了這種轉換之外，還有其他的函數轉換，這些轉換的函數通稱為**鏈結函數**（**link function**），利用這些鏈結函數都可以達到將等號左邊的數值轉到 $(-\infty, \infty)$ 之間的目的，其他的鏈結函數還有：

Probit link：$\Phi^{-1}(p), \Phi(z) = \int_{-\infty}^{z} \frac{1}{\sqrt{2\pi}} e^{-\frac{u^2}{2}} du$
Complementary log-log link：$\ln[-\ln(1-p)]$
Log-log link：$-\ln[-\ln p]$

利用這些鏈結函數的迴歸模型則會出現在一些特定的應用場域與問題，如：藥物劑量的毒性風險評估等，而這些不同的迴歸模型都屬於**廣義線性模型**（**generalized linear model, GLM**）的成員之一，此外，第 14 章的線性迴歸可以視為是使用**自我鏈結函數**（**identity link function**）的一種廣義線性模型。廣義線性模型在各領域中的應用十分廣泛，有興趣的讀者可以參閱相關的書籍。

三、羅吉斯迴歸模型中依變數發生機率的計算

在知道羅吉斯迴歸模型的迴歸式之後，下一個問題是「依變數發生的機率是多少？」，也就是要探討及估計這個發生機率 p 的數值大小。在上面的例子中，也就是想知道「母親哺餵母乳發生的機率為何？」而且，是在考量多個有影響力、有相關性的自變數之後得到的機率。為了得到這個發生機率的估計值，首先，將羅吉斯迴歸模型等號的兩邊皆取自然指數，可以得到

$$\frac{p}{1-p} = e^{\beta_0 + \sum_{k=1}^{K} \beta_k X_k}$$

接著，經過適當的移項與計算，最後可得

$$p = \frac{e^{\beta_0 + \sum_{k=1}^{K} \beta_k X_k}}{1 + e^{\beta_0 + \sum_{k=1}^{K} \beta_k X_k}} \ , \ p = E(Y)$$

意即，依變數 Y 在考量自變數的影響後，事件發生的機率 p 為

$$\frac{e^{\beta_0 + \sum_{k=1}^{K} \beta_k X_k}}{1 + e^{\beta_0 + \sum_{k=1}^{K} \beta_k X_k}}$$

這個也是依變數的期望值，$E(Y)$。

四、羅吉斯迴歸模型中迴歸係數的解釋

接下來，要學習羅吉斯迴歸中的係數要如何解釋，以及如何利用這樣的模型描述自變數與依變數的相關性。以下將以三種自變數類型進行說明，分別是二元變項的自變數、多類別的自變數，以及連續型的自變數。

首先，假設模型中只有一個研究者有興趣的自變數 X_1，而且這個變數也是二元變數，也就是說這個變數只有兩種類別或結果，例如：「是否在母嬰親善醫院生產」，模型中其他的變數則暫時先不考慮，並假設這些變數的數值都一樣，那麼羅

吉斯迴歸模型可以寫爲

$$\text{logit}(p) = \beta_0 + \beta_1 X_1 + \sum_{k=2}^{K} \beta_k X_k$$

其中，$X_1 = 1$ 或 0。此時可以分別計算在兩個數值下的勝算，
若 $X_1 = 0$，則勝算爲

$$\text{odds}_0 = \frac{p_0}{1 - p_0} = e^{\beta_0 + \beta_1 \times 0 + \sum_{k=2}^{K} \beta_k X_k} = e^{\beta_0 + \sum_{k=2}^{K} \beta_k X_k}$$

若 $X_1 = 1$，則勝算爲

$$\text{odds}_1 = \frac{p_1}{1 - p_1} = e^{\beta_0 + \beta_1 \times 1 + \sum_{k=2}^{K} \beta_k X_k} = e^{\beta_0 + \beta_1 + \sum_{k=2}^{K} \beta_k X_k}$$

將兩個勝算相比，就會得出這兩類的**勝算比（odds ratio, OR）**

$$\text{OR} = \frac{\text{odds}_1}{\text{odds}_0} = \frac{e^{\beta_0 + \beta_1 + \sum_{k=2}^{K} \beta_k X_k}}{e^{\beta_0 + \sum_{k=2}^{K} \beta_k X_k}} = e^{\beta_1}$$

由此可知，針對二元的自變數，羅吉斯迴歸模型中的迴歸係數取了自然指數後，
代表的意思是這個自變數的兩類的勝算比，也就是說 $X_1 = 1$ 的勝算會是 $X_1 = 0$ 的
勝算的 e^{β_1} 倍。

如果這個自變數是多類的類別變數，在羅吉斯迴歸中也跟線性迴歸模型一
樣，會先將此變數設計成**虛擬變數（dummy variable）**。以下以三類做舉例，假設
某個自變數有三類 $X_1 = 0$、1、2，例如教育程度分爲高中以下、大專、研究所以
上，此時需要有兩個虛擬變數 (D_1, D_2)，迴歸式則爲

$$\text{logit}(p) = \beta_0 + \beta_{11} D_1 + \beta_{12} D_2 + \sum_{k=2}^{K} \beta_k X_k$$

其中，$(D_1, D_2) = (0, 0)$ 代表的是 $X_1 = 0$，$(D_1, D_2) = (1, 0)$ 代表的是 $X_1 = 1$，$(D_1, D_2) = (0, 1)$ 代表的是 $X_1 = 2$。此時，可以分別計算 X_1 在三類之下的勝算，若 $X_1 = 0$，
則勝算爲

$$\text{odds}_0 = \frac{p_0}{1 - p_0} = e^{\beta_0 + \beta_{11} \times 0 + \beta_{12} \times 0 + \sum_{k=2}^{K} \beta_k X_k} = e^{\beta_0 + \sum_{k=2}^{K} \beta_k X_k}$$

若 $X_1 = 1$，則勝算爲

$$\text{odds}_1 = \frac{p_1}{1 - p_1} = e^{\beta_0 + \beta_{11} \times 1 + \beta_{12} \times 0 + \sum_{k=2}^{K} \beta_k X_k} = e^{\beta_0 + \beta_{11} + \sum_{k=2}^{K} \beta_k X_k}$$

若 $X_1 = 2$，則勝算爲

$$\text{odds}_2 = \frac{p_2}{1-p_2} = e^{\beta_0 + \beta_{11} \times 0 + \beta_{12} \times 1 + \sum_{k=2}^{K} \beta_k X_k} = e^{\beta_0 + \beta_{12} + \sum_{k=2}^{K} \beta_k X_k}$$

如果這三組之間要進行比較，那麼，跟線性迴歸一樣，先找一組當作比較基準的**參考組**（reference group），通常是虛擬變數皆為 0，$(D_1, D_2)=(0, 0)$，的那組當作參考組，也就是 $X_1 = 0$ 那一組，然後，再將其他每一組都跟參考組進行比較，計算勝算比。例如，$X_1 = 1$ 對比 $X_1 = 0$ 的勝算比為

$$\text{OR} = \frac{\text{odds}_1}{\text{odds}_0} = \frac{e^{\beta_0 + \beta_{11} + \sum_{k=2}^{K} \beta_k X_k}}{e^{\beta_0 + \sum_{k=2}^{K} \beta_k X_k}} = e^{\beta_{11}}$$

這個勝算比代表的是 $X_1 = 1$ 的勝算會是 $X_1 = 0$ 的勝算的 $e^{\beta_{11}}$ 倍；接著，計算 $X_1 = 2$ 對比 $X_1 = 0$ 的勝算比

$$\text{OR} = \frac{\text{odds}_2}{\text{odds}_0} = \frac{e^{\beta_0 + \beta_{12} + \sum_{k=2}^{K} \beta_k X_k}}{e^{\beta_0 + \sum_{k=2}^{K} \beta_k X_k}} = e^{\beta_{12}}$$

這個勝算比代表的是 $X_1 = 2$ 的勝算會是 $X_1 = 0$ 的勝算的 $e^{\beta_{12}}$ 倍；當然，也可以計算 $X_1 = 2$ 對比 $X_1 = 1$ 的勝算比

$$\text{OR} = \frac{\text{odds}_2}{\text{odds}_1} = \frac{e^{\beta_0 + \beta_{12} + \sum_{k=2}^{K} \beta_k X_k}}{e^{\beta_0 + \beta_{11} + \sum_{k=2}^{K} \beta_k X_k}} = e^{\beta_{12} - \beta_{11}}$$

這個勝算比代表的是 $X_1 = 2$ 的勝算會是 $X_1 = 1$ 的勝算的 $e^{\beta_{12} - \beta_{11}}$ 倍。由此可見，多類的自變數，將其迴歸係數取了自然指數後，解釋方式還是跟兩類的自變數一樣，代表的都是類別間勝算的比值與倍數的差異。

最後，如果自變數是連續變數，例如母親的年齡，這時跟線性迴歸的解釋一樣，會考慮這個自變數每改變一個單位，模型所計算出的勝算的差異。先假設 $X_1 = x$，此時的勝算為

$$\text{odds}_0 = \frac{p}{1-p} = e^{\beta_0 + \beta_1 x + \sum_{k=2}^{K} \beta_k X_k}$$

當 X_1 增加一個單位變為 $X_1 = x + 1$，此時的勝算為

$$\text{odds}_1 = \frac{p'}{1-p'} = e^{\beta_0 + \beta_1 (x+1) + \sum_{k=2}^{K} \beta_k X_k}$$

將兩個勝算相比，就會得出 X_1 增加一個單位的勝算比

$$\text{OR} = \frac{odds_1}{odds_0} = \frac{e^{\beta_0 + \beta_1 (x+1) + \sum_{k=2}^{K} \beta_k X_k}}{e^{\beta_0 + \beta_1 x + \sum_{k=2}^{K} \beta_k X_k}} = e^{\beta_1}$$

由此可以知道，針對連續變數，羅吉斯迴歸模型中的迴歸係數取了自然指數後，

代表的意思是此變數增加一個單位的勝算比，也就是說 X_1 每增加一個單位勝算會變爲原來勝算的 e^{β_1} 倍。

在前述的說明中，大家應該可以清楚感受到羅吉斯迴歸的係數，取了自然指數後，事實上就代表了勝算比，這跟前面學過利用勝算比描述兩個類別變數的相關性是一樣的，在描述相關性與解釋上，完全可以使用勝算比的方式來進行說明。

五、羅吉斯迴歸模型中迴歸係數的推論

在羅吉斯迴歸模型中，除了能以迴歸係數代表自變數與依變數間的相關強度之外，有些人可能會想知道這個相關的強度是否達到統計上的顯著，或是問說，這個相關性是否眞的存在於自變數和依變數之間，這個存在是否達到統計上的顯著等。這個在羅吉斯迴歸模型中，也跟線性迴歸一樣，可以針對單一迴歸係數是否爲 0 進行統計假說檢定，此時可以使用 **Wald 檢定**（**Wald test**），以下說明檢定進行的五個步驟：

（1）假說：迴歸係數是否爲 0

$$H_0：\beta_k = 0 \text{ vs. } H_1：\beta_k \neq 0$$

（2）檢定統計量：

$$W_k = \frac{\hat{\beta}_k - 0}{\widehat{SE}(\hat{\beta}_k)}$$

在虛無假說成立之下，此檢定統計量會服從標準常態分配

$$W_k = \frac{\hat{\beta}_k}{\widehat{SE}(\hat{\beta}_k)} \approx N(0,1)$$

（3）拒絕區：

在給定顯著水準（α）之下，拒絕區爲 $R = \{Z \leq z_{\alpha/2}\} \cup \{Z \geq z_{1-\alpha/2}\}$。

（4）P 值（P-value）的計算：

在虛無假說（H_0）成立之下，P 值爲

$$\text{P-value} = 2 \times Pr\left(Z \geq \left|\frac{\hat{\beta}_k - 0}{\widehat{SE}(\hat{\beta}_k)}\right| \middle| H_0 \text{ 為真}\right)$$

（5）結論：

若 $W_k \in R$ 或 P-value$<\alpha$，則拒絕虛無假說，可以得到 $\beta_k \neq 0$ 之結論，意即，此自變數 X_k 與依變數 Y 存在相關性。

　　除了上述針對迴歸係數進行假說檢定之外，也可以計算迴歸係數的信賴區間，以及迴歸係數對應的勝算比的信賴區間，進而進行區間估計，如以下步驟：

（1）假設對第 k 個自變數 X_k 有興趣，想針其迴歸係數 β_k 進行區間估計，計算 $100 \times (1-\alpha)\%$ 信賴區間，則此區間為

$$\left(\hat{\beta}_k + z_{\alpha/2} \times \widehat{SE}(\hat{\beta}_k), \hat{\beta}_k + z_{1-\alpha/2} \times \widehat{SE}(\hat{\beta}_k) \right)$$

（2）若想對第 k 個自變數 X_k 對應的勝算比進行區間估計，計算此勝算比 $100 \times (1-\alpha)\%$ 的信賴區間，則此區間為

$$\left(e^{\hat{\beta}_k + z_{\alpha/2} \times \widehat{SE}(\hat{\beta}_k)}, e^{\hat{\beta}_k + z_{1-\alpha/2} \times \widehat{SE}(\hat{\beta}_k)} \right)$$

六、迴歸係數的估計方式

　　在羅吉斯迴歸中，由於依變數 Y_i 只有兩類，通常假設它服從伯努利分配

$$Y_i \sim \text{Bernoulli}(p_i)$$

它的期望值與變異數會是 $E(Y_i) = p_i$ 和 $Var(Y_i) = p_i(1 - p_i)$。而根據本章前面的介紹，其中的機率 p_i 在羅吉斯迴歸中會是

$$p_i = \frac{e^{\beta_0 + \sum_{k=1}^{K} \beta_k X_{ik}}}{1 + e^{\beta_0 + \sum_{k=1}^{K} \beta_k X_{ik}}}$$

從這裡可以發現，跟第 14 章的線性迴歸不一樣，這裡的依變數不再服從常態分配，而且變異數會隨著機率 p_i 的大小而改變，不再有變異數同質的特性了。因此，在進行迴歸係數的估計時，不能跟線性迴歸一樣使用最小平方法（least squares method），在羅吉斯迴歸中，可以採用**最大概似估計法**（**method of maximum likelihood**）來估計迴歸係數。有興趣的讀者可以參考本章的附錄一。

七、交互作用

　　在羅吉斯迴歸中，如同線性迴歸模型一樣，也可以探討兩自變項間交互作用對依變數的影響，只要在原迴歸模型中加入此兩自變數的交乘項，並檢定交乘項前的係數是否為零即可，只要係數檢定結果達統計顯著，即代表此交互作用存在。

　　在這一節中，已經介紹了進行羅吉斯迴歸分析的基本知識，從下一節開始，將介紹比較進階的內容，有興趣的讀者將獲益良多。

第二節　迴歸診斷（regressions diagnosis）

在建立了一個羅吉斯迴歸模型之後，一定有讀者會好奇，這是一個好的模型嗎？根據一開始的問題，這是一個最適合的模型嗎？模型中的變數都應該存在嗎？這裡需不需要篩選模型中的變數？以下就針對這些問題進行討論。

一、變數篩選的方法

變數篩選（**variable selection**）是一個複雜的問題，基本上應該針對現在想問的問題、所蒐集到的資料，再依賴過去這個領域的相關經驗進行判斷與挑選。如果沒有太多的相關經驗可以作為挑選的依據，或是擔心過去經驗的正確性未必足以作為挑選變數的參考，那麼，此時可以依據統計方法的建議進行變數挑選，獲得一個可以參考的結果。以下就要說明，如何利用統計的方式進行變數篩選。

在羅吉斯迴歸中，如同線性迴歸，變數篩選的方法可以分為兩種，一種是**所有可能子集迴歸**（**all possible subsets regression**），一種為**依序選擇法**（**sequential variable selection procedures**）。前者會將所有可能的變數組合列出，並建立每一種組合的羅吉斯迴歸模型，再依據選定的指標挑選其中一個模型。後者則又分成**向前選擇**（**forward selection**）、**向後剔除**（**backward selection**）及**逐步選取**（**stepwise selection**）等三種方法，同樣會利用選定的指標決定模式中變數的挑選與刪除。

不過，在羅吉斯迴歸中使用的篩選標準指標與線性迴歸不一樣，在這裡不使用 R^2，而會使用 **AIC**（**Akaike Information Criterion**），AIC 的定義是

$$\text{AIC} = -2\ln\hat{L} + 2(K+1)$$

在這個式子中 K 代表的是模型中放入的自變數個數，$\hat{L}$ 代表的是模型的最大概似函數值（maximum value of the likelihood function），AIC 的值越小代表這個模型配適地越好，因此，在挑選變數時，會希望挑選到的變數可以讓模型的 AIC 值變小。

在依序選擇法的變數挑選方法中，進行向前選擇之方法時，會從只有截距項的模型開始，每次挑選一個能使模型 AIC 值變得最小的變數來加入模型；逐一將變數加入模型中，直到不再有任何變數加入模型後可以使模型 AIC 值變小為止，此時就會停止變數的挑選。若是使用向後剔除法，則模型一開始會放入所有變數，接著評估單獨刪除每一個變數後的模型 AIC 值，看看刪除哪個變數能讓 AIC

值變得最小，即選擇刪除該變數；每次刪除一個變數，直到沒有變數刪除後會讓模型 AIC 值變小為止。至於逐步選取法，一開始模型中只有截距項，接著挑選加入後可以讓模型 AIC 值變得最小的變數，將其加入模型中，然後評估模型中既有的變數，看看刪除哪一個可以讓模型的 AIC 值變得最小，並將其刪除；之後反覆進行加入變數與刪除變數的動作，直到無法讓模型 AIC 值變小為止，即停止變數篩選的過程。

二、模型好壞的判斷

在建立好模型之後，需要評估模型是否是一個好的模型，可以用來進行統計推論或回答想要解決的問題，也就是說，如何評估這個羅吉斯迴歸模型是不是真的能呈現出資料背後母群體所代表的真實模型？在統計領域中，評估一個模型的好壞稱為**適合度**（**goodness of fit**）檢驗，模型的配適程度，將直接影響到這個模型的推論結果，若模型**擬合不足**（**underfitting**），從模型中得到的迴歸係數會是有偏的（biased），若是模型**過度擬合**（**overfitting**），則會得到一個較沒有效率的模型，意即模型中的迴歸係數的變異數會變大，迴歸係數估計的結果信度較差，因此，在使用模型進行推論前，需要先評估模型配適的好壞。以下將介紹幾種評估配適程度的參考指標。

（一）皮爾森卡方統計量與模型偏差

在羅吉斯迴歸模型中，評估模型配適的好壞是透過比較觀察到的事件發生結果 y_i（observed value）與模型估計的事件發生結果 $\hat{y}_i$（fitted value）是否一致，常用來衡量這兩者間差異的統計量有皮爾森卡方統計量（Pearson chi-square statistic）（χ_P^2）及模型偏差（deviance）（χ_D^2）。

皮爾森卡方統計量的計算方式為

$$\chi_P^2 = \sum_{i=1}^{N} \frac{(y_i - \hat{p}_i)^2}{\hat{p}_i(1 - \hat{p}_i)} \sim \chi_{N-(K+1)}^2$$

其中 $\hat{p}_i$ 為模型估計出的事件發生機率，N 為樣本數。事實上這個統計量比較的是觀察值 y_i 與期望值 $E(y_i) = p_i$ 的差異，就像在進行列聯表分析時，使用卡方檢定比較觀察值與與期望值，進行適合度檢定（goodness-of-fit test）一樣。

模型偏差的計算方式為

$$\chi_D^2 = -2\ln\hat{L} = 2\sum_{i=1}^{N}\left[y_i\ln\frac{y_i}{\hat{p}_i} + (1-y_i)\ln\frac{1-y_i}{1-\hat{p}_i}\right] \sim \chi_{N-(K+1)}^2$$

接著可以透過統計假說檢定，以驗證模型的配適程度，此時的虛無假說為「模型配適好」，對立假說為「模型配適差」，若模型配適良好，則期望得到的統計假說檢定結果為不推翻虛無假說。

（二）ROC 曲線

除了前述的做法之外，尚可以利用 ROC 曲線（Receiver Operating Characteristic curve）評估模型的配適程度。透過羅吉斯迴歸模型，再帶入已知的自變數後可以預測出事件發生的機率 $\hat{p}_i$，接著把預測的機率與實際觀察到的依變數 y_i 進行比較，在給定不同機率切點之下，就可以估計出事件發生結果 $\hat{y}_i$，有發生或是沒有發生，依此就可以繪製出 ROC 曲線，在繪製出 ROC 曲線後，可以計算曲線下的面積，也就是 ROC 曲線下面積（Area Under ROC Curve, AUC），並利用 AUC 的值來評估模型的好壞。AUC 的數值介於 0 到 1 之間，若 AUC 為 0.5，代表此模型對依變數的預測能力與丟擲公正的銅板亂猜一樣，只有一半的機率會猜對；若模型表現好，越接近資料背後母群體所代表的真實模型，AUC 的數值會越接近 1。因此，一個 AUC 數值接近 1 的羅吉斯迴歸模型會被認為是一個較好的模型，可以放心地使用此模型進行統計推論或回答建立此模型時欲解決的問題。

三、迴歸診斷

迴歸模型建立好後，最後一個步驟就是要對模型進行診斷，瞭解模型是否存在其他的問題；如同線性迴歸模型，在這裡一樣要檢查是否有預測不佳的樣本、是否有影響點（influential point）、變數間是否存在共線性（collinearity, multicollinearity）的問題。

若有預測不佳的樣本，可能需要深入探討預測不佳的原因，若這樣的樣本很多，可能就需要思考模型是否有問題。

若有影響點存在，就需要考慮此樣本對迴歸係數估計結果的影響程度，可以同時呈現此樣本納入與不納入模型建立的結果，再進行後續的探討。

若變數間存在共線性，會導致迴歸係數估計有偏差、變異數變大，且模型預測能力變差，要處理共線性的問題，可以根據先驗知識進行變數篩選，或利用統

計的變數挑選方法，只保留部分變數在模型中，或是利用**主成分分析**（**principal component analysis**），將具有共線性的變數重新整合成新的變數後再放入模型。

　　共線性的檢查有幾種方法，第一種為檢視變數間的兩兩相關係數，此種方式可以知道兩兩變數間的相關程度，通常相關係數的絕對值大於 0.9 就代表此兩變數可能會有共線性的問題，需要特別小心注意，但此種方式只能單獨檢視兩個變數是否具有共線性，無法探討一群變數是否彼此間具有共線性。第二種方式是計算變數的變異數膨脹因子（Variance Inflation Factor, VIF），第 k 個變數的 VIF 的定義是

$$\text{VIF}_k = \frac{1}{Tolenrance_k} = \frac{1}{1 - R_k^2}$$

其中，是 R_k^2 以第 k 個變數 X_k 為依變數，其他變數為自變數下所建立的迴歸模型的判定係數（coefficient of determination），用以解釋第 k 個變數 X_k 的變異程度有多少比例可以為其他自變數所解釋，通常連續變數的 VIF_k 在 10 以上或二元變數的 VIF_k 在 2.5 以上，就要特別小心變數間存在多重共線性的問題，此種方式就可以檢視一群變數間是否存在多重共線性的問題。

　　除此之外，羅吉斯迴歸還有一個特有的現象需要檢查，就是分離（separation）或高度區辨力（high discrimination）的現象，這是指資料中的某些樣本，在給定自變數的條件之後，完全可以直接預測依變數的結果（事件永遠會發生，或是事件永遠不會發生），若有這種現象的發生，會導致迴歸係數在估計時無法收斂，得不到係數估計值。通常這個現象在進行描述性統計分析時就有機會觀察到，若有此種現象，最簡單的處理方式是將此類樣本刪除，不放入模型建立，因為這類樣本的預測結果不需要模型也能準確猜測出來。除此之外，還可以使用精確求解的羅吉斯迴歸（exact logistic regression）或懲罰最大概似法（penalized likelihood methods）來估計迴歸係數。

第三節　以 R 軟體進行羅吉斯迴歸在相關性分析的應用

　　回到一開始國民健康署關心的母乳哺育的例子，來看看如何應用羅吉斯迴歸找出影響臺灣地區媽媽母乳哺育的因素。假設現在想要探討的是嬰兒六個月大時，影響媽媽哺育母乳的因素，此時，依變數的定義為有哺育母乳（包含全母乳哺育

及混合母乳哺育）$Y=1$ 和未哺育母乳 $Y=0$，自變數則包含母親年齡、母親教育程度、母親是否有工作、家庭月收入、哺育計畫（生產前擬定哺育母乳時間的長度）、胎次（嬰兒是第幾胎）、胎別（單胞胎、雙胞胎、三胞胎、……等）、生產方式（自然產或剖腹產）、懷孕週數、嬰兒性別、嬰兒出生體重、產婦併發症、生產場所（醫院或診所）、是否在母嬰親善醫院生產、生產時母嬰是否有肌膚接觸、生產住院期間是否母嬰同室、是否有在外哺餵母乳的經驗、是否有接觸嬰兒奶粉行銷活動，以及是否曾使用公共哺集乳室等。在此例子中一共有 1,254 位母親的調查資料，包含 19 個自變數，這些資料是利用政府公開的研究報告模擬資料而得 [1]，有興趣的讀者可以利用附錄的資料自行練習。以下分四個部分說明羅吉斯迴歸的分析與應用過程。

一、建立羅吉斯迴歸模型

利用 R 軟體進行羅吉斯迴歸分析，程式指令說明與結果報表如下：

（1）glm(Y ~ X, family = binomial(link = "logit"), data)

　　(a) X：自變數 $X_1, X_2, ..., X_K$。

　　(b) Y：依變數 Y。

　　(c) family：用來指定依變數所服從的機率分配，以及要使用的 link function。在跑羅吉斯迴歸的設定是 family = binomial(link = "logit")。

　　(d) data：說明要用來分析建立模型的資料檔檔名。

（2）print(object)

　　(a) object：glm() 跑出來的物件。

此指令可呈現利用 glm() 指令建立的羅吉斯迴歸模型結果，如下：

```
> res <- glm(YY ~ ., family = binomial(link = "logit"), data = tmp)
> print(res)

Call:  glm(formula = YY ~ ., family = binomial(link = "logit"), data = tmp)

Coefficients:
      (Intercept)                age                edu               workYes
        -7.136775           0.031498           0.337632             -0.944879
           income               plan        BirthParity                 birth
        -0.031699           0.075209          -0.014115              0.401571
        produceNSD     PregnancyWeeks               sexM                weight
         0.488176          -0.003755          -0.030490             -0.176541
 complicationsYes      placeHospital  FriendlyHospitalYes              toughYes
         0.006963           0.016985           0.095320              0.010303
          roomYes   breastfeedingYes       MilkPowderYes  BreastfeedingRoomsYes
         0.296618           1.901909           0.461400              1.933408
```

```
        Degrees of Freedom: 1253 Total (i.e. Null);  1234 Residual
        Null Deviance:       1706
        Residual Deviance: 1248          AIC: 1288
```

（3）summary(object)

　　(a) object：glm() 跑出來的物件。

此指令可呈現利用 glm() 指令建立的羅吉斯迴歸模型分析結果，內容相較於
print() 指令，會多出係數檢定的結果，如下：

```
> res <- glm(YY ~ ., family = binomial(link = "logit"), data = tmp)
> summary(res)

Call:
glm(formula = YY ~ ., family = binomial(link = "logit"), data = tmp)

Deviance Residuals:
    Min       1Q   Median       3Q      Max
-2.3466  -0.8188   0.3673   0.7841   2.6891

Coefficients:
                      Estimate Std. Error z value Pr(>|z|)
(Intercept)          -7.136775   2.850712  -2.504 0.012297 *
age                   0.031498   0.015356   2.051 0.040242 *
edu                   0.337632   0.034527   9.779  < 2e-16 ***
workYes              -0.944879   0.147354  -6.412 1.43e-10 ***
income               -0.031699   0.021321  -1.487 0.137076
plan                  0.075209   0.033342   2.256 0.024092 *
BirthParity          -0.014115   0.099217  -0.142 0.886872
birth                 0.401571   0.326324   1.231 0.218477
produceNSD            0.488176   0.147993   3.299 0.000972 ***
PregnancyWeeks       -0.003755   0.070480  -0.053 0.957508
sexM                 -0.030490   0.140682  -0.217 0.828420
weight               -0.176541   0.185006  -0.954 0.339961
complicationsYes      0.006963   0.194203   0.036 0.971399
placeHospital         0.016985   0.151077   0.112 0.910486
FriendlyHospitalYes   0.095320   0.167528   0.569 0.569372
toughYes              0.010303   0.146971   0.070 0.944111
roomYes               0.296618   0.184027   1.612 0.107002
breastfeedingYes      1.901909   0.186340  10.207  < 2e-16 ***
MilkPowderYes         0.461400   0.141849   3.253 0.001143 **
BreastfeedingRoomsYes 1.933408   0.155119  12.464  < 2e-16 ***
---
Signif. codes:  0 '***' 0.001 '**' 0.01 '*' 0.05 '.' 0.1 ' ' 1

(Dispersion parameter for binomial family taken to be 1)


    Null deviance: 1705.7  on 1253  degrees of freedom
Residual deviance: 1248.0  on 1234  degrees of freedom
AIC: 1288

Number of Fisher Scoring iterations: 5
```

所得到的羅吉斯迴歸模型之迴歸式為：

$$\begin{aligned}
\text{logit}(p) = {}&{-7.14} + 0.03 \times \textit{年齡} + 0.34 \times \textit{教育程度} - 0.94 \times \textit{工作} - 0.03 \\
&\times \textit{家庭月收入} + 0.08 \times \textit{哺育計畫} - 0.01 \times \textit{胎次} + 0.40 \times \textit{胎別} + 0.49 \\
&\times \textit{生產方式} - 0.004 \times \textit{懷孕週數} - 0.03 \times \textit{性別} - 0.18 \times \textit{出生體重} \\
&+ 0.01 \times \textit{產婦併發症} + 0.02 \times \textit{生產場所} + 0.10 \times \textit{母嬰親善醫院} \\
&+ 0.01 \times \textit{肌膚接觸} + 0.30 \times \textit{母嬰同室} + 1.90 \times \textit{在外哺餵母乳} + 0.46 \\
&\times \textit{嬰兒奶粉行銷} + 1.93 \times \textit{使用公共哺集乳室}
\end{aligned}$$

根據報表中 Wald 檢定的結果，若將顯著水準設為 0.05，可以知道僅有母親年齡、母親教育程度、母親是否有工作、哺育計畫、生產方式、是否有在外哺餵母乳的經驗、是否有接觸嬰兒奶粉行銷活動、是否曾使用公共哺集乳室等 8 個變數與哺餵母乳相關，因為這些變數的 P 值 < 0.05，所以可以推翻 $\beta_k = 0$ 的虛無假說，得到這些變數與哺餵母乳（依變數 Y）有相關性。

二、變數篩選

不過，在確認最終模型並針對分析結果進行解釋之前，應該先對模型進行變數篩選與迴歸診斷，評估模型的好壞與配適情況。首先，先進行變數篩選，利用 R 進行羅吉斯迴歸模型的變數篩選相關的程式語法及說明如下：

（1）step(object, scope, direction = c("both", "backward", "forward"), trace = 1)

(a) object：glm() 跑出來的物件。

(b) scope：定義逐步迴歸變數篩選的範圍，用 lower 指定 null model，用 upper 指定 full model。若不使用 scope，在 R 中會從 full model 開始進行變數篩選。此參數的寫法為 scope = list(lower = formula(object. null), upper = formula(object.full))，object.null 為 glm() 跑出來的 null model 物件，object.full 為 glm() 跑出來的 full model 物件。

(c) direction：指定變數篩選的方向，both 代表使用逐步選取，backward 代表使用向後剔除，forward 代表使用向前選擇。預設為向後剔除。

(d) trace：是否要將變數篩選的過程皆列印呈現出來，若 trace 等於任何一正數，就會將變數篩選的過程皆列印呈現出來，若不想將篩選結果列印出則寫 trace = FALSE。

```
> # variable selection
> null <- glm(YY ~ 1, family = binomial(link = "logit"), data = tmp)
> full <- glm(YY ~ ., family = binomial(link = "logit"), data = tmp)
> res2 <- step(res, scope = list(lower = formula(null), upper = formula(full)), direction = "both", trace = F)
> print(res2)

Call:  glm(formula = YY ~ age + edu + work + income + plan + produce +
    room + breastfeeding + MilkPowder + BreastfeedingRooms, family = binomial(link = "logit"),
    data = tmp)

Coefficients:
        (Intercept)                  age                  edu               workYes
           -7.28565              0.03174              0.33405              -0.94708
             income                 plan           produceNSD               roomYes
           -0.03249              0.07163              0.49559               0.30154
    breastfeedingYes        MilkPowderYes  BreastfeedingRoomsYes
            1.89704              0.45841              1.93433

Degrees of Freedom: 1253 Total (i.e. Null);  1243 Residual
Null Deviance:      1706
Residual Deviance: 1251          AIC: 1273
```

最後根據變數篩選的結果，得到的最終羅吉斯迴歸模型為：

$$\text{logit}(p) = -7.29 + 0.03 \times 年齡 + 0.33 \times 教育程度 - 0.95 \times 工作 - 0.03$$
$$\times 家庭月收入 + 0.07 \times 哺育計畫 + 0.50 \times 生產方式 + 0.30$$
$$\times 母嬰同室 + 1.90 \times 在外哺餵母乳 + 0.46 \times 嬰兒奶粉行銷 + 1.93$$
$$\times 使用公共哺集乳室$$

根據此模型，可以知道每個自變數在控制其他變數之下對依變數的勝算比，以年齡為例，在控制其他變數之下，母親年齡每增加一歲，嬰兒六個月時哺育母乳的勝算會變為原來勝算的 $e^{0.03} = 1.03$ 倍；若是類別變數，以母嬰同室為例，產後母嬰同室者嬰兒六個月時哺育母乳的勝算會是產後沒有母嬰同室者勝算的 $e^{0.30} = 1.35$ 倍。

三、新樣本的機率預測

有了一個模式之後，如果想知道表 15.1 這幾位媽媽產後六個月哺餵母乳的機率，可以將自變數的值帶入估計好的羅吉斯迴歸模型中，然後計算出產後六個月哺育母乳機率，利用 R 進行羅吉斯迴歸模型中樣本的機率預測的指令及說明如下：

表 15.1：三筆產後六個月母乳哺育的調查資料

編號	B001	B002	B003
年齡	27	33	37
教育程度	大學	大學	碩士
工作	有	無	有
家庭月收入	12.6 萬	6.4 萬	12.5 萬
哺育計畫（月）	9	4	1
胎次	2	1	1
胎別	單胞胎	單胞胎	單胞胎
生產方式	自然產	剖腹產	自然產
懷孕週數	38 週 3 天	38 週 2 天	36 週 5 天
性別	男	女	女
體重（公克）	2724	3334	2588
產婦併發症	無	無	無
生產場所	醫院	診所	醫院
母嬰親善醫院	是	是	否
肌膚接觸	否	是	否
母嬰同室	是	是	否
在外哺餵母乳	否	是	否
接觸嬰兒奶粉行銷	沒有	沒有	有
使用公共哺集乳室	有	有	沒有
母乳哺育機率估計	0.71	0.96	0.40

（1）predict(object, newdata, type = "response")

(a) object：glm() 跑出來的物件。

(b) newdata：要用來預測機率的資料，必須要是 data frame 的物件格式，且需要與用來估計模型的資料檔有相同的變數名稱。

(c) type：指定模型預測要輸出的結果，此參數有三種選擇，分別是（1）type = "link" 直接輸出自變數與迴歸係數線性相乘的結果，意即 $\beta_0 + \sum_{k=1}^{K} \beta_k X_k$，在羅吉斯迴歸中就是輸出 $\text{logit}(p) = \ln[p/(1-p)]$，（2）type = "response" 輸出依變數的期望值 $E(Y)$，在羅吉斯迴歸中就是輸出機率 $E(Y) = p = \dfrac{e^{\beta_0 + \sum_{k=1}^{K} \beta_k X_k}}{1 + e^{\beta_0 + \sum_{k=1}^{K} \beta_k X_k}}$，（3）type = "terms" 輸出每一個自變數與迴歸係數相乘的結果，也就是 $\beta_k X_k$。

```
> pred.data
      YY     age edu work    income plan BirthParity birth produce PregnancyWeeks sex   weight
B001  1 26.85754  16 Yes 12.574449    9           2     1     NSD       38.44836   M 2.724146
B002  1 32.49268  16  No  6.366673    4           1     1     C/S       38.21263   F 3.333872
B003  0 37.39800  18 Yes 12.574449    1           1     1     NSD       36.74879   F 2.587776
     complications            place FriendlyHospital tough room breastfeeding MilkPowder
B001           No          Hospital              Yes    No  Yes            No         No
B002           No Clinic and Others              Yes   Yes  Yes           Yes         No
B003           No          Hospital               No    No   No            No        Yes
     BreastfeedingRooms
B001               Yes
B002               Yes
B003                No
> predict(res2, newdata = pred.data, type = "response")
     B001      B002      B003
0.7175472 0.9645407 0.3975996
```

四、迴歸診斷

在迴歸診斷的部分，首先要檢視自變數間的相關性，以瞭解模型中自變數彼此之間是否存在共線性的情形。利用 R 程式檢查自變數間的共線性如下：

（1）計算變數間的相關係數的語法爲

cor(data)

(a) 此處的 data：欲計算兩兩變數間相關係數的資料檔。

```
> cor(tmp[,c("age", "edu", "income", "plan")])
               age         edu      income        plan
age     1.00000000  0.06230164 -0.03205511 -0.09268918
edu     0.06230164  1.00000000  0.03036674 -0.03470947
income -0.03205511  0.03036674  1.00000000 -0.04060438
plan   -0.09268918 -0.03470947 -0.04060438  1.00000000
```

（2）計算 VIF 值的語法爲

library(car)

vif(object)

(a) library(car)：先安裝 "car" package，之後才能計算 VIF 值。

(b) object：glm() 跑出來的物件。

```
> # check for multicollinearity
> library(car)
載入需要的套件：carData
> vif(res2)
          age           edu          work        income          plan
     1.019083      1.092295      1.023740      1.012218      1.025660
      produce          room breastfeeding    MilkPowder BreastfeedingRooms
     1.019844      1.005107      1.100028      1.005100      1.125436
```

從報表中得知兩兩連續變數間的相關係數之絕對值皆小於 0.1，因此可以判斷這些變數兩兩之間的相關性並不強，不存在共線性的問題。此外，從報表中得知每個變數的 VIF 值皆在 1 附近，沒有大於 10，因此，這些變數彼此之間未存在多重共線性的問題。

接著，要評估模型的配適情況，分別使用皮爾森卡方統計量（Pearson chi-square statistic）（χ_P^2）及模型偏差（Deviance）（χ_D^2）兩個方法。首先是計算皮爾森卡方統計量（Pearson chi-square statistic）（χ_P^2）的程式及語法為：

（1）計算 Pearson chi-square statistic：chisq.p <- sum((Y-object\$fitted.values)^2/ (object\$fitted.values*(1- object\$fitted.values)))

(a) Y：依變數的真實值。

(b) object：glm() 跑出來的物件。計算皮爾森卡方統計量（Pearson chi-square statistic）所需 $\hat{p}_i$ 的可以由 glm() 跑出來的物件中利用 fitted.values 這個參數讀出；而自由度則可利用 df.residual 這個參數取得。

（2）計算 p-value：pchisq(chisq.p, df = object\$df.residual, lower.tail = FALSE)

(a) df：自由度。

(b) lower.tail = FALSE：計算右尾機率。

```
> # Pearson chi-square statistic
> chisq.p <- sum((tmp$YY - res2$fitted.values)^2 / (res2$fitted.values*(1 - res2$fitted.values)))
> chisq.p
[1] 1249.361
> pchisq(chisq.p, df = res2$df.residual, lower.tail = F)
[1] 0.4440456
```

從結果顯示，若顯著水準設為 0.05，此時皮爾森卡方統計量（Pearson chi-square statistic）為 1249.361，p-value>0.05，即無法推翻虛無假說，也就是說此模型配適好。

而模型偏差（deviance）（χ_D^2）則可經由羅吉斯迴歸結果報表中直接讀出：

（1）計算模型偏差（Deviance）：object\$deviance

(a) object：glm() 跑出來的物件。模型偏差（deviance）可以直接由 glm() 跑出來的物件中利用 deviance 這個參數讀出；而自由度則可利用 df.residual 這個參數取得。

（2）計算 p-value：pchisq(object\$deviance, df = object\$df.residual, lower.tail = FALSE)

(a) df：自由度

(b) lower.tail = FALSE：計算右尾機率。

```
> # Deviance
> res2$deviance
[1] 1250.897
> pchisq(res2$deviance, df = res2$df.residual, lower.tail = F)
[1] 0.4319458
```

同樣的，若顯著水準設為 0.05，此時 deviance 為 1250.897，p-value>0.05，即無法推翻虛無假說，也就是說此模型配適好。評估模型的好壞，除了使用皮爾森卡方統計量（Pearson chi-square statistic）（χ_P^2）及模型偏差（deviance）（χ_D^2）之外，也可以計算模型的 AUC，在利用 R 畫出 ROC curve 與計算 AUC 前，須先安裝並載入 pROC 套件，使用的函式程式語法如下：

（1）roc(response, predictor, smoothed = TRUE, plot = TRUE, auc.polygon = TRUE, max.auc.polygon = TRUE, grid = TRUE, print.auc = TRUE)

(a) response：真實的依變數數值（Y）。

(b) predictor：模型預測出來的依變數數值（$\hat{Y}$）。

(c) smoothed：平滑 ROC curve。

(d) plot = TURE：畫出 ROC curve，若不想畫圖，就寫 FALSE。

(e) auc.polygon = TRUE：ROC curve 下的區域是否要塗色，也就是說 AUC 的部分是否用不同的顏色表示，TRUE 代表會另外塗色，FALSE 代表不會。

(f) max.auc.polygon：ROC curve 圖的外框是否要繪製，TURE 有外框，FALSE 無外框。

(g) grid：圖是否要顯示隔線，TRUE 有隔線，FALSE 無隔線。

(h) print.auc：圖中是否要呈現 AUC 的數值，TRUE 要呈現，FALSE 不呈現。

```
> library(pROC)
Type 'citation("pROC")' for a citation.

載入套件：'pROC'

下列物件被遮斷自 'package:stats':

    cov, smooth, var

> pred <- predict(res2, type = "response")
> roc(tmp$YY, pred, smoothed = T, plot = T, auc.polygon = T, max.auc.polygon = T, grid = T, print.auc = T)
Setting levels: control = 0, case = 1
Setting direction: controls < cases

Call:
roc.default(response = tmp$YY, predictor = pred, plot = T, smoothed = T,    auc.polygon = T, max.auc.polygon =
T, grid = T, print.auc = T)

Data: pred in 526 controls (tmp$YY 0) < 728 cases (tmp$YY 1).
Area under the curve: 0.8314
```

從報表中可以知道此模型的 AUC 值爲 0.8314，看起來模型的配適度還可以，ROC 曲線如下圖 15.1：

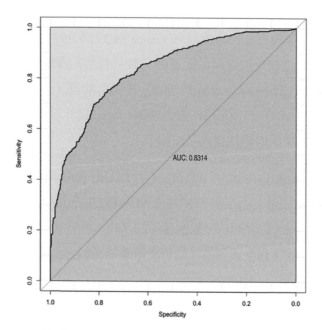

圖 15.1：母親產後六個月母乳哺育之羅吉斯迴歸模型的 ROC 曲線

到這裡已經完成一個羅吉斯迴歸分析，這是一個傳統上常見的相關性分析，從這個分析中，可以瞭解哪些因素會影響母親產後六個月哺育母乳的情況，從中找到可能影響哺育決策的因子，在模型建立的過程中，除了得到迴歸係數的歸計結果之外，還需要進行變數篩選與模型的診斷，用以確定所建立好的模型是一個恰當的模型，可以用來探索與推論研究問題，並獲得正確的結果。

第四節　以 R 軟體進行羅吉斯迴歸在機器學習中的 分類問題

羅吉斯迴歸在近年來也常見於機器學習（machine learning）與人工智慧（artificial intelligence）的領域中，不同於傳統羅吉斯迴歸應用在描述自變數與依變數間的相關性、找尋可能的影響因子，在機器學習中，主要會利用羅吉斯迴歸建立**分類模型**（**classification model**）或稱**分類器**（**classifier**），用以進行依變數類

別的預測，特別是在面臨二元分類（**binary classification**）的議題時，如：判斷是否為垃圾郵件、X 光影像是否有病徵等。對於二元分類的問題，有許多的演算法相應而生，也都常被使用來處理這類的問題，例如 **k－近鄰演算法**（**k-nearest neighbors algorithm, kNN**）、**支援向量機**（**support vector machine, SVM**）、**分類樹**（**classification tree**）等，羅吉斯迴歸也是常被使用於二元分類的一種方法。接下來就以一個例子來說明，如何應用羅吉斯迴歸進行二元類別的分類問題。

在進行分類問題時，為了確定所建立的模型的預測能力與外推性，研究者通常會將資料分成訓練集資料（training data）與測試集資料（testing data），利用訓練集資料建立模型，模型建立好後，再利用測試集資料進行預測同時評估模型表現的好壞，因此，這裡也用同樣的方式來說明羅吉斯迴歸如何用來建立分類模型，並針對新資料進行類別的預測。

這個資料 Early stage diabetes risk prediction dataset[2] 是在 UCI Machine Learning Repository 上的一筆資料，這筆資料是想針對早期糖尿病風險進行預測。這筆資料中有 17 個變數，520 位觀察樣本，首先將資料隨機抽取八成的樣本作為訓練集資料，剩下的兩成樣本作為測試集資料，接著利用訓練集資料建立羅吉斯迴歸，得到的報表如圖 15.2：

```
> res <- glm(as.factor(class) ~ ., data = trn, family = binomial(link = "logit"))
> print(res)

Call:  glm(formula = as.factor(class) ~ ., family = binomial(link = "logit"),
    data = trn)

Coefficients:
        (Intercept)                  Age           GenderMale          PolyuriaYes
            2.76519             -0.05535             -4.52096              4.70613
       PolydipsiaYes  sudden.weight.lossYes          weaknessYes        PolyphagiaYes
            5.20259              0.34947              0.72854              1.34554
     Genital.thrushYes      visual.blurringYes          ItchingYes       IrritabilityYes
            1.87298              0.85306             -2.56229              2.62959
     delayed.healingYes      partial.paresisYes  muscle.stiffnessYes         AlopeciaYes
           -0.19002              0.89888             -0.40552             -0.11071
          ObesityYes
            0.06542

Degrees of Freedom: 415 Total (i.e. Null);  399 Residual
Null Deviance:      558.8
Residual Deviance: 139.1       AIC: 173.1
```

圖 15.2：利用訓練集建立早期糖尿病風險預測之分類模型報表

由圖 15.2 可得到分類模型為：

$$\begin{aligned}
\text{logit}(p) = {} & 2.77 - 0.06 \times Age - 4.52 \times Male + 4.71 \times Polyuria + 5.20 \\
& \times Polydipsia + 0.35 \times Sudden\ weight\ loss + 0.73 \times Weakness \\
& + 1.35 \times Polyphagia + 1.87 \times Genital\ thrush + 0.85 \\
& \times Visual\ blurring - 2.56 \times Itching + 2.63 \times Irritability - 0.19 \\
& \times Delayed\ healing + 0.90 \times Partial\ paresis - 0.41 \\
& \times Muscle\ stiffness - 0.11 \times Alopecia + 0.07 \times Obesity
\end{aligned}$$

根據此分類模型，可以預測測試集樣本的類別，結果如圖 15.3：

```
> pred.tst <- predict(res, tst, type = "response")
> pred.tst.Y <- ifelse(pred.tst > .5, "Positive", "Negative")
> data.frame(probability = pred.tst, class = pred.tst.Y)
      probability    class
2    0.0693844553 Negative
7    0.9999358372 Positive
9    0.9998787778 Positive
11   0.9999643772 Positive
16   0.9993383967 Positive
23   0.9512382763 Positive
25   0.9998137316 Positive
31   0.9998962681 Positive
33   0.0330592794 Negative
36   0.9983220861 Positive
39   0.8957450227 Positive
41   0.9998672808 Positive
43   0.9997961994 Positive
45   0.9999671040 Positive
47   0.9999706476 Positive
48   0.9999740861 Positive
50   0.9992233314 Positive
```

圖 15.3：部分測試集資料樣本之早期糖尿病風險預測結果

報表中的 probability 代表測試集中每個樣本有病的機率，而 class 則代表以機率 0.5 為切點時，最終的分類結果，舉例來說：編號 2 的樣本，會發生早期糖尿病的機率約為 0.07，被歸類為不會有早期糖尿病。此預測結果可以整理得到下列的**混淆矩陣（confusion matrix）**：

表 15.2：測試集資料預測結果的混肴矩陣

		預測結果		小計
		陽性	陰性	
真實類別	陽性	66	3	69
	陰性	6	29	35
小計		72	32	104

從此測試集的結果來看，模型預測的正確率為 $[(66 + 29)/104] \approx 0.9135$，在分類的問題中 91.35% 的正確率並不低，此結果代表這個模型分類的預測能力似乎

不錯。此外，有時候也會看模型預測結果的敏感度與特異度，用以瞭解此模型針對特定類別的預測能力；在這個早期糖尿病風險預測的例子中，測試集的敏感度為 66/69 ≈ 95.65%，特異度為 29/35 ≈ 82.86%，看起來此分類模型正確預測陽性個案與陰性個案的能力並不差。當然，也可以利用 ROC 曲線與模型的 AUC 來評估模型預測能力的表現，此模型在測試集的 AUC 值為 0.983，看起來預測能力還不錯，ROC 曲線圖如下（圖 15.4）：

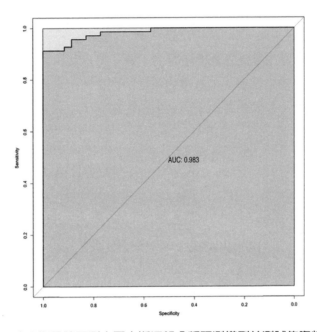

圖 15.4：糖尿病早期風險預測之羅吉斯迴歸分類預測模型於測試集資料 ROC 曲線

總　結

在本章中，學習了什麼是羅吉斯迴歸模型，而這個模型可以在分析依變數為二元類別時，透過迴歸模型來探討此依變數與其他變數間的相關性。在羅吉斯迴歸模型建立好後，也學到如何利用勝算比對迴歸係數進行解釋，也說明如何利用勝算比描述自變數與依變數之間的相關性；同時，也說明了如何對迴歸係數進行統計推論，包含利用 Wald 檢定進行假說檢定與信賴區間的估計；此外，也學習了如何利用建立好的羅吉斯迴歸模型估算事件發生的機率。

在迴歸模型建好後，針對模型必須要進行迴歸診斷，沒有經過診斷的步驟，

不算是一個完整的迴歸分析過程；在迴歸診斷中，想瞭解的是這個模型是否是一個好的模型，模型中的變數是否都應該存在，因此，可以進行變數篩選。常用的變數篩選方法包含：向前選擇、向後剔除與逐步選取，而在羅吉斯迴歸中常用的篩選指標則爲 AIC。另外，關於模型的適合度檢驗，可以使用皮爾森卡方統計量（Pearson chi-square statistic）、模型偏差（deviance）或 AUC 進行評估，避免模型擬合不足或是模型過度擬合。除此之外，還需要檢查是否有預測不佳的樣本、是否有影響點、變數間是否存在共線性的問題以及羅吉斯迴歸特有的分離現象，經過完整的迴歸診斷才算是完成完整的迴歸分析。

　　羅吉斯迴歸模型在傳統的分析議題上，除了可以利用來進行相關性問題的應用分析之外，在機器學習與人工智慧的領域中則會利用這個方法來建立分類模型用以解決分類問題，進而對新樣本的類別進行預測，這也是本章最後的一個應用重點。

關鍵名詞

羅吉斯迴歸（logistic regression）

機器學習（machine learning）

人工智慧（artifical intelligence）

勝算（odds）

鏈結函數（link function）

廣義線性模型（generalized linear model）

勝算比（odds ratio, OR）

虛擬變數（dummy variable）

參考組（reference group）

Wald 檢定（Wald test）

最大概似估計法（method of maximum likelihood）

迴歸診斷（regression diagnosis）

變數篩選（variable selection）

所有可能子集迴歸（all possible subsets regression）

依序選擇法（sequential variable selection）

向前選擇（forward selection）

向後剔除（backward selection）

逐步選取（stepwise selection）

AIC（Akaike Information Criterion）

適合度（goodness of fit）

擬合不足（underfitting）

過度擬合（overfitting）

ROC 曲線（Receiver Operating Characteristic curve）

ROC 曲線下面積（area under ROC curve, AUC）

影響點（influential point）

共線性（collinearity, multicollinearity）

主成分分析（principal component analysis）

分類模型（classification model）

分類器（classifier）

二元分類（binary classification）

k 近鄰演算法（k-nearest neighbors algorithm, kNN）

支援向量機（support vector machine, SVM）

分類樹（classification tree）

混淆矩陣（confusion matrix）

複習問題

1. 有關羅吉斯迴歸分析的描述何者正確？

(A) 可以使用最小平方法估計迴歸係數。

(B) 依變數為二元變數，服從伯努利分配（Bernoulli distribution）。

(C) 自變數必須假設服從常態分配。

(D) 可以使用判定係數（coefficient of determination）衡量模型配適的適合度的好壞。

2. 有關羅吉斯迴歸之敘述，何者有誤？

(A)可以用來建立二元（binary）的分類模型。

(B)迴歸係數代表的意義是事件發生機率的增減，若係數為正，會增加發生的機率，若係數為負，會減少發生的機率。

(C)針對二元的反應變數（response variable）所使用的迴歸模型。

(D)使用最大概似估計法估計迴歸係數。

3. 某研究欲探討新生兒低出生體重的影響因素，共蒐集了 750 位新生兒的資料，針對「新生兒是否為低出生體重」與「母親懷孕期間是否抽菸」進行相關性分析，請問下列何種分析方式不恰當？

(A)卡方檢定（chi-square test）。

(B)計算勝算比。

(C)羅吉斯迴歸。

(D)McNemar test。

4. 羅吉斯迴歸模型建好後需進行迴歸診斷，請問下列描述何者正確？

(A)判定係數進行變數篩選。

(B)可以利用 ROC 曲線與 AUC 評估模型的配適的適合度程度。

(C)需要利用殘差圖（residual plot）分析，檢查殘差是否服從變異數同質性（homogeneity）的假設。

(D)羅吉斯迴歸不受變數共線性的影響，所以不需要檢查變數是否有共線性的問題。

5. 某研究想探討心臟病的發生風險，共蒐集了 4,240 位參與者的資料，研究者利用羅吉斯迴歸分析心臟病的發病風險，分析報表如下：

變數	迴歸係數 $(\hat{\beta})$	標準誤 $se(\hat{\beta})$	Z 統計量	P 值
截距項	−7.963	0.494	−16.117	<0.0001
性別（男 vs. 女）	0.588	0.095	6.195	<0.0001
年齡	0.064	0.006	10.585	<0.0001
抽菸（有 vs. 無）	0.352	0.096	3.676	0.0002
收縮壓 (mmHg)	0.019	0.003	5.979	<0.0001
舒張壓 (mmHg)	−0.003	0.006	−0.459	0.647
心跳（次 / 分鐘）	0.002	0.004	0.406	0.685

請依據此報表回答下列問題：

(1) 請寫出羅吉斯迴歸方程式。

(2) 請說明年齡與心臟病發病的關係。

(3) 請說明抽菸對心臟病發病的風險。

(4) 請問，哪些因素會影響心臟病發病的風險？為什麼？

(5) 若有一位 54 歲的女性，不抽菸，收縮壓 180 mmHg，舒張壓 110 mmHg，心跳每分鐘 95 下，請問她得心臟病的機率為多少？

6. 某研究想探討婦女罹患糖尿病的因素，研究中蒐集了 768 位婦女的臨床資料，共 7 個變數，並建立了羅吉斯迴歸，分析報表如下：

相關係數	懷孕次數	血液中 葡萄糖濃度	舒張壓 （mmHg）	BMI （kg/m²）	年齡	糖尿病 風險值
懷孕次數	1.000	0.128	0.214	0.022	−0.034	0.544
血液中葡萄糖濃度	0.128	1.000	0.223	0.233	0.137	0.267
舒張壓（mmHg）	0.214	0.223	1.000	0.289	−0.003	0.330
BMI（kg/m²）	0.022	0.233	0.289	1.000	0.155	0.026
年齡	−0.034	0.137	−0.003	0.155	1.000	0.034
糖尿病風險值	0.544	0.267	0.330	0.026	0.034	1.000
VIF 值	1.429	1.051	1.221	1.133	1.009	1.550

變數	迴歸係數 $(\hat{\beta})$	標準誤 $se(\hat{\beta})$	Z 統計量	P 值
截距項	−8.962	0.821	−10.918	<0.0001
懷孕次數	0.118	0.033		
血液中葡萄糖濃度	0.035	0.004		
舒張壓 (mmHg)	−0.009	0.009		
BMI (kg/m²)	0.091	0.016		
年齡	0.017	0.010		
糖尿病風險值 （依家族病史計算）	0.961	0.306		

請依據此報表回答下列問題：

(1) 請寫出羅吉斯迴歸方程式。

(2) 請利用假說檢定的方式回答哪些因素與婦女罹患糖尿病有關。

(3) 請解釋懷孕次數的迴歸係數的意義。

(4) 請計算糖尿病風險值的迴歸係數的 90% 信賴區間（confidence interval）。

(5) 請問此羅吉斯迴歸模型是否有共線性的問題？為什麼？

引用文獻

1. 國民健康署母乳哺育現況調查，取自 https://www.hpa.gov.tw/Pages/Detail.aspx?nodeid=506&pid=463。

2. Early stage diabetes risk prediction dataset. https://archive.ics.uci.edu/ml/datasets/Early+stage+diabetes+risk+prediction+dataset.

3. Dobson AJ, Barnett AG. An introduction to generalized linear models. 4th ed. Chapman and Hall/CRC, 2018.

4. Hosmer DW Jr, Lemeshow S, Sturdivant RX. Applied logistic regression. 3rd ed. John Wiley & Sons, 2013.

5. Gareth J, Daniela W, Trevor H, Tibshirani, R. An introduction to statistical learning: with applications in R. 2nd ed. Springer, 2021.

附錄一：羅吉斯迴歸模式中係數的估計

假設有 n 筆獨立的觀察值 $(y_i, x_{i1}, x_{i2}, \ldots, x_{iK})$，其中 $i = 1, \ldots, n$ 為觀察值編號，y_i 是第 i 筆觀察值的依變數，$Y_i \sim \text{Bernoulli}(p_i)$，$x_{i1}, x_{i2}, \ldots, x_{iK}$ 為第 i 筆觀察值的自變數，接著，可以寫下概似函數（likelihood function）

$$L(\beta|x,y) = \prod_{i=1}^{n} f(x_i, y_i) = \prod_{i=1}^{n} p_i^{y_i}(1-p_i)^{1-y_i} = \prod_{i=1}^{n} \left(\frac{p_i}{1-p_i}\right)^{y_i}(1-p_i)$$

$$= \prod_{i=1}^{n} exp\left\{\ln\left[\left(\frac{p_i}{1-p_i}\right)^{y_i}(1-p_i)\right]\right\} = \prod_{i=1}^{n} exp\left\{y_i \ln\left(\frac{p_i}{1-p_i}\right) + \ln(1-p_i)\right\}$$

$$= exp\left\{\sum_{i=1}^{n} y_i \ln\left(\frac{p_i}{1-p_i}\right) + \sum_{i=1}^{n} \ln(1-p_i)\right\}$$

故，log- likelihood function 為

$$l(\beta|x,y) = \ln L(p|x,y) = \sum_{i=1}^{n} y_i \ln\left(\frac{p_i}{1-p_i}\right) + \sum_{i=1}^{n} \ln(1-p_i)$$

$$= \sum_{i=1}^{n} y_i \left[\beta_0 + \sum_{k=1}^{K} \beta_k x_{ik}\right] - \sum_{i=1}^{n} \ln\left(1 + e^{\beta_0 + \sum_{k=1}^{K} \beta_k X_{ik}}\right)$$

接著，可以透過微分求極值的方式，得到

$$\frac{\partial l(\beta|x,y)}{\partial \beta_j} = \sum_{i=1}^{n} y_i x_{ij} - \sum_{i=1}^{n} \left(\frac{1}{1 + e^{\beta_0 + \Sigma_{k=1}^{K} \beta_k X_{ik}}} \right) \left(e^{\beta_0 + \Sigma_{k=1}^{K} \beta_k X_{ik}} \right) x_{ij}$$

$$= \sum_{i=1}^{n} y_i x_{ij} - \sum_{i=1}^{n} p_i x_{ij} = \sum_{i=1}^{n} (y_i - p_i) x_{ij}$$

但是，這裡無法令微分為零求出精確的迴歸係數解，因為此方程式無閉合解（closed-form solution），因此，只能透過疊代的方式用數值分析的解法，如：牛頓法（Newton-Raphson's method）、疊代再加權最小平方方法（iteratively reweighted least squares, IRLS）等，求出迴歸係數的估計值。

附錄二：第三節的模擬資料

資料下載連結：

https://coph.ntu.edu.tw/uploads/root/kpchen/KPC_BS2023_EX.zip

第五篇

抽樣與
存活資料分析

第 16 章
抽樣設計和分析

李文宗 撰

學習目標

一、瞭解抽樣調查（survey sampling）的目的和重要性

二、瞭解母體（population）和樣本（sample）的差異

三、瞭解代表性（representativeness）、不偏性（unbiasedness）和變異數（variance）的涵意

四、瞭解常用抽樣方法的設計和分析方法

五、瞭解各種不同抽樣方法的優缺點及使用時機

前　言

如果想要瞭解一個社區或整個國家居民的身高、體重、高血壓、糖尿病等健康狀況，可以利用調查來訪視所有居民的情況，這就是所謂的**普查**（**census**）。然而，這會是成本浩大的工程或甚至不可行。**抽樣調查**（**survey sampling**）則可以藉由從**母體**（**population**）抽樣出適當大小的**樣本**（**sample**）進行調查訪視，再利用統計分析推論母體的情況。

本章先介紹**簡單隨機抽樣**（**simple random sampling**）的方法，並解釋抽樣調查的一些專有名詞，如**抽樣單位**（**sampling unit**）、**抽樣框架**（**sampling frame**）、**抽出率**（**sampling fraction**）、**不回置抽樣**（**sampling without replacement**）、**有限母體校正因子**（**finite population correction factor**）、**代表性**（**representativeness**）、**不偏性**（**unbiasedness**）、**變異數**（**variance**）。有了這些基本觀念之後，本章再介紹其他的抽樣方法，如**分層抽樣**（**stratified sampling**）、**集束抽樣**（**cluster sampling**）、**系統性抽樣**（**systematic sampling**）、**按規模大小成比例抽樣**（**probability proportional to size sampling**，簡稱 **PPS 抽樣**）等。

最後，本章也會對**複雜調查**（**complex survey**）的分析方法以及一些**非機率抽樣**（**nonprobability sampling**），如**立意抽樣**（**purposive sampling**）、**便利抽樣**（**convenience sampling**）、**自我選擇抽樣**（**self-selection sampling**）等，進行評論。

第一節　簡單隨機抽樣

公共衛生的調查研究中，簡單隨樣抽樣的抽樣單位通常為人。抽樣框架即指母體中待抽樣調查的所有的人。這裡以 N 代表母體的總人數，以 n 代表抽樣調查所抽出的**樣本數**（**sample size**），$f(f = n/N)$ 以代表抽出率。

調查研究中的隨機抽樣和一般統計學中所講的隨機抽樣有些許不同，讀者應特別留意。調查研究中的隨機抽樣通常是不回置抽樣，每一個人最多僅會被抽中一次，而且母體總數也為有限。一般統計學中的隨機抽樣，除非特別註明，否則通常是**回置抽樣**（**sampling with replacement**），或假定母體總數無限大，同一個人會被抽中兩次以上的機率可忽略。

簡單隨機抽樣是**等機率抽樣**（**equal probability sampling**），每一個人被抽中的

機率相等。收到樣本之後，可以利用下述樣本平均值的公式估計母體平均值：

$$\bar{y} = \frac{1}{n} \times \sum_{i=1}^{n} y_i$$

其中 y_i 為第 i 個被抽中的人的數值。樣本平均值的變異數，可以用下述公式計算：

$$Var(\bar{y}) = \left(1 - \frac{n}{N}\right) \times \frac{s^2}{n}$$

其中 $s = \sqrt{\dfrac{\sum_{i=1}^{n}(y_i - \hat{y})^2}{n-1}}$ 為**樣本標準差**（**sample standard deviation**）。

　　從這裡可以看出，簡單隨機抽樣樣本平均值的公式與一般統計學的公式並無不同，然而樣本平均值的變異數多出了有限母體校正因子，$[1 - (n/N)]$，這一乘項。有限母體校正因子很顯然的是介於 0 和 1 之間的數值，這表示，屬於不回置抽樣的簡單隨機抽樣的樣本平均值，會比一般統計學的回置抽樣所得的樣本平均值有較小的變異數（較高的精確度），特別是當 n 較大或 N 較小時。將變異數開根號即可得**標準誤**（**standard error**），然後可進一步求得 95% **信賴區間**（**confidence interval**），這與一般統計學並無不同，此處不再贅述。

　　簡單隨機抽樣可以保證 $\bar{y}$ 的不偏性，亦即 $\bar{y}$ 的**期望值**（**expected value**）會等於母體的平均值，不會有高估或低估的現象。然而 $\bar{y}$ 若有太大的隨機誤差，是否能足以估計母體的平均即有疑慮。此時，因為 $Var(\bar{y})$ 公式中 N 是固定的數值，讀者可藉由提高 n 來降低抽樣的標準誤至可容許的**誤差範圍**（**margin of error**）內。這也就是**樣本數估算**（**sample size calculation**）的問題，與一般統計學的原則並無不同，此處也不再贅述。

　　以下利用表 16.1（頁 379）的資料，進行抽樣調查的演練。表 16.1 呈現的是某鄰里共 100 個家戶中的 200 位居民，其中 120 位男性，80 位女性。未抽樣調查前，表 16.1 最右邊欄位的每個居民的身高皆是未知的。欲進行簡單隨機抽樣，從 200 位居民中抽出 20 位進行身高調查，可以在 R 程式中鍵入如下語法：

```
sort( sample(1:200, 20) )
```

即會列出被抽中個案的編號：

```
[1]  8   21   36   42   50   65   68   95  100  102  116  145  152  170
171  172  174  178  195  197
```

量測抽中個案的身高（ht）後，將數據輸入 R 程式：

```
ht=c(168, 183, 183, 168, 178, 166, 157, 177, 184, 166,
175, 165, 172, 170, 169, 190, 173, 147, 175, 166)
```

接著鍵入如下程式軟體 R 函數：

```
simple=function(N, n, DATA){
mean=mean(DATA)
variance=(1 - n/N) * var(DATA)/n
se=sqrt(variance)
results=cbind(mean, variance, se)
colnames(results)=c(" 平均值 "," 變異數 "," 標準誤 ")
return(results)  }
```

接下來即可呼叫這函數：

```
simple( N=200, n=20, DATA=ht )
```

即得到該鄰里居民平均身高的估計值、變異數及標準誤，如下：

平均值	變異數	標準誤
171.6	4.355053	2.086876

當 y 為二元資料時，例如，個案若有吸菸，其 y 值以代碼 1 表示，若無吸菸，則以代碼 0 表示；此時，母體平均值即為母體中具某種特徵的個案所占的**比率**（**proportion**），例如，吸菸的**族群盛行率**（**population prevalence**），以符號 p 表示。在此情況下，前述所有的公式仍然可以適用。讀者可以驗證，此時 $\bar{y}$ 即為 p 的樣本估計值：

$$\hat{p} = \frac{1}{n} \times （樣本中 y 值為 1 的人數）$$

樣本標準差為

$$s = \sqrt{\frac{n \times \hat{p} \times (1 - \hat{p})}{n - 1}}$$

而 $Var(\bar{y})$ 即為 $\hat{p}$ 的變異數：

$$Var(\hat{p}) = \left(1 - \frac{n}{N}\right) \times \frac{\hat{p} \times (1 - \hat{p})}{n - 1}$$

在本章接下來敘述中，各節的各個公式也同樣地適用於二元資料。最後的複習問題中，有兩題為二元資料的練習。

第二節　分層抽樣

　　分層抽樣係先將母體依某個變項分成若干**層**（**strata**），然後在各層內分別進行隨機抽樣。比如可依據性別，男性和女性分別進行隨機抽樣，或依據教育程度分成小學以下、中學、大學、研究所以上共四層，分別進行隨機抽樣等。採用分層抽樣的設計通常是爲了以下考量：（1）希望樣本中各分層的人數分布不要太極端；（2）希望能夠保障某些特定分層能夠抽樣到足夠的樣本數；（3）希望可以在不同分層中採用適合各該分層的不同的抽樣方法；（4）分層抽樣可以提高估計的精確度（降低變異數）。

　　假設母體共分成 H 層（$j = 1, 2, ..., H$），在母體各分層分別進行簡單隨樣抽樣，從母體第 j 層的 N_j 人中抽樣出 n_j 人，抽出率爲 $f_j = n_j/N_j$。總計從母體的 $N = N_1 + N_2 + \cdots + N_H$ 個人中，共抽樣出 $n = n_1 + n_2 + \cdots + n_H$ 個人。這個分層抽樣設計中，在母體同一個分層中的人被抽中的機率是相同的，但不同分層的人被抽中的機率則可能不同。

　　此時，整個母體平均值的估計可以使用下述樣本平均值的公式：

$$\bar{y}_s = \sum_{j=1}^{H} \left(\frac{N_j}{N} \times \bar{y}_j \right)$$

其中，$\bar{y}_j$ 爲第 j 層的樣本平均值。這個公式先分別計算各分層的樣本平均值，$\bar{y}_j (j = 1, 2, ..., H)$，然後再依據母體中各分層的人數進行加權平均（第 j 層的權重爲 N_j/N）。此外，這個樣本平均值的變異數，可以用下述公式計算：

$$Var(\bar{y}_s) = \sum_{j=1}^{H} \left[\left(\frac{N_j}{N} \right)^2 \times \left(1 - \frac{n_j}{N_j} \right) \times \frac{s_j^2}{n_j} \right]$$

其中 s_j 爲第 j 層的樣本標準差。這個公式整合了各分層的權重 N_j/N、有限母體校正因子 $[(1 - n_j/N_j)]$，及標準誤 $s_j/\sqrt{n_j}$。

　　同樣以表 16.1 爲例，進行抽樣調查的演練。先依據性別進行分層抽樣，從男性 120 人中抽出 12 人，女性 80 人中抽出 8 人，R 程式分別爲：

```
sort( sample(1:120, 12) )
```

抽出 12 個男生序號，

```
sort( sample(1:80, 8) )
```

抽出 8 個女生序號。量測完身高後，將身高數據比照之前簡單隨機抽樣的範例，
輸入 R 程式中：男生為 ht.m，女生為 ht.f。接著鍵入如下 R 函數：

```
stratified=function(N, n, DATA){
H=length(N)
fraction=n/N
weight=N/sum(N)
end=cumsum(n)
begin=c(1, end+1)
mean=0
variance=0
for (j in 1:H){
    y=DATA[ begin[j]:end[j] ]
 mean=mean + weight[j] * mean(y)
    variance=variance + weight[j]^2 * (1 - fraction[j]) *
var(y)/n[j]
  }
se=sqrt(variance)
results=cbind(mean, variance, se)
colnames(results)=c(" 平均值 "," 變異數 "," 標準誤 ")
return(results)  }
```

即可呼叫這函數：

```
stratified( N=c(120, 80), n=c(12, 8), DATA=c(ht.m, ht.f) )
```

求算該鄰里居民平均身高的估計值、變異數及標準誤。底下列出結果：

平均值	變異數	標準誤
168.5	2.672708	1.634872

分層抽樣雖為**不等機率抽樣**（**unequal probability sampling**），然因有適當加權，
上述 $\bar{y}_s$ 與簡單隨樣抽樣的 $\bar{y}$ 同樣具有不偏性。在相同的樣本數 n 下，分層抽樣的
$Var(\bar{y}_s)$，一般而言則會比簡單隨機抽樣的 $Var(\bar{y})$ 小，尤其在母體各分層的平均值
有較大差異時。在相同的 n 下，若讓各分層所抽出的樣本數等比於母體各分層的
人數：$n_j \propto N_j$（**比例配置，proportional allocation**），$Var(\bar{y}_s)$ 還可以進一步下降。
而若讓各分層所抽出的樣本數等比於母體各分層人數和母體各分層標準差的乘積，
$n_j \propto N_j \times S_j$，（即所謂的**內曼配置，Neyman allocation**），則 $Var(\bar{y}_s)$ 可降至最小。

第三節　集束抽樣

　　集束抽樣以「**集束**」（**cluster**）為抽樣單位，被抽樣到的集束中的所有的人皆納入為樣本。例如，如果要進行臺北市居民的隨機抽樣，可以使用「鄰里」作為抽樣單位，被抽樣到的鄰里中的全部居民皆納入為樣本。再例如，如果要進行全臺灣小學一年級學童的隨機抽樣，可以使用「學校」作為抽樣單位，被抽樣到的學校中的全部一年級學童皆納入為樣本。採用集束抽樣的設計通常有下述考量：（1）在母體中建構以人為單位的抽樣框架較困難，然而以集束為單位的抽樣框架則相對容易，例如臺北市所有的鄰里的列表及全臺灣所有的小學的列表皆容易取得；（2）調查研究以集束為單位相較於以人為單位進行，通常會比較容易，例如調查訪視者到某個被抽中的鄰里就可一次訪視到許多居民，到某個被抽中的小學就可一次訪視到許多學童，而減少重複奔波的辛勞。

　　初學者經常會混淆集束抽樣中的「集束」和分層抽樣中的「分層」，此處特別澄清。集束抽樣中的集束是抽樣單位，母體中並不是每個集束都會被抽樣到；分層抽樣在母體各分層分別進行抽樣，抽樣單位仍然為人，且母體各分層皆會有人被抽樣到。

　　假設母體中有 M 個集束，從中進行簡單隨機抽樣，抽出 m 個集束（$i = 1, 2, ..., m$），並調查訪視被抽出的集束中的每個人。以 n_i 表示第 i 個集束中的人數，以 t_i 表示第 i 個集束中 n_i 個人的 y 數值總和，則可用下述公式估計母體平均 y 值：

$$\bar{y}_c = \frac{\bar{t}}{\bar{n}}$$

其中 $\bar{t} = (1/m) \times \sum_{i=1}^{m} t_i$ 為集束內 y 數值總和的樣本平均值，$\bar{n} = (1/m) \times \sum_{i=1}^{m} n_i$ 為集束內人數的樣本平均值。這個公式可以看做是母體數值總和估計值（$M \times \bar{t}$）和母體總人數估計值（$M \times \bar{n}$），兩者之比值。而 $\bar{y}_c$ 的變異數如下：

$$Var(\bar{y}_c) = \left(\frac{1}{\bar{n}}\right)^2 \times \left(1 - \frac{m}{M}\right) \times \frac{s_c^2}{m}$$

其中 $s_c = \sqrt{\dfrac{\sum_{i=1}^{m}(t_i - n_i \times \bar{y}_c)^2}{m - 1}}$。集束抽樣的公式推導過程利用到抽樣調查理論中的**比值估計**（**ratio estimation**）的概念。這裡限於篇幅不多介紹。

　　以表 16.1 為例，依據家戶進行集束抽樣，從 100 個家戶中抽出 10 個家戶。以 R 程式：

```
sort( sample(1:100, 10) )
```

抽出 10 個戶號。被抽中的家戶皆記錄家戶成員數，並且量測全部成員的身高。將
結果輸入 R 程式，比如，若第一個被抽中的家戶是表 16.1 中的戶號 10，則輸入

```
n.1=1; ht.1=156
```

若第二個被抽中的家戶是戶號 31，則輸入

```
n.2=3; ht.2=c(168,179,188)
```

等等。接著鍵入如下 R 函數：

```
cluster=function(M, m, n, DATA){
end=cumsum(n)
begin=c(1, end+1)
t=rep(NA, m)
for (i in 1:m) t[i]=sum(DATA[ begin[i]:end[i] ])
nbar=mean(n)
mean=mean(t)/nbar
variance=ifelse( m==1, NA,
nbar^(-2) * (1 - m/M) * crossprod(t - n*mean)/(m - 1)/m )
se=sqrt(variance)
results=cbind(mean, variance, se)
colnames(results)=c(" 平均值 "," 變異數 "," 標準誤 ")
return(results)  }
```

接下來即可呼叫這個函數：

```
cluster( M=100, m=10, n=c(n.1, n.2, n.3, n.4, n.5, n.6,
n.7, n.8, n.9, n.10), DATA=c(ht.1, ht.2, ht.3, ht.4, ht.5,
ht.6, ht.7, ht.8, ht.9, ht.10) )
```

求算該鄰里居民平均身高的估計值、變異數及標準誤。底下列出結果：

平均值	變異數	標準誤
172.9565	17.12138	4.137799

　　集束抽樣所求得的 $\bar{y}_c$ 亦具有不偏性。在實際調查訪視總人數相同的情況下，
$Var(\bar{y}_c)$ 一般而言會比簡單隨機抽樣的 $Var(\bar{y})$ 大，尤其是當集束內成員的 y 數值有
越強的正相關時。

第四節　系統性抽樣

　　當母體的每個成員有現成編號（從 1 至 N）時，系統性抽樣可以很快速地抽樣出 n 個樣本。首先，把 N 除以 n，進行四捨五入後得到的整數令為 M。接著，從 1 到 M 間隨機抽樣出一個數字，假設其數字為 a。接下來就從編號 a 開始，每隔 M 個編號納入為樣本。

　　系統性抽樣其實是集束抽樣的特例。前述系統性抽樣把母體分成 M 個集束，先從當中隨機抽出一個集束，然後把該集束中的所有成員納入為樣本。然而，系統性抽樣僅抽出一個集束（編號 a 開始的集束），因此樣本平均值的變異數是無法計算的（前一節集束抽樣，當 $m=1$，s_c 即無法計算）。

　　以表 16.1 為例，以個案編號每隔 10 號量測身高。先利用 R 程式：

```
sample(1:10, 1)
```

產生一個亂數，假如此數為 3，則表示收案編號 3，13，…，193，共 20 位個案。量測完身高後將資料輸入 R 程式為 ht.sys。接著，同樣呼叫 cluster 函數：

```
cluster( M=10, m=1, n=20, DATA=ht.sys )
```

求算該鄰里居民平均身高的估計值。底下列出結果（NA 表示無法計算）：

平均值	變異數	標準誤
171.25	NA	NA

　　實務上，常會把系統性抽樣所收集的樣本視為簡單隨機抽樣的樣本進行分析。如此，樣本平均值與將之視為 $m=1$ 的集束抽樣樣本的分析結果完全相同（比如上例，皆為 171.25），並具有不偏性。然而，樣本平均值的變異數則會有高估或低估的情況。當母體 y 數值隨編號遞增或遞減時，系統性抽樣的變異數會被高估；當母體 y 數值隨編號有週期性變化時，系統性抽樣的變異數則可能被低估，此時的代表性即堪虞。

第五節　按規模大小成比例抽樣（PPS 抽樣）

　　集束抽樣從母體 M 個集束中抽樣出 m 個集束時，若讓每個集束被抽中的機率等比於該集束的人數，即為 PPS 抽樣。由於母體的平均值受到大集束的影響相對於小集束的影響較大，PPS 抽樣使得較大的集束有較大的機率被抽中，是明智的作法。另外，PPS 抽出的集束，人數通常較多。研究者即可前往一個集束，而能同時訪視到許多個案，增加研究效率。

　　假設 $\bar{y}_i = t_i/n_i$ 表示第 i 個被抽中集束的平均 y 值。在 PPS 抽樣下，母體平均值可直接利用 $\bar{y}_i(i = 1, 2, …, m)$ 的樣本平均值估計：

$$\bar{y}_p = \frac{1}{m}\sum_{i=1}^{m}\bar{y}_i$$

另外，因為不回置 PPS 抽樣的變異數公式比較複雜，實務上多以回置 PPS 抽樣的變異數公式替代，如下：

$$Var(\bar{y}_p) = \frac{s_p^2}{m}$$

其中 $s_p = \sqrt{\dfrac{\sum_{i=1}^{m}(\bar{y}_i - \bar{y}_p)^2}{m-1}}$。若把 $\bar{y}_i(i = 1, 2, …, m)$ 視為抽樣資料，這公式也恰好是簡單隨機回置抽樣下的變異數公式。

　　欲在表 16.1 的鄰里執行 PPS 抽樣，可以先將各家戶的人數，按戶號依序輸入 R 程式為 size。（表 16.1 共有 100 個家戶，size 內即有 100 個數據。）接著，利用 R 程式：

```
sort( sample(1:100, 10, prob=size/sum(size)) )
```

從 100 個家戶中，PPS 抽樣出 10 個家戶。被抽中的家戶皆紀錄家戶成員數，並且量測全部成員的身高。然後比照集束抽樣的方式，將結果輸入 R 程式：n.1，n.2，…，n.10，以及 ht.1，ht.2，…，ht.10。接著鍵入如下 R 函數：

```
pps=function(M, m, n, DATA){
end=cumsum(n)
begin=c(1, end+1)
ybar=rep(NA, m)
for (i in 1:m) ybar[i]=mean(DATA[ begin[i]:end[i] ])
mean=mean(ybar)
variance=var(ybar)/m
se=sqrt(variance)
results=cbind(mean, variance, se)
colnames(results)=c(" 平均值 "," 變異數 "," 標準誤 ")
return(results)  }
```

最後，呼叫這個函數：

```
pps( M=100, m=10, n=c(n.1, n.2, n.3, n.4, n.5, n.6, n.7,
n.8, n.9, n.10), DATA=c(ht.1, ht.2, ht.3, ht.4, ht.5,
ht.6, ht.7, ht.8, ht.9, ht.10) )
```

求算該鄰里居民平均身高的估計值、變異數及標準誤：

平均值	變異數	標準誤
171.25	11.07222	3.327495

第六節　複雜調查

　　如果將前文所提的幾種抽樣方法加以組合，則形成複雜調查。比如進行分層抽樣時，在不同的分層中採用不同的隨機抽樣方法。再比如，採用**兩階段抽樣**（**two-stage sampling**），在第一階段先從母體隨機抽出若干集束，再從被抽中的集束中進行第二階段的隨機抽樣，其中第二階段可以是簡單隨機抽樣、分層抽樣、集束抽樣、系統性抽樣、或 PPS 抽樣等來抽出研究個案。也可進行**多階段抽樣**（**multi-stage sampling**），最後一個階段的隨機抽樣才抽出研究個案。

　　不論是複雜調查或是先前章節的較「單純」的抽樣方法（簡單隨機抽樣、分層抽樣、集束抽樣、系統性抽樣、PPS 抽樣等），母體平均值的估計公式皆為最後所抽樣出的研究個案之加權平均：

$$\bar{y} = \frac{\sum_{i=1}^{n} w_i \times y_i}{\sum_{i=1}^{n} w_i}$$

其中 w_i 為第 i 個研究個案的**抽樣權重**（sampling weight）。抽樣權重則為該研究個案會被抽中的機率之倒數。比如，某甲是三階段抽樣下所抽中的一個研究個案；他（她）所屬的第一層級集束，在第一階段的 100 個集束中抽出 10 個集束時被抽中；他（她）所屬的第二層級集束，又在第二階段的 20 個集束中抽出 5 個集束時被抽中；最後第三階段抽樣，他（她）又在他（她）所屬的第二層級集束中的 400 人抽出 80 人時再被抽中。則某甲被抽中的機率為 $(10/100) \times (5/20) \times (80/400) = 0.005$，而其抽樣權重即為 $1/0.005 = 200$。

　　然而，母體平均值估計的變異數並不能經由抽樣權重求得。此外，複雜調查下，母體平均值估計的變異數並無簡單的公式可求算，而必需依賴電腦進行大量運算，比如採用**隨機分組方法**（random group method）、**平衡重複複製**（balanced repeated replication）、**折刀法**（jackknife method）、**拔靴法**（bootstrap method）等，或採用**泰勒級數線性化**（Taylor series linearization）進行近似。這些題材已超出本書的範疇，不再詳述。所幸目前已有功能齊全的調查研究統計套裝軟體，可供研究者直接使用。

第七節　非機率抽樣

　　先前章節所介紹的各種抽樣方法皆屬**機率抽樣**（probability sampling），亦即，個案是否會被抽中完全由機率所決定，而調查研究者則能夠完全掌控母體中的每個個案會被抽中的機率。至於非機率抽樣方法（立意抽樣、便利抽樣、自我選擇抽樣等），並未依照機率抽樣的原則，因而其所得結果並無代表性。若以非機率抽樣的樣本平均值推論母體平均值則會有偏差。然而非機率抽樣方法，在某些場合仍有其用途。比如研究者依其研究目的，擬挑選特別的個案，比如**典型個案**（typical case）、**極端個案**（extreme case），或**有聲望個案**（reputational case）等時，即稱為**立意抽樣**（purposive sampling）。另外，**便利抽樣**（convenience sampling）依據研究者執行研究的方便而收集研究個案，並非如立意抽樣般，有特殊目的。便利抽樣在某些極困難收集研究個案的場合，也許是唯一可行的方案。或者，研究者也可採用便利抽樣先進行**先驅研究**（pilot study），得到初步結果，以供之後進行正式研究的參考。最後，**自我選擇抽樣**（self-selection sampling）的研究，比如採用捐血者資料，進行傳染病抗體濃度的血清流行病學研

究，其研究個案為自我選擇樣本（捐血者自己決定要捐血，並非被研究者抽中後才來捐血）。自我選擇樣本之特性與一般民眾不同，容易產生偏差。然而自我選擇抽樣研究也可提供有用的資訊（比如監測傳染病的流行狀況），不能全盤被否定。

總　結

公共衛生研究離不開抽樣調查。現今基礎生物統計學的教科書一般皆會涵蓋機率及統計的基本概念，比如條件機率、貝氏定理、假說檢定、估計、信賴區間等，各種檢定方法，比如 z 檢定、t 檢定、變異數分析等，以及相關分析、迴歸分析等。然而，抽樣設計和分析這個重要題材，卻經常被忽略。本章論述抽樣的原理以及各種抽樣方法，希望能對公共衛生研究者及從業者有所助益。

關鍵名詞

普查（census）

抽樣調查（survey sampling）

母體（population）

樣本（sample）

簡單隨機抽樣（simple random sampling）

抽樣單位（sampling unit）

抽樣框架（sampling frame）

抽出率（sampling fraction）

不回置抽樣（sampling without replacement）

有限母體校正因子（finite population correction factor）

代表性（representativeness）

不偏性（unbiasedness）

變異數（variance）

分層抽樣（stratified sampling）

集束抽樣（cluster sampling）

系統性抽樣（systematic sampling）

按規模大小成比例抽樣（probability proportional to size sampling, PPS）

複雜調查（complex survey）

非機率抽樣（nonprobability sampling）

立意抽樣（purposive sampling）

便利抽樣（convenience sampling）

自我選擇抽樣（self-selection sampling）

樣本數（sample size）

回置抽樣（sampling with replacement）

等機率抽樣（equal probability sampling）

樣本標準差（sample standard deviation）

標準誤（standard error）

信賴區間（confidence interval）

期望值（expected value）

誤差範圍（margin of error）

樣本數估算（sample size calculation）

比率（proportion）

族群盛行率（population prevalence）

層（strata）

不等機率抽樣（unequal probability sampling）

比例配置（proportional allocation）

內曼配置（Neyman allocation）

集束（cluster）

比值估計（ratio estimation）

兩階段抽樣（two-stage sampling）

多階段抽樣（multi-stage sampling）

抽樣權重（sampling weight）

隨機分組方法（random group method）

平衡重複複製（balanced repeated replication）

折刀法（jackknife method）

拔靴法（bootstrap method）

泰勒級數線性化（Taylor series linearization）

機率抽樣（probability sampling）

典型個案（typical case）

極端個案（extreme case）

有聲望個案（reputational case）

先驅研究（pilot study）

複習問題

1. 某社區居民共有 10,000 人。某研究採簡單隨機抽樣（不回置）抽出 200 人，其中 70 人有吸菸習慣，其餘 130 人沒有。試求該社區吸菸盛行率的估計值、變異數及標準誤。

2. 某城市 65 歲以上的長者共 10,000 人，其中 65 歲至 74 歲者有 6,000 人，75 歲至 84 歲者有 3,000 人，85 歲以上者有 1,000 人。某研究按年齡分組進行分層抽樣。65 歲至 74 歲組中抽出 300 人，發現其中有 12 人罹患失智症。75 歲至 84 歲組中抽出 150 人，發現其中有 15 人罹患失智症。85 歲以上者抽出 50 人，發現其中有 14 人罹患失智症。試求該城市 65 歲以上長者的失智症盛行率的估計值、變異數及標準誤。

3. 集束抽樣和簡單隨機抽樣各有何優缺點？

4. 假如母體數值隨編號遞增、遞減、或有週期性變化時，系統性抽樣所求得的樣本平均值仍具有不偏性嗎？仍具有代表性嗎？

5. 請比較集束抽樣與按規模大小成比例抽樣。

6. 什麼是非機率抽樣？有哪些有用的非機率抽樣方法？

引用文獻

1. Cochran WG. Sampling Techniques. 3rd ed. New York: Wiley, 1977.

2. Lohr S. Sampling: Design and Analysis. 3rd ed. Boca Raton, FL: Chapman & Hall/CRC Press, 2022.

3. Lohr S. SAS Software Companion for Sampling: Design and Analysis. 3rd ed. Boca Raton, FL: Chapman & Hall/CRC Press, 2022.

4. Lu Y, Lohr S. R Companion for Sampling: Design and Analysis. 3rd ed. Boca Raton, FL: Chapman & Hall/CRC Press, 2022.

附錄：表 16.1：抽樣調查練習資料

資料下載連結：

https://coph.ntu.edu.tw/uploads/root/kpchen/KPC_BS2023_EX.zip

第 17 章
存活資料分析

林逸芬　撰

學習目標

一、認識存活資料的特性、設限資料的種類，及應用範圍

二、瞭解常用的存活率估算方法，存活曲線解讀

三、瞭解危險率、危險比的意義

四、認識健康領域常用的存活資料組別比較方法與統計模式

前　言

　　在前面幾章，已經介紹了數種資料型態，包括數值性的連續型資料（例如血壓）、類別資料（例如得病與不得病）、序位資料（例如滿意度程度從最低到最高共五等級），及如何針對不同種類的資料，選擇不同的統計方法來進行敘述統計或是進行統計推論。例如，平均值經常被用來綜整類似常態分布的資料中心，或是以中位數來描述分布很偏斜的資料，或是以二分位變項（二元變項）來描述是否得病。到目前為止，本書介紹的這些資料抽樣單位（例如人）皆有相同的權重。例如，追蹤 1,000 個人，累積一段時間後，有 10 個新發生病例，此時可以估算得此病的累積發生比例為 10/1000＝1%，這樣的點估計背後隱含著假設每一個人的追蹤時間是相同的。

　　然而，在生醫健康的追蹤研究中，每個人被追蹤的時間可能不同。流行病學上經常以**發生密度**（**incidence density**）來描述死亡或新發生病例的風險，容許每個人貢獻的**人時間**（**person time**）不同，例如表示成每 100 **人年**（**person year**）發生 5 個死亡。在這裡，一個人追蹤 1 年為 1 人年，10 人年可以是一個人追蹤 10 年，也可能是 10 個人每人追蹤 1 年，或是 2 個人每人追蹤 5 年。這裡的人年指的是有機會發生死亡的風險人年，如果一個人已經發生死亡或停止追蹤，則不再有風險（at risk）發生事件。在不同的時間點上，有**風險人口群**（**population at risk**）（意即仍有機會死亡的人口群）會不同，而死亡的風險也可能隨著時間的不同而變化。例如，已活過 100 天的人與已活過 1000 天的人，次日死亡的風險可能不同。從另一個角度來看，如果有興趣估算這群人存活的時間大約是多久，然而，並不是每個人的死亡都能被觀察到，因此，研究結束時，仍舊存活的人的「存活時間」可能是不完整的。

　　為了更有效處理上述資料的特性，本章將介紹**存活資料**（**survival data**）的分析方法。雖然在公衛臨床的領域通稱這種資料為存活資料，但這類分析方法的應用範圍很廣，觀察的終點指標不限於死亡事件，也可以是罹患心血管疾病或癌症的復發，或者是追蹤一群出獄的假釋犯是否再犯，或是在工業上估算產品的故障率及產品可使用時間等。以下幾節，將以簡單的範例說明存活資料的特性，常用的敘述存活資料的方法，以及比較不同組別之存活的方法及統計模式。

第一節　存活資料的特性

以下先以圖 17.1 介紹存活資料，圖中為虛設的存活資料。這裡假設追蹤 6 個人，每位病人的追蹤終點狀態中 D 代表死亡，C 代表存活。依照病人進入研究的順序（X 軸為研究時間），第 1 號病人最先進來，第 6 號病人最後進來。第 1 號、5 號，及 6 號病人死亡，他們的**存活時間**（**survival times**），或稱**事件時間**（**event times**）是觀察得到的。另一方面，第 2 號、3 號，及 4 號病人在觀察結束時還存活，稱這三位病人是**設限**（**censor**）的個案，他們的觀察時間叫**設限時間**（**censor times**），其存活時間是不完整的。

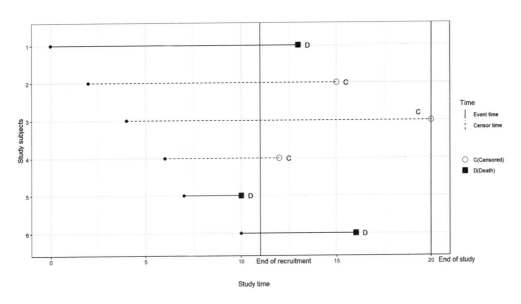

圖 17.1：存活資料示意圖

設限的型態（censoring）

設限一般分為三種，**右設限**（**right censoring**），**左設限**（**left censoring**），及**區間設限**（**interval censoring**）。前一節的三個例子是屬於右設限，也就是追蹤時間結束還存活，但在設限點之後就不清楚有沒有死亡或何時死亡了。右設限可能發生在研究還沒有結束時個案就因為搬家等原因不再追蹤（像第 2 號及 4 號病人），也可能是一路追蹤到研究結束為止不得不停止追蹤（像第 3 號病人）。

另一種型態是區間設限，例如，某個研究追蹤一群割除腫瘤手術的病人，在

手術後六個月及十二個月時各檢查這些病人是否復發。若病人在六個月的時候沒有復發，但追蹤到一年時已經復發了，研究者只知道復發的時間在追蹤半年到一年之間，但不知確切在哪個月，這種情況是區間設限。至於若研究的起始點是設在六個月時開始，而在六個月時已經有部分病人復發了，設限時間少於觀察時間，則爲左設限；然而一般的研究設計很少考量左設限的情況。大部分的統計方法假設右設限的情況，亦有可以處理區間設限的統計方法。

一般的存活分析方法會假設設限與否是隨機獨立發生的（independent or non-informative censoring），如果一個病人在觀察了 100 天時設限，在 100 天時這個病人得病的機會跟同一個群體其他活到 100 天且其他變項條件一樣的人是一樣的。以下所介紹的方法將以右設限爲主且符合獨立設限假設的情況。

第二節　存活率及存活曲線的估算：敘述統計

存活率（Survival rates）是最常被用來敘述存活資料的指標，以存活函數 $S(t)$ 來表示。本節將介紹無需假設存活時間分布的無母數存活率估計方法。常見的無母數方法有 Kaplan-Meier 估計法（又稱 product-limit 估計法，以下簡稱 K-M 估計），Life-table 估計法（又叫精算 actuarial 方法，以下簡稱 L-T 估計），及 Nelson-Aalen 估計法（以下簡稱 N-A 估計）。

K-M 估計法是最常在生醫健康研究文獻中使用的方法，L-T 方法的原理與 K-M 法類似，只是使用的是分組後的存活時間。N-A 方法與 K-M 法都使用未分組的個別資料，雖然一般認爲 N-A 法在樣本小時表現較佳，經過數學推導，K-M 可被視爲是 N-A 的近似法 [1]。本節將以 Peto 等人在 1977 年文獻所使用的 25 個多發性骨髓瘤（myelomatosis）病人的存活資料爲例 [2]，從資料分析實務的觀點，說明 K-M 存活率如何估算。這裡提醒讀者，血癌的治療已經有很大的進步，死亡的發生率在現今已經降低了。

範例一：25 個多發性骨髓瘤病人的存活資料（表 17.1）

一、存活資料的變項

　　首先，一組存活資料至少會同時考慮兩個變項，一個是**追蹤時間**，另一個是**設限狀態**（死亡或存活）；前者屬於非負而且分布偏斜的數值變項，後者屬於二分類別變項。表 17.1 中的時間變項（Time）指的是存活時間或設限時間，為死亡事件發生時或設限時間減去起始點，單位可能是天，週，年等。注意，研究者需要根據研究目的事先定義存活時間的**起始點**，不同的起始點，可能會有不同的結果及解讀。另一個變項為存活狀態（Outcome），D 指死亡，所對應的是存活時間，C 指存活，所對應的是設限時間。治療變項（Treatment）則將病人進一步分為兩個治療組別（Treatment＝1 為新治療組，2 為傳統治療組）。

表 17.1：25 個多發性骨髓瘤的存活資料

ID	Time	Outcome	Treatment
1	8	D	1
12	8	D	1
13	13	D	2
16	18	D	2
25	23	D	2
5	52	D	1
8	63	D	1
21	63	D	1
11	70	D	2
10	76	D	2
2	180	D	2
9	195	D	2
20	210	D	2
7	220	D	1
24	365	C	1
3	632	D	2
17	700	D	2
4	852	C	1
18	1296	C	1
23	1296	D	2
22	1328	C	1
19	1460	C	1
15	1976	C	1
14	1990	C	2
6	2240	C	2

二、存活時間排序

就像一般無母數方法，Kaplan-Meier 估計法不需假設存活時間（Time）的機率分布，只會使用到存活時間排序的資訊。表 17.1 資料已經按照時間變項（Time）從小到大排序過。

現在先針對第一組治療組（Treatment=1）12 個病人來說明 K-M 存活率的估計步驟（表 17.2）。基本上，要估計特定時間點的死亡率，需要有死亡事件發生，才有資訊估計死亡率，進而估計累積存活率。因此只在有事件發生時才會有估計值。表 17.2 顯示第一組 12 個人中，共有 6 個人死亡，分別發生在 4 個事件時間點 $t_j = 8$、52、63、220，$j = 1$、2、3、4。

表 17.2：Kaplan-Meier 存活率估計（治療組別：Treatment=1）

Event times	# at risk n_j	# failed d_j	failure rate_j $q_j = d_j/n_j$	survival rate_j $p_j = 1 - q_j$	K-M Survival $S(t)\_KM$
0					1
8	12	2	0.167	0.833	0.833
52	10	1	0.100	0.900	0.750
63	9	2	0.222	0.778	0.583
220	7	1	0.143	0.857	0.500

表 17.2 中的各項變數意義為：

n_j：在第 j 個存活時間（t_j）之前還存活的人數（# at risk）

d_j：在第 j 個存活時間死亡人數

q_j：在第 j 個存活時間的死亡率；d_j/n_j

p_j：在第 j 個存活時間的存活率；$1 - q_j$

$S(t)$：活過第 $j - 1$ 個存活時間，在第 j 個存活時間的累積存活率

三、估計每一個特定存活時間的死亡率（q）及存活率（p）

在以下幾個時間點可以進行估計，例如

time＝0（$j=0$）：在研究追蹤最初始，12 個人都還活著，存活率 $S(0)$ 為 1。

time＝8（$j=1$）：在第 8 天時有 2 個人死亡，有死亡風險的人數為 12 個人，第 0

到第 8 天之間的死亡率爲 2/12=0.167，存活率爲 1−0.167=0.833，累積存活率 $S(t)$ 爲 0.833。

time=52（j=2）：在第 52 天時有 1 個人死亡，有死亡風險的人數剩下 10 個人，因爲第 52 天之前死亡或設限的人已從風險集（risk sets）移除。第 8 到第 52 天之間的死亡率爲 1/10=0.1，存活率爲 1−0.1=0.9。$S(t)$ 爲 $0.833 \times 0.9 = 0.75$。

依此類推，這個治療組在 220 天之後就沒有人死亡了，沒有事件發生，就沒有資訊估計死亡率（「分子」爲零），$S(t)$ 就停留在 0.5。

這裡需要注意，在估計每一個存活時間的死亡率，有死亡風險的人數（n_j, "risk set", "# at risk" 的人數）要扣除前面已經發生過死亡的事件及在這個時間點前**設限**的人數，動態的估計每一個存活時間點上的死亡率與存活率。

以上的方法，可以寫成下列公式：

$$\hat{S}(t) = \prod_{j=1}^{k} \left(\frac{n_j - d_j}{n_j} \right)$$

四、Kaplan-Meier 存活曲線（Survival curve）：在每一個事件時間上的存活率

以下爲使用表 17.1 資料所估算的兩組 Kaplan-Meier 存活曲線。

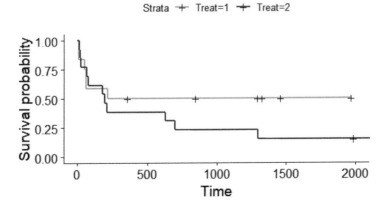

圖 17.2：兩組 Kaplan-Meier 存活曲線

五、中位數存活時間

如果資料屬於單一數值變項，一般常會以平均值或中位數來描述這些數值資料的中心位置。存活曲線同時牽涉到「存活時間」及「死亡與否」兩個變項，經常會以存活時間的百分位數來描述存活曲線的中心位置。由於存活時間有設限的情況，而且存活時間多為右偏斜，不常使用平均值或標準差來描述存活時間。最常使用的百分位數存活時間為**中位數存活時間**（**median survival time**）。例如，中位數存活時間為 100 天，表示在 100 天時有 50% 的人死亡，另外 50% 存活。類似指標如 25% 百分位數存活時間若為 50 天，表示在 50 天時有約 25% 的人死亡。此外，假若觀察到的死亡人數少於被追蹤人數的 50%，則中位數存活時間就無法估算。

由於並不是在每一個時間點都有存活率的估計值，百分位數存活時間常只是近似值。圖 17.3 為兩種中位數存活時間的情境。若無法確切估計，一般會在一段時間範圍取最小值，或取中間值來概略表示中位數存活時間。如圖 17.3 所示，實務上，情境 (a) 取 t1 為多，但也有建議連線後取中間值，情境 (b) 則取 t1 到 t2 的中間值，例如 t1 與 t2 的平均值 [3]。

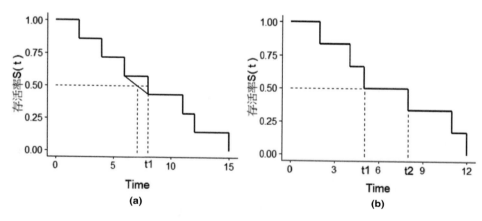

圖 17.3：中位數存活時間示意圖

第三節　檢定兩組存活曲線是否相同

繼續剛才的範例，若研究者想檢定病人所代表的兩組治療方式在母群體的 Kaplan-Meier 存活曲線，是否有統計上的顯著差異。在實務上，**對數等級檢定法**（**log-rank test**）是最常使用的無母數檢定方法。要檢定的假說可表示如下：

H_0：兩組存活曲線相同 或 兩組危險比值為 1（HR=1）

H_1：兩組存活曲線有差異 或 兩組危險比值不等於 1（HR≠1）

這個方法是 Mantel-Haenszel test 的應用，屬於分層分析（stratified analysis），只是這裡的層級（stratum）是在每一個事件時間（event time）分一層。首先，不分組別依存活時間排序，在每一個事件時間上都建構一個 2×2 列聯表，在第 j 個事件時間，$t(j)$，觀察到兩組的風險人數與死亡人數如下：

組別	死亡人數	存活人數	風險人數（at risk）
第一組	d_{1j}	$n_{1j} - d_{1j}$	n_{1j}
第二組	d_{2j}	$n_{2j} - d_{2j}$	n_{2j}
總計	d_j	$n_j - d_j$	n_j

如果兩組沒有差異（虛無假說是對的），利用**超幾何分布**（**hypergeometric distribution**）的期望值與變異數，可知在第一組的死亡人數期望值為

$$e_{1j} = \frac{d_j * n_{1j}}{n_j}$$

回到表 17.1 的範例，根據表 17.2，在第 1 個事件時間點（$j=1$, time＝8）：

組別	死亡人數	存活人數	風險人數（at risk）
1	2（e_{11}=0.96）	10	12
2	0	13	13
總計	2	23	25

接著在第 2 個事件時間點（$j=2$, time＝13），觀察與期望數值如下：

組別	死亡人數	存活人數	風險人數（at risk）
1	0（e_{12}=0.435）	10	10
2	1	12	13
總計	1	22	23

依此類推，可以建構 15 個這樣的 2×2 列聯表。針對 d_{1j} 這個細格，當虛無假說為眞時，檢定統計量為自由度為 1 的卡方分布（如下式子），

$$\frac{U^2}{V} \sim \chi_1^2$$

$$U = \sum_j (d_{1j} - e_{1j}) \text{，} V = Var(U)$$

這個統計量是累積每一個時間點上，觀察與期望死亡人數的差異。兩組差異越大，卡方檢定統計量的值越大，越容易推翻兩組沒差異的虛無假說。這個方法有**比例風險假設**（**proportional hazards assumption**），亦即假設兩組**危險比**（**hazard ratio, HR**）不會隨時間不同而不同。若符合這個假設，兩組的 Kaplan-Meier 存活曲線在**母群體**是不會交叉的。危險比（HR）為兩組**危險率**（**hazard rate; hazard function**）的比值。有關危險率的概念，將在下節說明。

回到圖 17.2 的例子，使用統計軟體，可以計算得

$$\chi^2 = 1.31 \text{，} p\text{值} = 0.25$$

若設定的顯著水準為 0.05，則兩組沒有統計上的顯著意義。

上述對數等級檢定法給每一個分層列聯表相同的權重，另外統計軟體也常提供不同修改版本的檢定法，主要差異在如何分配權重給每一個層級。例如 Generalized Wilcoxon 檢定法則是分配給前面的時間點的差異比較大的權重。有興趣的讀者可以參考專門的書籍 [1][4]。

第四節　危險比的估計

前面的對數等級檢定法只提供 p 值，實務上經常也以危險比（hazard ratio, HR）來量化兩組死亡風險差距的大小。顧名思義，HR 是兩組危險率（hazard rate）的比值，那麼危險率是什麼呢？

一、危險率

危險率為時間的函數，以 $h(t)$ 來代表。簡單來說，危險率為一個人活到時間點 t，下一個人時單位死亡的風險。這裡的風險不是介於 0 到 1 的機率型式，而是比較接近流行病學常用的發生密度（incidence density）的概念，指平均每單位人時（person time），例如每人天或每人年，發生死亡的個數。在存活資料中，

$h(t)$ 可以想成是一種發生密度，只是這個發生密度可以隨著時間變動而不同，而且人時單位不同，$h(t)$ 的數值也會不同。

累積危險率（cumulative hazard rate, $H(t)$），是從追蹤起始點累積到時間點 t 的危險率。$H(t)$ 與累積存活率 $S(t)$ 之間有一個數學的關係：$H(t) = -\log S(t)$，$H(t)$ 也經常被拿來敘述存活資料。不像 $S(t)$ 是機率，數值介於 0 到 1 之間，隨時間的增加而下降，$H(t)$ 的數值可以超過 1，隨時間的增加而增加。

二、以 Cox 比例風險模型估計危險比

在生醫健康研究中，**Cox 比例風險模型**（**Cox proportional hazards model**，以下簡稱 Cox 模型）常被用來估計危險比（HR），一個單變項模型可寫成下列形式，

$$h_i(t) = h_0(t)e^{\beta x_i}$$

延續前節的資料，自變項 x 爲二分類虛擬變項，在此設定 $x=1$ 代表新治療組（Treatment=1），$x=0$ 爲傳統治療組（Treatment=2），$h(t)$ 爲危險率，h_0 爲基礎危險率（baseline hazard），在此 h_0 爲傳統治療組的危險率。根據此模式，新治療組比傳統治療組的危險比爲

$$HR = \frac{h(t)_{x=1}}{h(t)_{x=0}} = e^{\beta}$$

以統計軟體估算得以下數據：

變項 Variable	自由度 df	估計值 Parameter estimate, $\hat{\beta}$	標準誤 Standard error, se($\hat{\beta}$)	統計量 Chi-square, X^2	P 值 P value	危險比 HR	95%CI HR, Lower	95%CI HR, Upper
Treatment	1	−0.57276	0.5096	1.2633	0.261	0.564	0.208	1.531

由以上數據可知，新治療組比傳統治療組的 HR 爲 $e^{-0.57276} = 0.564$，新治療組（$x=1$）死亡的風險爲傳統治療組（$x=0$）的 0.564 倍，也就是死亡風險減少了 43.6%；或從另一個角度說，傳統治療組死亡的風險爲新治療組的 $1/0.564 = 1.77$ 倍，傳統治療組死亡風險比新治療組增加了 77%。

這樣的療效，是否達到統計上的顯著意義呢？一般統計軟體所計算的 p 值，

對應的是下面的虛無與對立假說：

$H_0 : \beta = 0$ 或 兩組危險比值為 1（HR＝1）

$H_1 : \beta \neq 0$ 或 兩組危險比值不等於 1（HR≠1）

若顯著水準設定為 0.05，上面的 p 值顯示未達統計上的顯著差異。HR 的 95% 信賴區間為 (0.208, 1.531)，也說明無法推翻虛無假說的 HR＝1，未達統計上的顯著差異。

以上模式，假如自變項 x 治療組別換成連續變項，例如年齡（歲），$\hat{\beta} = 0.035$，HR $= e^{0.035} = 1.036$，則代表每增加 1 歲，死亡的風險多 3.6%。這裡假設死亡風險的對數值 $\log(h(t))$ 與年齡之間是線性的，也就是假設 66 歲死亡的風險是 65 歲的 1.036 倍，70 歲增加到 71 歲死亡風險增加的幅度也是 1.036 倍，每增加一歲增加的倍數是相同的。而且由於這種風險模式是一種**對數線性模式**（**log-linear model**），死亡風險隨著年齡增加的幅度是「複利滾動」的。由於這是許多資料分析者經常直接將連續變項放進套裝軟體預設的模型，讀者需要瞭解，統計模式可以由研究者假設，不需要完全仰賴套裝軟體的預設（Default），研究者也可以透過不同的模型設定，建構研究者認為合理的變項之間的關係。

三、Cox 模型的假設及特性

Cox 模型就像前節介紹的線性模式及邏輯斯迴歸模式，可以擴展為多變項模式，量化多個自變項與死亡風險的關係。此模式跟前節的對數等級檢定法一樣，都有比例風險的假設（proportional hazards assumptions），兩組的母群體存活曲線不會交叉，雖然 $h(t)$ 可以隨時間變化，兩組 $h(t)$ 的比值 HR 是假設不受時間影響的。

Cox 模型對存活時間沒有特定分布的假設，是**半母數模式**（**semi-parametric model**），因此跟對數等級檢定法一樣，使用的是存活時間的排序（ranking），而不是其實際的時間，因此同一個資料集時間的單位是天、還是月，對係數的 p 值沒有影響。另外，估計 Cox 模型係數的方法為 partial likelihood，對基礎危險率 $h_0(t)$ 的形式沒有特定假設也不做估計，因此 Cox 模型主要是估計相對風險 HR，無法直接估計可以活多久時間。

總　結

　　本章簡介存活資料的特性，瞭解當資料有設限（censor）的情況下，如何考量風險人年以估算在不同時間點的存活率與死亡風險及累計風險。本章介紹了常見的無母數方法來敘述存活資料的集中趨勢及檢定兩組存活曲線是否不同。另外也介紹常用的 Cox 模型來量化不同變項與死亡風險的關係並估計相對死亡風險及其統計推論。

　　由於統計套裝軟體的普及，存活分析的使用機會已經很高。如何選擇適當的統計方法，適切解讀這些方法的結果，並瞭解這些方法的限制，才不致濫用或誤用。

　　除了本書所簡介的方法，還有許多存活分析的議題可進一步的學習。例如，可假設存活時間來自已知機率分布，使用**母數統計模型**（**parametric model**）直接估算存活時間及做更多面向的探討。當自變項會隨時間變動而不同時，當資料是區間設限時，當有興趣的終點事件不只一種時，或一個人不只發生一次事件等，都有許多方法可以應用 [1][4]。

關鍵名詞

發生密度（incidence density）

人時間（person time）

人年（person year）

風險人口群（population at risk）

存活資料（survival data）

存活時間（survival time）

事件時間（event time）

設限（censor）

設限時間（censor times）

右設限（right censoring）

左設限（left censoring）

區間設限（interval censoring）

存活率（survival rate）

存活曲線（survival curve）

中位數存活時間（median survival time）

對數等級檢定法（log-rank test）

超幾何分布（hypergeometric distribution）

比例風險假設（proportional hazards assumption）

危險比（hazard ratio）

危險率（hazard rate; hazard function）

Cox 比例風險模型（Cox proportional hazards model）

對數線性模式（log-linear model）

半母數模式（semi-parametric model）

母數統計模型（parametric model）

複習問題

1. 什麼叫設限？可能發生的原因為何？

2. 什麼樣的情況中位數存活時間無法估計？

3. 對數等級檢定的使用時機為何？有什麼假設？

4. Cox 比例風險模型的使用時機為何？

    (1) 如何解讀係數的意義？

    (2) 可以估計相對風險嗎？

    (3) 可以估計危險率嗎？

    (4) 可以估計平均活多少年嗎？

引用文獻

1. Collet D. Modelling survival data in medical research. 3rd ed. CRC Press Taylor &

Francis Group, 2015.

2. Peto R, Pike MC, Armitage P, Breslow NE, Cox DR, Howard SV, Mantel N, McPherson K, Peto J, Smith PG. Design and analysis of randomized clinical trials requiring prolonged observation of each patient. II. Analysis and examples. British Journal of Cancer 1977;**35**:1-39.

3. Lee ET. Statistical methods for survival data analysis. John Wiley & Sons, Inc, 1992.

4. Hosmer DW, Lemeshow S, May S. Applied survival analysis－Regression modeling of time-to-event data. 2nd edition. John Wiley & Sons, Inc, 2008.

附　表

附表一：標準常態分配累積機率表　　第一行與第一列分別表示 Z 的數值的小數點前後，及小數點第二位。例如，$P(Z \le z_p, z_p = 0.01) = 0.504$；$P(Z \le z_p, z_p = 1.96) = 0.975$。

z_p	0.00	0.01	0.02	0.03	0.04	0.05	0.06	0.07	0.08	0.09
0.0	0.5	0.504	0.508	0.512	0.516	0.5199	0.5239	0.5279	0.5319	0.5359
0.1	0.5398	0.5438	0.5478	0.5517	0.5557	0.5596	0.5636	0.5675	0.5714	0.5753
0.2	0.5793	0.5832	0.5871	0.591	0.5948	0.5987	0.6026	0.6064	0.6103	0.6141
0.3	0.6179	0.6217	0.6255	0.6293	0.6331	0.6368	0.6406	0.6443	0.648	0.6517
0.4	0.6554	0.6591	0.6628	0.6664	0.67	0.6736	0.6772	0.6808	0.6844	0.6879
0.5	0.6915	0.695	0.6985	0.7019	0.7054	0.7088	0.7123	0.7157	0.719	0.7224
0.6	0.7257	0.7291	0.7324	0.7357	0.7389	0.7422	0.7454	0.7486	0.7517	0.7549
0.7	0.758	0.7611	0.7642	0.7673	0.7704	0.7734	0.7764	0.7794	0.7823	0.7852
0.8	0.7881	0.791	0.7939	0.7967	0.7995	0.8023	0.8051	0.8078	0.8106	0.8133
0.9	0.8159	0.8186	0.8212	0.8238	0.8264	0.8289	0.8315	0.834	0.8365	0.8389
1.0	0.8413	0.8438	0.8461	0.8485	0.8508	0.8531	0.8554	0.8577	0.8599	0.8621
1.1	0.8643	0.8665	0.8686	0.8708	0.8729	0.8749	0.877	0.879	0.881	0.883
1.2	0.8849	0.8869	0.8888	0.8907	0.8925	0.8944	0.8962	0.898	0.8997	0.9015
1.3	0.9032	0.9049	0.9066	0.9082	0.9099	0.9115	0.9131	0.9147	0.9162	0.9177
1.4	0.9192	0.9207	0.9222	0.9236	0.9251	0.9265	0.9279	0.9292	0.9306	0.9319
1.5	0.9332	0.9345	0.9357	0.937	0.9382	0.9394	0.9406	0.9418	0.9429	0.9441
1.6	0.9452	0.9463	0.9474	0.9484	0.9495	0.9505	0.9515	0.9525	0.9535	0.9545
1.7	0.9554	0.9564	0.9573	0.9582	0.9591	0.9599	0.9608	0.9616	0.9625	0.9633
1.8	0.9641	0.9649	0.9656	0.9664	0.9671	0.9678	0.9686	0.9693	0.9699	0.9706
1.9	0.9713	0.9719	0.9726	0.9732	0.9738	0.9744	0.975	0.9756	0.9761	0.9767
2.0	0.9772	0.9778	0.9783	0.9788	0.9793	0.9798	0.9803	0.9808	0.9812	0.9817
2.1	0.9821	0.9826	0.983	0.9834	0.9838	0.9842	0.9846	0.985	0.9854	0.9857
2.2	0.9861	0.9864	0.9868	0.9871	0.9875	0.9878	0.9881	0.9884	0.9887	0.989
2.3	0.9893	0.9896	0.9898	0.9901	0.9904	0.9906	0.9909	0.9911	0.9913	0.9916
2.4	0.9918	0.992	0.9922	0.9925	0.9927	0.9929	0.9931	0.9932	0.9934	0.9936
2.5	0.9938	0.994	0.9941	0.9943	0.9945	0.9946	0.9948	0.9949	0.9951	0.9952
2.6	0.9953	0.9955	0.9956	0.9957	0.9959	0.996	0.9961	0.9962	0.9963	0.9964
2.7	0.9965	0.9966	0.9967	0.9968	0.9969	0.997	0.9971	0.9972	0.9973	0.9974
2.8	0.9974	0.9975	0.9976	0.9977	0.9977	0.9978	0.9979	0.9979	0.998	0.9981
2.9	0.9981	0.9982	0.9982	0.9983	0.9984	0.9984	0.9985	0.9985	0.9986	0.9986
3.0	0.9987	0.9987	0.9987	0.9988	0.9988	0.9989	0.9989	0.9989	0.999	0.999
3.1	0.999	0.9991	0.9991	0.9991	0.9992	0.9992	0.9992	0.9992	0.9993	0.9993
3.2	0.9993	0.9993	0.9994	0.9994	0.9994	0.9994	0.9994	0.9995	0.9995	0.9995
3.3	0.9995	0.9995	0.9995	0.9996	0.9996	0.9996	0.9996	0.9996	0.9996	0.9997
3.4	0.9997	0.9997	0.9997	0.9997	0.9997	0.9997	0.9997	0.9997	0.9997	0.9998

附表二：自由度為 df、累積機率為 p 的卡方臨界值表 第一行為自由度，第一列為累積機率。例如，$P(\chi^2 \leq \chi^2_{.005}$，$df = 3$，$\chi^2_{.005} = 0.0717) = 0.005$；$P(\chi^2 \leq \chi^2_{.95}$，$df = 1$，$\chi^2_{.95} = 3.84) = 0.95$。

df	p=0.005 $\chi^2_{.005}$	0.01 $\chi^2_{.01}$	0.025 $\chi^2_{.025}$	0.05 $\chi^2_{.05}$	0.10 $\chi^2_{.10}$	0.90 $\chi^2_{.90}$	0.95 $\chi^2_{.95}$	0.975 $\chi^2_{.975}$	0.99 $\chi^2_{.99}$	0.995 $\chi^2_{.995}$
1	0.00004	0.00016	0.00098	0.00393	0.0158	2.71	3.84	5.02	6.63	7.88
2	0.0100	0.0201	0.0506	0.1026	0.2107	4.61	5.99	7.38	9.21	10.60
3	0.0717	0.1148	0.2158	0.3518	0.5844	6.25	7.81	9.35	11.34	12.84
4	0.207	0.2971	0.4844	0.7107	1.06	7.78	9.49	11.14	13.28	14.86
5	0.4117	0.5543	0.8312	1.15	1.61	9.24	11.07	12.83	15.09	16.75
6	0.6757	0.8721	1.24	1.64	2.20	10.64	12.59	14.45	16.81	18.55
7	0.9893	1.24	1.69	2.17	2.83	12.02	14.07	16.01	18.48	20.28
8	1.34	1.65	2.18	2.73	3.49	13.36	15.51	17.53	20.09	21.95
9	1.73	2.09	2.70	3.33	4.17	14.68	16.92	19.02	21.67	23.59
10	2.16	2.56	3.25	3.94	4.87	15.99	18.31	20.48	23.21	25.19
11	2.60	3.05	3.82	4.57	5.58	17.28	19.68	21.92	24.72	26.76
12	3.07	3.57	4.40	5.23	6.30	18.55	21.03	23.34	26.22	28.30
13	3.57	4.11	5.01	5.89	7.04	19.81	22.36	24.74	27.69	29.82
14	4.07	4.66	5.63	6.57	7.79	21.06	23.68	26.12	29.14	31.32
15	4.60	5.23	6.26	7.26	8.55	22.31	25.00	27.49	30.58	32.80
20	7.43	8.26	9.59	10.85	12.44	28.41	31.41	34.17	37.57	40.00
30	13.79	14.95	16.79	18.49	20.60	40.26	43.77	46.98	50.89	53.67
40	20.71	22.16	24.43	26.51	29.05	51.81	55.76	59.34	63.69	66.77
50	27.99	29.71	32.36	34.76	37.69	63.17	67.50	71.42	76.15	79.49
60	35.53	37.48	40.48	43.19	46.46	74.4	79.08	83.30	88.38	91.95
70	43.28	45.44	48.76	51.74	55.33	85.53	90.53	95.02	100.43	104.21
80	51.17	53.54	57.15	60.39	64.28	96.58	101.88	106.63	112.33	116.32
90	59.20	61.75	65.65	69.13	73.29	107.57	113.15	118.14	124.12	128.30
100	67.33	70.06	74.22	77.93	82.36	118.50	124.34	129.56	135.81	140.17

附表三：自由度為 df（第一行）之 t 分配在累積機率（第一列）下的臨界值

df	$t_{0.6}$	$t_{0.7}$	$t_{0.8}$	$t_{0.9}$	$t_{0.95}$	$t_{0.975}$	$t_{0.99}$	$t_{0.995}$
1	0.325	0.727	1.376	3.078	6.314	12.706	31.821	63.657
2	0.289	0.617	1.061	1.886	2.920	4.303	6.965	9.925
3	0.277	0.584	0.978	1.638	2.353	3.182	4.541	5.841
4	0.271	0.569	0.941	1.533	2.132	2.776	3.747	4.604
5	0.267	0.559	0.920	1.476	2.015	2.571	3.365	4.032
6	0.265	0.553	0.906	1.44	1.943	2.447	3.143	3.707
7	0.263	0.549	0.896	1.415	1.895	2.365	2.998	3.499
8	0.262	0.546	0.889	1.397	1.860	2.306	2.896	3.355
9	0.261	0.543	0.883	1.383	1.833	2.262	2.821	3.25
10	0.260	0.542	0.879	1.372	1.812	2.228	2.764	3.169
11	0.260	0.540	0.876	1.363	1.796	2.201	2.718	3.106
12	0.259	0.539	0.873	1.356	1.782	2.179	2.681	3.055
13	0.259	0.538	0.870	1.350	1.771	2.160	2.650	3.012
14	0.258	0.537	0.868	1.345	1.761	2.145	2.624	2.977
15	0.258	0.536	0.866	1.341	1.753	2.131	2.602	2.947
16	0.258	0.535	0.865	1.337	1.746	2.120	2.583	2.921
17	0.257	0.534	0.863	1.333	1.740	2.110	2.567	2.898
18	0.257	0.534	0.862	1.330	1.734	2.101	2.552	2.878
19	0.257	0.533	0.861	1.328	1.729	2.093	2.539	2.861
20	0.257	0.533	0.860	1.325	1.725	2.086	2.528	2.845
21	0.257	0.532	0.859	1.323	1.721	2.080	2.518	2.831
22	0.256	0.532	0.858	1.321	1.717	2.074	2.508	2.819
23	0.256	0.532	0.858	1.319	1.714	2.069	2.500	2.807
24	0.256	0.531	0.857	1.318	1.711	2.064	2.492	2.797
25	0.256	0.531	0.856	1.316	1.708	2.060	2.485	2.787
26	0.256	0.531	0.856	1.315	1.706	2.056	2.479	2.779
27	0.256	0.531	0.855	1.314	1.703	2.052	2.473	2.771
28	0.256	0.530	0.855	1.313	1.701	2.048	2.467	2.763
29	0.256	0.530	0.854	1.311	1.699	2.045	2.462	2.756
30	0.256	0.530	0.854	1.310	1.697	2.042	2.457	2.750
40	0.255	0.529	0.851	1.303	1.684	2.021	2.423	2.704
50	0.255	0.528	0.849	1.299	1.676	2.009	2.403	2.678
100	0.254	0.526	0.845	1.290	1.660	1.984	2.364	2.626
120	0.254	0.526	0.845	1.289	1.658	1.980	2.358	2.617
∞	0.253	0.524	0.842	1.282	1.645	1.960	2.326	2.576

附表四 -1：自由度為 n_1, n_2 之 F 分配在累積機率 0.9 下的臨界值

n_1 \ n_2	1	2	3	4	5	6	7	8	9	10	11	12	13	14	15	20	30	50	100	∞
1	39.86	49.5	53.59	55.83	57.24	58.20	58.91	59.44	59.86	60.19	60.47	60.71	60.9	61.07	61.22	61.74	62.26	62.69	63.01	63.33
2	8.53	9.00	9.16	9.24	9.29	9.33	9.35	9.37	9.38	9.39	9.40	9.41	9.41	9.42	9.42	9.44	9.46	9.47	9.48	9.49
3	5.54	5.46	5.39	5.34	5.31	5.28	5.27	5.25	5.24	5.23	5.22	5.22	5.21	5.20	5.20	5.18	5.17	5.15	5.14	5.13
4	4.54	4.32	4.19	4.11	4.05	4.01	3.98	3.95	3.94	3.92	3.91	3.90	3.89	3.88	3.87	3.84	3.82	3.8	3.78	3.76
5	4.06	3.78	3.62	3.52	3.45	3.40	3.37	3.34	3.32	3.30	3.28	3.27	3.26	3.25	3.24	3.21	3.17	3.15	3.13	3.10
6	3.78	3.46	3.29	3.18	3.11	3.05	3.01	2.98	2.96	2.94	2.92	2.90	2.89	2.88	2.87	2.84	2.80	2.77	2.75	2.72
7	3.59	3.26	3.07	2.96	2.88	2.83	2.78	2.75	2.72	2.70	2.68	2.67	2.65	2.64	2.63	2.59	2.56	2.52	2.50	2.47
8	3.46	3.11	2.92	2.81	2.73	2.67	2.62	2.59	2.56	2.54	2.52	2.50	2.49	2.48	2.46	2.42	2.38	2.35	2.32	2.29
9	3.36	3.01	2.81	2.69	2.61	2.55	2.51	2.47	2.44	2.42	2.40	2.38	2.36	2.35	2.34	2.30	2.25	2.22	2.19	2.16
10	3.29	2.92	2.73	2.61	2.52	2.46	2.41	2.38	2.35	2.32	2.30	2.28	2.27	2.26	2.24	2.20	2.16	2.12	2.09	2.06
11	3.23	2.86	2.66	2.54	2.45	2.39	2.34	2.30	2.27	2.25	2.23	2.21	2.19	2.18	2.17	2.12	2.08	2.04	2.01	1.97
12	3.18	2.81	2.61	2.48	2.39	2.33	2.28	2.24	2.21	2.19	2.17	2.15	2.13	2.12	2.10	2.06	2.01	1.97	1.94	1.90
13	3.14	2.76	2.56	2.43	2.35	2.28	2.23	2.20	2.16	2.14	2.12	2.10	2.08	2.07	2.05	2.01	1.96	1.92	1.88	1.85
14	3.10	2.73	2.52	2.39	2.31	2.24	2.19	2.15	2.12	2.10	2.07	2.05	2.04	2.02	2.01	1.96	1.91	1.87	1.83	1.80
15	3.07	2.70	2.49	2.36	2.27	2.21	2.16	2.12	2.09	2.06	2.04	2.02	2.00	1.99	1.97	1.92	1.87	1.83	1.79	1.76
20	2.97	2.59	2.38	2.25	2.16	2.09	2.04	2.00	1.96	1.94	1.91	1.89	1.87	1.86	1.84	1.79	1.74	1.69	1.65	1.61
30	2.88	2.49	2.28	2.14	2.05	1.98	1.93	1.88	1.85	1.82	1.79	1.77	1.75	1.74	1.72	1.67	1.61	1.55	1.51	1.46
50	2.81	2.41	2.20	2.06	1.97	1.90	1.84	1.80	1.76	1.73	1.70	1.68	1.66	1.64	1.63	1.57	1.50	1.44	1.39	1.33
100	2.76	2.36	2.14	2.00	1.91	1.83	1.78	1.73	1.69	1.66	1.64	1.61	1.59	1.57	1.56	1.49	1.42	1.35	1.29	1.21
∞	2.71	2.3	2.08	1.94	1.85	1.77	1.72	1.67	1.63	1.60	1.57	1.55	1.52	1.50	1.49	1.42	1.34	1.26	1.18	1.00

附表四 -2：自由度為 n_1, n_2 之 F 分配在累積機率 0.95 下的臨界值

n_1 / n_2	1	2	3	4	5	6	7	8	9	10	11	12	13	14	15	20	30	50	100	∞
1	161.45	199.50	215.71	224.58	230.16	233.99	236.77	238.88	240.54	241.88	242.98	243.91	244.69	245.36	245.95	248.01	250.10	251.77	253.04	254.31
2	18.51	19.00	19.16	19.25	19.30	19.33	19.35	19.37	19.38	19.40	19.40	19.41	19.42	19.42	19.43	19.45	19.46	19.48	19.49	19.50
3	10.13	9.55	9.28	9.12	9.01	8.94	8.89	8.85	8.81	8.79	8.76	8.74	8.73	8.71	8.70	8.66	8.62	8.58	8.55	8.53
4	7.71	6.94	6.59	6.39	6.26	6.16	6.09	6.04	6.00	5.96	5.94	5.91	5.89	5.87	5.86	5.80	5.75	5.70	5.66	5.63
5	6.61	5.79	5.41	5.19	5.05	4.95	4.88	4.82	4.77	4.74	4.70	4.68	4.66	4.64	4.62	4.56	4.50	4.44	4.41	4.36
6	5.99	5.14	4.76	4.53	4.39	4.28	4.21	4.15	4.10	4.06	4.03	4.00	3.98	3.96	3.94	3.87	3.81	3.75	3.71	3.67
7	5.59	4.74	4.35	4.12	3.97	3.87	3.79	3.73	3.68	3.64	3.60	3.57	3.55	3.53	3.51	3.44	3.38	3.32	3.27	3.23
8	5.32	4.46	4.07	3.84	3.69	3.58	3.50	3.44	3.39	3.35	3.31	3.28	3.26	3.24	3.22	3.15	3.08	3.02	2.97	2.93
9	5.12	4.26	3.86	3.63	3.48	3.37	3.29	3.23	3.18	3.14	3.10	3.07	3.05	3.03	3.01	2.94	2.86	2.80	2.76	2.71
10	4.96	4.10	3.71	3.48	3.33	3.22	3.14	3.07	3.02	2.98	2.94	2.91	2.89	2.86	2.85	2.77	2.70	2.64	2.59	2.54
11	4.84	3.98	3.59	3.36	3.20	3.09	3.01	2.95	2.90	2.85	2.82	2.79	2.76	2.74	2.72	2.65	2.57	2.51	2.46	2.40
12	4.75	3.89	3.49	3.26	3.11	3.00	2.91	2.85	2.80	2.75	2.72	2.69	2.66	2.64	2.62	2.54	2.47	2.40	2.35	2.30
13	4.67	3.81	3.41	3.18	3.03	2.92	2.83	2.77	2.71	2.67	2.63	2.60	2.58	2.55	2.53	2.46	2.38	2.31	2.26	2.21
14	4.60	3.74	3.34	3.11	2.96	2.85	2.76	2.70	2.65	2.60	2.57	2.53	2.51	2.48	2.46	2.39	2.31	2.24	2.19	2.13
15	4.54	3.68	3.29	3.06	2.9	2.79	2.71	2.64	2.59	2.54	2.51	2.48	2.45	2.42	2.40	2.33	2.25	2.18	2.12	2.07
20	4.35	3.49	3.10	2.87	2.71	2.60	2.51	2.45	2.39	2.35	2.31	2.28	2.25	2.22	2.20	2.12	2.04	1.97	1.91	1.84
30	4.17	3.32	2.92	2.69	2.53	2.42	2.33	2.27	2.21	2.16	2.13	2.09	2.06	2.04	2.01	1.93	1.84	1.76	1.70	1.62
50	4.03	3.18	2.79	2.56	2.40	2.29	2.20	2.13	2.07	2.03	1.99	1.95	1.92	1.89	1.87	1.78	1.69	1.60	1.52	1.44
100	3.94	3.09	2.70	2.46	2.31	2.19	2.10	2.03	1.97	1.93	1.89	1.85	1.82	1.79	1.77	1.68	1.57	1.48	1.39	1.28
∞	3.84	3.00	2.60	2.37	2.21	2.10	2.01	1.94	1.88	1.83	1.79	1.75	1.72	1.69	1.67	1.57	1.46	1.35	1.24	1.00

附表四 -3：自由度為 n_1, n_2 之 F 分配在累積機率 0.975 下的臨界值

n_2 \ n_1	1	2	3	4	5	6	7	8	9	10	11	12	13	14	15	20	30	50	100	∞
1	647.79	799.50	864.16	899.58	921.85	937.11	948.22	956.66	963.28	968.63	973.03	976.71	979.84	982.53	984.87	993.1	1001.41	1008.12	1013.17	1018.26
2	38.51	39.00	39.17	39.25	39.30	39.33	39.36	39.37	39.39	39.40	39.41	39.41	39.42	39.43	39.43	39.45	39.46	39.48	39.49	39.50
3	17.44	16.04	15.44	15.10	14.88	14.73	14.62	14.54	14.47	14.42	14.37	14.34	14.30	14.28	14.25	14.17	14.08	14.01	13.96	13.90
4	12.22	10.65	9.98	9.60	9.36	9.20	9.07	8.98	8.90	8.84	8.79	8.75	8.71	8.68	8.66	8.56	8.46	8.38	8.32	8.26
5	10.01	8.43	7.76	7.39	7.15	6.98	6.85	6.76	6.68	6.62	6.57	6.52	6.49	6.46	6.43	6.33	6.23	6.14	6.08	6.02
6	8.81	7.26	6.60	6.23	5.99	5.82	5.70	5.60	5.52	5.46	5.41	5.37	5.33	5.30	5.27	5.17	5.07	4.98	4.92	4.85
7	8.07	6.54	5.89	5.52	5.29	5.12	4.99	4.90	4.82	4.76	4.71	4.67	4.63	4.60	4.57	4.47	4.36	4.28	4.21	4.14
8	7.57	6.06	5.42	5.05	4.82	4.65	4.53	4.43	4.36	4.30	4.24	4.20	4.16	4.13	4.10	4.00	3.89	3.81	3.74	3.67
9	7.21	5.71	5.08	4.72	4.48	4.32	4.20	4.10	4.03	3.96	3.91	3.87	3.83	3.80	3.77	3.67	3.56	3.47	3.40	3.33
10	6.94	5.46	4.83	4.47	4.24	4.07	3.95	3.85	3.78	3.72	3.66	3.62	3.58	3.55	3.52	3.42	3.31	3.22	3.15	3.08
11	6.72	5.26	4.63	4.28	4.04	3.88	3.76	3.66	3.59	3.53	3.47	3.43	3.39	3.36	3.33	3.23	3.12	3.03	2.96	2.88
12	6.55	5.10	4.47	4.12	3.89	3.73	3.61	3.51	3.44	3.37	3.32	3.28	3.24	3.21	3.18	3.07	2.96	2.87	2.80	2.72
13	6.41	4.97	4.35	4.00	3.77	3.60	3.48	3.39	3.31	3.25	3.20	3.15	3.12	3.08	3.05	2.95	2.84	2.74	2.67	2.60
14	6.30	4.86	4.24	3.89	3.66	3.50	3.38	3.29	3.21	3.15	3.09	3.05	3.01	2.98	2.95	2.84	2.73	2.64	2.56	2.49
15	6.20	4.77	4.15	3.80	3.58	3.41	3.29	3.2	3.12	3.06	3.01	2.96	2.92	2.89	2.86	2.76	2.64	2.55	2.47	2.40
20	5.87	4.46	3.86	3.51	3.29	3.13	3.01	2.91	2.84	2.77	2.72	2.68	2.64	2.60	2.57	2.46	2.35	2.25	2.17	2.09
30	5.57	4.18	3.59	3.25	3.03	2.87	2.75	2.65	2.57	2.51	2.46	2.41	2.37	2.34	2.31	2.20	2.07	1.97	1.88	1.79
50	5.34	3.97	3.39	3.05	2.83	2.67	2.55	2.46	2.38	2.32	2.26	2.22	2.18	2.14	2.11	1.99	1.87	1.75	1.66	1.55
100	5.18	3.83	3.25	2.92	2.70	2.54	2.42	2.32	2.24	2.18	2.12	2.08	2.04	2.00	1.97	1.85	1.71	1.59	1.48	1.35
∞	5.02	3.69	3.12	2.79	2.57	2.41	2.29	2.19	2.11	2.05	1.99	1.94	1.90	1.87	1.83	1.71	1.57	1.43	1.30	1.00

附表四 -4：自由度為 n_1, n_2 之 F 分配在累積機率 0.99 下的臨界值

n_1 \ n_2	1	2	3	4	5	6	7	8	9	10	11	12	13	14	15	20	30	50	100	∞
1	39.86	49.5	53.59	55.83	57.24	58.2	58.91	59.44	59.86	60.19	60.47	60.71	60.9	61.07	61.22	61.74	62.26	62.69	63.01	63.33
2	8.53	9.00	9.16	9.24	9.29	9.33	9.35	9.37	9.38	9.39	9.40	9.41	9.41	9.42	9.42	9.44	9.46	9.47	9.48	9.49
3	5.54	5.46	5.39	5.34	5.31	5.28	5.27	5.25	5.24	5.23	5.22	5.22	5.21	5.20	5.20	5.18	5.17	5.15	5.14	5.13
4	4.54	4.32	4.19	4.11	4.05	4.01	3.98	3.95	3.94	3.92	3.91	3.90	3.89	3.88	3.87	3.84	3.82	3.80	3.78	3.76
5	4.06	3.78	3.62	3.52	3.45	3.40	3.37	3.34	3.32	3.30	3.28	3.27	3.26	3.25	3.24	3.21	3.17	3.15	3.13	3.10
6	3.78	3.46	3.29	3.18	3.11	3.05	3.01	2.98	2.96	2.94	2.92	2.90	2.89	2.88	2.87	2.84	2.80	2.77	2.75	2.72
7	3.59	3.26	3.07	2.96	2.88	2.83	2.78	2.75	2.72	2.70	2.68	2.67	2.65	2.64	2.63	2.59	2.56	2.52	2.50	2.47
8	3.46	3.11	2.92	2.81	2.73	2.67	2.62	2.59	2.56	2.54	2.52	2.50	2.49	2.48	2.46	2.42	2.38	2.35	2.32	2.29
9	3.36	3.01	2.81	2.69	2.61	2.55	2.51	2.47	2.44	2.42	2.40	2.38	2.36	2.35	2.34	2.30	2.25	2.22	2.19	2.16
10	3.29	2.92	2.73	2.61	2.52	2.46	2.41	2.38	2.35	2.32	2.30	2.28	2.27	2.26	2.24	2.20	2.16	2.12	2.09	2.06
11	3.23	2.86	2.66	2.54	2.45	2.39	2.34	2.30	2.27	2.25	2.23	2.21	2.19	2.18	2.17	2.12	2.08	2.04	2.01	1.97
12	3.18	2.81	2.61	2.48	2.39	2.33	2.28	2.24	2.21	2.19	2.17	2.15	2.13	2.12	2.10	2.06	2.01	1.97	1.94	1.90
13	3.14	2.76	2.56	2.43	2.35	2.28	2.23	2.2	2.16	2.14	2.12	2.10	2.08	2.07	2.05	2.01	1.96	1.92	1.88	1.85
14	3.10	2.73	2.52	2.39	2.31	2.24	2.19	2.15	2.12	2.10	2.07	2.05	2.04	2.02	2.01	1.96	1.91	1.87	1.83	1.80
15	3.07	2.70	2.49	2.36	2.27	2.21	2.16	2.12	2.09	2.06	2.04	2.02	2.00	1.99	1.97	1.92	1.87	1.83	1.79	1.76
20	2.97	2.59	2.38	2.25	2.16	2.09	2.04	2.00	1.96	1.94	1.91	1.89	1.87	1.86	1.84	1.79	1.74	1.69	1.65	1.61
30	2.88	2.49	2.28	2.14	2.05	1.98	1.93	1.88	1.85	1.82	1.79	1.77	1.75	1.74	1.72	1.67	1.61	1.55	1.51	1.46
50	2.81	2.41	2.20	2.06	1.97	1.90	1.84	1.8	1.76	1.73	1.70	1.68	1.66	1.64	1.63	1.57	1.50	1.44	1.39	1.33
100	2.76	2.36	2.14	2.00	1.91	1.83	1.78	1.73	1.69	1.66	1.64	1.61	1.59	1.57	1.56	1.49	1.42	1.35	1.29	1.21
∞	2.71	2.30	2.08	1.94	1.85	1.77	1.72	1.67	1.63	1.60	1.57	1.55	1.52	1.50	1.49	1.42	1.34	1.26	1.18	1.00

名詞索引